现代选矿技术手册

张泾生 主编

第 4 册
黑色金属选矿实践

陈 雯 主编

北 京

冶金工业出版社

2012

内 容 简 介

本书是由长沙矿冶研究院组织编写的专业工具书《现代选矿技术手册》(共8册)中的第4册《黑色金属选矿实践》。全书分铁矿石选矿、锰矿石选矿、铬铁矿石选矿3章介绍黑色金属选矿。每章分别从矿石的性质、用途、资源分布情况,选矿技术,包括工艺、药剂及设备,选矿厂实践几方面进行介绍,深入浅出地介绍了黑色金属选矿的方方面面。书中内容全面、系统,理论与实践相结合,重点突出近年来黑色金属选矿技术的新发展。

本书可作为从事选矿工作的科研、管理人员及高等院校矿物加工工程专业师生阅读参考。

图书在版编目(CIP)数据

现代选矿技术手册(张泾生主编). 第4册,黑色金属选矿实践/陈雯主编. —北京:冶金工业出版社,2012.8
ISBN 978-7-5024-5917-8

Ⅰ. ①现… Ⅱ. ①陈… Ⅲ. ①选矿—技术手册 ②黑色金属矿石—选矿—技术手册 Ⅳ. ①TD9-62 ②TD951-62

中国版本图书馆 CIP 数据核字(2012)第 185630 号

出 版 人 曹胜利
地　　址 北京北河沿大街嵩祝院北巷 39 号,邮编 100009
电　　话 (010)64027926 电子信箱 yjcbs@cnmip.com.cn
策划编辑 曹胜利 张 卫 责任编辑 李 雪 美术编辑 李 新
版式设计 孙跃红 责任校对 王贺兰 责任印制 牛晓波
ISBN 978-7-5024-5917-8
三河市双峰印刷装订有限公司印刷;冶金工业出版社出版发行;各地新华书店经销
2012 年 8 月第 1 版, 2012 年 8 月第 1 次印刷
787mm×1092mm 1/16;20.5 印张;493 千字;312 页
65.00 元

冶金工业出版社投稿电话:(010)64027932 投稿信箱:tougao@cnmip.com.cn
冶金工业出版社发行部 电话:(010)64044283 传真:(010)64027893
冶金书店 地址:北京东四西大街 46 号(100010) 电话:(010)65289081(兼传真)
(本书如有印装质量问题,本社发行部负责退换)

《现代选矿技术手册》
各册主编人员

《现代选矿技术手册》前言

进入新世纪以来,国民经济的快速发展,催生了对矿产资源的强劲需求,也极大地推动了选矿科学技术进步的步伐。选矿领域中新工艺、新技术、新设备、新药剂大量出现。

为了提高我国在选矿科研、设计、生产方面的水平和总结近十年选矿技术进步的经验,推动选矿事业的进一步发展,冶金工业出版社决定出版《现代选矿技术手册》,由中国金属学会选矿分会的挂靠单位——长沙矿冶研究院牵头组织专家编写。参加《现代选矿技术手册》编写工作的除长沙矿冶研究院的专业人士外,还邀请了全国知名高校、科研院所、厂矿企业的专家、教授、工程技术人员。整个编写过程,实行三级审核,严格贯彻"主编责任制"和"编辑委员会最终审核制"。

《现代选矿技术手册》全书共分 8 册,陆续出版。第 1~8 册书名分别为:《破碎筛分与磨矿分级》、《浮选与化学选矿》、《磁电选与重选》、《黑色金属选矿实践》、《有色金属选矿实践》、《稀贵金属选矿实践》、《选矿厂设计》以及《环境保护与资源循环》。《现代选矿技术手册》内容主要包括金属矿选矿,不包括非金属矿及煤的选矿技术。

《现代选矿技术手册》是一部供具有中专以上文化程度选矿工作者及有关人员使用的工具书,详细阐述和介绍了较成熟的选矿理论、方法、工艺、药剂、设备和生产实践,相关内容还充分考虑和结合了目前国家正在实施的有关环保、安全生产等法规和规章。因此,《现代选矿技术手册》不仅内容丰富先进,而且实用性强;写作上文字叙述力求简洁明了,希望做到深入浅出。

《现代选矿技术手册》的编写以 1988 年冶金工业出版社陆续出版的

《选矿手册》为基础,参阅了自那时以来,尤其是近十年来的大量文献,收集了众多厂矿的生产实践资料。限于篇幅,本书参考文献主要列举了图书专著,未能将全部期刊文章及企业资料一一列举。在此,谨向文献作者一并致谢。由于时间和水平的关系,本书不当之处,欢迎读者批评指正。

　　《现代选矿技术手册》的编写出版得到了长沙矿冶研究院、冶金工业出版社及有关单位的大力支持,在此,表示衷心的感谢。

《现代选矿技术手册》编辑委员会

2009 年 11 月

《现代选矿技术手册》各册目录

第1册 破碎筛分与磨矿分级

第2册 浮选与化学选矿

第3册 磁电选与重选

第7册 选矿厂设计

第8册 环境保护与资源循环

《黑色金属选矿实践》编写委员会

（按姓氏笔画排列）

主　编　　陈　雯

副主编　　樊绍良　　麦笑宇

编　委　　王英姿　　王登红　　韦锦华　　孙春宝　　祁超英

　　　　　张永来　　张立刚　　李玉刚　　杨　强　　沈立义

　　　　　邵安林　　陈正学　　周柳霞　　岳润芳　　罗良飞

　　　　　唐晓玲　　唐雪峰　　彭泽友　　谢琪春

《黑色金属选矿实践》前言

由中国金属学会选矿分会挂靠单位长沙矿冶研究院牵头组织编写，冶金工业出版社出版的《现代选矿技术手册》共分8册，本书为该《手册》的第4册《黑色金属选矿实践》。

本书分铁矿石选矿、锰矿石选矿和铬铁矿石选矿3章，每一章又包括概论、选矿技术、生产实践三部分内容，其中入选生产实践的选矿厂，尽可能选择涵盖了该类型矿选矿方法的大中型选矿厂。

作为工具书，本书在编写时，力求内容的全面和可靠，特别注意反映第一部《选矿手册》出版发行以来20年间黑色金属矿选矿所取得的巨大进步。文字方面表述尽量简洁明了，希望做到深入浅出。本书可供具有中专以上文化程度的选矿工作者及有关人员使用。

本书除主编、副主编外，参加编写的还有北京科技大学孙春宝教授，中国地质研究院王登红研究员，国土资源部储量中心杨强教授，长沙矿冶研究院张立刚、罗良飞、唐雪峰、彭泽友等人。生产实践部分的写作得到了鞍钢集团矿业公司邵安林、韦锦华，武钢集团矿业公司祁超英，邯邢矿务局岳润芳，攀钢集团矿业公司谢琪春，包钢集团矿业公司李玉刚，太钢集团矿业公司王英姿，酒钢集团选烧厂唐晓玲，昆钢大红山铁矿沈立义，《中国锰业》杂志主编周柳霞等专家的帮助，他们向编者提供了大量翔实的生产技术资料。

本书在编写过程中，得到长沙矿冶研究院余永富院士、张泾生教授、陈正学教授、朱俊士教授的大力支持和帮助。他们多次帮助修改并撰写部分关键内容，在此表示衷心感谢！

由于时间和编写人员水平所限，书中不当之处，敬请读者批评指正。

《黑色金属选矿实践》编写委员会

2012年4月20日

《黑色金属选矿实践》目录

1 铁矿石选矿

1.1 概论

1.1.1 铁矿床

1.1.1.1 中国铁矿床

我国铁矿资源丰富。根据地质成因及工业类型的不同,中国铁矿床按矿床成因可分为六大类型,具体成因类型见表1-1,各类型铁矿床分布地区见表1-2。

表1-1 中国铁矿床成因类型

地质成因		矿石特征	工业价值
沉积变质型矿床		不同时代与不同变质程度的受区域变质的沉积铁矿	有巨大工业价值(一般指所谓"鞍山统"或"五台系"中变质沉积矿床)
岩浆型矿床		与辉长岩有关的含钒钛磁铁矿	有一定或较大的工业价值
接触交代-热液型(矽卡岩型)矿床		含矽卡岩矿物的磁铁矿	矽卡岩矿床与高温热液矿床组成混合成因类型时,有较大或巨大的工业价值
火山岩型矿床	海相火山岩型	火山侵入活动形成的磁铁矿、赤铁矿	有一定或较大的工业价值
	陆相火山岩型		
沉积型矿床	海相沉积岩型	1. 不同时代的成层鲕状赤铁矿 2. 不同时代的煤系地层中的菱铁矿 3. 风化残积赤铁矿又经溶解沉积而成的赤铁矿	其中一部分(如下震旦纪及中、上泥盆纪的鲕状赤铁矿)有较大或巨大工业价值,其余工业价值很小或没有工业价值
	陆相沉积岩型		
现代风化沉积矿床		1. 有色金属矿床的铁帽 2. 奥陶纪侵蚀面上残积赤铁矿和褐铁矿	工业价值较小或很小

表1-2 中国铁矿床分布地区

地质成因		矿石类型	占总储量/%	主要分布地区
沉积变质型矿床		鞍山式、新余式、江口式、惠民式、镜铁山式	52.4	辽宁鞍山、本溪;河北迁安、滦县;山西袁家村;云南惠民、甘肃镜铁山等地区
岩浆型矿床		攀枝花式、大庙式	16.0	攀枝花—西昌地区、河北承德地区等
接触交代-热液型矿床		大冶式、邯邢式、莱芜式、黄冈式等	13.0	邯邢地区、大冶地区、莱芜地区、临汾地区等
火山岩型矿床	海相火山岩型	大红山式、黑鹰山式等	9.0	云南大红山、内蒙古黑鹰山等地区
	陆相火山岩型	宁芜式、八乡式等		江苏梅山;安徽南山、姑山等地区

地质成因		矿石类型	占总储量/%	主要分布地区
沉积型矿床	海相沉积岩型	宣龙式、宁乡式、临江式等	9.0	河北宣化、湘赣边界、鄂西、湘、川东、黔西、滇北等地区
	陆相沉积岩型	綦江式、山西式、云浮式		重庆綦江地区
现代风化沉积矿床		大宝山式、朱雀式、江西永平式	0.6	广东大宝山、大降坪；福建建爱；江西分宜；海南临登等地

A　沉积变质矿床

a　鞍山式铁矿床

鞍山式铁矿床是我国主要的铁矿资源,主要分布在鞍山－本溪地区、冀东地区、山西峨口－岚县地区。

该类型矿床矿物组成较为简单。矿层围岩为千枚岩、角闪片岩、绿泥片岩、云母片岩和含有不同硅酸盐的石英片岩。矿石中有用矿物为磁铁矿、假象赤铁矿、赤铁矿及少量的褐铁矿。脉石矿物主要是石英,其次为角闪石、黑云母或辉石等硅酸盐矿物。脉石以石英为主时称含铁石英岩,以角闪石为主时称含铁角闪片岩。矿床中的矿石绝大多数为高硅贫铁矿石,一般含铁20%～40%,含二氧化硅在50%左右,含硫、磷及其他有害杂质均较低。不同产地的鞍山式铁矿石的化学成分和矿物组成是相近的。

鞍山式贫铁矿石绝大多数是条带状或条纹状构造。条带宽度一般为0.5～3 mm。矿石浸染粒度细,结晶粒度通常为0.04～0.2 mm,有些矿石嵌布粒度更细,如山西岚县袁家村矿石,结晶粒度多数为0.015～0.045 mm,矿石需磨至－0.043 mm占90%以上才能获得单体解离。

鞍山式铁矿石依据矿石中磁性铁含量的不同,可分为磁铁矿石、弱磁性铁矿石和混合型铁矿石。

b　惠民式铁矿床

惠民式铁矿床主要分布在我国云南中部地区。含铁矿物有磁铁矿、菱铁矿、褐铁矿,脉石矿物主要为磷绿泥石、黑硬绿泥石、铁蛇纹石等。菱铁矿矿石具有变胶状、显微粒状、粒状、生物碎屑、鳞片状、齿状镶嵌等结构。矿石主要构造有条纹条带状、块状、角砾状、浸染状和流纹状等。

c　镜铁山式铁矿床

镜铁山式铁矿床主要分布在我国西北部甘肃省境内,这种类型的矿石目前在国外尚少发现。该类铁矿床为火山沉积型,属铁质碧玉型铁矿床。矿石中主要铁矿物为镜铁矿、菱铁矿、少量赤铁矿和褐铁矿;矿体深部偶尔有少量磁铁矿,其他共生有用矿物为重晶石。脉石矿物为碧玉、铁白云石,少量石英、方解石、白云石、绢云母等。矿石含铁30%～40%,含二氧化硅20%、含硫0.1%～2.8%。矿石呈条带状构造,条带由镜铁矿、菱铁矿、重晶石和碧玉组成。矿石浸染粒度较细,结晶颗粒一般为0.02～0.5 mm,需磨至－0.074 mm占95%以上才达到单体解离。

B　岩浆型矿床

a　攀枝花式铁矿床

攀枝花式铁矿床产于辉长岩、橄榄岩等基性、超基性火成岩体中的岩浆晚期分异型钒钛磁铁矿床,主要分布在四川省攀枝花－西昌地区。该类型矿床中的矿石含有铁、钛、钒、铬、镓、铜、钴、镍及铂族元素等十几种有用成分,其中钒、钛、钴等金属储量十分可观,不仅在国内,而且在世界上都占有很大比例。矿石中金属矿物以含钒、钛磁铁矿(由钛铁矿、镁铝尖晶石、钛铁晶石、磁铁矿组成的复合矿物),其次为磁黄铁矿、黄铜矿、铬铁矿、镍黄铁矿、假象赤铁矿和褐铁矿。脉石矿物主要为蜡长石、异剥辉石、角闪石等。矿石中钛铁矿、钛磁铁矿、钛铁晶石共生密切,有的呈固溶体存在;原矿含铁 20% ~ 53%。矿石呈致密块状、致密－稀疏浸染状及条带状构造,可分为星散浸染状、稀疏浸染状、中等浸染状、稠密浸染状以及块状等五种类型铁矿石。钛磁铁矿呈它形晶粒状,粒度 0.5 ~ 2.0 mm,钛铁矿部分呈网格状与钛磁铁矿交生的呈粒状产出。

　　b　大庙式铁矿床

沿辉长岩、斜长岩岩体裂隙或辉长岩、斜长岩岩体接触带贯入而形成的钒钛磁铁矿床,主要分布在河北省承德地区大庙、黑山一带。主要矿物有磁铁矿、钛铁矿、赤铁矿、金红石和黄铁矿等,脉石矿物有辉石、斜长石、绿泥石、阳起石、磷灰石等。矿石结构均匀,常见陨铁结构,具浸染状和致密块状构造。矿石含铁 27% 左右,含二氧化钛 5% ~ 15%,含五氧化二钒 0.055% ~ 0.71%,含硫 0.1% ~ 0.7%,含磷 0.063% ~ 1.21%。

　　C　接触交代－热液型矿床

该类型矿床,常称为矽卡岩型矿床,主要赋存于中酸性－中基性侵入岩类与碳酸盐类演示的接触带或其附近,这类矿床一般都具有典型的矽卡岩矿物组合(钙铝－钙铁榴石系列、透辉石－钙铁辉石系列)。该类型铁矿在我国分布十分广泛,主要集中在河北省邯邢地区、冀东、晋南、豫西、鲁中、苏北、闽南以及粤北等地,是我国富铁矿的重要来源。按岩浆岩与围岩条件,在工业上常分为邯邢式、大冶式和黄冈式铁矿。

　　a　邯邢式铁矿床

与成矿有关的侵入体为燕山期中性岩,以闪长岩,二长岩类为主。成矿围岩为中奥陶统不同组、段含泥质较低的碳酸盐岩为主,有 3 层含石膏(石盐)假晶的灰岩。金属矿物以磁铁矿为主,少数地区为铁铜矿。

　　b　大冶式铁矿床

该类型矿石中除含有磁、赤铁矿外,还伴生有以铜为主的有色金属矿物,如黄铜矿、黄铁矿、辉钴矿等,大冶铁矿矿石分为原生矿和氧化矿两大类,依据含铜高低,两大类矿石又都分为高铜矿石(含铜高于 0.3%)与低铜矿石(含铜低于 0.3%)两种。原生矿中金属矿物主要是磁铁矿,少量赤铁矿、黄铁矿、磁黄铁矿、黄铜矿、辉铜矿和铜蓝等。氧化矿中主要金属矿物为假象赤铁矿、磁铁矿、褐铁矿、孔雀石、赤铜矿、黄铜矿、黄铁矿、辉钴矿等。两类矿石中的脉石矿物为石英、绿泥石、绢云母、方解石、白云石等。矿石多呈块状,稠密浸染状和细脉浸染状构造,浸染粒度不均匀,但细粒浸染状居多。

　　c　黄冈式铁矿床

黄冈式铁矿成矿岩体为花岗岩和白岗岩,围岩为古生界碳酸盐岩夹火山岩系。金属矿物以磁铁矿、锡石、闪锌矿、黄铜矿、斜方砷铁矿、白锡矿、辉钼矿为主,非金属矿物有石榴子石、透辉石、角闪石,次为萤石、云母类、绿泥石、石英、方解石和符山石等。

　　D　火山岩型矿床

　　a　海相火山岩型

该种成因矿床工业类型主要为大红山式铁矿床,矿体呈层状、似层状、透镜状,少数呈脉状或囊状,常成群成带出现。矿石构造常呈致密块状、角砾状以及浸染状,矿石矿物主要为磁铁矿、赤铁矿,次为钛铁矿、黄铜矿、黄铁矿、斑铜矿,铜铁矿石呈条纹条带状、细脉浸染状和块状。脉石矿物有石英、钠长石、绢云母、铁绿泥石等。

b　陆相火山岩型

该种成因矿床工业类型主要为宁芜式铁矿床。主要产地为江苏梅山、安徽南山和姑山等地。矿石中的钒、钛主要含在透辉石(阳起石)、磷灰石、磁铁矿中;磁铁矿往往发生假象赤铁矿化,构成赤-磁铁矿混合矿床;此外还含有菱铁矿、黄铁矿、黄铜矿、辉铜矿、孔雀石等金属矿物,脉石矿物有方解石、白云母、石英、绿泥石、高岭土、云母等。矿石呈块状、浸染状和角砾状构造。块状矿石含铁 30% ~50% ,浸染状矿石含铁 17% ~30% 。矿石中含磷0.01% ~1.31% ,含硫 0.03% ~8% ,或更高些,含五氧化二钒 0.1% ~0.3% ,伴生有少量的钴。铁矿物嵌布粒度不均匀,结晶粒度一般为 0.01 ~0.4 mm;磷灰石嵌布粒度更细,一般小于 0.074 mm。

E　沉积型矿床

a　海相沉积岩型

此类矿床属沉积生成的鲕状赤铁矿,工业类型分为宣龙式和宁乡式铁矿床。这两种矿床类型、矿物组成、矿石结构、构造差别不大,不同的是宁乡式含磷及碳酸盐矿物较高,而宣龙式鲕粒较大,含磷低。它们的共同特点是具有鲕状构造,也有肾状和豆状构造。鲕粒以赤铁矿为核心,也有以石英、绿泥石为核心;由赤铁矿、石英、绿泥石互相包裹组成同心圆状构造。鲕粒直径大者有 1 ~2 mm,小者有几微米,同心环带数目一般有数个至数十个。这类矿石的矿物组成复杂,铁矿物以赤铁矿为主,菱铁矿次之,并有少量褐铁矿。脉石矿物以石英、绿泥石、胶磷矿为主,有少量玉髓、黏土等。矿石含铁 25% ~50% 。

鲕状赤铁矿由于结构构造复杂,矿物种类繁多,一般含磷较高,属于极难选铁矿石,但由这种类型矿石储量较大,目前国家正大力研究开发利用该类型矿石。

b　陆相沉积岩型

该种成因矿床工业类型主要为綦江式铁矿床,赋存在重庆綦江一带和贵州北部的湖相沉积铁矿。矿石为鲕状或块状赤铁矿、菱铁矿,有时为褐铁矿、少量黄铜矿、黄铁矿。矿床规模一般为中、小型矿床。

F　现代风化沉积矿床

此类矿床是由原生铁矿床或硫化矿床及含铁岩石经风化淋滤而形成的。矿床以"铁帽"广泛出露为特征,矿体形态受地形及构造影响,呈不规则或扁豆状,规模一般为小型,也有大、中型矿床。矿石具块状、蜂窝状、葡萄状或土状构造。矿石或矿物以疏松多孔状褐铁矿为主。脉石矿物为石英、碳酸盐、黏土矿物等。矿石中 TFe35% ~60% 。多数矿床随原生矿石的不同成分,常含 Pb、Zn、Cu、As、Co、Ni、S、Mn、W、Bi 等杂质。矿石难选,工业利用上存在一定局限性,多作配矿利用。主要分布在广东、海南、江西等省。

国内现已发现的有菱铁矿风化淋滤褐铁矿床,如广东大宝山铁矿,该矿床上部是铁帽,下部铁矿石中含有铜、铅、锌、铋等有色金属矿物及稀有金属矿物,江西铁坑褐铁矿则不含有色金属矿物。铁帽中铁矿物为褐铁矿、赤铁矿、水针铁矿,脉石矿物主要是石英,其次为黏土、云母、石榴石等。矿石呈疏松土状及蜂窝状构造,也有致密状和脉状构造,前两种矿石质软,易粉碎、泥化,后两种矿石较为坚硬。福建建爱铁矿和广东大降坪铁矿是由金属硫化物风化淋滤的褐铁矿床。江西分宜铁矿属含铁硫化物矽卡岩风化淋滤的褐铁矿床。海南临登铁矿是由玄武岩风化淋滤富集的铁矿床。

1.1.1.2 国外铁矿床

据《Mineral Commodity Summaries》(2002)报道,2001 年世界铁矿石储量为 1400 亿吨。澳大利亚、巴西、中国、俄罗斯、乌克兰及美国等都是世界铁矿资源大国。

世界上对铁矿床成因类型的划分有多种方案,沈承珩等(1990)参照 G. A. 格罗斯对前寒武纪含铁硅质建造铁矿类型的分类及我国程裕淇等按成矿系列的分类方案,把世界铁矿床分为 5 个成因类型,即沉积变质型铁矿床、岩浆型铁矿床、接触交代 – 热液型铁矿床、与火山成因有关的铁矿床、沉积型铁矿床。

世界大型铁矿区分布情况见表 1 – 3。

表 1 – 3 世界大型铁矿区分布情况

国 家	矿区名称	储量/亿吨	品位 Fe/%	百分比(占本国储量)/%
澳大利亚	哈默斯利	320	57	91
巴西	铁四角	300	35 ~ 69	65
	卡拉加斯	180	60 ~ 67	35
玻利维亚、巴西	木通(玻)乌鲁库姆(巴西)	580	50 ~ 53	交通不便未开发
印度	比哈尔,奥里萨	67	>60	29
加拿大	拉布拉多	206	36 ~ 38	51
美国	苏必利尔	163	31	94
俄罗斯	库尔斯克,卡奇卡纳尔	575	46	50
乌克兰	克里沃罗格	194	36	17
法国	洛林	77	33	95
瑞典	基鲁纳	34	58 ~ 68	66
委内瑞拉	玻利瓦尔	20	45 ~ 69	99
利比里亚、几内亚	宁巴矿区	20	57 ~ 60	

A 沉积变质型铁矿床

沉积变质型铁矿床是当前国外铁矿石(包括富铁矿石)最主要的来源。

a 苏必利尔湖型

苏必利尔湖型矿床是指沉积在克拉通或大陆边缘的大陆架(从陆盆的浅水盆地到斜坡的深水盆地)上的含铁建造,属于造陆环境。该类型含铁建造所赋存的围岩岩石组合是大陆架型沉积岩,包括白云岩、石英岩、黑色片岩、砾岩以及一部分凝灰岩和一些火山岩。

苏必利尔湖的含铁建造的稳定岩层往往沿古陆台或地槽盆地的边缘延伸,可达几百公里。此类建造的厚度非常稳定,一般为数十米至数百米,乃至上千米。含铁建造的岩系通常不整合于深变质的片麻岩、花岗岩和角闪岩之上。

苏必利尔湖型含铁建造几乎在世界上的所有地区都产在早元古代。显然这类含铁建造是在大陆棚较浅水的环境中或是沿大陆棚与冒地槽盆地的边缘形成的,由来自于邻近陆地以及盆地内部一定的火山物质共同组成。

苏必利尔湖型的含铁建造在美国苏必利尔湖区、加拿大魁北克－拉布拉多地槽、澳大利亚西北部、印度奥里萨邦和比哈尔邦、原苏联克里沃罗格和库尔斯克、巴西等地都有分布。该类型的硅质建造均包含有富赤铁矿和针铁矿的矿体。

b　阿尔果马型含铁建造

阿尔果马型含铁建造矿床是指含铁建造形成于远离海岸的岛弧区和洋中脊的深水盆地,属造山沉积区,与火山作用有关。含铁建造的围岩岩石组合是页岩、炭质页岩、杂砂岩、浊积岩和火山岩等。

这一类型含铁建造由细条带状或鳞片状角岩、赤铁矿或磁铁矿组成。在这种建造中,厚的菱铁矿层和碳酸盐铁硅酸盐矿物相和铁硫化物矿物相彼此伴生在一起,但不如氧化物相发育。这种建造时常以块状菱铁矿层和黄铁矿－磁黄铁矿层为主(加拿大安大略省米契皮克坦地区)。这种含铁建造的厚度为一米到几百米,沿走向延伸几公里以上的情况很少。

上述这些岩层形成彼此隔开的透镜体,或呈连续不断的分布。阿尔果马型含铁建造与各种火山岩(包括枕状安山岩、凝灰岩、火山碎屑岩、流纹岩流)以及硬砂岩、灰绿色板岩或黑色炭质板岩密切相关。凝灰岩层和细粒碎屑岩层或含铁角岩在含铁建造中呈互层。而完整的地层剖面证实,岩石组合是不均一的。这种含铁建造具有条带状特征,但看来没有鲕状结构和粒状结构。鲕状和粒状结构有时出现在前寒武纪以后的岩石中。岩石组合表明,这种类型的建造是在优地槽环境中沉积的,而且在空间上和时间上均与火山活动有密切关系。

阿尔果马型含铁建造广泛分布于一些较老地质体的火山沉积岩带中,见于加拿大地盾的米契克皮坦地区、基尔格兰德湖附近、穆斯芒廷矿山、提莫加米湖,安大略省的雷德湖、布鲁斯湖等地区。在新不伦瑞克北部巴瑟斯特附近和纽芬兰北部可以见到奥陶纪的这种类型的含铁沉积,在温哥华岛可见到中生代的此类沉积。

B　岩浆型铁矿床

这类铁矿床又可称为钒钛磁铁矿床,在成因上与不同时代的基性－超基性杂岩体有密切关系,矿体产于岩体内的一定部位。在构造上,它均产于不同隆起区边缘的深断裂带或其附近。矿体与断裂带内所派生的次级断裂密切相关。按其生成的方式分为岩浆晚期分异型和岩浆晚期贯入型两种。矿床的特点是作为母岩的辉长岩－苏长岩－斜长岩伴生,在前寒武纪、加里东和海西旋回中均有发育,矿体呈脉状、透镜体和似层状产出。矿石呈浸染状,主要由钛磁铁矿、钛铁矿和金红石组成。

岩浆晚期分异型:系含矿岩系(超基性岩)侵入在以碳酸盐岩为主的地层中分异而成。矿床具韵律层结构。矿体形态为层状、似层状和透镜状,矿体的规模受岩体的规模和形态控制,一般是“母大子肥”。

这类矿床,世界著名钛磁铁矿矿床由原苏联的卡奇卡纳尔、南非的布什维尔德、加拿大的马格皮耶及中国的攀西等。

岩浆晚期贯入型:这类矿床的形成,是在含矿母岩形成后,富含挥发分的铁矿浆(可能来自深部或附近的岩浆就地分异地段)沿一定的构造裂隙而成,也可称为矿浆矿床。矿体多为不规则状、扁豆状、分枝状等,与含矿岩体呈穿插关系,一般界线清楚,近矿围岩有明显的热液蚀变现象,表现为纤闪石化、绿泥石化、黝帘石化等。这类矿床在国外报道不多,中国河北大庙的钒钛磁铁矿即是这种类型的典型代表。

C　接触交代－热液型矿床

虽然这类矿床在欧美不太受人重视,然而在中国却是富铁矿石的主要来源之一。这类铁矿床与成矿作用有关的火成岩的岩性随地区的不同而有差异,成矿时代跨度很大,但以中生代居多,其成因主要与中－酸性岩浆侵入活动有关。

这组铁矿按其生成地质条件的不同,通常被划分为两种类型,即接触交代型与热液型。接触交代型与热液型在成因上有着内在联系,共同构成一个成矿系列,在热液型矿床中也有接触交代。有时,在某一个成矿区或成矿带的范围内,两种类型的矿产经常相伴产出。但热液型矿床在空间上往往与中－酸性侵入体有一定的距离,即接触交代型矿体通常多产于接触带上,而热液型矿床则在接触带外侧的围岩中产出。这可能是由于岩浆期后热液带来的成矿物质一般要晚于接触交代型矿床。

a　接触交代型铁矿

接触交代型铁矿是指产于中－酸性(偏基性或偏碱性)侵入体与碳酸盐类岩石为主的围岩接触带或其附近围岩中,在岩浆期后高温气液与围岩相互作用下,主要以交代(伴生有充填)方式生成的铁矿床称为接触交代型铁矿床。由于这类矿床与矽卡岩在空间上和时间上以及成因上有密切的关系。但也有一些矿床的矽卡岩阶段不发育,矿体直接交代接触变质带的围岩而成。矿床往往沿着一定的有利构造部位,伴随着有关岩体成群或呈带状分布。

矿体呈层状、似层状、脉状及不规则状形态,主要矿石矿物是磁铁矿,并常转变为假象赤铁矿,也有原生磁铁矿。矿石中常伴生有铜、锌、铅、钴等硫化物。矿石以块状构造为主。矿石品位一般含铁40%～50%,偶尔高于60%。除富铁矿石外,常有与矽卡岩矿物伴生的低品位矿石。

b　热液型铁矿

这一类铁矿床包括高温热液磁铁矿矿床和中低温热液赤铁矿－菱铁矿(褐铁矿)矿床两种。在成因上,它大多与同一地区、同一成矿时期的接触交代铁矿有着内在的联系,共同构成一个成矿系列,两类矿床经常相伴产出。这类矿床通常沿区域性大断裂呈线状分布,大断裂的次一级构造控制了矿床的产出,在断裂交会处或背斜的褶皱轴部往往是成矿的有利部位,矿体经常选择性地交代碳酸盐岩或粉砂岩岩层等。

矿体形态不规则,似层状、透镜状、脉状、扁豆状和囊状等均有。矿石高温热液矿床以磁铁矿为主,次为赤铁矿和黄铁矿。中低温热液矿床主要为赤铁矿或菱铁矿(氧化后变为褐铁矿)。

这种类型的矿床在原苏联的乌拉尔山脉,在南亚、东南亚、地中海地区的特提斯中新生代成矿带以及中国的鄂东大冶地区、邯邢地区、鲁中地区、东南沿海及东北地区等均有产出与分布,并且在中国已成为富铁矿石的主要来源之一。

D　火山成因铁矿床

与火山成因有关铁矿,是指成矿物质全部或部分来源于火山作用的那些矿床,包括喷发溢流、侵入及其有关的火山期后热液活动过程中所形成的矿床。

从火山成因铁矿生成的环境、成矿作用将火山成因铁矿床分为海相火山岩型和陆相火山岩型两大部分。

a　海相火山岩型铁矿

这类矿床多分布于元古代到古生代或更新世的地槽褶皱带,形成于强烈的凹陷后即回返褶皱,使整个火山建造经历了不同程度的变质作用。铁矿产于各时代(包括前寒武纪)的优地槽以及继承式或上叠式火山盆地中。含矿建造一般为火山碳酸盐建造、硅质页岩建造、长英变粒岩建造和碧玉铁质岩建造等。与成矿有关的火山岩系具有较好的岩浆分异现象,铁矿层往往产于不同岩性火山岩层的界面或换层部位,由基性向酸性分异的火山岩系对铁矿的形成最为有利,成分单一的火山岩系对成矿不利。铁矿体以层状、似层状为主,厚度由几米至几百米不等,延伸由几百米到几千米。

b　陆相火山岩型铁矿

陆相火山岩型铁矿主要是指陆相火山－侵入作用形成的各种矿床,其中以与次火山岩或火山颈有关的成矿作用为主,因而具有更多的内生矿床的特征。矿床产于褶皱带造山运动以后的陆相火山岩区,主要集中于环太平洋褶皱带内,矿床多半受火山盆地边部的区域性大断裂和盆地内断裂带的控制。矿床与火山机构的关系极为密切。成矿作用以高－中温气液交代或充填作用为主,也有部分矿浆充填作用。蚀变特征随矿床类型的不同而有所不同。次火山岩型铁矿典型的蚀变矿物组合是方柱石－钠长石－磷灰石－透辉石(阳起石)－磁铁矿,其中以后三者最为常见。

E　沉积型铁矿床

a　浅海相沉积型铁矿床

这类矿床主要包括在古生代到新生代形成的鲕状铁矿床。这类矿床的矿体多呈层状,含矿层位比较稳定,规模也比较大。铁矿石一般都是由针铁矿、菱铁矿、赤铁矿、鲕绿泥石等矿物组成的混合矿石。矿石含铁量一般小于40%,个别可达50%,磷的含量一般较高,不易分选。有些产在碳酸盐层中的海相沉积的菱铁矿矿石可达到富矿石的要求,矿石含锰一般较高(2%左右)。

国外这种类型的铁矿床主要有法国的洛林铁矿、英国的北安普顿铁矿、卢森堡和比利时侏罗纪鲕状赤铁矿、法国诺曼底－昂儒地区和西班牙庞弗拉达地区奥陶纪鲕状铁矿床、联邦德国北部萨尔茨吉特－派纳地区的侏罗纪鲕状铁矿床和白垩纪砾状铁矿及混合型铁矿床。原苏联刻赤半岛和阿亚特第三纪的鲕状铁矿床、加拿大纽芬兰和美国伯明翰鲕状铁矿床、中国湘西的宁乡式铁矿也属于这种类型。

b　陆相沉积型铁矿床

这类矿床广泛分布于中新生代河湖相沉积中,一般规模不大,品位也较低。矿石矿物以褐铁矿和菱铁矿为主。国外这种类型的铁矿床比较重要的有原苏联俄罗斯地区的图拉和列佩茨克菱铁矿－褐铁矿矿床、东外贝加尔湖相沉积中的别列佐夫矿床、哈萨克斯坦河相沉积中的利萨夫铁矿床等。中国山西、四川等地也有沼泽相的沉积铁矿产出。

1.1.2　主要铁矿物及脉石矿物的性质

铁元素在地球上分布极广,平均含量为5.1%,仅次于氧、硅、铝元素。铁元素具有很高的化学活性,能与其他元素生成众多的天然化合物。

铁矿物种类繁多,目前已发现的铁矿物和含铁矿物约300余种,其中常见的有170余种,作为炼铁原料的铁矿物只有十几种。主要铁矿物及与之伴生的脉石矿物的物理化学性质见表1-4。

表 1-4　主要铁矿物及脉石矿物的物理化学性质

种类	类别	矿物	成分	含铁量/%	密度/(g·cm⁻³)	比磁化系数/(cm³·g⁻¹)	比导电度	莫氏硬度
磁性铁矿物	磁铁矿	磁铁矿	Fe_3O_4	72.4	4.9~5.2	$>8000\times10^{-6}$	2.78	5.5~6.5
		钛磁铁矿						
		磁赤铁矿					2.23	
弱磁性矿物	无水赤铁矿	赤铁矿	Fe_2O_3	70.1	4.8~5.3	$40\times10^{-6}\sim200\times10^{-6}$		5.5~6.5
		镜铁矿	Fe_2O_3	70.1	4.8~5.3	$200\times10^{-6}\sim300\times10^{-6}$		5.5~6.5
		假象赤铁矿	$nFeO\cdot mFe_2O_3$（$n\leqslant m$）	约70	4.8~5.3	$500\times10^{-6}\sim1000\times10^{-6}$	3.06	
	含水赤铁矿、菱铁矿	水赤铁矿	$2Fe_2O_3\cdot H_2O$	66.1	4.0~5.0			
		针铁矿	$Fe_2O_3\cdot H_2O$	62.9	4.0~4.5			
		水针铁矿	$3Fe_2O_3\cdot 4H_2O$	60.9	3.0~4.4			1~5.5
		褐铁矿	$2Fe_2O_3\cdot 3H_2O$	60	3.0~4.2	$20\times10^{-6}\sim80\times10^{-6}$		
		黄针铁矿	$Fe_2O_3\cdot 2H_2O$	57.2	3.0~4.0			
		黄褐铁矿	$Fe_2O_3\cdot 3H_2O$	52.2	2.5~4.0			
		菱铁矿	$FeCO_3$	48.2	3.8~3.9	$40\times10^{-6}\sim100\times10^{-6}$	2.56	3.5~4.5
硫化矿		黄铁矿	FeS_2	47.5		$7.5\times10^{-6}\sim47\times10^{-6}$	2.78	6~6.5
		磁黄铁矿	Fe_xS_{x+1}			4500×10^{-6}		3.5~4.5
脉石矿物		黑云母	$(H,K)_2(Mg,Fe,Mn)_2Al_2(SiO_4)_3$	约20	2.7~3.1	40×10^{-6}	1.73	2.5~3.0
		石榴石	$(Ca,Mg,Fe,Mn)_3(Al,Fe,Mn,Cr,Ti)_2(SiO_4)_4$	约22	3.1~4.3	63×10^{-6}	6.48	5.5~7.0
		辉石	$(Ca,Mg,Fe^{2+},Fe^{3+},Ti,Al)_2[(Si,Al)_2O_6]$	约11	3.2~3.6		2.17	5~6
		角闪石	$(Ca,Mg,Al,Fe,Mn,Na_2,K_2)SiO_2$	约24	2.9~3.4			5~6
		阳起石	$Ca(Mg,Fe)_3(SiO_2)_4$	约28.8	3~3.2			5~6
		绿帘石	$Ca(Al,Fe)(OH)(SiO_4)_2$	约15	3.25~3.45			6~7
		橄榄石	$(Mg,Fe)_2SiO_4$	约44.6	3.3		3.28	6.6~7
		石英	SiO_2		2.65	10×10^{-6}	3~5.3	7
		方解石	$CaCO_3$		2.7		3.9	3
		白云石	$(Ca,Mg)CO_3$		2.8~2.9		2.95	3.5~4
		磷灰石	$Ca_5(PO_4)_3(F,Cl,OH)$		3.2	18×10^{-6}	4.18	5

1.1.3　铁矿石用途

铁是世界上发现最早、利用最广、用量也是最多的一种金属,其消耗量约占金属总消耗量的95%。铁矿石主要用于钢铁工业,冶炼含碳量不同的生铁和钢。生铁通常按用途不同分为炼钢生铁、铸造生铁、合金生铁。钢按组成元素不同分为碳素钢、合金钢。合金钢是在碳素钢的基础上,为改善或获得某些性能而有意加入适量的一种或多种元素的钢,加入钢中的元素种类很多,主要有铬、锰、钒、钛、镍、钼、硅。此外,铁矿石还用于作合成氨的催化剂(纯磁铁矿),天然矿物颜料(赤铁矿、镜铁矿、褐铁矿)、饲料添加剂(磁铁矿、赤铁矿、褐铁矿)和名贵药石(磁石)等,但用量很少。钢铁制品广泛用于国民经济各部门和人民生活各个方面,是社会生产和公众生活所必需的基本材料。自从19世纪中期发明转炉炼钢法逐步形成钢铁工业大生产以来,钢铁一直是最重要的功能性结构材料,在国民经济中占有极重要的地位,是社会发展的重要支柱产业,是现代化工业最重要和应用最多的金属材料。所以,人们常把钢材的产量、品种、质量作为衡量一个国家工业、农业、国防和科学技术发展水平的重要标志。

1.1.4　铁矿石工业标准

1.1.4.1　铁矿石碱度划分标准

碱性矿石:$(CaO + MgO)/(SiO_2 + Al_2O_3) > 1.2$;

自熔性矿石:$(CaO + MgO)/(SiO_2 + Al_2O_3) = 0.8 \sim 1.2$;

半自熔性矿石:$(CaO + MgO)/(SiO_2 + Al_2O_3) = 0.5 \sim 0.8$;

酸性矿石:$(CaO + MgO)/(SiO_2 + Al_2O_3) < 0.5$。

1.1.4.2　炼铁用铁矿石品级划分标准

炼铁用铁矿石品级划分标准见表1-5及表1-6;

表1-5　直接用于炼钢的矿石质量要求(适用于磁铁矿石、赤铁矿石、褐铁矿石)　　(%)

化学组分品级	TFe	SiO$_2$	S	P
特级品	≥68	≤4	≤0.1	≤0.1
一级品	≥64	≤8	≤0.1	≤0.1
二级品	≥60	≤11	≤0.1	≤0.1
三级品	≥57	≤12	≤0.15	≤0.15
四级品	≥55	≤13	≤0.2	≤0.15
	≥50	≤10	≤0.2	≤0.15

注:其他杂质含量要求:$w(Cu) \leq 0.2\%$,$w(As) \leq 0.1\%$。

表1-6　直接用于高炉炼铁用铁矿石质量要求表(适用于各种铁矿石类型块矿)　　(%)

化学组分品级	TFe	SiO$_2$	S			P		
			Ⅰ组	Ⅱ组	Ⅲ组	Ⅰ组	Ⅱ组	Ⅲ组
一级品	≥58	≤12	≤0.1	≤0.3	≤0.5	≤0.2	≤0.5	≤0.9
二级品	≥55	≤14	≤0.1	≤0.3	≤0.5	≤0.2	≤0.5	≤0.9
三级品	≥50	≤17	≤0.1	≤0.3	≤0.5	≤0.2	≤0.5	≤0.9
四级品	≥45	≤18	≤0.1	≤0.3	≤0.5	≤0.2	≤0.5	≤0.9

酸性转炉炼钢用铁矿石: $w(P) \leqslant 0.03\%$;

碱性平炉炼钢用铁矿石: $w(P) 0.03\% \sim 0.18\%$;

碱性侧吹转炉炼钢用铁矿石: $w(P) 0.2\% \sim 0.8\%$;

托马斯用铁矿石: $w(P) 0.8\% \sim 1.2\%$;

普通铸造用铁矿石: $w(P) 0.05\% \sim 0.15\%$;

高磷铸造用铁矿石: $w(P) 0.15\% \sim 0.6\%$ 。

1.1.4.3　需选矿处理铁矿石

对于含铁量较低或含铁量虽高但有害杂质含量超过规定要求的矿石或含伴生有益组分的铁矿石,均需进行选矿处理,选出的铁精粉经配料烧结或球团处理后才能入炉冶炼。需经选矿处理的铁矿石要求见表 1 - 7。

表 1 - 7　需经选矿处理的铁矿石要求

矿石类型	TFe/%		备　注
	边界品位	块段平均品位	
磁铁矿	$\geqslant 20 \sim 25$	$\geqslant 25 \sim 30$	硅酸盐中铁含量大于 $2\% \sim 3\%$ 时,相应提高 TFe 品位要求
赤铁矿	$\geqslant 20 \sim 25$	$\geqslant 30$	
菱铁矿	$\geqslant 18 \sim 20$	$\geqslant 25$	
褐铁矿	$\geqslant 20$	$\geqslant 30$	

1.1.5　铁精矿质量标准

铁精矿质量标准见表 1 - 8。

表 1 - 8　铁精矿质量标准

铁精矿类型			磁铁精矿				赤铁精矿				攀西式钒钛磁铁精矿	包头式多金属精矿
品级代号		C67	C65	C63	C60	H65	H62	H59	H55	P51	B57
TFe 不小于/%		67	65	63	60	65	62	59	55	51	57
TFe 允许波动范围/%	I 类	$+1.0 \sim -0.5$				$+1.0 \sim -0.5$				± 0.5	± 1.0
	II 类	$+1.5 \sim -1.0$				$+1.5 \sim -1.0$					
杂质不大于/%	SiO_2 I 类	3	4	5	7	—	—	12	12	—	—
	SiO_2 II 类	6	8	10	13	8	10	13	15		
	S I 类	$0.1 \sim 0.19$				$0.1 \sim 0.19$				< 0.6	< 0.5
	S II 类	$0.2 \sim 0.4$				$0.2 \sim 0.4$					
	P I 类	$0.05 \sim 0.09$				$0.08 \sim 0.19$					< 0.3
	P II 类	$0.1 \sim 0.3$				$0.20 \sim 0.40$					
	Cu	$0.10 \sim 0.2$				$0.10 \sim 0.2$					
	Pb	0.10				0.10					

铁精矿类型		磁铁精矿	赤铁精矿	攀西式钒钛磁铁精矿	包头式多金属精矿
杂质不大于/%	Zn	0.10~0.20	0.10~0.20		
	Sn	0.08	0.08		
	As	0.04~0.07	0.04~0.07		
	TiO$_2$			<13	
	F				<2.5
	Na$_2$O + K$_2$O	0.25	0.25		0.25
水分不大于/%	Ⅰ类	10	11	10	11
	Ⅱ类	11	12		

1.1.6　世界铁矿资源

据美国地质调查所 2006 年公布世界铁矿石储量为 1600 亿吨,基础储量为 3700 亿吨;铁金属储量为 790 亿吨,铁金属基础储量为 1800 亿吨。

2006 年世界铁矿石储量和基础储量见表 1 - 9。

表 1 - 9　2006 年世界铁矿石储量和基础储量　　　　　　　　　　（亿吨）

国家、地区	铁矿石储量		资源储量(铁金属)	
	储　量	基础储量	储　量	基础储量
巴西	230	610	160	410
俄罗斯	250	560	140	310
澳大利亚	150	400	89	250
乌克兰	300	680	90	200
中国	210	460	70	150
哈萨克斯坦	83	190	33	74
印度	66	98	42	62
瑞典	35	78	22	50
美国	69	150	21	46
委内瑞拉	40	60	24	36
加拿大	17	39	11	25
南非	10	23	7	15
伊朗	18	25	10	15
毛里塔尼亚	7	15	4	10
墨西哥	7	15	4	9
其他	108	297	63	138
全球合计	1600	3700	790	1800

世界铁矿资源特点为:

(1)集中在少数国家和地区,集中度高,俄罗斯、乌克兰、澳大利亚、巴西、哈萨克斯坦和中国6个国家铁矿石储量占世界总储量的76.4%。资源集中的地区也正是当今世界铁矿石的集中生产区。

(2)从成因类型上看,沉积变质型铁矿床居多,其储量估计占60%,其他类型铁矿床少。

(3)南半球富铁矿多,北半球富铁矿少。巴西、澳大利亚和南非都位于南半球,其铁矿石品位高,质量好。世界铁矿平均品位44%,澳大利亚赤铁富矿含铁56%~63%,成品矿粉矿含铁一般62%,块矿含铁一般能达到64%。巴西矿含铁品位53%~57%,成品矿粉一般含铁65%~66%,块矿含铁64%~67%。

1.1.7　中国铁矿资源

截至2008年底,全国铁矿查明资源储量为623.78亿吨,其中基础储量为226.40亿吨,资源量397.38亿吨,我国铁矿查明资源储量绝大部分为贫矿,富铁矿查明资源储量仅有9.52亿吨,占全部铁矿查明资源储量的1.5%。

我国铁矿查明资源储量主要分布在辽宁、四川、河北、安徽、山西、云南、山东、内蒙古,8个省区合计473.65亿吨,占全国查明资源总储量的75.9%。大型和超大型铁矿区主要有:辽宁鞍山-本溪铁矿区、冀东-北京铁矿区、河北邯郸-邢台铁矿区、山西灵丘平型关铁矿、山西五台-岚县铁矿区、内蒙古包头-白云鄂博稀土铁矿、山东鲁中铁矿区、宁芜-庐纵铁矿区、安徽霍邱铁矿、湖北鄂东铁矿区、江西新余-吉安铁矿区、福建闽南铁矿区、海南石碌铁矿、四川攀枝花-西昌钒钛磁铁矿、云南滇中铁矿区、云南大勐龙铁矿、陕西略阳鱼洞子铁矿、甘肃红山铁矿、甘肃镜铁山铁矿、新疆哈密天湖铁矿等。

截至2008年底,全国已开发利用的铁矿区1386处,查明资源储量235.53亿吨,其中基础储量127.59亿吨,已开发利用的矿区查明资源储量占全部铁矿查明资源储量的37.8%。

我国铁矿资源特点:

(1)矿石储量大、品位低、贫矿多。按铁矿资源储量,我国居世界第五位。但矿石含铁品位平均只有33%,贫矿石占全部矿石储量98.5%。绝大部分铁矿石须经过选矿富集后才能使用。

(2)分布广而又相对集中。除天津市等个别地区外,绝大部分省(市、自治区)都拥有铁矿储量,但又相对集中于河北、四川和辽宁三省之内,这三省铁矿石资源储量占全国总储量的39.47%。全国有六个储量在10亿吨以上的大矿区:鞍本、冀东、攀西、五台-岚县、白云鄂博和宁芜矿区,合计储量占全国储量的53%。依靠六大矿区为原料基地建设了鞍钢、本钢、首钢、唐钢、攀钢、太钢、包钢、马钢和梅山等大型钢铁联合企业,形成了我国钢铁工业以自产矿为主的企业分布的基本格局。

(3)矿床类型多,矿石类型复杂。世界已有的铁矿类型,中国都已发现。具有工业价值的矿床类型主要是鞍山式沉积变质型铁矿、攀枝花式岩浆型钒钛磁铁矿、大冶式矽卡岩型铁矿、梅山式火山岩型铁矿和白云鄂博热液型稀土铁矿。

(4)多组分共(伴)生铁矿石所占比重大。多组分共(伴)生铁矿石储量约占总储量的三分之一。涉及的大中型铁矿区如攀枝花、大庙、白云鄂博、大冶、铜绿山、翠宏山、谢尔塔拉、大宝山、大顶、黄冈、温泉沟等矿区,主要共(伴)生组分有钒、钛、稀土、铌、铜、锡、钼、铅、锌、钴、金、铀、硼和硫等。

1.1.8　世界铁矿石生产与销售

世界商品铁矿石生产主要在巴西、澳大利亚、印度和南非等国,集中全球四大铁矿石供应商力拓(Rio tinto)、必和必拓(BHP billion)、淡水河谷(CVRD)、FMG。

力拓(Rio tinto):澳大利亚第一和世界第二的铁矿石生产企业,目前拥有 110 亿吨铁矿石储量,大部分资源都在澳大利亚皮尔巴拉地区。近几年,其铁矿石销售市场主要集中在亚洲地区,其中中国市场占其总销量的一半左右。

必和必拓(BHP billion):全球最大的矿产资源生产商,与力拓相比,必和必拓铁矿石产量相对较小,但铁矿石是其最赚钱的业务之一。目前,必和必拓拥有 70 亿吨左右的铁矿石储备量,97% 用于出口。与力拓一样,中国也是其最主要的铁矿石销售地。

淡水河谷(CVRD):世界最大的铁矿石生产企业,拥有 86 亿吨高品位铁矿石储量。

FMG:近年来铁矿石谈判中涌现的新生力量,其产量 100% 用于出口,中国是其最主要的销售市场,占其总出口量的比例高达 95%。值得注意的是,我国华菱钢铁集团已成功入股 FMG 公司。

1.2　铁矿石选矿技术

1.2.1　铁矿石选矿工艺技术

我国铁矿石的地质成因类型和工业类型较多,矿石中的矿物组分共生关系较复杂,但用选矿技术来处理,根据其物理、化学特性和矿物组分的特点,从选矿工艺角度出发,可将铁矿石概括为四大类:磁铁矿石、弱磁性铁矿石、混合型铁矿石、多金属共生的复合铁矿石。关于多金属共生的复合铁矿石,从铁矿物可选性而言,无异于前三类;其独特之处是伴生有相当数量的非铁金属或非金属有益矿物,成为有别于前三类的独立矿种。

1.2.1.1　磁铁矿石选矿

磁铁矿矿石是指呈磁性铁存在的铁占全铁 85% 以上的矿石。这种矿石主要是采用弱磁选法分选,对于个别较难选的矿石,为了提高精矿铁品位可以采用弱磁选—反浮选联合流程。

贫磁铁矿石是当今世界上选矿工艺加工的主要矿种。我国现有磁选厂处理的铁矿石主要是鞍山式贫磁铁矿石,例如鞍山、本溪、迁安等矿区的矿石。矿石的主要特点是:原矿铁品位较低,一般在 30% 左右;矿石中矿物组成简单,铁矿物以磁铁矿为主,脉石矿物以石英为主,有害杂质硫、磷含量低;铁矿物与脉石矿物的嵌布粒度不均匀;矿石呈条带状,硬度较大。

截至 2008 年,我国已建成投产的重点磁选厂年原矿处理能力已达 1.4 亿吨,年产铁精矿量 4600 万吨,其年原矿处理能力和年产精矿量均占全国重点选矿厂的 60% 以上。2008 年,重点磁选厂原矿平均铁品位 27.75%、精矿平均铁品位 66.68%、平均铁回收率 77.78%,其中指标最高的磁选厂精矿铁品位 68.64%、铁回收率 82.05%,不难看出,所产的磁铁精矿的数量和质量对促进我国钢铁工业的发展有其重要作用。

20 世纪末以来,由于我国钢铁工业迅速发展,对铁精矿需求量增加,质量要求越来越高,我国磁选厂以提质降杂、节能减排、增加经济效益为中心,进行了选矿厂设备大型化和采用高效设备的技术改造,已取得了显著的成绩。全国重点磁选厂精矿铁品位最高时已达69%以上,铁回收率80%以上,达到了世界领先水平。

综合国内外的生产实践经验,目前磁选厂工艺流程特点主要有:

(1)采用预选工艺。预选是指矿石在进入磨矿作业之前,用适宜的选矿方法预先分离出部分尾矿的选别作业。由于冶金工业的快速发展,对铁矿石的需求量越来越多,加之采矿工业的发展,采用先进的采矿方法和大型的采掘设备,使采出的矿石品位下降,贫化率增加。为了提高入磨矿石品位,节约选厂能耗,减少磨矿量,近年国内外磁选厂广泛采用预选工艺。预选工艺分为干式预选和湿式预选。

磁铁矿石干式预选,主要采用大块矿石永磁磁选机,干选矿石最大粒度一般可达350 mm,个别可达400 mm以上,抛弃的尾矿产率一般为10%~30%,提高矿石品位2~5个百分点。乌克兰中央采选公司用ВПВС-90/250单辊干式磁选机对铁矿石进行预选,原矿含全铁29.5%、磁性铁18.2%,经干式预选,抛弃产率20.5%、铁含量3.9%的尾矿。精矿磁性铁品位提高3.6%,分选机处理量300~350 t/h。我国的磁选厂干式预选分别设置在粗、中、细碎之后,或采用多次预选,创造了显著的经济效益。本钢歪头山铁矿选矿厂,在粗碎之后入自磨前,对350~0 mm的矿石采用CTDG-1516型大块矿石永磁干式磁选机预选,抛废产率12%~13%,使入磨矿石品位提高3.62个百分点,磁性铁回收率99%以上,年经济效益达1000万元以上。鞍钢弓长岭选矿厂一选车间,采用CTDG-1220N型大块矿石永磁干式磁选机对75~0 mm的中碎产品预选,原矿品位31.61%,精矿品位33.68%,尾矿产率8.73%、品位9.97%,铁回收率97.04%,年经济效益4350万元。首钢水厂选矿厂对12~0 mm的细碎产品采用C80型永磁磁滑轮,一粗一扫工艺干式预选,可丢弃产率8%~9%、品位10.50%合格尾矿,入磨矿石品位提高1~1.5个百分点。所丢弃尾矿量基本等于增加一个系统的磨矿量,为多产精矿提高精矿质量创造了有利条件。

随着选矿厂入磨矿石粒度的降低,特别是矿石中含泥、含水较高时,干式预选不能有效地排出尾矿,同时排出的尾矿中还含有一定量的磁性矿物,在此条件下,采用湿式预选可有效地排出尾矿,提高入磨矿石品位,减少磨矿量,达到节能的目的。目前湿式预选在磁选厂生产中已有应用。山东华联矿业股份有限公司第四选厂,对20~0 mm矿石采用CTY-1024湿式永磁磁选机预选,可以抛出产率8%~15%、全铁平均品位12.50%、磁性铁平均品位低于1%的尾矿,使入磨矿石品位提高4%~6%,年多产精矿粉(TFe 65%)1.5万吨,年经济效益1224万元。济南钢城矿业有限公司选矿厂对10~0 mm矿石采用DCS-1010F湿式永磁磁选机预选,可使入磨品位由54.05%提高到59.84%,抛出产率11.80%、品位11.61%的尾矿,年经济效益140万元。山东顺达铁矿选矿厂对6~0 mm(-0.074 mm 20%)的细碎产品,采用BKY-1024湿式永磁磁选机预选,可以抛出产率20.48%、品位6.19%的尾矿,精矿品位53.34%,比给矿品位提高9.65个百分点,铁回收率97.10%。

(2)多破少磨工艺。破磨作业是选矿厂必不可少的准备作业,其能耗约占选矿厂总能耗的50%~70%,其中磨矿作业的能耗占碎磨作业能耗的80%以上,降低磨矿作业能耗对降低选矿厂总能耗有重要作用。降低磨矿作业能耗的有效途径就是降低入磨矿石粒度,即多碎少磨。目前的主要措施是采用大型化、大破碎比、高效、低耗的新型破碎设备,使入磨矿石粒度降低。近年来,我国的磁选厂引进了山特维克(Sandvik)、美卓(Metso)等国外公司的液压圆锥破碎机,使入磨矿石粒度降至12(10)~0 mm,取得了明显的降低能耗的效果。太钢尖山铁矿选矿厂扩建的破碎系统全部更换为进口破碎机,6 台破碎机(中碎 2 台,细碎 4 台)由原国产的圆锥破碎机改为美卓 HP – 500 型和山特维克 CH – 880 型破碎机,破碎粒度为 – 12 mm 占 90%,使选矿厂整体产能提高 8%,小时节电 128kW。马钢南山铁矿凹山选矿厂用 HP – 500 型液压圆锥破碎机代替原短头圆锥破碎机,使入磨矿石粒度由 33 ~ 0 mm 降至 16 ~ 0 mm,一段磨矿能力提高 9.8%,年创造数百万元经济效益。鞍钢大孤山选矿厂采用 2 台 CH – 880Mc 型圆锥破碎机作中碎、4 台 CH – 880EFX 型圆锥破碎机作细碎,使入磨矿石粒度由原来 – 12 mm 50% ~ 70% 提高到 – 12 mm 94%,明显地提高了磨机的处理能力。鞍钢弓长岭选矿厂一选车间在设备大型化改造中,采用 CH – 660 和 CH880 型圆锥破碎机进行中、细碎,使入磨矿石粒度由 20 ~ 0 mm 降低至 12 ~ 0 mm 90%。

采用高压辊磨机也是降低入磨矿石粒度的有效措施。它是利用层压破碎工作原理,能量利用率高,矿石粉碎能耗一般为 0.8 ~ 3.0 kW · h/t,比常规的破碎设备节能 30% 左右,系统产量提高 25% ~ 30%,目前在国内外磁选厂已有应用。智利洛斯科罗拉多斯(Loscolorados)铁矿安装 1 台德国洪堡 – 维达克(KHD Humbolde Wedag)公司的 1700/1800 型高压辊磨机,破碎 – 63.5 mm 中碎产品,排矿粒度 – 6.35 mm 80%,小于 150 μm 的粒级产率比常规破碎机多 1 倍。能耗为 0.76 ~ 1.46 kW · h/t,处理量 1680 t/h;辊面寿命 14600 h;磨矿处理量提高 27.2%,单位能耗降低 21%。

马钢南山铁矿凹山选矿厂引进 1 台德国魁伯恩(Koeppern)公司 RP630/17 – 1400 型高压辊磨机将 18 ~ 0 mm 细碎产品破碎到 3 ~ 0 mm,使选矿厂的处理能力由 550 万吨/年提高至 700 万吨/年。设备的半工业试验结果:给矿粒度 22.4 ~ 0 mm(– 3 mm 40%),闭路辊压产品 – 3 mm71%,单位能耗为 1.4 ~ 1.55 kW · h/t,辊压后物料 – 0.125 mm 邦德功指数从 11.7 kW · h/t 降至 8.54 kW · h/t,辊面寿命 10000 h。

(3)阶段磨矿、阶段选别流程。国内外贫磁铁矿石中的铁矿物和脉石矿物嵌布粒度不均匀,并且一般脉石矿物比铁矿物嵌布粒度粗。根据矿石这种特性,采用阶段磨矿、阶段选别流程是近年国内外磁选厂作为节能降耗一项有效的措施,并且得到了广泛推广应用。我国多数磁铁矿选矿厂采用两段或三段磨矿、阶段分选流程,即在各段磨矿作业之后用磁选机或脱水槽加磁选机抛出已单体解离的脉石矿物,粗精矿给入下段作业再磨再选,这样可以减少下段作业的磨选矿量,从而节约能耗,球耗减少一半以上,同时减少了铁矿物过磨,有利于提高铁回收率。本钢歪头山铁矿选矿厂在一段自磨之后(粒度 – 0.076 mm 47%)采用 CTB – 1232 型磁选机代替磁力脱水槽粗选,抛出产率 50.25%、铁品位 6.25% 的粗粒尾矿,使自磨机与二段球磨机的配置由原设计的 1∶1 变为 2∶1,创年经济效益 1600 万元。太钢峨口铁矿选矿厂在一段球磨之后(粒度 – 0.076 mm 占 43% ~ 45%),采用 CTB – 1024 型磁选机粗选,抛出产率 49.40%、铁品位 13.80% 的粗粒尾矿,一、二段球磨机的配置为 3∶2。

近年来,国内磁铁矿选矿厂在改扩建中,磨矿回路中的分级设备广泛采用旋流器、高频振动细筛等分级设备,使分级质效率达到 55% ~ 60%。

(4)应用新技术、新设备提高铁精矿品位。细筛再磨技术是提高精矿铁品位的有效途径之一。最先用于工业生产的是美国伊里(Erie)选矿厂,我国在 20 世纪 70 年代首先在鞍钢大孤山选矿厂应用,使精矿铁品位由 62% 提高至 65%,而后在我国磁选厂得到了推广应用。当时使用的细筛设备为尼龙击振细筛,筛分效率较低,目前广泛采用 MVS 型高频振网筛,德瑞克(Derrick)高频细筛,GPS 型高频振动细筛等。细筛作为精矿筛分设备,主要作用是筛出磁选精矿中粗粒贫连生体,对筛上产品实行再磨,以提高磁选精矿铁品位。筛上产品再磨可返回本系统再磨,也可另设一段磨矿机再磨。

湿式永磁筒式磁选机作为精选设备时,由于物料的磁团聚而产生的机械夹杂和磁性夹杂,难以获得高品位的铁精矿。2000年以来,国内研制出多种选别磁铁矿石的精选设备,例如:磁团聚重选机、磁选柱、低场强脉动磁选机、闪烁磁场精选机,磁场筛选机、螺旋磁选柱、复合磁场精选机、螺旋旋转磁场磁选机、磁重分选器、低磁场自重介质分选机等。这些设备可有效地分散物料的磁团聚,排出其中夹杂的贫连生体和脉石矿物,提高铁精矿品位。

磁选柱是目前应用较多的精选设备,它可以使磁选精矿铁品位提高2~4个百分点。本钢南芬选矿厂应用 CXZ60 - φ600 磁选柱分选磁选精矿,在给矿铁品位65.85%时,获得精矿产率90.11%、铁品位68.52%、铁回收率93.77%的技术指标,尾矿返回系统再磨。闪烁磁场精选机是在磁团聚重选机基础上研制成功的设备。在首钢水厂磁选厂全面应用后,在给矿铁品位60.91%时,获得精矿产率91.10%、铁品位65.74%、铁回收率98.32%,尾矿铁品位11.47%的技术指标,年实现经济效益224万元。庙沟选矿厂在工艺流程改造时应用了两段磁场筛选机,一段磁场筛选机给矿铁品位53.47%、精矿铁品位60.86%,铁回收率91.51%;二段磁场筛选机给矿铁品位60.86%,精矿铁品位66.04%,铁回收率91.91%。由于应用磁场筛选机使选矿厂最终精矿铁品位由原来的63.50%提高到65%以上,原矿处理能力提高15%以上,产生了明显的经济效益。

反浮选技术是提高磁选精矿铁品位的另一有效方法。美国、加拿大等国采用阳离子反浮选技术,使磁铁精矿品位提高到68%~69%。我国太钢尖山铁矿选矿厂采用阴离子反浮选技术,使铁精矿品位由65%提高到69%以上,二氧化硅含量由8%降至4%以下,反浮选作业回收率98%。鞍钢弓长岭选矿厂采用阳离子反浮选技术,使磁铁精矿品位由65%提高至69%以上,二氧化硅含量降至4%以下,反浮选作业回收率98%以上。

(5) 扩展入选矿石范围,提高资源利用率。由于选矿技术的发展和市场对铁精粉需求量的增加,以及铁精矿价格的上涨,使得以前不可入选的磁铁矿石,在目前可以进行选别,扩展了入选矿石范围,提高了资源利用率。

1) 极贫磁铁矿石选矿。我国极贫磁铁矿石(一般指矿石中 TFe≤20%)储量丰富,处理这种矿石的关键技术是采用高效破碎设备,尽量降低破碎粒度,实现多碎少磨;在入磨前采用合理有效地预选技术,大幅度提高入磨矿石品位,减少入磨矿量。例如:马钢南山铁矿凹山选矿厂采用高压辊磨—磁选预选抛尾一阶段磨选流程处理极贫矿石。在原矿铁品位19%~23%时,高压辊磨闭路破碎产品粒度3~0 mm,湿式磁选预选抛出产率50%的合格尾矿,入磨矿石品位提高到41%~45%,经阶段磨选,最终精矿铁品位达到64%以上,铁回收率73%以上。河北涞源鑫鑫铁矿选矿厂处理全铁品位13%,其中磁性铁品位6.62%的极贫磁铁矿石,采用三段一闭路破碎、三次干式磁选预选一阶段磨选流程,抛出产率69%、全铁品位8%的合格尾矿,入磨矿石品位提高到26%,最终精矿全铁品位66%,全铁回收率50%,磁性铁回收率94%,吨精矿生产成本195元。

2) 微细粒嵌布贫磁铁矿选矿。随着易选贫磁铁矿石量的减少,微细粒嵌布的贫磁铁矿石的开发利用受到重视,这类矿石中的铁矿物单体解离度一般在0.030 mm以下。选别这类矿石的方法是采用阶段磨矿,最终磨矿细度要达到铁矿物较充分的单体解离,多数选矿厂采用弱磁选—反浮选联合流程。例如:美国的恩派尔(Eupire)选矿厂采用阶段磨矿,最终磨

矿细度达到 -0.025 mm 91% ~93%,采用弱磁选—阳离子反浮选流程,在原矿铁品位33% ~34%时,精矿铁品位66%,全铁回收率68%,磁性铁回收率93%。我国在建的本钢贾家堡子铁矿选矿厂,连选试验采用三段阶段磨矿,最终磨矿细度 -0.043 mm 80%,采用弱磁选—阴离子反浮选流程,在干选粗精矿铁品位26.91%时,精矿铁品位65.74%,铁回收率75.66%;当采用单一弱磁选流程,三段阶段磨矿,最终磨矿细度 -0.030 mm 95%时,干选粗精矿铁品位26.51%,精矿铁品位65.53%,铁回收率76.91%。

3)选矿厂尾矿再选、从排土场岩矿中回收磁铁矿石再选。为提高资源利用率,从选矿厂的尾矿、排土场岩矿中回收磁铁矿石再选在我国首钢、鞍钢、本钢、马钢等磁选厂均有生产实践。1990 年本钢歪头山铁矿建成尾矿再选厂,采用盘式回收机粗选—粗精矿再磨再选工艺流程,从铁品位7.62%的尾矿中,获得铁品位65%以上的精矿,年产量为6 万吨,年经济效益460 万元。鞍钢大孤山选矿厂采用大块矿石干式磁选机从含铁11%的排土场岩矿中回收含铁27%磁铁矿石,经过再磨再选获得含铁67%的精矿。2006 年至2008 年共回收磁铁矿石167 万吨,产精矿47 万吨,总经济效益2 亿多元。

4)砂矿选矿。砂矿是指部分风化、沉积多年的河砂矿及海滨砂矿。风化矿在我国的河北、山东、内蒙古、新疆等省和自治区内有较丰富的资源,安徽大别山麓的河床地段蕴藏有丰富的河砂矿资源。含有磁铁矿或钛磁铁矿的海滨砂矿在菲律宾、印度尼西亚、马来西亚等国的沿海分布广泛。近年来,由于钢铁工业对铁精矿需求量的增加以及铁精矿价格的上涨等因素,采用选矿方法开发利用砂矿资源发展较快。砂矿一般含矿量少、铁品位低,目前通常的选矿工艺流程分为两个阶段,第一个阶段是在采砂船上粗选,获得粗精矿,第二个阶段是在固定的选矿厂进行粗精矿精选,获得最终精矿。例如:新疆南疆地区某公司处理极贫磁铁矿砂矿,首先在采砂船上同时完成挖掘、筛分除渣,筛下产品经 CTZ 中场强永磁干选一粗一精选别,获得铁品位30%左右的粗精矿;粗精矿在固定选矿厂经一段磨矿、二段湿式磁选,获得最终精矿。山东沂水县道托及山东潍坊临朐大关附近极贫磁铁矿风化矿,原矿全铁品位6% ~9%、磁性铁品位2% ~5%,首先在采砂船上进行干选,可将粗精矿全铁品位提高至近20%,然后经磨矿—磁选,可获得全铁品位66% ~68%的精矿。国内公司在菲律宾、印度尼西亚等国选别海滨砂矿选矿厂较多,其中在菲律宾吕宋岛的某公司砂矿选矿厂,原矿处理量60 万吨/年,在采砂船上经筛分、两段磁选,将铁品位25% ~30%的原矿富集到铁品位52% ~53%,而后在固定选矿厂经螺旋选矿机选别,获得铁品位59% ~60%的精矿,精矿年产量15 万吨。香港兆亮有限公司在印度尼西亚苏门答腊岛朋古鲁建有一座原矿处理量240 万吨/年的砂矿选矿厂,在采砂船上经筛分湿式磁选,获得铁品位28%左右的粗精矿,粗精矿在固定选矿厂经筛分一粗一精湿式磁选,获得铁品位62% ~63%的最终精矿,精矿年产量60 万吨。

5)应用干磨干选工艺。为了开发利用干旱缺水地区的磁铁矿石资源,目前已有采用干磨干选工艺的生产实践。例如:内蒙古自治区额济纳旗地区干选厂,原矿处理能力180 万吨/年,处理铁品位12% ~13%的极贫磁铁矿石。原矿采用三段闭路破碎后,粒度13~0 mm,给入筛式磁选机干式预选,可抛出产率67%左右的尾矿,粗精矿品位提高到30%左右。将粗精矿给入干式球磨机磨至 -0.046 mm(-300 目)60%,采用风动流态化重力磁选、筛式磁选、脉动磁选三段选别,获得精矿品位63%以上,铁回收率55%以上,尾矿磁性铁含量小于2%。除尘系统采用高效脉冲高压除尘器,除尘设备效率达99%;生产过程采用 DCS 全自动控制。内蒙古自治区乌拉特前旗干选厂,设计原矿处理能力 200 万吨/年,目前原矿处理能力 150 万吨/年,处理铁品位 9% ~12% 的极贫磁铁矿石。原矿经破碎筛分后,粒度 12~0 mm,采用干式预选,可使粗精矿品位提高至 16% ~18%,给入干式球磨机磨至 -0.074 mm 35% ~40%,通过五段干式离心磁选机选别,获得精矿品位 62% 以上,铁回收率 60% 左右。除尘系统采用布袋除尘器,除尘效果良好。

(6) 应用大型设备。应用大型设备是选矿厂扩大生产规模,节能降耗、降低生产成本的有效措施。磁选厂所采用的磨选设备已逐步大型化。鞍钢弓长岭选矿厂一选车间原设计原矿处理能力 560 万吨/年,一、二段磨矿采用 ϕ2.7 m×3.6 m 球磨机各 15 台,扩产改造后,原矿处理能力达到 1200 万吨/年(入磨原矿 1085 万吨/年),一、二段磨矿分别采用 5 台 ϕ5.03 m×6.70 m 和 5 台 ϕ4.00 m×7.50 m 球磨机。

我国磁选厂在 20 世纪 70 年代,所采用的湿式(半)自磨机普遍是 ϕ5.50 m×1.80 m (半)自磨机。为了适应选矿厂生产规模的扩大,进一步简化破磨流程,目前在生产中已应用 ϕ8.53 m×3.96 m 和 ϕ8.53 m×4.27 m 的湿式半自磨机,在凌钢保国铁矿选矿厂应用 ϕ8.00 m×2.80 m 湿式自磨机,设计处理能力 282 t/h,给矿粒度 700~0 mm,排矿粒度 -0.074 mm 40%。即将要投产的中信泰富澳大利亚 Sino 铁矿磁选厂采用当今世界上最大的 ϕ12.19 m×10.97 m 的湿式自磨机。

目前最大规格的大块矿石永磁干式预选机为 CTDG -1527,筒径×筒长 =1500 mm× 2700 mm,筒表磁场强度 398 kA/m,处理能力 5000 t/h,给矿上限粒度为 400 mm,已在首钢水厂铁矿排土场应用,每天可从排岩中回收 2000 t 铁品位 25% 的磁铁矿石,创效益 20 万元。

磁选厂主要的选别设备湿式永磁磁选机已由筒径 ϕ1050 mm 系列扩大到 ϕ1200 mm 和 ϕ1500 mm 系列,目前生产中普遍采用的是 ϕ1200 mm×3000 mm 湿式永磁磁选机。为了强化微细粒级磁铁矿的回收,T-GCT1230 湿式永磁磁选机扫选区的磁场强度已达 318 kA/m。

磁铁精矿反浮选的专用浮选机普遍采用 BF-T20 型浮选机,槽容为 20 m^3。

(7) 磁铁矿石选矿原则流程。磁铁矿石选矿原则流程如图 1-1~图 1-4 所示。

图 1-1 是两段阶段磨选流程。为提高精矿品位可对精矿再用细筛分级,筛上返回二段磨矿称之为两段阶段磨选-细筛自循环再磨流程。适用于嵌布粒度较粗些的矿石及二段磨矿尚有些富余磨矿能力的条件。

图 1-2 是两段阶段磨选—细筛再磨流程,适用于嵌布粒度较细的矿石,细筛筛上另设磨机再磨。

图 1-3 带有弱磁精选设备(磁选柱等)的两段阶段磨选—细筛再磨流程。可以获得比图 1-2 更高品位的精矿。

图 1-4 是三段阶段磨选,弱磁选—反浮选联合流程,适用于嵌布粒度细的矿石,并可获得高品位精矿。为了减少反浮选作业矿量,将磁选精矿用弱磁选精选设备(如磁选柱)精选获得部分高品位磁选精矿,对其难选中矿用反浮选方法获得高品位浮选精矿,两种精矿合并为最终精矿。

1.2.1.2 弱磁性铁矿石的选矿

按照我国地质分类标准划分的氧化铁矿石(TFe/FeO >3.5),即弱磁性铁矿石,在实际应用中,这种表述对某些含有其他两价铁的铁矿石(如 FeCO$_3$)往往不准确。确切地讲应是铁矿石中的赤铁矿、假象赤铁矿、菱铁矿、褐铁矿等矿物的铁含量总和占矿石含铁量 85% 以

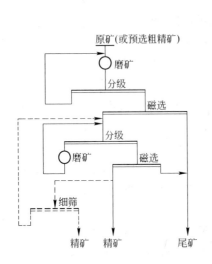

图1-1 磁铁矿选矿原则流程图(一)

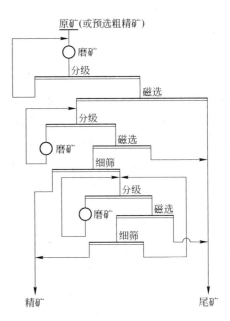

图1-2 磁铁矿选矿原则流程图(二)

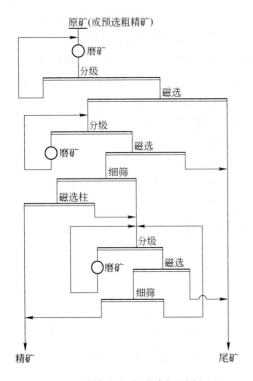

图1-3 磁铁矿选矿原则流程图(三)

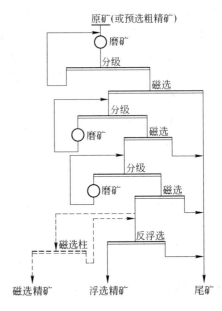

图1-4 磁铁矿选矿原则流程图(四)

上,且磁铁矿含量其少,这种铁矿石才称之为弱磁性铁矿石。

过去因为技术及生产成本的原因,此类矿石开发利用较少,如今,伴随我国工业化、城镇化进程的不断推进,钢铁业迅速发展,国民经济对钢铁的需求量不断增加,相应地对铁矿石需求量也在大幅上升,从而给我国铁矿石的生产带来了巨大的压力,致使钢铁行业对进口铁矿石的依存度逐年递增。2008 年、2009 年我国铁矿石原矿产量分别为 8.24 亿吨与 8.89 亿吨,进口成品铁矿石产量分别为 4.437 亿吨与 6.278 亿吨,2009 年较 2008 年进口量增加 18433 万吨,同比增长 41.5% 。铁矿石作为国民经济发展的基础原料之一,在我国目前工业化全面发展的时期,正处于高消耗的状态,富铁矿和易选的磁铁矿石储量日趋枯竭,弱磁性铁矿石业已成为钢铁工业发展中必须开发利用的另一支柱性矿物原料。

弱磁性铁矿石的工业开发利用,通常都要经选矿加工处理,按其铁矿物嵌布粒度不同,采用不同的选矿工艺流程。

A　粗粒嵌布的弱磁性铁矿石

粗粒弱磁性矿石是指有用铁矿物嵌布粒度在 2 mm 以上的铁矿石,主要采用重选和强磁选两种基本方法来分选。其中重选主要采用重介质分选、跳汰分选和螺旋分选;磁选主要采用永磁滚筒式强磁选机分选。

国外富铁矿资源较多,粗粒选矿主要是将原矿品位已较高的富矿分级后重选,进一步提高产品质量。而以“贫、细、杂、散”为主要特点的我国铁矿资源中,很少见有粗粒嵌布的铁矿石,国内粗粒选矿实际上是针对难处理的富菱铁矿、褐铁矿,通过简单的筛洗,脱除矿泥,将品位提高 2~5 个百分点后销售。

a　重选

重力选矿简称重选。重选也是选别弱磁性铁矿石的重要选矿方法之一,一般可分为重介质选矿、跳汰选矿、摇床选矿和溜槽选矿。因其设备简单、造价低、动力消耗少、生产中不需要化学试剂,早年曾受到国内外重视,用以选别粗粒富赤铁矿、假象赤铁矿、褐铁矿和菱铁矿,但常有入选矿物比重悬殊大,回收率低,尾矿品位高的问题。因资源浪费严重,不易获得好的结果,已逐渐为其他方法所取代。

重介质选矿是利用密度大且易于再生的固体(如硅铁、磁铁矿、方铅矿)的微细粒子和水混合配成密度可调的重悬浮液作为选分介质,密度大于介质密度的矿粒下沉,小于介质密度的矿粒上浮而得到分选。梅山铁矿曾采用过重介质振动槽用于处理粗粒铁矿,精矿品位提高了 2%~8%,提高了经济指标。但重介质振动槽耗水量大,重介质旋流器和重介质涡流器内壁磨损也非常严重。

跳汰机选矿是利用箱体内垂直上下交替流动的介质流,使水介质中的矿石受到重力、沉降力、浮力和惯性力等的联合作用,矿粒床层交替松散及下降而发生轻重颗粒分层,从而达到分选的目的。海南钢铁公司采用了 2 台国产大粒度跳汰机,用于处理 -10 mm 铁矿石,在原矿品位 47% 时,精矿品位可提高到 49% 左右。跳汰机用于粗粒弱磁性矿石的预选,可取代重介质振动槽,但由于其振动幅度过大,磨损快,操作困难,耗水量大等缺点,因此难以获得较好的生产技术指标。

螺旋选矿机是由垂直轴线的螺旋形槽体构成的流膜重选设备,矿浆在这种设备上做回转流动,矿粒受到重力、离心力、摩擦力和斜面水流产生的复合作用力等联合作用,使矿粒形成按密度分层,而且沿槽子的径向发生按密度的分带,从而达到选别的目的。螺旋槽的横断面一般采用曲率半径较大的抛物线或椭圆形(长轴与短轴之比为 2),槽底的曲率半径较大,矿粒分布较宽,轻重矿物的分离现象显著,较能适应操作条件的变化。螺旋选矿机的最大给矿粒度允许到 12 mm,但其中重矿物颗粒则不宜超过 2 mm,有效回收粒度范围是 7~

0.075 mm,最低可到 0.04 mm。

螺旋选矿机适合处理冲积砂矿,尤其适合于有用矿物单体解离度高而且呈扁平状者。对于残积、坡积砂矿连生体多者,则回收率较低。另外,对于处理含泥较高的矿石,会降低精矿质量,所以要求脱泥和分级后进入螺旋选矿机。螺旋选矿机一般作为粗选设备,可以抛弃大部分尾矿而得到粗精矿。其缺点是对片状矿石的富集比不及摇床和溜槽高,其本身的参数不易调节以适应给矿性质的变化。

螺旋选矿机在加拿大、美国和新西兰等国家曾大量用于选别砂铁矿石。在我国多用于中粒红铁矿选矿。

南非库博公司锡兴铁矿选矿厂处理的矿石主要为赤铁矿,目前生产能力 2800 万吨/年,原矿品位为 55% ~ 60%,矿石破碎后筛分成 90 ~ 25 mm、25 ~ 8 mm、8 ~ 5 mm、5 ~ 0.2 mm、0.2 mm ~ 0 五个级别,90 ~ 25 mm、25 ~ 8 mm 的块矿采用直径 3m 的鼓形 Wemco 重介质选矿机分选,用喷雾硅铁做分选介质,分选浓度控制在 3.6% ~ 3.9% 之间,最终块矿产品铁品位为 66%。粒度 25 ~ 8 mm、5 ~ 0.2 mm、0.2 ~ 0 mm 的粉矿采用重介质旋流器分选,同样采用喷雾硅铁做分选介质,重介质旋流器给矿密度保持在 3.3 ~ 3.8 t/m³,最终获得的粉矿铁品位为 65%。

巴西费尔特科矿产公司法布里卡铁矿主要由富含铁层和石英的交错岩层组成,主要矿物是赤铁矿,另外有少量磁铁矿、褐铁矿,Al_2O_3 和 P 含量较高。选矿厂处理铁矿原矿品位约为 39%,经破碎和螺旋分级后产生的粒度为 - 8 + 0.1 mm 的粉矿,筛分后划分为 - 8 + 1.5 mm 与 - 1.5 + 0.1 mm 两级, - 8 + 1.5 mm 送跳汰机, - 1.5 + 0.1 mm 级由泵送入螺旋选矿机进行粗选和精选,经跳汰机和螺旋选矿机选出的精矿经混合后堆存,作为烧结粉矿外运,最终精矿品位达到 68%。

澳大利亚 Hamersley 公司汤姆普斯赖选矿厂年生产能力 800 万吨,处理的矿石主要为赤铁矿,采用重介质转鼓设备选别粗粒级(31.5 ~ 6.3 mm)低品位矿,6.3 ~ 1 mm 采用水力旋流器进行重选, - 1 mm 的矿石采用湿式强磁选机工艺进行选别,选矿产品分为块矿和粉矿。当入选铁矿石品位为 58.5% 时,获得块矿品位 64.2%,粉矿品位为 62.6% 的技术指标。

b　强磁选

磁选是铁矿石选矿的最主要方法,但由于纯度非常高的大块弱磁性铁矿极少,都或多或少的有连生体存在,因此几乎没有通过粗粒强磁选得到最终精矿的例子,国内外矿山通常采用强磁选进行粗粒级预先抛尾,抛除大量尾矿以减少下一作业的处理量,从而达到节能降耗的目的。也有少数厂家通过强磁选将粗粒铁矿品位提高 2 ~ 5 个百分点后直接销售。

四川会东满银沟矿业集团的铁矿物以赤铁矿为主,其次为褐铁矿、菱铁矿、假象赤铁矿,偶见磁铁矿、钛铁矿等,脉石矿物以石英、绢云母等为主。采用 4 台 YCG - 350 mm × 1000 mm 粗粒磁辊式强磁选机预选出粒度 40 ~ 15 mm、产率为 20% 左右、铁品位大于 50% 的合格块矿,粉矿和块矿尾矿再进入磨选流程,保证最终铁精矿品位 60%,综合产品铁金属回收率大于 65%。

酒钢桦树沟矿区是镜铁山铁矿两大矿区之一,是酒钢选矿厂的主要矿石供给基地,总储量为 2.7 亿吨。主要的铁矿物为镜铁矿、菱铁矿、褐铁矿,均属弱磁性铁矿;脉石矿物为碧玉、重晶石、石英。桦树沟矿入磨铁品位为 33% 左右,为了提高选矿厂入磨矿石的品位,2002 年 8 月,桦树沟铁矿完成了年处理铁矿石 450 万吨的预选抛尾工程项目。抛尾设备采用美国奥托昆普公司提供永磁强磁选机,对 -30 +15 mm 块矿和 -15 +0 mm 粉矿分别进行抛尾。2003 年,预选精矿月产量达到 30.45 万吨,精矿品位累计为 34.7%,产量和质量指标基本达到设计指标。

湖北陈贵和灵乡两个铁矿均为赤铁矿,原矿铁品位在 50% ~56% 之间波动,原本作为成品矿使用,考虑到烧结的要求和矿石收购时品位的波动性,拟将块矿破碎至 7 ~0 mm,增设一道粗粒永磁辊式强磁选作业,以使矿石铁品位再提高 2 ~3 个百分点,并用以作为稳定收购矿石铁品位的把关工序。陈贵矿经过粗粒永磁辊式强磁选一次选别,精矿品位提高 0.7 ~1.7 个百分点,达 57.40% ~58.39%。灵乡矿原矿铁品位较低,经过粗粒永磁辊式强磁选选别,所得精矿铁品位提高 2.80 ~4.25 个百分点,最高精矿品位为 54.21%,对该矿来说,5 ~0 mm 粒级,一次选别提高 4.25 个百分点,提高幅度较大。

昆钢王家滩菱铁矿采用广义磁选机对 6 ~0 mm 原矿进行粗粒抛尾,可将菱铁矿品位由 31.45% 提高到 35.18%,粗粒抛尾效果显著。

B 中粒嵌布的弱磁性铁矿石

这类铁矿石是指铁矿物嵌布粒度为 2 ~0.2 mm 的矿石,比较易选。处理这种矿石的方法主要有重选、强磁选、重选—电选、焙烧磁选及多种方法的联合流程,其中应用较多的是重选和强磁选。例如巴西淡水河谷公司所属卡伟铁矿年处理矿石 3100 万吨,其中赤铁矿 600 万吨,铁英岩 2500 万吨,平均含铁品位 50%。铁英岩粉矿分为 3 个粒级,大于 8 mm 粒级,8 ~1 mm 粒级,小于 1 mm 粒级。大于 8 mm 粒级自然球团矿,需进行再破碎;粒度 8 ~1 mm 粒级产品,送跳汰车间选别;小于 1 mm 粒级,经水力旋流器分级脱泥后,采用高场强琼斯式强磁选机分选。产出烧结粉矿和球团粉矿两种成品矿石,最终产品质量为含铁 66.8%。

巴西费尔特科矿业公司所属法布里卡铁矿矿石类型为铁英岩以及赤铁矿和褐铁矿,原矿品位为 55.2%。经破碎筛分后分为 8 ~1.5 mm 和 1.5 ~0.1 mm 两个粒级,8 ~1.5 mm 粒级矿送跳汰机选别,1.5 ~0.1 mm 粒级由泵送入螺旋选矿机进行粗选和精选,最终得到铁精矿品位 67.7% 的选矿技术指标。

加拿大铁矿公司所属卡罗尔湖(Carol Lake)铁矿矿石类型为磁铁矿和镜铁矿,矿石平均品位为 38.4%。经过破碎、磨矿后产生的小于 1.165 mm(14 目)的产品进入螺旋选矿机进行选别,选别一共分 3 段,给入产品品位为 43% ~46%,最终产品品位为 66%。

加拿大 BloomLake 铁矿选矿厂主要处理镜铁矿和磁铁矿,目前精矿生产能力为 800 万吨/年,2013 年精矿生产能力将增加至 1600 万吨/年,原矿平均品位为 30%。矿石经破碎、自磨、筛分至 0.42 mm,经螺旋选矿机一次粗选、两次精选获得重选精矿,品位 TFe 为 66.5%;螺旋选矿机粗选尾矿(品位 TFe8%)经弱磁选—精矿再磨至 P_{80} 44 μm—弱磁选精选获得磁选精矿,品位 TFe 66% ~68%,磁性铁回收率为 95%。

C 细粒、微细粒嵌布的弱磁性铁矿石

细粒嵌布的弱磁性铁矿石系指铁矿物单体解离粒度为 0.2 ~0.030 mm 的铁矿石,微细粒嵌布的弱磁性铁矿石的铁矿物解离度一般在 0.030 mm 以下。按矿床成因,这种类型铁矿石多产于沉积变质型的铁矿床。例如美国的铁燧岩,前苏联的铁石英岩,我国的鞍山式弱磁性铁矿、酒钢镜铁山式铁矿、陕西大西沟铁矿等。在世界上已探明的弱磁性铁矿储量中,这类矿石所占比例较大;尤其是以"贫、细、杂、散"为资源特点的我国弱磁性铁矿石储量中,大部分是细粒、微细粒嵌布的弱磁性铁矿石。

　　细粒、微细粒嵌布弱磁性铁矿石通常认为是难选的铁矿石,相对而言选矿工艺复杂,加工成本较高。国内外处理这种类型铁矿石的方法有焙烧—磁选、浮选、重选、强磁选及两种或多种选矿方法的联合流程,其中应用较多的是焙烧—磁选、浮选及絮凝脱泥—反浮选等流程。

　　a　焙烧—磁选

　　焙烧—磁选是将矿石加热到一定温度后在还原气氛或中性气氛(对菱铁矿)中进行物理化学反应,使其发生相变转化成强磁性的 Fe_3O_4,再通过弱磁选的方法回收。理论和实验研究表明,弱磁性的赤铁矿、菱铁矿、褐铁矿可在较低的温度(500~800℃)下快速发生以下化学反应:

$$3FeCO_3 \xrightarrow[\text{加热}]{\text{中性气氛}} Fe_3O_4 + 2CO_2 + CO$$

$$3Fe_2O_3 + CO \xrightarrow{\text{加热}} 2Fe_3O_4 + CO_2$$

　　在焙烧过程中发生上述化学反应后,弱磁性的 $FeCO_3$、Fe_2O_3 转变为强磁性的 Fe_3O_4,比磁化系数显著提高,而与铁矿物共生的含铁硅酸盐矿物如铁闪石、绿泥石等脉石矿物的磁化系数变化很小,从而铁矿物与脉石矿物磁性差异显著增加,因此焙烧磁选法尤其适用于脉石中存在含铁硅酸盐矿物的复杂难选铁矿石的选矿。这一方法曾经是处理弱磁性铁矿石最主要的方法。相对于其他选矿方法而言,焙烧磁选法因其基建投资大、选矿成本高而在使用上受到很大限制,由于现代选矿技术的进步,赤铁矿、镜铁矿及赤(镜)褐共生矿基本上不再采用焙烧磁选法处理。但菱铁矿、褐铁矿及菱褐共生矿因其理论品位低,直接用于烧结或球团时因大量 CO_2 或 H_2O 气体挥发而影响产品强度,焙烧磁选仍然是处理菱铁矿的唯一方法,是处理褐铁矿的主要方法。

　　焙烧磁选按焙烧炉结构形式分为竖炉焙烧、回转窑焙烧、隧道窑焙烧、多级循环闪速磁化焙烧(即流态化焙烧)。隧道窑焙烧因产能低、污染大、劳动强度高,已逐渐淘汰,仅有少数民营企业用于小规模生产。

　　(1)竖炉焙烧。我国最早应用于大规模工业生产的竖炉于 1926 年始建于鞍山,称为"鞍山式竖炉";1972 年酒钢利用鞍山式 100m³ 竖炉处理镜铁山桦树沟块矿。这一方法是 20 世纪 20 年代到 80 年代我国国有重点矿山采用焙烧磁选法处理弱磁性铁矿物期间稳定进行工业生产的唯一方法。竖炉焙烧法的优点是工艺简单、结构紧凑、易于建设生产,可利用钢铁公司的高炉和焦炉煤气,合理利用能源;缺点是对原矿粒度要求严格,由于透气性方面的要求,入竖炉原矿粒度要求控制在 100~15 mm,对矿石破碎过程中必然产生的 30%~40% 的小于 15 mm 的原矿不能处理,原矿利用率很低。竖炉焙烧的另一弱点是焙烧矿质量差,由于原矿在竖炉内是靠自身的重力而不断地向下部运动,这种运动不可能十分均匀。即使原矿颗粒的重量和大小完全相同,靠炉壁处的矿样与炉中部的矿样下行速度也会快慢不一,矿石在竖炉中滞后和超前的现象十分严重,从而导致焙烧时间不够或过烧。同时,由于竖炉内加热原矿的气流来自两侧的燃烧室,因而炉内加热原矿的气体流速和温度分布也不均匀。一般来讲,靠炉壁处的温度高而炉中部则偏低,这正好与炉料的运动相矛盾。上述问题都将导致在生产过程中很难保证每个原矿都达到焙烧过程最终所需的温度和时间。因而其成品焙烧矿质量不均。另外由于入炉原矿粒度大,容易产生大颗粒物料中心欠烧、外表过烧,进而导致选矿效率下降,尾矿含铁高,精矿全铁回收率较低。此外单炉规模很难大型化,目前我国生产的竖炉最大炉型为 100 m^3,年产量在 20 万吨左右,要再扩大规模,其难度十分大。如扩大其横向尺寸,上述所提到的炉内温度的分布势必更难做到合理和有效;如增大长度方向上的尺寸,则会由于长度和温度(排料温度一般在 400 ℃左右)方面的原因,将对排料辊的设计和制造带来更大的难度。更主要的是在成规模的选矿厂由于竖炉单炉处理量小导致设备数量多、总的占地面积大,不仅增加了建设投资,也给生产运行和维护带来困难。

由于上述多种原因,曾在国内广泛应用于处理弱磁性铁矿石的竖炉磁化焙烧工艺,除酒泉钢铁公司因其铁矿石种类复杂,采用单一磁选不仅铁精矿品位仅 47% 左右,而且菱铁矿、褐铁矿烧结时大量 CO_2 和 H_2O 的挥发对烧结矿强度造成不良影响,焙烧工艺暂无法被取代,目前尚有 20 多台还在使用外,在国内外其他曾使用过的用于处理赤铁矿的竖炉磁化焙烧厂已全部被淘汰和拆除。

鞍钢烧结总厂是我国最早采用竖炉焙烧—磁选法分选鞍山式弱磁性铁矿石的选矿厂,鞍山式竖炉焙烧磁选处理细粒嵌布贫赤铁矿石英岩块矿早在解放前已有多年的历史。解放后,在竖炉的炉体结构,热工制度和设备的大型化等方面进行了大量的研究和改进,改开路焙烧为闭路焙烧,从而显著地提高了热能的利用率和选矿技术指标。1974 年,鞍钢烧结总厂已有鞍山式竖炉 29 座,每座容积 50 m^3,处理的原料主要为东鞍山贫赤铁矿。矿石的矿物组成比较简单,主要金属矿物为赤铁矿物和少量的磁铁矿、褐铁矿、镜铁矿。入炉粒度为 75 ~10 mm,生产能力 13 ~16 t/h,竖炉焙烧磁选获得指标为:入选原矿品位 33%,精矿品位 63% ~64%,回收率 82% 左右。使用燃料为高炉煤气和焦炉煤气的混合煤气,热值为 2025 kJ/m^3,单位热耗为((1. 1716 ~1. 339) × 10^6 kJ/t)。燃烧室有效容积 9. 55 m^3,燃烧室温度 1100 ~1200℃,加热带温度为 700 ~800℃,还原带温度 450 ~575℃,煤气压力 3920 ~4900 Pa(400 ~500 mm 水柱),抽风机负压 100 ~150 mm 水柱,废气出炉温度 70 ~80℃,废气生成量 11700 ~14000 m^3/h,排矿温度 400℃,矿石还原时间 3. 4 h,加热煤气用量 1400 ~2000 m^3/h(标态),还原煤气用量 700 ~1050 m^3/h(标态),电耗量 1. 8 ~2. 0 kW·h/t。

酒钢选矿厂 1972 年投产,采用 26 座 100 m^3 规格竖炉焙烧—磁选处理桦树沟和黑沟的 75 ~15 mm 镜铁矿、菱铁矿和褐铁矿, –15 mm 粉矿用强磁选法回收。焙烧竖炉按工艺要求分大块炉、小块炉和返矿炉,采用闭路焙烧工艺,即 75 ~15 mm 矿石给入二次筛分的 2 台 SSZ1. 8 m ×3. 6 m 的自定中心振动筛,分成 75 ~50 mm、50 ~15 mm 粒度块矿分别给入大、小块焙烧炉,焙烧矿经 4 台 $B × L = \phi1400$ mm ×2000 mm 的干式磁选机选出磁性产品入选矿车间矿仓,不合格的返回返矿炉再烧,再烧矿采用磁滑轮再选,不合格产品入废石场,产率 12% 左右,合格产品入选矿车间矿仓。加热和还原气体均采用高炉混合煤气,热值为 4500 kJ/m^3,单位热耗 1. 65 GJ/t(原矿),2007 年 1 ~8 月入炉矿石品位 37. 49%,焙烧矿品位 42. 67%,处理能力 24. 01 t/(h·台),精矿品位 55% 左右。

包钢选矿厂在 1981 年建成投产 20 座 50 m^3 竖炉,处理白云鄂博贫氧化矿和原生贫赤铁矿。竖炉处理 20 ~75 mm 块矿,台时处理量 9. 3 t/h,年生产能力为 120 万吨,全年共生产焙烧矿石 102 万吨,生产的焙烧矿石供磁选处理,最终获得选矿指标为:入选原矿品位 30% ~32%,精矿品位 59. 50%,回收率为 71%。竖炉作业率 62. 61%,还原度 41. 36%,竖炉焙烧使用高炉煤气,单位热耗 1. 17 × 10^9 J/t。

重钢綦江铁矿于 2004 年到 2006 年先后建成投产 50 m^3 的竖炉 5 座,入炉矿石品位 40. 17%,焙烧矿品位达到 48% 以上。入炉矿石主要为菱铁矿、褐铁矿,入炉粒度 75 ~

15 mm,处理能力 5.2 万吨/年,煤耗 37 kg/t(焙烧矿),燃烧室温度 1100 ~ 1200℃,矿石温度加热温度 800 ~ 900℃,废气量 15000 ~ 20000 m³/h,废气温度低于 100℃,冷却水量 40 m³/h,水压 1.96 ~ 2.94 kPa。

(2)回转窑焙烧。回转窑焙烧的优点是产能大,能处理 20 ~ 0 mm 粒级的原矿,因而资源利用率高。尤其是回转窑焙烧可以直接采用煤作燃料和还原剂,特别适用于没有钢铁厂高炉煤气和天然气的偏远地区,因而有广泛的推广意义。但煤基回转窑操作控制难度大,系统控制不当时容易结圈等问题曾是影响其工业应用的主要原因。20 世纪六七十年代,我国包钢、酒钢、广西屯秋铁矿等企业都进行过回转窑焙烧赤铁矿、褐铁矿的工业试验,最终均因回转窑结圈致使生产无法顺行而未能实现大规模工业生产。2006 年陕西龙门钢铁集团公司大西沟铁矿在前期近 20 年的工作基础上,采用回转窑焙烧—磁选—阳离子反浮选工艺流程,建成年处理量 180 万吨的烧选厂,首次在国内实现煤基回转窑焙烧菱、褐铁矿的工业生产。大西沟选矿厂于 2006 年正式投产,年处理量为 90 万吨/年,采用 4 条 ϕ4 m×50 m 回转窑处理菱、褐铁矿。原矿破碎至 -20 mm 后经过磁滑轮预选,磁性产品运至选矿厂,磁滑轮尾矿进入回转窑磁化焙烧,回转窑以煤作为加热方式,焙烧矿经水冷后再次通过磁滑轮选别,磁滑轮精矿作为焙烧成品矿运至选矿厂处理,尾矿作为废石丢弃。在入窑原矿品位 23.93% 的情况下,通过回转窑焙烧,焙烧矿品位 29.25%,焙烧矿经过阶段磨矿阶段磁选抛尾后反浮选,在最终磨矿细度 -0.043 mm 90% 的条件下,获得铁精矿品位 60.63%,回收率 75.42% 的生产指标。

新疆克州切勒克选厂始建于 2006 年,2008 年正式投产。选矿厂设计规模为年处理原矿量 200 万吨,矿石经破碎至 -12 mm,进入 ϕ4 m×60 m 回转窑进行磁化还原焙烧,以天然气为主要加热燃料,烟煤作为固体还原剂。入窑原矿品位 38.36%,焙烧矿品位 43.75%,焙烧矿磨矿细度为 -0.074 mm(-200 目)65% 的条件下,经磁选后最终精矿品位 62.43%,回收率为 90.78%。

(3)多级循环闪速磁化焙烧。根据焙烧反应动力学研究,弱磁性细粒铁矿物在热气流中呈悬浮状态时加热速度快,可在数秒至数十秒内将矿石加热到 570℃ 以上,并快速进行磁化还原反应。

多级循环闪速焙烧炉就是基于这一原理而开发的,主要用于完成 0 ~ 1 mm 菱铁矿、褐铁矿、鲕状赤铁矿及冶金废渣的磁化焙烧。

该设备主要由四级预热器和反应炉组成,原料进入二级预热器气流上升管道中,与热气流进行热交换,并随气流进入一级预热器,在一级预热器内实现气固分离;初步预热后的原料通过卸料阀进入三级预热器气流上升管道,随气流进入二级预热器,与热气流进行热交换并实现气固分离;进一步预热后的原料通过二级预热器下面的卸料阀流入四级预热器气流上升管道,随气流进入三级预热器,与温度为 600 ~ 750℃ 热气流进行热交换并部分反应后,在三级预热器内实现气固分离;从三级预热器出来的原料进入反应炉(700 ~ 950℃)。经充分预热的原料,在反应炉内与高温还原热气接触,迅速达到反应所需的温度并在反应炉内快速进行磁化反应。焙烧好的物料(焙烧矿)随热气流一起从反应炉流出,进入四级预热器,在四级预热器实现气固分离后,进入冷却系统。

其主要特点由传统的堆积态气固换热转变为悬浮态气固换热,焙烧时间短,焙烧矿质量均匀、稳定,避免了竖炉和回转窑都难以避免的"表面过烧、中心欠烧";原料的预热和反应在单独单元进行,热量利用率高、焙烧效率高,生产成本低,投资少,更适合高效、低成本地回收利用复杂难选铁矿资源(如:鲕状矿、尾矿、烧渣、强磁中矿等)。在实验室 850 kg/h 的半工业炉上对大冶铁矿(菱、褐铁矿)、酒钢难选强磁中矿(镜、菱、褐铁矿)、包钢强磁中矿、江西铁坑褐铁矿、河南灵宝(烧渣)等采用闪速磁化焙烧—弱磁选,均可获得铁品位 TFe60% ~63%,铁回收率 85% ~90% 的铁精矿,磁化焙烧可控性、稳定性好,效果非常显著。

与回转窑、竖炉等焙烧方法相比,多级循环流态化闪速磁化焙烧工艺有以下特点:

1)传热传质效率高,由传统的堆积态气—固换热转变为悬浮态气—固换热,细粒物料在悬浮态下的还原气氛与固体物料的接触面积比在回转窑中气固接触面积大 3000 ~4000 倍、气流与物料逆向的相对运动速度比回转窑内大 4 ~6 倍,在每一级预热器中的换热效率高达 70% ~80% 。

2)原料预热与反应在单独单元进行,焙烧时间短,物料预热和反应的总时间由几个小时缩短到 1 min 以内,大大提高了弱磁性铁矿物磁化反应的效率,焙烧装置容积利用率高,反应炉容积利用率 4 ~5 t/(m³·d),装置大型化有保障。

3)采用细物料入炉焙烧,固体物料比表面积大,原料分散在气流中,反应速度快,每个颗粒受热均匀,还原焙烧矿质量好、均匀,不存在过烧或欠烧的缺陷。经过分选能够有效地将品位 25% ~40% 的难选氧化铁矿石品位提高到 55% 以上,部分褐铁矿焙烧磁选尾矿品位最低可降低到 3.67% ,金属回收率在 94% 以上。

目前闪速磁化焙烧技术尚处于开发阶段,已在河南灵宝建成年处理量 5 万吨的工业生产线,焙烧原矿为含硫金精矿(Au 40 ~50 g/t、Cu 0.22% 、S 25% ~30%)经过回收金银铜硫后的固体废渣,含铁 32% 左右,97% 以赤铁矿形式存在,脉石矿物以石英、长石为主,其次为云母、滑石。通过闪速磁化焙烧将铁品位提高至 34.8% ,焙烧矿一次磁选可以抛掉产率 35.68% 、含铁仅 7.75% 的尾矿,对焙烧矿的铁损失率为 7.95% ,一磁精矿通过脱磁,四次精选可以将铁精矿品位提高至 60.13% ,铁精矿产率为 48.96% ,全铁回收率为 84.61% 。

b　浮选

自 20 世纪初,泡沫浮选工艺在澳大利亚应用于工业生产,浮选技术快速发展,尤其是从 20 世纪 50 年代中期以来,用浮选方法分选弱磁性铁矿石发展较快,中国、美国、加拿大、巴西等国都先后兴建了铁矿石浮选厂。

浮选法分选弱磁性铁矿石有正浮选、反浮选之分。

美国共和(Republic)选矿厂采用正浮选处理以镜铁矿为主的铁矿石,脉石主要是硅酸盐-绢云母、滑石等和以方解石为主的碳酸盐,原矿含铁 37% ,采用脱泥粗浮选和粗精矿再磨、加热浮选流程。粗浮选的磨矿粒度为 -0.074 mm(-200 目)65%,捕收剂为低松脂含量的脂肪酸,用量为 454 g/t,获得含铁 61.7% 的粗精矿,粗精矿量的 40% 用虹吸脱泥机处理,40% 再磨—热浮选,再磨粒度为 -0.043 mm 80% ~82%(-325 目),热浮选精矿含铁 66.9% ,综合精矿含铁 64.6% 。

东鞍山烧结厂自 1958 年投产以来,长期采用的工艺流程为连续磨矿、单一碱性正浮选工艺。在一段磨矿细度为 -0.074 mm(-200 目)占 45% ,二段磨矿粒度为 -0.074 mm(-200 目)占 80% 的条件下,以碳酸钠为调整剂,矿浆 pH =9;以氧化石蜡皂和塔尔油(比例为 3:1 ~4:1)为捕收剂,通过一次粗选、一次扫选、三次精选的单一浮选工艺。获得原矿品位 32.74%,铁精矿品位 59.98%,尾矿品位 14.72%,金属回收率 72.94% 的技术指标。东鞍山铁矿已于 2002 年改为两段连续磨矿—粗细分级—中矿再磨—重选—磁选—反浮选流程。

新钢铁坑矿业有限责任公司选矿厂所处理的矿石主要为褐铁矿,1968 年建成全国第一个年产 50 万吨规模的反浮选厂,1970 年改为正浮选,1977 年改为强磁—正浮选联合流程,1995 年停产。在正浮选流程中,以 NaOH(每吨原矿 2 kg)为调整剂,粗硫酸盐皂(每吨原矿 1 kg)为捕收剂。在原矿品位 36.10%,磨矿细度 - 0.074 mm(- 200 目)90%,浮选温度 35℃ 的条件下,获得铁精矿品位 49.67%、铁回收率 56.55% 的技术指标。浮选精矿细、泥、黏,脱水困难,铁坑铁矿选矿工艺流程已于 2005 年改为磨矿—强磁—再磨强磁—反浮选。

海南钢铁公司选矿厂处理的主要工业铁矿物为赤铁矿为主(包括镜铁矿、假象赤铁矿)、少量磁铁矿、褐铁矿。矿物经破碎筛分后进入一段弱磁选(4 台 XCT1021 永磁筒式磁选机),选出强磁性矿物;弱磁尾矿再经强磁(8 台 Slon - 1750 脉动高梯度磁选机一粗一扫)后丢尾;磁选精矿经浓缩后反浮选(60 台 JJFⅡ - 10 型浮选机)脱硫、脱硅,最终获得原矿品位铁 47.63%,铁精矿品位 64.50%,铁回收率 71% 的铁精矿。

c　絮凝脱泥—反浮选

目前在工业上大规模成功应用于处理细粒铁矿的强磁选设备,最高磁感应强度在 1.7 T,应用于微细粒(- 0.030 μm 以下)嵌布的铁矿石抛尾,铁矿物流失严重。絮凝脱泥技术是一种非常有效的在提高浮选给矿品位同时减少微细粒铁矿流失的方法。20 世纪 70 年代美国就开始采用选择性絮凝—脱泥反浮选法分选细粒级弱磁性铁矿石。该方法主要是在调浆时先加入调整剂和分散剂选择性分散脉石,然后加入铁矿物的絮凝剂使微细粒铁矿物团聚,加大脉石与铁矿物之间的重量差,用脱泥设备先脱除大量影响浮选效果并消耗浮选药剂的脉石,然后采用反浮选进一步提高铁精矿品位。絮凝脱泥—反浮选是处理微细粒弱磁性铁矿的最有效的方法之一。例如美国的蒂尔登(Tilden)选矿厂,采用絮凝反浮选法分选微细粒嵌布的、以假象赤铁矿为主的赤铁矿石,原矿平均含铁 38%,磨矿细度 25 μm 85%,用硅酸钠和氢氧化钠作矿泥的分散剂并调节 pH10.5 ~ 11,用玉米淀粉对赤铁矿进行选择性絮凝并抑制铁矿物,用胺类捕收剂浮选脱除含硅脉石,最终精矿含铁 65%、含 SiO_2 5%,铁回收率 70%。加拿大的塞普特 - 艾利斯(Sept - Iles)选矿厂所处理的矿石,按矿物组成和品位分为青、黄、红矿,青矿是块状赤铁矿和假象赤铁矿,黄矿为含水氧化铁,红矿是呈泥土状的赤铁矿,铁矿物嵌布粒度较细。矿石磨至 - 0.043 mm(- 325 目)55%,用 NaOH 调整矿浆碱度,小麦糊精抑制铁矿物,二元胺 - 醋酸盐浮选硅石,获得精矿含铁 64%,$w(SiO_2) \leqslant 5\%$ 的技术指标。

储量高达 3.66 亿吨湖南祁东铁矿,采用选择性絮凝脱泥 - 反浮选流程分选铁矿物以赤、褐铁矿为主,脉石矿物为石英、阳起石、绿泥石等难选含铁硅酸盐矿物的弱磁性铁矿石,原矿品位 30.70%,最终磨矿细度 - 0.037 mm 98%。以 NaOH 为 pH 调整剂,水玻璃和腐殖酸胺为分散剂,通过脱泥将铁品位提高到 46%,再用阴离子捕收剂反浮选脱硅,最终取得了精矿品位 64.71%,铁回收率大于 65%、$SiO_2 \leqslant 5.75\%$ 的技术指标。

弱磁性铁矿选矿原则流程见图 1 - 5 ~ 图 1 - 7。

D　鲕状赤铁矿石的选矿

鲕状赤铁矿石是指具有鲕状结构的赤铁矿石,其储量占我国铁矿资源储量的 1/9,我国红铁矿储量的30%,约40亿~50亿吨。鲕状铁矿在世界矿石储量中也占有一定的比例,仅欧洲的储量就在140亿吨以上,其结构特点是金属矿物(赤铁矿、菱铁矿等)与脉石矿物(石英、方解石、绿泥石、黏土等)构成互层状鲕粒,或以脉石矿物为核心构成鲕粒。矿石的结构主要有同心环带、脉状网脉状、蜂窝状、不等粒和自形晶结构等。同心环带结构是矿石中最主要的结构类型。根据核心的不同可分为以石英为核心的同心环带结构、以鲕绿泥石为核心的同心环带结构、以胶磷矿为核心的同心环带结构、以褐铁矿为核心的同心环带结构和以鲕绿泥石与胶磷矿集合体为核心的同心环带结构。鲕粒内部环带普遍较为发育,环带数目多者可至

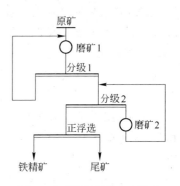

图1-5　弱磁性铁矿正浮选原则流程图

20环以上,少者2~3环,环带宽度一般0.01~0.05 mm。这种结构致使赤铁矿与脉石环带解离十分困难,这种类型的铁矿石因其结构特殊,成为弱磁性铁矿石中极难选的一种矿石。

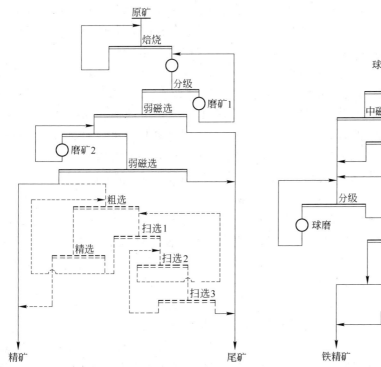

图1-6　弱磁性铁矿焙烧磁(浮)选原则流程图

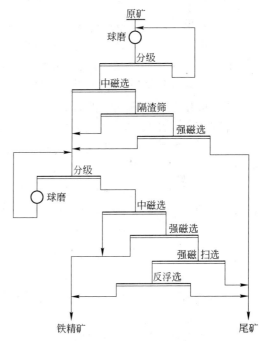

图1-7　弱磁铁矿磁—浮选原则流程图

我国鲕状赤铁矿分为宣龙式(相当于国外的克林顿型)和宁乡式(相当于国外的明尼特型),宣龙式铁矿以河北宣化庞家堡铁矿为代表,主要分布于河北宣化、龙关一带,故称宣龙式铁矿。矿体产于长城系串岭沟组底部,矿体底板是细砂岩或砂质灰岩,顶板为黑色页岩夹薄层砂岩。矿体一般有3~7层,与砂岩互层,构成厚10 m的含矿带。矿体顶板之上为大红峪组灰岩和钙质砂岩,底板之下为长城系石英砂岩夹层,常见波痕及交错层。矿体呈层状、

扁豆状或透镜体状。矿石主要由赤铁矿组成,还有镜铁矿、石英、方解石和黄铁矿、绿泥石、磷灰石等。矿石具有鲕状、豆状、肾状构造。矿床规模一般为中、小型。宁乡式铁矿,主要分布于湘赣边界、鄂西、湘、川东、黔西、滇北、甘南、桂中等地,因首先发现于湖南省宁乡县,故称之为宁乡式铁矿。铁矿产于中、上泥盆统砂页岩中,矿体呈层状,主要含矿层有1～4层,层间夹绿泥石页岩或细砂岩。矿体厚0.5～2 m,厚度比较稳定。矿体延长数百米至数千米,最长达十几公里。矿石由赤铁矿、菱铁矿、方解石、白云石、绿泥石、胶磷矿、黄铁矿、黏土矿物和石英等组成,具有鲕状和粒状结构,豆状、块状、砾状构造。矿床规模以中型为主。

宣龙式及宁乡式两类矿石矿床类型、矿物组成、矿石结构、构造差别不大,不同的是宁乡式含磷及碳酸盐矿物较高,而宣龙式鲕粒较大,含磷低。

由于矿石的结构构造极其复杂,鲕状赤铁矿几乎没有成规模工业利用的实例。欧洲对鲕状赤铁矿的利用在经历了几十年的研究之后,也没有开发出经济合理的选矿方法,绝大多数矿山只能通过洗矿恢复地质品位后直接入炉。

欧洲最具代表性的鲕状赤铁矿床是法国洛林铁矿(Lorraine),储量90亿吨。该矿延伸到德国及卢森堡。铁矿物主要是褐铁矿、菱铁矿,少量针铁矿,多属鲕状结构。矿体上部系自熔性矿石,含磷0.5%～0.8%,含铁品位30%,简单洗选后品位提高到40%～45%。由于欧洲的鲕状赤铁矿的元素微观分布十分均匀,可选性比较差。在国际铁矿石市场开放以后,鲕状赤铁矿的使用渐渐被国际优质铁精矿替代,八十几家矿山全部关闭。

已建的几个选矿厂有德国的卡尔贝希特、法国的迈特赞基、我国的宣钢小吴营等,只是对鲕状矿进行粗选,其精矿品位仅在40%左右,目前均已停产。

我国对鲕状铁矿石的利用经历了漫长的历史阶段,以处理宣龙式鲕状赤铁矿石为主的龙烟铁矿股份公司是宣化钢铁集团有限责任公司的前身,创建于1919年3月29日,已经有近百年的历史。2008年6月河北钢铁集团有限责任公司组建,宣钢成为其子公司。

新中国成立后,对宁乡式铁矿的利用进行多次大规模的研究,但都因选矿问题不能解决而放弃。

进入21世纪,随着国际铁矿石价格的不断高涨,国内对宁乡式铁矿的研究也不断升温。最具规模的开发研究是以武钢集团牵头,组织国内七家研究院所和大学参加的《鄂西典型高磷赤铁矿综合开发利用技术及示范》项目,针对该类型矿石的选矿工艺主要包括磁化焙烧—磁选、选择性聚团—反浮选、强磁选—反浮选及直接金属还原法等,研究结果表明采用磁选、浮选及其联合流程等物理选矿方法,在保证铁回收率合理的前提下,铁精矿品位只能提高到55%左右,铁精矿中磷含量降低到0.2%以下;磁化焙烧—磁选—反浮选工艺可使铁精矿的品位达到或者接近60%,精矿含磷降到0.25%以下。由于矿石中绿泥石含量较高,无论是物理选矿方法还是焙烧磁选,精矿中的三氧化二铝都在6%以上,不能满足工业生产的要求。用宁乡式铁矿进行直接还原可以得到含铁92%以上、满足炼钢要求的产品,但其高昂的加工成本决定了无法形成大规模工业生产。

1.2.1.3　混合型铁矿石的选矿

混合型铁矿石是指磁铁矿和弱磁性铁矿都占有一定比例的铁矿石,mFe/TFe介于15%～85%之间,即可称之为混合型铁矿石。矿石中有用矿物主要有磁铁矿、假象赤铁矿、赤铁矿等。混合型铁矿石在我国铁矿石储量中占24%,其与弱磁性铁矿石的唯一差别是矿石中磁铁矿的比例在15%以上,该类型铁矿石的分选工艺多采用联合流程,例如弱磁—强磁—反浮选工艺流程、重选—磁选—浮选工艺流程、磁选—絮凝脱泥—反浮选工艺流程等。我国鞍钢齐大山铁矿、弓长岭铁矿、胡家庙铁矿、太钢袁家村铁矿都是典型的细粒、微细粒嵌布的混合型铁矿,因这类型矿床大而集中,受到国家层面的高度重视,因此近20多年来我国细粒铁矿的选矿技术进步主要体现在混合型铁矿的选矿技术进步上。

A　连续磨矿—弱磁—强磁—阴离子反浮选流程

鞍钢齐大山铁矿是我国混合型铁矿的典型代表,从"六五"时期开始,鞍钢矿山研究院、长沙矿冶研究院、北京矿冶研究院、马鞍山矿山研究院等十多家科研院所和大学就在原冶金部的支持下,在鞍钢进行了长期的混合型铁矿的选矿技术攻关。最终,长沙矿冶研究院的弱磁—强磁—阴离子反浮选工艺流程作为国家科技攻关项目"齐大山贫红铁矿合理选矿工艺流程研究"的成果被新建调军台选矿厂(现齐大山铁矿选矿分厂)设计所采用,并于1998年建成我国当时最大的混合矿选矿厂——调军台选矿厂,工艺流程见图1-8。该厂投产后很快取得了铁精矿品位66.5%、铁回收率84%的优异生产指标。这一工艺流程及其综合技术在工业生产中的成功应用,使我国混合型及弱磁性铁矿选矿技术达到国际领先水平。

阴离子反浮选技术的开发成功是该流程成功的关键。采用反浮选技术可以大幅度提高混合型及弱磁性铁矿铁精矿品位早已为选矿科技工作者所认识,然而,由于阳离子捕收剂对矿泥敏感致使浮选作业无法顺行,生产很难持续,所以阳离子捕收剂长期以来在我国只在磁铁精矿

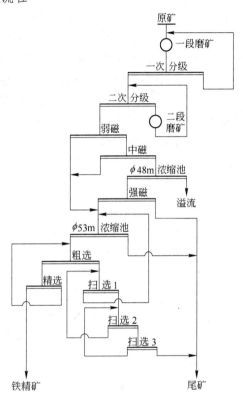

图1-8　齐大山铁矿选矿分厂连续
磨矿—弱磁—强磁—阴离子
反浮选工艺流程

进一步提高品位的反浮选作业中才能使用,而阴离子捕收剂则因选择性差无法得到好的选别指标。因此,反浮选技术在我国成为久攻不克的难题。新型高效阴离子捕收剂RA-315在长沙矿冶研究院研制成功,淀粉作为铁矿物抑制剂在大工业生产中成功使用,新型强磁选机Shp在全国大面积推广,使阴离子反浮选技术成为成熟技术,久攻不克的技术难题终于得到解决。这项技术先是在调军台选矿厂,以后又先后在鞍钢齐大山选矿厂、弓长岭红铁矿选矿厂、唐钢司家营选矿厂、安钢舞阳红铁矿选矿厂、本钢南芬红矿选矿厂等很多大型选矿厂广泛推广应用。

B　阶段磨矿—弱磁—强磁—阴离子反浮选流程

太钢袁家村铁矿是微细粒嵌布的鞍山式赤铁石英岩,属混合型铁矿,其铁矿物嵌布粒度微细而均匀,而脉石矿物呈粗细不均匀嵌布,铁矿物微细粒嵌布的特点决定了要想得到品位高于65%的铁精矿,必须将铁矿物全部细磨到$P_{80}30\ \mu m$以内,而脉石矿物粗细不均匀嵌布

的特点,决定了可以采用阶段磨矿在粗磨条件下抛除大量脉石,减少后续作业的磨矿量。实验室结果表明,即使磨矿细度达到 $-0.074\ mm$(-200 目)95% 以上,也无法通过重选、磁选或浮选得到部分合格粗精矿,但却可以在 $-0.074\ mm$(-200 目)55% 左右抛除产率28%以上,尾矿品位仅4.35%的合格尾矿、在 $-0.074\ mm$(-200 目)85% 左右抛除产率34%以上,尾矿品位6.14%的合格尾矿。此外,由于袁家村铁矿脉石矿物除石英外,还有大量绿泥石、角闪石等含铁硅酸盐矿物,这些含铁脉石在强磁抛尾过程中不但没有全部进入尾矿,还在强磁粗精矿中有所富集,导致强磁粗精矿中绿泥石和角闪石含量占矿物总量的15.8%,比原矿中的含铁硅酸盐矿物高出近5个百分点,造成铁精矿品位难以提高到66%以上、捕收剂耗量高等问题,而在入浮前预先脱除绿泥石等含铁易泥化矿物,铁精矿品位可提高到68.14%,比不脱泥高出2个百分点,且捕收剂用量可降低1/3以上。但由于大型脱泥设备占地面积大,国内外均没有成功工业应用的先例,太钢袁家村铁矿仍然采用了弱磁—强磁—阴离子反浮选流程作为建厂设计流程。反浮选作业中适用于脉石中有含铁硅酸盐矿物的CY系列浮选药剂的开发成功,解决了浮选效率的问题。袁家村铁矿原则工艺流程见图1-9。

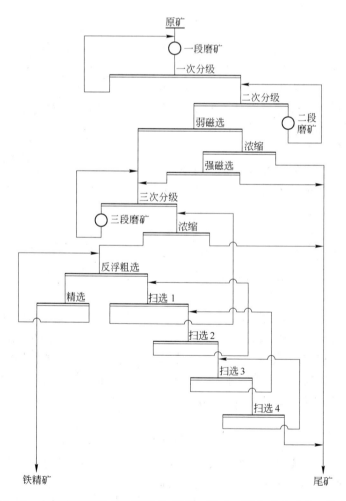

图1-9　太钢袁家村铁矿阶段磨矿、弱磁—强磁—阴离子反浮选工艺流程

C　阶段磨矿、粗细分选、重选—磁选—阴离子反浮选联合流程

该流程的基础是鞍钢齐大山选厂选别粉矿的生产流程:阶段磨矿、粗细分选、重选—弱磁—强磁—酸性正浮选工艺流程。2000 年的生产技术指标为:原矿品位 28.49%,精矿品位 63.60%、回收率 73.20%。调军台选厂投产后,齐大山选厂根据其阴离子反浮选技术对原流程进行了技术改造,即为齐大山选厂现行的生产流程:阶段磨矿、粗细分选、重选—磁选—阴离子反浮选流程,见图 1 - 10,2005 年底的生产技术指标为:原矿品位 29.6%,精矿品位 67.67%、回收率 71.65%。

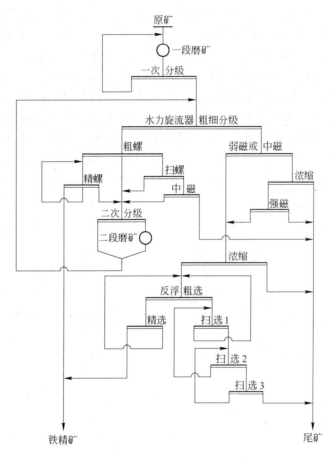

图 1 - 10　齐大山选矿厂阶段磨矿、粗细分选、重选—磁选—阴离子反浮选工艺流程

阶段磨矿、重选—磁选—阴离子反浮选流程的优点是节能降耗效果显著,通过重选产出部分合格粗粒精矿可以优化最终铁精矿产品的粒度组成,提高精矿过滤效果。缺点是工艺流程复杂,生产管理水平要求高。

鞍钢集团胡家庙及弓长岭矿业公司贫赤铁矿石是典型的混合型矿石,均采用阶段磨矿、粗细分选、重选—磁选—阴离子反浮选工艺流程;弓长岭选矿厂在原矿品位 28.78% 的条件下,通过粗粒重选,得到产率 18.5%、品位 67.10%、回收率 43.13% 的重选粗粒精矿,最终获得了全流程综合铁精矿品位 67.79%、综合尾矿品位 7.95%、金属回收率 81.99% 的优良指标。粗粒重选得到产率高达 18.5% 的合格精矿,不仅显著减少了浮选作业的负荷,还改善了铁精矿粒度组成,提高了过滤效率。鞍钢集团胡家庙铁矿,在原矿品位 24.5% 的条件下,通过粗粒重选,得

到产率12.18%、品位67.20%、回收率33.41%的重选粗粒精矿,最终获得了全流程综合产率24.80%、铁精矿品位67.75%、综合尾矿品位10.32%、金属回收率68.58%的技术指标。

   D 弱磁—强磁—絮凝脱泥—反浮选联合流程

弱磁—强磁—絮凝脱泥—反浮选联合流程适合于处理铁矿物嵌布粒度微细的混合矿,对弱磁选—强磁选所得的混磁精矿再磨后采用絮凝脱泥工艺进一步脱除磨矿过程中所产生的大量次生矿泥,提高浮选入浮铁品位,尽可能减少细磨产生的次生矿泥对浮选药剂的消耗及对浮选过程的干扰。这一工艺流程针对目前可工业应用的强磁选设备对 $-30\ \mu m$ 以下铁矿物回收能力差的特点,在粗磨阶段用强磁抛尾,当磨矿产品细度在 $P_{80}\ 30\ \mu m$ 以后,采用选择性分散脉石、絮凝铁矿物的方法,脱除大量脉石矿物和次生矿泥,当脉石中有绿泥石等含铁硅酸盐矿物存在时,效果尤其显著。此外,微细粒嵌布的混合矿采用絮凝脱泥工艺还可充分发挥磁铁矿在絮凝过程中的磁絮凝作用,强化絮凝脱泥效果。浮选入选粒度越细,细粒磁铁矿在浮选过程中的磁种效应强化赤铁矿的浮选作用也越明显。因此,弱磁—强磁—絮凝脱泥—反浮选工艺是分选极微细粒铁矿的最有效的方法之一。长沙矿冶研究院针对湘西"江口式"铁矿磁—赤混合矿中赤铁矿物嵌布粒度极为微细,需磨至 $-0.015\ mm$(-800 目)才能有效解离的特点,开发出了弱磁—强磁—絮凝脱泥-反浮选工艺,实验室阶段取得了铁精矿产率32.33%、铁品位63.55%、铁回收率71.34%的技术指标,工业选厂正在建设中。原则流程见图1-11及图1-12。

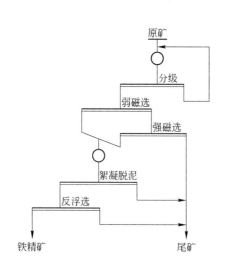

图1-11 弱磁—强磁—絮凝脱泥—反浮选
原则流程(一)

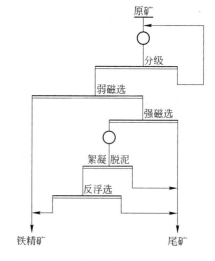

图1-12 弱磁—强磁—絮凝脱泥—反浮选
原则流程(二)

1.2.1.4 多金属共生的复合铁矿石

   目前,在世界上已开发利用的铁矿资源中,有相当数量的铁矿石伴生有多种可以综合利用的其他非铁有用矿物,例如铜、铅、锌等有色金属矿物以及钛铁矿、稀土矿物、磷灰石、硼镁石、黄铁矿等。在我国已开发的十大矿区中,就有四大矿区是多金属共生的铁矿床,例如大冶矿区、攀西矿区、白云鄂博矿区、宁芜矿区。铁矿石中共生的多金属矿物,用经济的方法将其分离出来,是工业的宝贵原料;若留在铁精矿中,不仅浪费资源,而且是炼铁的有害杂质。因此综合利用铁矿石中共生的有用金属矿物,是我国矿业开发的一项重要课题。

根据伴生元素的赋存状态和矿物的可选性特点,多金属共生的复合铁矿石可以归纳为:(1)伴生多金属硫化物的铁矿石;(2)伴生钛铁矿的铁矿石;(3)伴生稀土萤石等矿物的铁矿石;(4)伴生磷、重晶石等矿物的铁矿石;(5)含有分散状态的有色、稀有金属元素的铁矿石。目前,大量开发利用的主要是前四种复合铁矿石,对含有分散状态的有色、稀有金属元素的铁矿石分选利用,尚在试验研究之中。

A 伴生多金属硫化物的铁矿石

这种类型的矿石主要产自接触交代 - 高温热液矽卡岩矿床,矿石含铁较高。铁矿物有磁铁矿、假象赤铁矿、赤铁矿等;伴生的有用矿物常是硫化物状态存在,主要有黄铁矿、黄铜矿、钴黄铁矿、辉铜矿和磁黄铁矿等;脉石矿物通常含钙镁较高。此类型矿石可在回收铁精矿产品的同时,回收伴生的铜、钴、硫、锌和钼等有用组分。湖北省大冶铁矿石和福建省潘洛铁矿石都是此类型的铁矿石。

伴生多金属硫化物的铁矿石在我国分布较广,主要分布于湖北、福建、山东、广东、四川、河北等地。通常根据矿石中含铁的高低和矿石性质的不同,采用磁选—浮选、磁选—重选—浮选、浮选—磁选三种原则流程进行分选:

(1)磁选—浮选联合流程。磁选—浮选原则流程适于分选以磁铁矿为主、伴生的硫化矿物含量较低的复合铁矿石,原则流程如图 1 - 13 所示,其主要特点是先经磁选选出磁铁矿精矿,其尾矿再经浮选选出伴生硫化矿精矿,流程较为简单,比原矿直接浮选减少了浮选矿量和药剂用量,应用比较广泛。我国武钢程潮铁矿选矿厂和福建省潘洛铁矿选矿厂都采用这种原则流程。武钢程潮铁矿选矿厂原矿含铁 30.36%,含硫约 2%,采用磁选—浮选原则流程,获得含铁 66.51%、回收率 83.26% 的铁精矿,含硫 41.44%、回收率 29.32% 的硫精矿,含铜 15.52% 的铜精矿。福建省潘洛铁矿选矿厂矿石经磁选获得品位为 65.20% 铁精矿,磁选尾矿进行浓缩后,分别选钼、硫、锌,获得品位为 40% 的硫精矿、品位为 42% 的钼精矿、品位为 41% 的锌精矿。

(2)磁选—重选—浮选流程。磁选—重选—浮选原则流程适用于分选矿石铁品位较高,并且铁矿物嵌布粒度较粗的伴生多金属硫化物的铁矿石。原则流程如图 1 - 14 所示,其

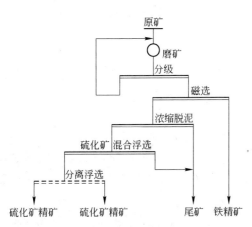

图 1 - 13 伴生多金属硫化矿的复合
铁矿石分选原则流程(一)

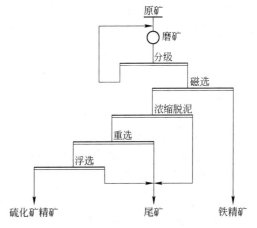

图 1 - 14 伴生多金属硫化物的复合铁矿石
分选原则流程(二)

主要特点是磁选获得铁精矿,并将伴生硫化矿留在磁选尾矿中,磁选尾矿经重选富集后再浮选,即可获得相应的硫化矿精矿产品。鲁中冶金矿山公司选矿厂(张家洼铁矿选矿厂)原矿含铁 32.32% ,采用磁选—重选—浮选原则流程,可得到品位为 63.13% 、回收率为 77.99% 的铁精矿,品位为 21.79% 、回收率为 39.27% 的铜精矿。

(3)浮选—磁选流程。浮选—磁选(或单一浮选)原则流程适用于分选含硫化矿物较高或铁矿物中有较多赤铁矿、褐铁矿的复合铁矿石,尤其对含有较多磁黄铁矿的矿石,能有效地降低铁精矿中的硫含量。原则流程如图 1 - 15 所示。我国武钢大冶铁矿选矿厂就采用这种流程。

大冶铁矿是一个含铜、钴、硫的大型磁铁矿床,矿石根据氧化程度不同可划分为原生矿和氧化矿两大类。原生磁铁矿矿石采用浮选 – 磁选流程,浮选得铜硫混合精矿,然后混合

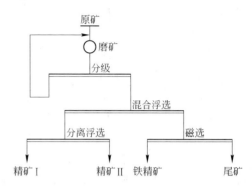

图 1 - 15　伴生多金属硫化矿的复合铁矿石分选原则流程(三)

精矿分离浮选得到铜精矿和硫精矿,浮选尾矿经磁选获得磁铁矿精矿;氧化铁矿石采用单一浮选铜硫工艺流程,其尾矿即为氧化铁精矿。氧化铁矿石是地表富矿,采至深部矿带即产生混合型铁矿石。处理这部分混合型铁矿石采用浮选—弱磁选—强磁选工艺流程,浮选铜硫,弱磁选磁铁矿,强磁选弱磁性铁矿物。2006 年大冶铁矿选矿厂处理原矿的品位为:TFe42.44% ,Cu0.27% ,S1.87% ;得到的精矿品位为:TFe64.63% ,Cu20.40% ,S34.30% ;回收率:TFe72.85% ,Cu74.18% ,S43.57% 。

B　伴生钛铁矿的铁矿石

这类铁矿石在我国系指钒钛磁铁矿,四川、河北、新疆等省区都蕴藏有这类资源,但主要集中在四川的攀西地区(攀枝花、太和、白马、红格等),储量丰富。钒钛磁铁矿矿床主要产在基性、超基性浸入岩中,矿石以富含钛铁为特征,按矿床生成方式可分为晚期岩浆分异型矿床和晚期岩浆贯入型矿床。

攀枝花钒钛磁铁矿占我国钒钛磁铁矿的 87% 左右,主要有用矿物为钒钛磁铁矿和钛铁矿。钒钛磁铁矿采用弱磁选易于回收,其磁选厂 1970 年建成投产。年产 5 万吨钛精矿的选钛厂也于 1979 年底建成投产,1990 年规模扩大至 10 万吨/年。选钛流程按 0.045 mm 分级为两部分, +0.045 mm 级别钛铁矿采用重选—强磁—脱硫浮选—电选工艺流程回收粗粒级,得到含 TiO$_2$ 大于 47% 的钛铁矿,对原矿回收率 20% 左右。1997 年建成了强磁—脱硫浮选—钛铁矿浮选工艺流程以回收 -0.045 mm 的细粒钛铁矿,采用 MOS 为捕收剂,在弱酸性矿浆中处理细粒级钛铁矿,浮选钛精矿含 TiO$_2$47.3% ~48% ,细粒级钛回收率 10% 左右。目前,攀钢选钛厂已形成年产钛精矿 47 万吨的生产能力,与投产时的年产 5 万吨钛精矿相比,规模大为提高,成为全国最大的钛原料生产基地。攀枝花钒钛磁铁矿选矿原则工艺流程见图 1 - 16。

1988 年 9 月,西昌太和铁矿选厂建成投产。目前该厂选钛流程为强磁选—浮选。此流程有效地回收了钛铁矿,在保证钛精矿含 TiO$_2$ >47.0% 的前提下,使钛的回收率达 45.0% 以上。

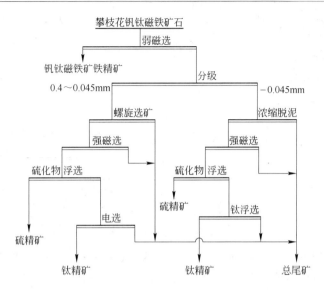

图 1-16 攀枝花钒钛磁铁矿选钛原则工艺流程

C 伴生稀土、萤石矿物的铁矿石

这类铁矿石主要产于我国的内蒙古白云鄂博矿区。白云鄂博铁矿是包头钢铁公司的主要矿石原料基地,是一个以铁、稀土、铌为主的多金属大型共生矿床。现已探明的铁矿石储量为 14 亿吨,稀土储量居世界首位,约占世界储量 50%,我国的 90%,为全国稀土总储量的绝大部分;铌资源仅次于巴西,为全国铌储量的绝大多数。该矿石物质成分十分复杂,现已发现有 73 种元素、170 余种矿物,其中具有综合利用价值的元素有 28 种,铁矿物和含铁矿物 20 余种,稀土矿物 16 种,铌矿物 20 种。

白云鄂博矿属于多金属共生的复杂难选矿石,是具有重大综合利用价值的宝贵资源。矿石类型多、结构复杂,不同矿体的不同部位,其元素含量、矿物组成及嵌布粒度都不相同。白云鄂博矿根据铁矿物氧化程度、脉石矿物含量等因素,将矿石分成原生磁铁矿石和中贫氧化矿石(萤石型矿石和混合型矿石)。各种矿物的嵌布粒度分布不均,铁矿物粒度大于 0.074 mm 的占 65%;萤石粒度大于 0.074 mm 的占 90%;铌和稀土矿物很细,稀土矿物解离粒度一般为 0.01 ~ 0.07 mm,小于 0.04 mm 占 77%;铌矿物解离粒度一般为 0.01 ~ 0.03 mm,最细者达 0.002 ~ 0.004 mm。

自 20 世纪 50 年代以来,我国一直对伴生稀土、萤石矿物的铁矿石进行分选利用的研究工作,并在 1965 年,包钢选矿厂第 1 选矿系列投产,后相继建成 9 个生产系列,现已发展成为年处理白云鄂博矿石 1200 万吨、年产铁精矿 590 万吨的大型选矿厂。目前包钢选矿厂处理中贫氧化矿采用长沙矿冶研究院研究的连续磨矿—弱磁—反浮选、强磁选—反浮选—正浮选工艺,原则流程见图 1-17,该工艺基本解决了困扰包钢三十年的红铁矿选矿的技术难题,是一项重大的科技成果;处理磁铁矿石用弱磁选—反浮选工艺,原则流程见图 1-18,2006 年包钢选厂的生产指标为综合铁精矿品位 64.39%,铁金属回收率 74.35%,获得稀土精矿品位≥50% REO,稀土回收率 20% 左右;稀土浮选尾矿五氧化二铌含量较原矿富集约 2 倍,可从中回收铌矿物。

D 含磷、硫铁矿石

铁矿石中的磷与铁矿物共生关系极为密切复杂,以宁芜地区梅山、凹山铁矿等"宁芜式

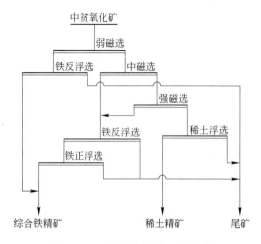

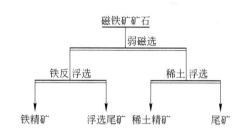

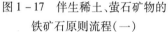

图 1-17　伴生稀土、萤石矿物的　　　　　　图 1-18　伴生稀土、萤石矿物的
铁矿石原则流程(一)　　　　　　　　　　铁矿石原则流程(二)

汾岩铁矿"为代表的矿床规模较大。在梅山铁矿矿石中,含铁矿物主要是磁铁矿、假象赤铁矿、褐铁矿、菱铁矿、黄铁矿等,脉石矿物主要有高岭土、磷灰石、石英、绿泥石、石榴石、透辉石等。凹山铁矿矿石中铁矿物主要为磁铁矿、赤铁矿、假象赤铁矿,另有少量黄铁矿;脉石矿物主要为阳起石、绿泥石、长石、磷灰石等。

此类矿石的选矿工艺仍以铁矿提质降磷为主,采用的典型工艺为浮选—弱磁选—强磁选。如梅山铁矿选矿厂,在给矿含铁 52.89%、含硫 2.04%、含磷 0.44% 的条件下,取得铁精矿含铁 58.31%、含硫 0.271%、含磷 0.223%,铁作业回收率为 91.78% 的技术指标,铁精矿铁品位大幅度上升,硫、磷等有害杂质明显下降。

此类矿石中的磷也可以富集成单独的磷精矿,例如马钢南山铁矿凹山选矿厂,曾在 1990 年建成浮选厂,从磁选铁尾矿中回收硫、磷。入选尾矿的指标为含 P_2O_5 2% ~ 5%,S 2.23%,采用先浮硫矿物后再浮磷矿物的工艺,分别从尾矿中获得含 S 35.84%、回收率 84.40% 的硫精矿和含 P_2O_5 34.5%、回收率 85.50% 的磷精矿。

E　含分散状金属元素的铁矿石

在产于部分火成岩和接触交代型矿床的铁矿石中,常伴生有锡、铅、锌、铜及砷等元素,它们大部分呈结核状或星点状均匀分布于铁矿物中,用机械选矿方法难以分离。处理此类矿石的原则方案可归为两大类,即氯化焙烧法和还原焙烧烟化法。如广东的大宝山铁矿,其铁矿石主要为褐铁矿、黄铁矿、磁黄铁矿和黄铜矿大部分呈浸染状分布,还含有少量的辉银矿、云母及锡矿。早期的选矿只通过破碎洗矿得到部分铁矿精矿成品,大部分铁矿物和有用金属矿物流失在尾矿中。2001 年大宝山通过技术创新,采用焙烧—磁选的方法回收铁,得到 TFe 54.71%、回收率 93.5% 的铁精矿。对于矿石中其他有用矿物的综合回收和利用还在进一步研究之中。

1.2.2　铁矿选矿设备及药剂的技术进步

1.2.2.1　铁矿选矿设备的技术进步

A　高效破碎设备在铁矿山的推广应用

2001 年,Nordberg(诺德伯格)和 Sedala(斯维达拉)合并成为 Metso Minerals(美卓矿

机),该公司生产的 Nordberg HP 系列圆锥破碎机采用现代液压和高能破碎技术,破碎能力强、破碎比大,鞍钢调军台选矿厂、齐大山选矿厂、太钢尖山选矿厂、包钢选矿厂、武钢程潮选矿厂、马钢凹山选矿厂等企业都引进使用了该设备,此外,Sandvik 公司的圆锥破碎机在我国应用也取得了较好的效果。如鞍钢调军台选矿厂中细碎作业采用美国 Nordberg 公司制造的 HP700 型圆锥破碎机,使最终粒度由一般生产选厂的小于 20 mm 降低到小于 12 mm 占 92%。武钢程潮铁矿选矿厂中、细碎采用进口的 HP500 型圆锥破碎机替代原有的 ϕ2100 mm 圆锥破碎机,不仅大大提高了破碎生产能力,降低了破碎生产能耗,而且在满足磨机供矿能力的情况下,实现了入磨粒度由 16 mm 降至 10 mm 以下,大大降低了球磨机处理矿石的单位能耗和钢耗,提高球磨机台时处理量 20% 以上。

近年来另一有突出优势的高效破碎设备是德国洪堡公司研制的高压辊磨机,智利洛斯科罗拉多斯铁矿安装了洪堡公司的 1700/1800 型高压辊磨机,结果表明,辊压机排料平均粒度为 −6.35 mm 80%,辊压机可替代两段破碎,如果不用辊压机,在处理量为 120 t/h、破碎粒度小于 6.5 mm 时,需安装第三段(用短头型圆锥破碎机)和第四段破碎(用 Cyradisk 型圆锥破碎机),同时,用辊压机将矿石磨碎到所需细度的功指数比用圆锥破碎机时要低,其原因一方面是前者破碎产品中细粒级产率高,另一方面是其中粗颗粒产生了更多的裂隙。在消化吸收的基础上,东北大学研制的工业机型(1000 mm × 200 mm)在马钢姑山应用表明,可使球磨给矿由原来的 12 ~ 0 mm 下降为 −5 mm 粒级占 80% 的粉饼,从而大幅度提高生产中球磨的台时能力。但是,辊面材料(网格柱钉型衬板)损坏后只能采用表面焊接法修补,不能形成自生磨损层。其表面材质更是难以满足要求,矿石中混杂的铁质杂质(钢纤、铁钉等)都将对辊面材质产生致命的损伤,因而阻碍了该设备在铁矿选矿领域的推广应用。

我国湖南深湘公司研制的柱磨机在中小企业应用效果较好,该柱磨机粉碎铁矿石后出料粒度很小,一般 −1 mm 在 50% 以上, −0.074 mm(−200 目)的含量可达 15% ~ 20%,且粉碎后的物料颗粒内部晶格结构受到破坏,颗粒含有许多微裂纹,从而增大了矿石的易磨性,因此铁矿石经柱磨机粉碎后可显著提高球磨机的处理能力达 30% ~ 40%;作为超细碎(预粉磨)工序,其单位电耗仅为 3 ~ 5kW·h/t,此外,该柱磨机研磨介质(辊轮与衬板)磨损相比其他细碎设备小、噪声低、扬尘少、维护简单、运行可靠。

广东云浮硫铁矿为提高其 −3 mm 产品生产能力,对原有棒磨系统进行改造,用一台 ZMJ1150A 型柱磨机做硫铁矿超细碎,使后续棒磨台时处理能力提高 20%,改造后系统全年水、电、钢耗及衬板等消耗降低 9.47%, −3 mm 成品矿产量增加 41.9%。内蒙古额济纳旗梭梭井选矿厂现用 ZMJ900A 型柱磨机,能将 −40 mm 粒级的原矿碎至 15 ~ 0.074 mm,其中 −5 mm 粉末状粒级占 77.81%,平均台时碎矿量 38 ~ 42 t/h。

B 高效磨矿设备在铁矿山的推广应用

磨矿设备的技术进步主要体现在大型自磨机研制成功并在大型铁矿山得到迅速推广,针对微细粒铁矿细磨的塔磨机开发成功并逐渐实现大型化,超细磨 ISA 磨机有望在铁矿山推广。

大型自磨机在铁矿选矿中的应用是近年来磨矿技术的重要技术进展之一。自磨/半自磨是一种具有粉碎和磨矿双重功能、一机两用的设备,以矿石本身做磨矿介质的是自磨(AG),加入适量钢球作介质的是半自磨(SAG)。我国自磨/半自磨技术较西方发达国家晚了十多年,随着国外自磨工艺的崛起,中国自磨技术不断成熟,设备不断改进,作业率达到甚至超过球磨机作业率,自磨机衬板的使用周期达到 6～8 个月,电耗和成本与球磨工艺基本持平,由于其基建速度快、工艺流程短、有利于选别作业、粉尘污染少等优越性,近年来越来越得到我国选矿界的认同,达成了自磨技术成熟、先进、可靠、处理量大的共识。

2007 年 5 月云南昆钢大红山铁矿在其 400 万吨/年规模选矿厂,采用自磨—球磨(SAB)流程,采用 1 台 ϕ8.53 m×4.27 m 半自磨机(5000 kW)和 1 台 ϕ4.72 m×7.92 m 球磨机,2008 年超过设计能力。

2007 年 9 月,辽宁凌钢保国铁矿在其处理规模 250 万吨/年的选矿厂,采用一台 ϕ8.0 m×2.8 m(3000 kW)自磨机,投产后顺利达产。

太原钢铁公司袁家村铁矿,处理量 2200 万吨/年,最终磨矿产品粒度 P_{80} 为 28 μm。设计采用 SAB 流程,目前已与美卓矿机公司签订 3 台 ϕ10.36 m×5.49 m 半自磨机(2×5500 kW)和中信重机签订 3 台 ϕ7.32 m×12.5 m 球磨机(2×6750 kW)、3 台 ϕ7.32 m×11.28 m 球磨机(2×6750 kW)制造合同,这将是中国第一大规模的自磨工艺选矿厂。

21 世纪以来,随着自磨机在中国矿山企业的推广应用,中信重机在自磨设备的研究和生产上实现了中国制造—中国创造—中国标准的跨越式发展,制造出世界上最大的自磨机,成为世界上继美卓、福勒史密斯之后的第三大世界级的集设计、制造、成套于一体的大型矿用磨机国际化基地。

中信重机为中信泰富澳大利亚 SINO IRON 年处理量 8400 万吨/年规模的铁矿选矿厂制造的 6 台 ϕ12.19 m×10.97 m 自磨机(28000 kW)和 ϕ7.92 m×13.60 m 球磨机(2×7800 kW)陆续交付使用,第一条自磨生产线已进入安装阶段,预计 2012 年中投产。

塔式磨(亦称立式搅拌磨)是一种现代细磨和超细磨设备,凭借其特殊的工作原理,与滚筒式球磨机相比,具有效率高、能耗低等优点。对许多细粒、微细粒嵌布的铁矿而言,磨矿细度是影响精矿品位的关键因素之一,如祁东铁矿磨矿细度 -22 μm 含量达 80% 以上,山西太钢袁家村铁矿 -28 μm 含量达 80%,柿竹园有色金属矿、汝阳钼矿等尾矿中回收铁精矿,磨矿细度都要求 -38 μm 含量达 95% 以上,铁精矿品位才能达到 65.00%。

柿竹园有色金属矿铁精矿再磨原采用普通卧式球磨机,磨矿细度一直都是 -43 μm 占60%,铁品位在 53%～55%。2005 年,再磨设备改为立式螺旋搅拌磨矿机,磨矿粒度从 -43 μm 占 60% 提高到 -38 μm 占 95.10%,精矿品位从 53.00% 提高到 65.20%,磨矿能耗降低 30%～40%。

磨矿设备研发的另一进展是超细磨矿设备 ISA 磨机的应用,该设备适用于最终产品粒度为 10 μm 左右甚至更细的设备。

ISA 磨机是由 Mount Isa 矿山与德国 Netzsch Feinmahltec 公司共同研制的,它是由颜料工业所用的 Netzsch 搅拌磨改进过来的。ISA 磨机有一组水平安装在悬臂轴上的圆盘,以线速度为 20 m/s 高速旋转,在 ISA 磨机作为细磨和超细磨时,它具有很高的处理量和高的能量效率。ISA 磨机不需要用筛网就可将细粒磨矿介质保存在磨机中。它应用位于排料端的介质和磨矿产品分离器排放磨矿产品,这种分离器可产生很高的离心力,使介质保存在磨机中,而让最终磨矿产品通过。ISA 磨机在很多国家的有色金属矿山得到了应用,最终磨矿细度达到 4～5 μm。

中冶西澳兰伯特角铁矿年处理量 5700 万吨/年(原矿),1500 万吨/年(铁精矿)规模,拟采用半自磨机和球磨机 + 塔磨机 + ISA 磨机四段磨矿阶段反浮选流程,最终磨矿产品粒度

为 P_{80} 10 μm。

C 采用高效磁选设备进行预选抛尾

对强磁性铁矿石用块矿干式磁选机进行预选,在国内的磁选厂几乎得到了全面推广应用。根据各企业的矿石性质,该设备在流程中分别设置在粗碎前、中碎前、细碎前和入磨矿之前及自磨之前,将混入矿石中的废石抛出 80% 以上,增加磨矿处理能力、提高入磨矿石品位,使级外矿石得以利用,扩大了资源的利用率。如本钢歪头山铁矿在自磨前采用 CTDG1516N 型永磁大块矿石磁选机预选,抛废产率 12% ~13%,磁性铁回收率 99% 以上,当入选原矿品位为 27.58% 时,预选精矿品位 31.20%,全铁回收率 95.84%,使入磨矿石品位提高 3.62%,年经济效益达 1792 万元;浙江漓渚铁矿在自磨前用大块矿石磁选机预选,抛废产率为 17.67%,选矿处理量由 100 万吨/年提高到 120 万吨/年,年省电 670 万千瓦时、节水 300 万立方米,年经济效益在 200 万元以上。

对于弱磁性铁矿石预选,近年来最大的技术进展是粗粒大筒径永磁设备的工业应用和电磁感应辊式强磁选机研制成功,圆筒永磁强磁选机的平均磁感应强度达到 1T 以上,抛尾粒度上限达到 45 mm,处理能力也达到 120 ~150 t/h。电磁感应辊式强磁选机的单机处理量也由过去的 10 t/h 提高到 20 ~30 t/h,给矿上限由 6 mm 提高到 14 mm,辊面磁感应强度提高到了 1.7~1.9T。这些适用于大颗粒干式磁选抛尾的强磁设备在工业生产中的成功应用,使预选指标得到了明显地改善。如梅山铁矿选矿厂对 20 ~2 mm 粒级物料用 YCG – ϕ350 mm ×1000 mm 粗粒永磁辊式强磁选机代替粗粒跳汰机,使尾矿品位由 25% 降低到 10% ~12%,粗精矿作业产率在 70% 以上,年经济效益在 1000 万元以上。马钢姑山铁矿采用 ϕ600 mm ×1000 mm 的 DPMS 圆筒永磁强磁选机选别 45 ~15 mm 粒级物料,在给矿品位 43.82% 时,获得精矿产率 37.06%,品位 55.47%,尾矿品位 37.00%,铁回收率 46.91% 的良好指标;酒钢选矿厂原设计预选是重介质振动溜槽,后又进行过跳汰机预选试验,均因分选效果差、耗水量大而未能在生产中应用,后采用美国 INPROSYS 公司生产的 3 × ϕ100 mm ×1500 mm 辊带式永磁强磁选机和 2 × ϕ600 mm ×1500 mm 筒式永磁强磁选机对原矿进行分级入选,已在工业生产中应用,获得了良好的指标。目前永磁强磁选机作为弱磁性矿石预选设备基本取代了重选设备。

D 新型磁选机在磁铁矿选矿中的应用

a BX 弱磁选机

BX 弱磁选机为多磁极大包角高梯度强冲洗半逆流磁选机,其特点是:(1)BX 磁选机磁极头数多(8 极、10 极,而普通磁选机只有 4 极或 5 极);(2)BX 磁选机磁系包角大(140°,而普通磁选机 105°);(3)BX 磁选机磁感应强度高(180 ±10 mT,原来普通磁选机磁感应强度 130 ±10 mT);(4)在卸矿喷水管下部的精选区另设有一根高压喷水管保障精矿品位;(5)尾矿溢流口高。由于 BX 磁选机具有上述特点,与普通磁选机相比,有磁路长、磁性矿物翻滚次数多、易剔除夹杂其间的脉石和贫连生体、提高作业精矿品位,同时磁感应强度高,有利于提高作业回收率,排精矿端另加设有冲洗水,可以进一步剔除细泥,提高精矿品位。矿浆面高,保证分选过程产生的翻转始终在水中进行。该机一般能提高品位 1 ~2 个百分点,尾矿含铁还稍有下降,现在磁铁矿选矿厂广泛应用 BX 弱磁选机。

b 磁选柱

磁选柱是鞍山科技大学研制成功的一种新型高效磁力和重力结合的磁重脉动低磁场的

磁重选矿机。该装备采用特殊的电源供电方式,在磁选区间内产生特殊的磁场变换机制,对矿浆进行反复多次的磁聚合—分散—磁聚合作用,从而充分分离出磁性矿物中夹杂的中、贫连生体及单体脉石,生产出高品位磁精矿,适用于弱磁选铁精矿的再精选。把在磁选过程中夹带在磁选精矿中的石英与磁铁矿的连生体选择性地分离出去,提高铁精矿品位。该设备已在鞍钢、包钢、本钢等十多家大型铁矿选矿厂得到工业应用,可以获得铁品位67%以上的铁精矿。但是,耗水量较大,处理能力偏小的问题阻碍了其大规模的工业应用。

　　c　磁场筛选机

磁场筛选机是郑州矿产综合利用研究所研制成功的一种高效精选设备。该机与传统磁选机的最大不同是颗粒不靠磁场直接吸引,而是在低于普通磁选机数10倍的弱均匀磁场中,利用单体铁矿物与连生体矿物的磁性差异,使磁铁矿单体矿物实现有效团聚后,增大了与连生体的尺寸差、密度差,再经过安装在磁场中的专用筛子(其筛孔比最大给矿颗粒尺寸大数倍),磁铁矿在筛网上形成链状磁聚体,沿筛面滚下进入精矿箱,而脉石与连生体矿粒由于磁性弱,以分散状态存在,极易透过筛孔而进入中矿排出,因此,磁场筛选机比磁选机更能有效地分离出脉石和连生体,使精矿品位进一步提高。徐州利国马山选矿厂使用该设备时,给矿含铁60%,磁筛铁精矿品位66.7%、铁回收率96.73%,并可放粗磨矿粒度,节能效果好。武钢大冶铁矿原矿经两段连续磨矿磨至−0.074 mm(−200目)75%,先进行铜硫混合浮选,浮选尾矿经三次磁选得最终铁精矿,最终铁精矿品位为64%~65%,与国内同类大型磁铁矿选厂相比,指标偏低。采用磁筛代替其三段磁选设备后,铁精矿品位达到66.43%,作业回收率92.22%,与同期选厂三磁精矿品位对比提高了1.7%。

　　E　新型磁选机在弱磁性铁矿和混合型铁矿选矿中的应用

　　a　Slon高梯度脉动强磁选机

Slon高梯度脉动强磁选机的背景磁感应强度达到1.2T,主要用于回收弱磁性铁矿。主要技术特点是冲洗精矿的方向与给矿方向相反,粗颗粒不必穿过磁介质堆便可冲洗出来,从而有效地防止了磁介质堵塞的特点。在分选过程中,该机脉动机构驱动矿浆产生脉动,可使分选区内矿粒群保持松散状态,使磁性颗粒更容易被磁介质捕获,非磁性颗粒尽快穿过磁介质堆进入到尾矿中去。显然,反冲精矿和矿浆脉动可防止介质堵塞,脉动分选可提高精矿铁品位,由于磁感应强度高对分选的粒度下限较低,所以尾矿含铁较低,回收率较高。该机近十年来在我国绝大多数大型混合型铁矿和弱磁性铁矿选矿厂得到广泛推广应用。

　　b　ZHI型强磁机

该设备是在SHP强磁设备的基础上发展起来的,克服了强磁设备容易产生磁性堵塞和机械堵塞的缺点,并进一步提高了分选场强,对极微细粒弱磁性矿物的回收有显著效果。采用隔粗筛加三道分选盘式结构,前置专门配套的隔粗装置隔除矿浆中粗渣,分选主体采用梯度高达1 T(10^4 Gs)的多层感应磁极介质及三盘对应的介质参数,形成上盘0.1~0.3 T的弱磁选体系,以回收少量强磁性的Fe_3O_4,中盘是1~1.5 T磁感应强度的中磁选体系,用于回收中粗粒级赤铁矿及假象赤铁矿,下盘磁感应强度高达1.7~1.8 T,对于回收微细粒赤铁矿及易泥化的褐铁矿极其有效,这种设备相对于目前工业上常用的SHP强磁选机和Slon强磁选,由于下盘磁感应强度高出0.8 T,铁回收率要高出10个百分点以上,且由于对不同磁性的铁矿物分阶段选别,大幅度减少了磁性夹杂,某些赤褐铁矿选矿厂使用该设备甚至实现全磁流程将铁精矿品位提高到65%以上,而传统的磁选机由于只有一种磁感应强度,磁夹杂严重,磁选铁精矿品位只能提高到43%~47%,必须采用浮选进一步深选才能得到65%以上品位的铁精矿。

c　闪速磁化焙烧系统

闪速磁化焙烧系统是针对复杂难选的菱铁矿、褐铁矿及其混合矿、冶金废渣、黄铁矿烧渣和极微细粒弱磁性铁矿高效回收而开发的,主要工作原理是将磨细到-0.2 mm的入烧物料在还原气氛下,呈高度分散的悬浮态从一级旋风筒逐级向下,与逆行向上的热气流进行充分换热提高入烧矿温度后,进入反应炉完成磁化焙烧过程,该设备经过近十年的开发,已经建成年处理量5万吨的工业生产炉,并取得优良指标。相对于竖炉和回转窑焙烧,该系统由传统的堆积态气固换热转变为悬浮态气固换热,细粒物料悬浮态下传热时比表面积比在回转窑中气固接触面积大3000~4000倍,气流与物料逆向的相对运动速度比回转窑内大4~6倍,在每一级预热器中的换热效率高达70%~80%,物料预热和反应的总时间由几个小时缩短到数十秒以内,大大提高了弱磁铁矿物磁化反应的效率。因此焙烧矿质量好,避免了其他焙烧方法中容易出现的焙烧矿"表面过还原、中心烧不透"的焙烧矿质量不均问题。菱铁矿、褐铁矿和微细粒复合铁矿的焙烧试验结果表明,焙烧磁选后铁的金属回收率较竖炉和回转窑高出7~12个百分点。

F　浓缩、过滤新设备

浓缩技术的快速进展,是在20世纪90年代,国外开始大型膏体浓密机的研究开发工作。

膏体浓密机包括浅锥型膏体浓密机、深锥型膏体浓密机以及Alcan浓密机三种类型。

浅锥型高压浓密机的特点是高/径比小于1,应用絮凝技术及最新的计算流体动力学研究成果,对同种物料而言,与普通浓密机相比,单位面积处理量提高数倍,并获得很高的底流浓度,底流固体重量浓度可达55%~65%,目前最大规格可达直径90m。该型浓密机特别适合特大型选矿厂尾矿浓缩,由于其底流浓度高,可实现选矿厂尾矿高浓度输送。

深锥型高压浓密机规格比浅锥型高压浓密机小,不能大型化,高/径比为1~2。深锥型高压浓密机除采用絮凝技术,还采用压缩层的非平衡机械挤压技术,因此与普通浓密机相比,对相同物料,不仅单位面积处理量提高数倍,同时可获得极高的底流浓度,底流浓度最高可达70%,但其总的台时处理量仍较小,不太适合大型选矿厂应用。

Alcan型高压浓密机结合了浅锥型高压浓密机和深锥型高压浓密机的技术特点,这种新型的高压浓密机,规格大,处理量大,同时可获得极高的底流浓度,直径一般为20~30 m,最大直径可达35m,底流浓度可达70%~75%,主要应用于膏体制备。目前,国际上有FLSMIDTH(DORR)公司、OUTOTEC公司等进行膏体浓密机研发。

我国浓缩设备及技术的研发始于20世纪80年代,目前已开发出全系列膏体浓密机产品,直径从1 m直至60 m,主要采用中心传动,也有周边传动,全自动控制,基本达到国际领先公司的同等水平。如梅山铁矿采用HRC25(直径25 m)高压浓密机—压滤流程制取尾矿滤饼。该高压浓密机系统底流浓度达到50%~55%,处理量目前为125t/(h·台),一台HRC25浓密机可处理原来2台53 m浓密机全部尾矿。武钢杨家坝铁矿原有2台53 m浓密机,但底流浓度低,溢流含固量高,采用HRC28浓密机后,一台28 m浓密机即可处理全部的尾矿,且底流浓度可达55%以上,溢流含固量可达200 mg/L以下。

近二十年来过滤设备经历了从筒型内滤式和外滤式过滤机及磁滤机发展到圆盘真空过

滤机、陶瓷过滤机和压滤机的过程。圆盘真空过滤机主要适用于 -0.074 mm 占 90% 左右
的铁精矿的过滤,鞍钢调军台选矿厂和太钢尖山选矿厂前后引进美国 EIMCO 公司的
120 m² 的圆盘真空过滤机,使用效果良好;酒钢选矿厂采用真空过滤机,精矿滤饼水分比内
滤式过滤机降低 2 个百分点以上,过滤效率提高 30% 以上。陶瓷圆盘真空过滤机以其显著
的节电、滤液含固体极低等优点也值得注意。陶瓷过滤机更适用于 -0.043 mm 占 90% 以
上的铁精矿的过滤,如东鞍山烧结厂采用 10 台 P30/10 - C 陶瓷过滤机代替 32 m² 内滤式真
空圆筒过滤机,将原来的三段浓缩两段过滤流程改为一段浓缩一段过滤流程。过滤系统改
造后,滤饼水分由真空过滤机的 13.48% 降为陶瓷圆盘过滤机的 10.00% 左右,利用系数由
0.22 t/(m² · h) 提高到 0.452 t/(m² · h),使得东鞍山烧结厂基本实现了选矿污水零排放。
压滤机更适用于 -0.030 mm 占 90% 以上甚至更细的铁精矿的过滤,太钢集团尖山铁矿选
矿厂过滤采用 EIMCO 盘式真空过滤机,处理磁铁精矿,滤饼水分为 9.50%,2002 年采用反
浮选工艺后,精矿粒度进一步变细,加上淀粉的影响,精矿滤饼水分达到 10.50%,然而太钢
要求尖山铁矿粉直接由皮带输送至烧结厂,因此铁精矿水分必须小于 9.00%,现有设备不
能满足要求。2004 年选用美国 DOE 公司的 Afptmiv 型自动压滤机后进行反浮选铁精矿的
过滤,最终滤饼水分控制在 9% 左右。

　　G　铁精矿管道输送

　　铁精矿管道输送在国外已经被认为是经济、有效、技术上成熟的运输方式,主要的发展
方向是高浓度长距离输送。20 世纪 50 年代美国建成黑密萨管道,长 306.5 km,直径 457.2
mm,向位于科罗拉多河上的一个 150 万千瓦的电站输煤,年输送量 600 万吨,以后长距离管
道输送应用到其他各种物料的输送。目前,由于产业转移,美国已很少再建长距离的管道系
统,但长距离管道系统发展到世界其他国家。国外用管道输送铁精矿已有 10 余个选矿厂。

　　澳大利亚萨维奇河管道和巴西萨马尔科管道都是采用高浓度、高压力、小管径的设计,
管道运行平稳。澳大利亚萨维奇河管道全长 85.3 km,输送精矿浆浓度 65%,输送压力
12.74 MPa,管道外径 245 mm,年输送精矿 250 万吨以上。

　　巴西萨马尔科铁精矿输送管道,输送距离 396 km,输送精矿浆浓度 68% ~70%,管道外
径 508 mm,年输送精矿 1500 万吨。

　　太钢尖山铁矿铁精矿管道输送系统由美国 PSI 公司、鞍山黑色冶金设计研究院与中国
石油与天然气管道勘察设计院联合设计。尖山铁精矿管道输送的设计突破了国内长期坚持
的低浓度、低压力、大管径的设计思想,采用高浓度、高压力、小管径的设计理念。精矿输送
管道全长 102.2 km,是我国第一条长距离铁精矿输送管道,管道起点海拔 1334.0 m,管道终
点海拔 809.0 m,采用一座泵站。设计年输送能力 200 万吨,输送矿浆浓度 63% ~65%,管
道外径 229.7 mm,管道内径 211.8 mm,管道系统于 1997 年投产,2002 年输送铁精矿 208 万
吨,达到设计能力,输送成本 0.16 元/(t · km),目前年输送铁精矿 230 万吨以上。

　　昆钢大红山 400 万吨/年选矿厂的精矿管道输送,由长沙冶金设计院与美国 PSI 公司共
同设计,输送距离 171 km,管道起点海拔高 2275 m,终点海拔高 647 m,采用 3 级加压泵站,
设计输送能力 230 万吨/年,输送矿浆浓度 62% ~68%,管道内径 224 mm。管道输送系统于
2008 年正式投产,目前已经达到了设计指标,精矿输送浓度稳定在 66%。

　　由于计算机及网络技术的发展,现今的长距离管道系统具有完善的控制系统(SCA-
DA),分散控制集中管理,系统具有网络通信功能,实现远程操作管理。

1.2.2.2 铁矿选矿药剂的技术进步

浮选药剂的优劣是决定浮选工艺及浮选指标的关键。由于我国成规模的大型铁矿山主要是脉石以石英为主的鞍山式贫铁矿,浮选药剂的技术进步也主要集中在对石英捕收效果好的阴离子及阳离子捕收剂的研究进展上。

阴离子捕收剂在 RA - 315 研制成功的基础上,又开发了 RA - 515、RA - 715、RA - 915 等 RA 系列药剂。Sh - 37、Mz - 21、LKY 及 DT - 9902 等阴离子捕收剂的开发对鞍山式贫赤铁矿石浮选指标的提高也起了重要作用。

除石英外,脉石中还含有钠辉石、钠闪石的铁矿石反浮选阴离子捕收剂 SLM 用于包钢选矿厂取得了良好效果。

除石英外,脉石中还含有绿泥石、角闪石等含铁硅酸盐矿物的铁矿石反浮选阴离子捕收剂 CY 系列药剂用于太钢袁家村铁矿取得成功,其浮选温度可低至 15℃。

阳离子捕收剂的开发近年来也取得一定进展,如醚胺类、椰油胺、GE609 和 YA 系列药剂。

1.3 铁矿石选矿实践

1.3.1 磁铁矿矿石选矿实践

1.3.1.1 玉石洼铁矿选矿厂选矿实践

A 概述

邯邢冶金矿山局玉石洼铁矿位于河北省武安市境内。该矿于 1969 年开始建设,1977 年建成投产,设计规模 100 万吨/年,1982 年重新对生产规模验证确定生产能力为 70 万吨/年,1999 年冶金部对该矿进行生产能力审查核定 55 万吨/年。目前矿山隶属邯邢冶金矿山局,管理归中国五矿集团公司领导。

玉石洼铁矿采用斜井—竖井联合开拓,主井为斜井,倾角 15°,斜长 810 m,副井的竖井为多绳摩擦轮提升,采矿方法为浅孔房柱法。

选矿厂设计年处理原矿量 100 万吨,采用一段破碎、两段磨矿的单一磁选流程。设计指标:原矿品位 40.00%,精矿品位 64.00%,尾矿品位 12.11%,回收率 86.00%。1984 年 5 月增建硫钴浮选回收工序,1990 年三次磁选由脱水槽改为大筒径磁选机,1993 年增设了矿石干选设备,1995 年一次磁选由脱水槽改为大筒径磁选机,1999 年选厂供水改造,2002 年启用尾矿膏体制备系统,2003 年磨机集中润滑站改造,2004 年过滤系统改造,2006 年 2 号球磨机由格子型改为溢流型,由于邯郸武安地区矿石性质较为稳定,基本磨选流程历经 30 年没有大的变化。2003 年综合处理原矿 144.9 万吨,入磨原矿 115.2 万吨,达到历史最高水平。

目前,选矿厂的实际生产能力为年处理铁矿石 60 万吨,年产铁精矿 25 万吨,是邯邢冶金矿山管理局重要生产矿山之一。

B 矿石性质

玉石洼铁矿属接触交代矽卡岩磁铁矿床,与尖山玉皇庙矿体位于同一接触带上,赋存于燕山期闪长岩与马家沟灰岩的接触带中,矿体顶板为石灰岩,底板为矽卡岩或闪长岩。

a 矿石矿物组成

金属矿物以磁铁矿为主,有少量褐铁矿、赤铁矿和磁黄铁矿;脉石矿物以透辉石、透闪石、阳起石为主,其次为绿泥石、方解石,并有少量角闪石、长石。矿石的矿物组成见表1－10。

表1－10　矿石矿物组成　　　　　　　　　　　　（%）

矿物名称	磁铁矿	赤铁矿	黄铁矿	透辉石	透闪石－阳起石	绿泥石	碳酸盐	其他	合计
含量	52.40	2.10	2.20	9.50	7.40	2.10	15.10	9.20	100.00

b　矿石化学成分

原矿的多元素化学分析结果见表1－11。

表1－11　原矿多元素化学分析结果　　　　　　　（%）

元素	TFe	SFe	FeO	V_2O_5	Mn	SiO_2	Al_2O_3	CaO	MgO
含量	40.95	39.88	14.07	0.063	1.10	13.63	2.02	6.50	9.55
元素	P	Mo	TiO_2	Ni	Co	Cu	Ga	Th	U
含量	0.053	0.003	0.140	<0.005	0.0108		0.0011	0.0012	0.0005

c　矿石铁物相分析

原矿的铁物相分析结果见表1－12。

表1－12　铁物相分析结果　　　　　　　　　　　（%）

铁物相	磁铁矿中铁	赤褐铁矿中铁	碳酸铁中铁	硫化物中铁	硅酸盐中铁	合计
含量	38.55	1.55	0.20	0.97	0.048	41.318
分布率	93.30	3.75	0.48	2.35	0.12	100.00

d　矿石结构

矿石以半自行结晶结构为主,其次为它形粒状及交代残余结构。磁铁矿是自形－半自形粒状结晶,少部分为它形粒状;脉石为短柱状或粒状集合体。

e　矿石嵌布粒度

磁铁矿结晶粒度较粗,一般为 0.05～1.2 mm,其中多数为 0.3～0.5 mm。

f　矿石物理性质

矿石的普氏硬度 $f=8～12$,岩石 $f=4～12$,以大孤山矿石为标准,可磨度系数 0.8,矿石密度 3.7 g/cm³,岩石密度 2.7 g/cm³,松散系数 1.6。

C　技术进展

1969 年先后进行了两次选矿试验。第一次以贫矿为主,混合矿只作干式磁选探索性试验。由于采矿方法的变化,决定混采,全部入选。因此第二次以混合样为主,并重点解决综合利用问题。两次试验所得的指标见表1－13、表1－14。

表1－13　贫矿样磁选流程指标　　　　　　　　　（%）

产品名称	产率	品位		回收率	
		TFe	S	TFe	S
精矿	45.00	64.30	0.044	89.66	3.00
尾矿	55.00	6.07	1.163	10.34	97.00
原矿	100.00	32.27	0.659	100.00	100.00

注:磨矿粒度 -0.074 mm(-200 目)占 70%。

表1-14 混合样磁选—浮选流程指标 （%）

产品名称	产 率	品 位			回 收 率		
		TFe	S	Co	TFe	S	Co
铁精矿	56.23	65.65	0.15	0.0058	92.02	6.95	30.02
硫钴精矿	1.90	38.90	44.00	0.25	1.84	68.9	43.74
尾 矿	41.87	5.88	0.70	0.0068	6.14	24.15	26.24
原 矿	100.00	40.12	1.21	0.0108	100.00	100.00	100.00

D 生产工艺及流程

a 破碎筛分

选矿厂处理的矿石包括两部分，一部分是自产矿石，另一部分是外购矿石。自产矿石在井下采用2台600 mm×900 mm颚式破碎机破碎至350~0 mm，外购矿石经1台600 mm×900 mm和2台400 mm×600 mm颚式破碎机破碎至150~0 mm，两种矿石均由CTDG-1210N型干式永磁磁选机预选抛尾后运往选矿厂原矿仓。

b 磨矿分级与选别

选矿厂设计为两个系统，每个系统年处理原矿量50万吨。采用两段连续磨矿单一磁选流程。一段磨矿为湿式自磨开路磨矿，二段球磨机与ϕ2000 mm×13000 mm沉没式螺旋分级机组成闭路磨矿。矿石经ϕ5500 mm×1800 mm湿式自磨机磨矿后，自磨机排矿经螺旋分级机预先分级，分级机沉砂返回MQG-ϕ2700 mm×3600 mm湿式格子型球磨机再磨，球磨机利用系数1.633t/(m³·h)，作业率79.38%，螺旋分级机的溢流经过三次磁选获得磁选精矿，经过滤获得最终铁精矿。选矿生产工艺流程见图1-19。

选矿生产工艺的特点是：

（1）选别流程简单，比较适应现有原矿性质。

（2）磨选工艺流程阶梯式布置基本自流。

（3）采用自磨工艺，节约了基础投资和生产运行费用。

c 精矿过滤

采用5台GYW-12型真空永磁筒式外滤式过滤机与之配套的4PNJA型溢流泵3台、SK-30型真空泵4台。过滤机利用系数1.63 t/(m³·h)，作业率72.21%。

d 尾矿处理及利用

（1）尾矿处理。尾矿自流至BCN-45浓密机，溢流作为循环水使用，底流经泵扬送至尾矿扫选回收部分低品位铁精矿，扫选尾矿浮选选硫，浮选尾矿经尾矿泵扬送至二次浓密机，浓缩后输送至尾矿库。

玉石洼铁矿选矿厂尾矿库有两座，惠兰尾矿库正处于闭库期间，植被覆盖达到要求，尖山尾矿库已投入使用，其坝体为不透水坝，库内积水采用回水设施返回选矿厂再利用。库内干滩长度极短，无扬沙。选硫残存药剂为少量黄药，自行分解。

（2）尾矿选硫。玉石洼铁矿磁选尾矿中可选硫精矿约3000吨/年，硫精矿品位30%左右。尾矿含有部分钴，但经多次探讨一直没有回收。尾矿再选选硫生产工艺流程见图1-20。

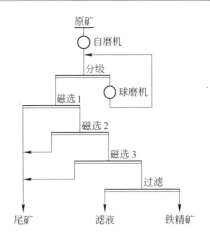

图 1 - 19　选矿生产工艺流程

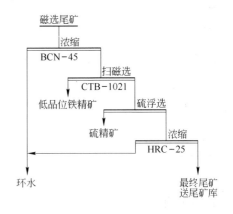

图 1 - 20　尾矿再选选硫生产工艺流程

e　选矿厂主要设备

破碎和预选设备见表 1 - 15,磨矿分级和选别主要设备见表 1 - 16,尾矿浓缩和输送主要设备见表 1 - 17。

表 1 - 15　破碎和预选设备

作业名称	设备名称	型号、规格/mm × mm	数量/台	传动电机	
				功率/kW	数量/台
井下破碎	颚式破碎机	PE - 600 × 900	2	80	2
原矿场	颚式破碎机	PE - 600 × 900	1	80	1
预选	干式永磁磁选机	CTDG - 1210N	1	37	1

表 1 - 16　磨矿分级和选别主要设备

作业名称	设备名称		型号、规格/mm × mm	数量/台	传动电机	
					功率/kW	数量/台
磨矿	湿式自磨机	一段	MZS - φ5500 × 1800	2	800.0	2
	格子型球磨机	一段	MQG - φ2700 × 3600	2	400.0	2
分级	沉没式螺旋分级机	一次	2FC - φ2000 × 13000	2	18.5	2
磁选	永磁磁选机	一次	CTB - φ1050 × 2100	4	5.5	4
	永磁磁选机	二次	CTB - φ1050 × 2100	4	5.5	4
	永磁磁选机	三次	CTB - φ1050 × 2100	2	5.5	2
	永磁磁选机	扫选	CTB - φ1050 × 2100	1	5.5	1

表 1 - 17　尾矿浓缩和输送主要设备

作业名称	设备名称	型号、规格/mm	数量/台	传动电机	
				功率/kW	数量/台
浓缩	周边传动式浓密机	BCN - 45	2	7.5	2
	高效浓密机	HRC - 25	2	7.5	2
输送	渣浆泵	150ZJ - 65A	2	160	2
	渣浆泵	150ZJ - 70A	2	160	2

f 近年主要技术经济指标

近年主要技术经济指标见表 1-18。

表 1-18 近年选矿主要技术经济指标

项目名称		2001 年	2002 年	2003 年	2004 年	2005 年	2006 年	2007 年
年处理原矿量/t		685097	929675	1152237	1120466	1021636	903728	523930
年精矿产量/t		338320	515838	660838	664313	586134	538764	272112
原矿品位/%		36.80	40.50	41.50	42.68	42.05	42.66	38.60
精矿品位/%		66.36	66.34	66.41	66.29	66.34	66.19	66.20
尾矿品位/%		7.62	7.80	7.26	7.47	8.85	7.53	7.45
回收率/%		89.57	91.50	92.63	92.97	91.11	92.92	90.93
选矿比		2.02	1.80	1.74	1.69	1.74	1.68	1.93
每吨精矿成本/元		229.92	221.32	255.98	417.04	550.7	570.59	605.35
磨机作业率/%		59.14	79.04	90.7	88.32	78.69	80.36	63.22
磨机系数/t·(m³·h)⁻¹		1.56	1.58	1.71	1.7	1.74	1.51	1.11
磨机处理量/t·(台·h)⁻¹		66.28	67.38	72.51	72.21	74.11	64.19	47.30
过滤机作业率/%		50.36	78.38	92.61	80.15	67.49	64.19	41.55
过滤机系数/t·(m³·h)⁻¹		1.61	1.57	1.69	1.65	1.66	1.59	1.23
每吨原矿钢球消耗/kg		0.29	0.25	0.23	0.21	0.21	0.23	0.28
每吨原矿衬板消耗/kg		0.07	0.06	0.09	0.14	0.07	0.13	0.22
每吨原矿水消耗/m³		3.92	4.24	4.5	4.63	4.74	4.43	6.09
其中:每吨原矿新水消耗/m³		1.58	1.24	1.5	1.63	1.74	1.43	3.09
每吨原矿胶带/m		3.81	7.84	5.77	6.98	7.11	5.23	4.20
每吨原矿过滤布/m²		3.16	3.28	1.57	2.08	2.06	3.21	1.81
每吨原矿药剂/g		23.77	64.54	11.72	20.62	9.79	12.17	10.08
每吨原矿电耗/kW·h		14.45	17.16	19.18	20.27	22.47	19.58	27.15
劳动生产率/t·(人·年)⁻¹	全员	2191	1880	2765	2826	2542	2625	2858
	工人	2217	2539	3697	3903	3433	3616	3284

1.3.1.2 本钢歪头山选矿厂选矿实践

A 概述

歪头山铁矿位于辽宁省本溪市西北 30 km 的溪湖区石桥子乡境内,与沈阳、抚顺、辽阳接壤,有公路与沈本高速公路相连,距沈(阳)丹(东)铁路歪头山站西南 4 km,距沈丹公路南1.5 km,矿区有准轨铁路在歪头山站与沈丹铁路相接,交通十分方便。

歪头山选矿厂隶属本溪钢铁(集团)矿业有限责任公司歪头山铁矿。该厂于 1970 年 5月动工建设,1971 年 5 月第一个系列建成投产,1972 年 9 月其余的 8 个系列全部建成投产。选矿厂由中冶北方工程技术有限公司(鞍山黑色冶金矿山设计研究院)负责设计,设计规模为年处理原矿量 500 万吨,采用粗破碎—湿式半自磨—球磨—三次弱磁选—细筛自循环单一磁选工艺流程。该厂是中国最早采用湿式半自磨工艺的大型选矿厂。2003 年,铁精矿产量 160.613 万吨/年,铁精矿品位 67.05%,SiO₂ 含量 6.50%,铁回收率 83.10%。2004 年 11月采用湿式半自磨—球磨—高频振网筛分级—磁选机—磁选柱—筛上与中矿再磨的全磁流程改造成功,各项选矿技术指标达到了国际先进水平。2008 年,选矿厂原矿处理量499.38 万吨/年,精矿产量176.46 万吨/年,铁精矿品位68.64%,铁回收率82.05%。

　　B　矿石性质

　　歪头山铁矿石属鞍山式铁矿石。含铁矿物主要为阳起磁铁石英岩,其次有少量阳起假象赤铁石英岩和阳起磁铁富矿以及部分阳起磁铁片岩、磁铁大理岩、磁铁滑石片岩等。脉石矿物主要有石英、阳起石、绿帘石、方解石、滑石等。矿层呈层状,共有 6 层铁矿石。矿体平均厚度22m,最厚80m 的占总储量的80%。矿石化学多元素分析结果及铁物相分析结果见表 1 - 19 和表 1 - 20。

表 1 - 19　矿石化学多元素分析结果　　　　　　　　　（%）

元　素	TFe	SFe	FeO	SiO$_2$	Al$_2$O$_3$	CaO	MgO	Mn	P	S
第一矿层	33.30	32.77	14.28	51.00	0.32	1.98	2.22	0.06	0.069	0.014
第二矿层	31.72	31.27	12.99	53.28	0.16	1.40	1.84	0.04	0.078	0.005
第三矿层	33.52	32.70	13.76	52.00	0.28	1.75	2.22	0.06	0.073	0.010
第四矿层	33.75	33.37	14.15	51.15	0.32	1.05	1.72	0.08	0.42	0.005
第五矿层	32.85	32.55	12.61	50.00	0.55	2.62	3.14	0.06	0.06	0.024
第六矿层	32.25	31.65	12.68	50.00	0.55	1.57	2.26	0.067	0.01	0.018
生产矿样	29.61	28.35	12.75	50.84	0.56	2.19	2.12	0.059	0.098	0.018

表 1 - 20　矿石铁物相分析结果　　　　　　　　　（%）

矿　层	相名	磁铁矿	假象赤铁矿	赤铁矿	碳酸铁	硫化铁	硅酸铁	全铁
第二矿层	含量	28.77	0.83	0.66	0.43	0.01	1.31	32.26
	占全铁	89.88	2.59	2.06	1.34	0.03	4.09	100.00
第三矿层	含量	27.70	1.31	0.41	0.4	0.02	2.25	32.12
	占全铁	86.32	4.08	1.28	1.24	0.06	7.02	100.00
第四矿层	含量	27.70	0.54	0.30	0.25	0.04	2.59	31.55
	占全铁	88.16	1.72	0.95	0.80	0.13	8.24	100.00
第五矿层	含量	28.06	2.07	0.65	0.22	0.04	1.14	32.41
	占全铁	87.20	6.43	2.02	0.68	0.13	3.54	100.00

　　矿石呈中细粒结构,条带状和致密块状构造。铁矿物单体解离粒度一般为0.1 ~ 0.11 mm。地质铁品位31.49%,出矿铁品位29.61%。矿石密度 3.4 t/m^3,磁性率38% ~40%,普氏硬度系数f = 12 ~ 16,岩石密度2.6 t/m^3。

　　C　技术进展

　　a　大块矿石干式预选工艺

　　为了充分地利用矿产资源,探索低品位矿石利用的可能性,通过试验研究,采用 CTDG -1516N 型大块矿石干式磁选机对粗碎 350 ~ 0 mm 矿石进行预选,抛废产率12% ~ 13%,使入磨矿石品位提高3.62 个百分点,磁性铁回收率99%,设备处理能力600 ~ 800 t/h,年经济效益达1000 万元以上。

b 湿式自磨—球磨工艺优化

选矿厂原设计是采用 $\phi5.5\ m\times1.8\ m$ 湿式自磨机与 $\phi3.0\ m$ 高堰式双螺旋分级机构成闭路,投产后发现在闭路磨矿条件下,自磨机台时产量低,作业率平均 55% ~65% ;分级溢流粒度细,致使二段球磨负荷不足,一、二段磨矿负荷难以平衡。为了解决这一技术问题,取消了高堰式双螺旋分级机,在自磨机排矿端安装筛隙为 5 mm 的 $\phi1762\ mm\times1300\ mm$ 的圆筒自返筛,并应用 $\phi1200\ mm\times3200\ mm$ 永磁筒式磁选机代替一段 $\phi3000\ mm$ 磁力脱水槽,增加了抛尾产率,使自磨机与球磨机实现 2∶1 的配置(目前选矿厂已增加 3 台自磨机),年经济效益达 1600 万元。为了强化对难磨粒子的磨碎及补充原矿中大块矿石的不足,在自磨机中添加了 $\phi120$ ~150 mm 钢球,充填率 3% ~5% ,采用半自磨工艺后,自磨机台时能力达到 74 t,精矿铁品位也有所提高,与原采用自磨工艺相比,经济效益提高 1% 。

c 选别工艺的优化

为了提高精矿铁品位、降低二氧化硅含量,通过大量的试验研究,将湿式半自磨—球磨—三次磁选—细筛自循环单一磁选原工艺流程,改造为湿式半自磨—球磨—高频振网筛分级—磁选机—磁选柱—筛上与中矿再磨的全磁工艺流程,改造流程于 2004 年 11 月正式投入生产,生产实践表明,新型设备运行稳定可靠,工艺流程顺畅,各项指标达到预期结果,精矿铁品位达到 69% 以上,二氧化硅含量降低 4% 以下。

D 生产工艺及流程

a 破碎及预选

歪头山铁矿选矿厂破碎采用一段开路破碎流程,来自采场的 1000 ~0 mm 的原矿用自翻车直接给入 PXZ – 1200/180 型旋回破碎机碎至 350 ~0 mm,经重型板式给矿机、皮带给入 CTDG – 1516N 型大块矿石干式磁选机预选,干选废石经皮带输送到废石矿仓,干选粗精矿经皮带输送至磨选车间原矿仓。破碎及预选工艺流程如图 1 – 21 所示。

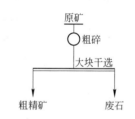

图 1 – 21 破碎、预选工艺流程

b 磨矿分级与选别

选矿厂磨矿分级与选别作业工艺流程如图 1 – 22 所示。

选矿厂采用阶段磨矿—阶段选别磁选流程。一段磨矿采用 12 台自磨机,二、三段磨矿采用 9 台和 3 台溢流型球磨机,工艺流程如图 1 – 22 所示。每个系列有 6 台下振型 GZ8 电振给矿机,将干选粗精矿经皮带给入 $\phi5.5\ m\times1.8\ m$ 湿式自磨机,自磨机内添加 $\phi120$ ~150 mm 钢球,充填率 3% ~5% 。在自磨机的排矿端装有 1 台筛隙为 5 mm、 $\phi1762\ mm\times1300\ mm$ 圆筒筛,将自磨排矿分为筛上和筛下两种产品,筛上产品返回自磨机,筛下产品(–0.074 mm 45%)进入 $\phi3.0\ m$ 磁力脱水槽或 CTB1232 型磁选机进行粗选,丢弃部分合格尾矿,粗精矿给入与 $\phi3.2\ m\times4.5\ m$ 溢流型球磨机呈闭路的 $\phi2.4\ m$ 沉没式双螺旋分级机。二段分级机溢流产品(–0.074 mm 70% ~75%)给入 $\phi3.0\ m$ 磁力脱水槽和 CTB1021 型磁选机两次选别得到精矿,精矿经高频振网筛分级,筛上产品经浓缩后给入三段磨矿,筛下产品经 BX1024 型磁选机和 CXZ60 磁选柱选别,获得最终精矿;磁选柱中矿经浓缩磁选后进入三段磨矿,三段磨矿排矿经水力旋流器分级,溢流产品(–0.074 mm 85%)经 BX1024 型磁选机、高频振网筛、CTB1024 型磁选机选别后的精矿与磁选柱精矿混合为最终精矿,水力旋流器沉砂返回到第三段磨矿构成闭路。两段磁力脱水槽尾矿和五段磁选的尾矿集中,为最终尾矿。

该工艺流程中应用开孔率高的高频振网细筛、BX 型磁选机及磁选柱等先进设备,从而提高了精矿铁品位,同时明显降低精矿中二氧化硅含量,生产实践表明,工艺流程顺畅,选别指标稳定,精矿铁品位达到 68.5% 以上,二氧化硅含量在 4% 以下。

c　精矿过滤及尾矿处理

精矿过滤是采用 5 台 72 m² 盘式真空过滤机,每台配备电动机功率为 5.5 kW,并配有搅拌电动机功率 7.5 kW。精矿水分 9.5% 左右,过滤效率在 0.73~0.92 t/(m²·h),滤布消耗 22.5 m²/万吨精矿。

尾矿浓缩是采用 6 台 φ30 m 中心传动倾斜板式浓缩机和 2 台 φ53 m 周边传动浓缩机。浓缩机给矿浓度 3%~5%,底流浓度 18%~22%,经三级泵站、φ900 mm 双线铸造铁管输送至尾矿库。浓缩机溢流作为选矿厂循环水使用。1 号、2 号尾矿泵站配备 12PN 泥浆泵各 4 台,4 号尾矿泵站配备 350ZJ 渣浆泵 6 台。

d　选矿厂自动控制

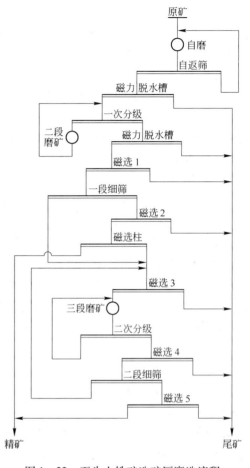

图 1-22　歪头山铁矿选矿厂磨选流程

选矿厂在 20 世纪 80 年代末期进行过自磨机自动控制,但因当时设备故障多,现已不再使用。20 世纪 90 年代,对二次球磨机进行自动控制,对浓缩机底流进行自动控制,稳定和提高了二次分级溢流产品粒度的合格率,提高了尾矿输送浓度,保证了尾矿单机单管输送。2000 年进行了选矿厂三水自动平衡,稳定了选矿厂的产量及选别指标。

e　尾矿综合利用

(1)从尾矿中回收磁性铁矿物。歪头山铁矿通过充分的试验研究,建设了尾矿再选厂,成功地从选矿厂尾矿溜槽中直接回收磁性铁矿物。再选厂采用圆盘回收机获得粗精矿,粗精矿经再磨再选获得最终铁精矿。在尾矿铁品位 7.62%,获得精矿铁品位 65% 以上,年产量 6 万吨,年经济效益 460 万元。

(2)尾矿砂的综合利用。歪头山铁矿利用尾矿砂制作成普通地面砖、彩色地面砖、沿路石、草坪砖、花墙砖等一系列建筑用砖。经检测达到国家相关标准,取得了明显的经济效益。

f　选矿厂主要设备

选矿厂主要设备见表 1-21。

g　近年主要技术经济指标

表 1-21 选矿厂主要设备

序号	设备名称	规格型号/mm	作业名称	数量/台	传动电机 功率/kW	传动电机 数量/台
1	旋回破碎机	PXZ1200/180	粗破碎	1	260	1
2	大块矿石干选机	CTDG-1516N	原矿预选	1	55	1
3	湿式自磨机	$\phi5500 \times 1800$	一段磨矿	12	900	12
4	溢流型球磨机	MQY-$\phi3200 \times 4500$	二段磨矿	9	750	9
5	溢流型球磨机	MQY-$\phi3200 \times 4500$	三段磨矿	3	750	3
6	沉没式双螺旋分级机	2FLC-$\phi2400$	一次分级	9	40	9
7	水力旋流器	FXJ-350/6	二次分级			
8	永磁脱水槽	CS-$\phi3000$	一段选别	9		
9	永磁脱水槽	CS-$\phi3000$	二段选别	23		
10	永磁磁选机	CTB-1021	磁选 I	19	4.0	19
11	高效磁选机	BX-1024	磁选 II	5	5.5	5
12	高效磁选机	BX-1024	磁选 III	6	5.5	6
13	高效磁选机	BX-1024	磁选 IV	4	55	4
14	永磁磁选机	CTB-1024	磁选 V	4	4.0	4
15	磁选柱	CXZ-$\phi600$	选别	16	4.0	16
16	高频振网筛	MVS-2000×2000	一段分级	16	1.2	16
17	高频振网筛	MVS-2000×2000	二段分级	4	1.2	4
18	真空过滤机	ZPG-72	精矿过滤	6	5.5+7.5	6
19	中心传动浓缩机	$\phi30m$	尾矿浓缩	6	7.5	6
20	周边传动浓缩机	$\phi53m$	尾矿浓缩	2	10	2

近年主要技术经济指标见表 1-22。

表 1-22 2001~2009 年选矿生产主要技术经济指标

项 目	2001 年	2002 年	2003 年	2004 年	2005 年	2006 年	2007 年	2008 年	2009 年
磨矿年处理原矿量/万吨	417.15	432.83	440.78	455.43	472.11	481.58	492.27	499.38	511.60
原矿品位/%	29.61	29.56	29.44	29.56	29.61	29.55	29.41	29.60	29.55
精矿品位/%	67.11	67.13	67.13	67.59	68.66	68.66	68.06	68.64	68.66
尾矿品位/%	7.25	7.33	7.31	7.87	8.48	8.13	7.96	7.95	7.92
理论回收率/%	84.66	84.42	84.36	83.05	81.42	82.22	82.50	82.72	82.09
理论选矿比/t·t^{-1}	2.68	2.69	2.70	2.75	2.85	2.83	2.83	2.83	2.83
每吨精矿成本/元	245.56	232.67	289.04	340.70	368.75	367.23	—	318.68	296.54
每吨原矿钢球消耗/kg	0.25	0.19	0.17	0.20	0.17	0.20	0.17	0.19	0.20
每吨原矿铁球消耗/kg	0.52	0.51	0.51	0.62	0.74	0.68	0.61	—	—
每吨原矿衬板消耗/kg	0.21	0.20	0.20	0.22	0.21	0.25	—	0.19	0.22
每吨原矿水耗/m^3	17.54	17.77	19.21	19.27	20.09	19.87	19.86	18.73	18.14

续表 1－22

项　目		2001 年	2002 年	2003 年	2004 年	2005 年	2006 年	2007 年	2008 年	2009 年
其中每吨原矿新水消耗/m³		0.74	0.76	0.55	0.55	0.86	0.87	0.76	0.64	0.67
每万吨原矿胶带/m		32.34	46.52	30.73	40.26	73.25	56.67	40.59	34.02	32.92
每万吨精矿过滤布/m²		1.98	2.81	1.25	15.24	21.70	23.01	28	22.44	41.44
每吨原矿电耗/kW·h		25.92	26.09	25.76	27.04	28.37	28.11	28.63	31.31	31.58
劳动生产率 /t·(人·年)⁻¹	全员	3470	3754	3918	4030	4246	4406	4772	4631	
	工人	4350	4674	4801					5550	5042.55

1.3.1.3　鞍钢大孤山选矿厂选矿实践

A　概况

大孤山选矿厂距离辽宁省鞍山市东南 9 公里,位于千山脚下,厂区有铁路和公路通往市区和鞍钢厂内,主要生产铁精矿和球团矿产品,是鞍钢的主要原料基地之一。

目前大孤山选矿工艺主厂所处理的矿石主要来源于大孤山铁矿和眼前山铁矿,均为露天开采,矿石所占比例分别为 67%、33%,大孤山球团厂选矿分厂处理的矿石来源于大矿附企和眼矿附企的回收矿石。

大孤山球团厂选矿工艺主厂建于 1954 年,现有一个破碎作业区和两个选别作业区,其中破碎作业区采用中破预先筛分三段一闭路破碎流程;磁选作业区采用阶段磨矿、细筛再磨、单一磁选选别流程;三选作业区采用连续磨矿、细筛再磨、单一磁选选别流程。选矿分厂建于 2006 年,其破碎工艺采用三段一闭路的破碎流程,选别工艺采用阶段磨矿、细筛再磨、单一磁选流程。

B　矿石性质

a　矿石类型

大孤山铁矿矿石属于鞍山式铁矿石。矿体由横贯其中部的闪长玢岩岩墙分为东西两部分,东部称之为玢岩以东矿体,西部称之为玢岩以西矿体,它们产出的矿石简称玢东矿和玢西矿。玢东矿区是未氧化矿石,为磁铁、角闪(绿泥)磁铁石英岩;玢西矿区含有部分氧化和半氧化矿石,以磁铁石英岩为主,矿石类型有磁铁石英岩、角闪磁铁石英岩、磁铁假象赤铁石英岩。

b　化学成分及矿物组成

矿石中可供选矿回收的元素为铁,铁矿物绝大部分为磁铁矿,小部分为褐铁矿及赤铁矿。脉石矿物为石英与少量角闪石、绿泥石、方解石等。

矿石化学多元素及铁化学物相分析结果见表 1－23、表 1－24。

表 1－23　多元素分析结果　　　　　　　　　　　　　　（%）

元素	TFe	FeO	SiO₂	CaO	MgO	Al₂O₃	MnO	S	P	Ig
含量	31.97	16.52	43.90	1.82	2.48	1.07	0.17	0.14	0.06	2.25

表 1 - 24　物相分析结果　　　　　　（%）

铁物相		磁铁矿中铁	假象赤铁矿中铁	赤褐铁矿中铁	硅酸盐中铁	碳酸盐中铁	合　计
玢东	含量	29.76	0.33	0.28	3.22	1.56	35.15
	分布率	84.66	0.94	0.80	9.16	4.44	100.00
玢西	含量	24.04	1.62	1.53	1.25	1.72	30.16
	分布率	79.71	5.37	5.07	4.15	5.70	100.00

C　技术进展

2004 年以来大孤山球团厂选矿工艺进行了提铁降硅新工艺、新设备升级改造,改造后形成了年处理原矿量 900 万吨的能力,之后选厂又进行了系列技术改造,取得了显著的经济效益。

(1) 球团厂 $\phi 53$ m 浓密机高效化技术改造后,在满足处理原矿达 900 万吨能力前提下,少建 5 台 $\phi 53$ m 大井,节约投资 1000 万元,并且改善了尾矿浓密机溢流水质。

(2) 2005 年 1 月,选矿厂磁选车间通过优化调整磨矿分级作业的工艺及设备结构参数等,在保持一、二段磨矿分级作业稳定运转的前提下,将一段球磨台时处理量由原来的 128 t/h 提高至 132 t/h,年增创利润 2381.4 万元/年。

(3) 选矿分厂 $\phi 350$ mm 旋流器组改造为二台 $\phi 500$ mm 旋流器,在原台时能力不变的情况下, $\phi 500$ mm 旋流器的溢流粒度、分级效率等指标均优于 $\phi 350$ mm 旋流器,更重要的是应用 $\phi 500$ mm 旋流器使沉砂堵塞现象明显减少,提高了磨机处理能力,稳定了工序指标,进一步降低了磨矿费用。

D　生产工艺及流程

a　工艺流程简介

大孤山球团厂选矿工艺分主厂和选矿分厂两部分,主厂主要由破碎、磁选、三选三部分组成,工艺流程如下:破碎采用的流程是三段一闭路、中破前预先筛分流程。磁选车间采用的工艺流程为阶段磨矿—单一磁选—细筛再磨工艺流程;三选车间采用的工艺流程为连续磨矿—单一磁选—细筛再磨工艺流程;选矿分厂破碎系统采用的流程是三段一闭路流程,选别工艺流程采用的是阶段磨矿—单一磁选—细筛再磨工艺流程。

b　破碎、筛分

2004 年至 2007 年大孤山球团厂选矿工艺进行了提铁降硅新工艺、新设备升级改造,改造后选厂年处理原矿量 900 万吨。破碎车间在保留原粗破外,新形成中细破、筛分两个主体厂房。破碎主体设备采用瑞典 H 系列圆锥破碎机,筛分设备采用双层振动筛,破碎给矿粒度 0～1000 mm,产品粒度 0～12 mm。

(1) 主厂破碎筛分流程。现有主厂破碎筛分为三段一闭路中破前预先筛分流程。粗破排矿产品经皮带送至中破碎预先筛分,经固定棒条筛筛分后,筛上物给入中破机进行破碎,中破排矿产品和预先筛分筛下物一起运送到筛分间矿仓,经给料机给入振动筛进行筛分,筛上产品给入细破间矿仓,经皮带给料机给入细破机进行破碎,又可以卸入露天储矿槽贮存;细破排矿产品输送到筛分间进行筛分,筛分筛下产品分别给入磁选车间原矿仓和三选车间原矿仓,也可以给入粉矿仓进行贮存。主厂破碎筛分工艺流程见图 1 - 23。

(2) 选矿分厂破碎筛分流程。选矿分厂于 2006 年 7 月正式建成投产,设计规模为年处理原矿量 130 万吨。破碎给矿粒度 0 ~ 720 mm，产品粒度 0 ~ 12 mm。现有分厂破碎筛分流程为三段一闭路流程，粗破排矿产品给入中破前缓冲矿仓，由给料机给入中破进行破碎，中破排矿产品运送到筛分间矿仓，由给料机给入振动筛进行筛分，筛上产品给入细破间矿仓，由皮带给料机给入细破机进行破碎，细破排矿产品送到筛分间进行筛分，振动筛筛下产品，给入磨磁主厂房原矿仓。

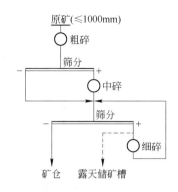

图 1 - 23　主厂破碎筛分工艺流程

c　磨矿分级

(1) 工艺改造。2004 年磁选作业区进行提铁降硅新工艺、新设备升级改造，取消了一选厂房。一、二次磨矿采用大筒径磨机，一、二次分级采用动压给矿旋流器，使得原矿处理量和溢流产品粒度有了大幅度提高。继 2004 年工艺改造后，于 2005 年 10 月份继续对三选工艺进行改造、完善，更换了 $\phi500 \times 5$ 旋流器 2 组，产品粒度也有所提高。

(2) 技术指标。磨矿分级技术指标见表 1 - 25。

表 1 - 25　磨矿分级技术指标

单　位	入磨粒度(- 12 mm)/%	磨矿段数	磨矿粒度(- 0.076 mm)/%	分级效率/%
磁选作业区	≥93	3	一次≥60；二次≥90	一次≥40；二次≥40
三选作业区	≥93	3	一次≥50；二次≥85	一次≥40；二次≥35
选矿分厂	≥95	3	一次 50 ~ 60；二次≥85	一次≥40；二次≥40

d　分选工艺流程

(1) 磁选作业区工艺流程。磁选车间采用阶段磨矿—单一磁选—细筛再磨工艺流程。原矿给入一次球磨机，与一次旋流器构成闭路，溢流进入一次磁选机抛除尾矿，精矿用二次旋流器进行二次分级，粗粒级产品进入二次球磨机，排矿返回一次磁选机；二次分级细粒级产品给入一次脱水槽，一次脱水槽精矿给入二次磁选机，二次磁选机精矿给入一段振网筛，其筛下产物给入三次脱水槽进行选别，筛上物给入脱水磁选机浓缩，浓缩后的产品给入三次球磨机，球磨排矿给入二次脱水槽，二次脱水槽精矿给入三次磁选机选别，其精矿给入二段振网筛进行筛选，筛上物进入脱水磁选机，筛下产品给入三次脱水槽进行选别，精矿给入过滤车间，流程见图 1 - 24。

(2) 三选作业区工艺流程。三选作业区为两段连续磨矿—单一磁选—细筛再磨工艺流程。原矿给入一次球磨机，与双螺旋分级机组成闭路磨矿系统，一次分级溢流给入旋流器，与二次球磨机组成闭路，二次溢流给入一次磁选机抛尾后，再经脱水槽抛尾，精矿给入二次磁选机，其精矿给入一段振网筛，筛下产物给入脱水槽进行选别，筛上物给入脱水磁选机浓缩，浓缩后的产品送到球磨机进行第三次磨矿，排矿产品给入二次脱水槽，精矿给入三次磁选机选别，其精矿给入二段振网筛，筛上物返回脱水磁选机。一、二段振网筛筛下产品合起来给入三次脱水槽抛尾后，再给入四次磁选机，精矿给入四次脱水槽进行选别，其精矿给入过滤车间，流程见图 1 - 25。

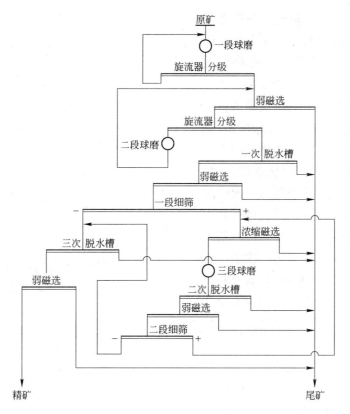

图 1-24　磁选作业区工艺流程图

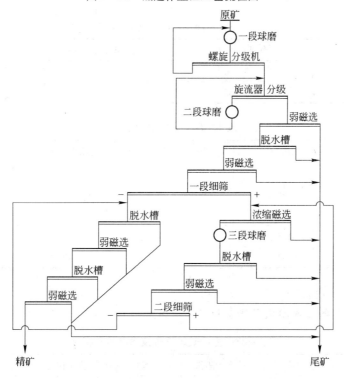

图 1-25　三选作业区工艺流程图

（3）选矿分厂工艺流程。分厂磨矿选别工艺采用阶段磨矿—单一磁选—细筛再磨工艺流程。原矿给入一次球磨机，与一次旋流器构成闭路，分级溢流进入一次磁选机抛除尾矿，精矿用旋流器进行二次分级，粗粒级产品进入二次球磨机，排矿返回一次磁选机；二次分级细粒级产品给入脱水槽，精矿给入二次磁选机，其精矿给入一段振网筛，筛下物给入三次脱水槽选别，筛上物进入脱水磁选机浓缩，浓缩后的产品给入第三次球磨机，产品给入二次脱水槽，脱水槽精矿给入三次磁选机选别，其精矿给入二段振网筛，筛上物进入脱水磁选机，筛下物给入三次脱水槽选别，精矿产品给入主厂过滤车间，流程见图 1 - 26。

e　精矿过滤及尾矿浓缩

精矿产品过滤指标见表 1 - 26，尾矿产品浓缩指标见表 1 - 27。

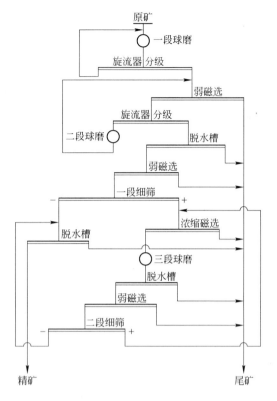

图 1 - 26　分厂工艺流程图

表 1 - 26　产品过滤指标

设备名称	作业浓度/%	最终滤饼水分/%	过滤机/t·h^{-1}
盘式过滤机	50 ~ 60	≤10	≥50
陶瓷过滤机	55 ~ 65	≤8.5	≥70

表 1 - 27　尾矿浓缩指标

作业名称	规格/m	给矿浓度/%	排矿浓度/%	溢流浓度/mg·L^{-1}
磁选浓缩	φ53	3 ~ 8	40 ~ 50	≤2000
三选浓缩	φ48	2 ~ 3	40 ~ 50	≤500
	φ45	3 ~ 5	40 ~ 50	≤500
再选浓缩	φ53	2 ~ 5	30 ~ 45	≤500
分厂浓缩	φ53	3 ~ 5	30 ~ 40	≤500

f　选矿厂主要设备

选矿厂主要设备技术参数及指标见表 1 - 28 ~ 表 1 - 34。

表 1 - 28　主厂破碎设备技术参数及指标

作业名称	设备名称	型号及规格	给矿粒度/mm	排矿粒度/mm	处理量/t·h^{-1}
粗破	旋回破碎机	B1200	0 ~ 1000	0 ~ 350	1000 ~ 1200

作业名称	设备名称	型号及规格	给矿粒度/mm	排矿粒度/mm	处理量/t·h^{-1}
中破	液压圆锥破碎机	H8800 - MC	0 ~ 350	0 ~ 70	1350
细破	液压圆锥破碎机	H8800 - EFX	0 ~ 70	0 ~ 25	750

表 1 - 29　主厂筛分设备技术参数及指标

作业名称	设备名称	型号及规格	处理量/t·h^{-1}
中破预先筛分	固定棒条筛	2600 mm × 4200 mm	1600 ~ 2000
细破预、检筛分	双层圆振动筛	2YA2460	450

表 1 - 30　分厂破碎设备技术参数及指标

作业名称	设备名称	型号及规格	给矿粒度/mm	排矿粒度/mm	处理量/t·h^{-1}
粗破	简摆颚式破碎机	PE900 × 1200	0 ~ 720	0 ~ 280	250
中破	标准圆锥破碎机	S240B	0 ~ 280	0 ~ 70	350
细破	短头圆锥破碎机	S155D	0 ~ 70	0 ~ 25	180

表 1 - 31　分厂筛分设备技术参数及指标

作业名称	设备名称	型号及规格	处理量/t·h^{-1}
预、检筛分	双层圆振动筛	2YA1848	200

表 1 - 32　磁选作业区设备表

作业名称	设备名称	型号及规格/mm
一磁	磁选机	CTB - 1232
二磁	磁选机	BX - 1024
脱水	磁选机	CTB - 1030
三磁	磁选机	BX - 1024
一脱	脱水槽	ϕ3000
二脱	脱水槽	ϕ3000
三脱	脱水槽	ϕ3000

表 1 - 33　三选作业区设备表

作业名称	设备名称	型号及规格/mm
一磁	磁选机	CTB - 1232
二磁	磁选机	BX - 1024
脱水	磁选机	CTB - 1024
三磁	磁选机	BX - 1024
四磁	磁选机	BX - 1024
一脱	脱水槽	ϕ3000
二脱	脱水槽	ϕ3000
三脱	脱水槽	ϕ3000
四脱	脱水槽	ϕ3000

表 1 - 34　选矿分厂设备表

作业名称	设备名称	型号及规格/mm
一磁	半逆流型磁选机	BX - 1024
二磁	半逆流型磁选机	BX - 1024
脱水	半逆流型磁选机	CTB - 1024
三磁	半逆流型磁选机	BX - 1024
一脱	永磁外磁脱水槽	φ3000
二脱	永磁外磁脱水槽	φ3000
三脱	永磁外磁脱水槽	φ3000

g　选矿厂供水

新水由清水和鞍钢净环水两部分组成,分别由鞍钢给水厂 15 号和 5 号泵站送入主水泵站,水量分别为 $100 \sim 150 \ m^3/h$ 和 $450 \ m^3/h$,同时利用尾矿库回水 $700 \sim 800 \ m^3/h$,外排水实现零排放,整个选矿工艺循环水利用率超过 95%。

h　近年主要技术经济指标

近年主要技术经济指标见表 1 - 35。

1.3.1.4　首钢大石河铁矿选矿厂选矿实践

A　概述

大石河铁矿选矿厂位于河北省迁安市境内,卑水铁路由矿区正南 30 km 的京山线卑家店站接轨,北行 25 km 处交会于通索线的沙河驿站,距大石河矿区 16 km。由矿区到首钢公司,经京山线行程 330 km,经通坨行程 260 km。矿区有公共汽车通往周边各县市,交通方便。

大石河铁矿选矿厂隶属首钢矿业公司,选矿厂于 1959 年开始建设,1960 年建成三个系列,1970 年再建成四个系列,1977 年再扩建四个系列,1985 年又扩建两个系列,共计十三个系列。选矿厂原设计由中冶北方工程技术有限公司(鞍山黑色冶金矿山设计研究院)完成,原矿处理量 400 万吨/年,经过 50 多年的不断发展,生产规模不断扩大,到目前为止,选矿厂原矿处理能力已达 950 万吨/年。由于矿源不足,2008 年原矿处理量为 608.51 万吨。现生产流程为阶段磨矿—阶段选别的单一弱磁工艺流程。2008 年,原矿铁品位 24.06%,获得精矿铁品位 67.04%,铁回收率 80.03%。

B　矿石性质

选矿厂所处理的矿石为鞍山式贫磁铁矿,除杏山地表有少量赤铁矿,孟家沟有部分赤铁矿外,其余均为磁铁矿。矿体之间及矿体内部存在各种类型的夹石,在开采过程中约混入 15% 的废石,矿石贫化严重,地质品位 30.18%,入选矿石品位 25% ~ 26%。矿石中金属矿物主要为磁铁矿,其次有少量假象赤铁矿和赤铁矿;脉石矿物以石英为主,其次为辉石、角闪石等,有害杂质低。磁铁矿与脉石矿物共生关系简单,较易解离。磁铁矿嵌布粒度较粗且均匀,结晶粒度为 0.5 ~ 0.062 mm 的晶粒占 60% ~ 70%,0.5 ~ 2.0 mm 占 10% ~ 20%,0.062 mm 以下含量占 10% 左右。赤铁矿粒度较细,脉石矿物结晶粒度亦较粗,在 0.18 ~ 0.35 mm。矿石磨至 - 0.074 mm 75% ~ 80% 时,铁矿物与脉石矿物基本达到单体解离。矿石普氏硬度 $f = 8 \sim 12$,密度 3.24 t/m³。原矿多元素分析及铁物相分析见表 1 - 36 和表 1 - 37。

表1-35 大孤山选厂1990～2008年主要技术经济指标一览表

日期	原矿品位/%			精矿品位/%			尾矿品位/%			原矿处理量/t				精矿产量/t				
	磁选	三选	分厂	磁选	三选	分厂	磁选	三选	分厂	合计	磁选	三选	分厂	合计	磁选	三选	再选	分厂
1990年	32.19	31.70		66.23	63.76		9.06	9.85		5579563	3614464	1965099		2258976	1462615	796361		
1991年	32.10	31.92		66.15	63.71		9.97	10.06		5726805	3726123	2000682		2284927	1469744	815183		
1992年	32.10	32.08		66.08	63.75		10.62	10.40		5807579	3830850	1976729		2288992	1484899	804093		
1993年	31.76	31.78		66.02	63.63		11.34	11.17		5910118	3861045	2049073		2245001	1439062	805939		
1994年	31.67	31.42		66.03	63.62		11.81	11.86		5879121	3869713	2009408		2182803	1423196	759607		
1995年	31.73	31.29		66.03	63.40		11.88	11.93		5764454	3766534	1997920		2139122	1381702	752420	5000	
1996年	31.84	31.34		66.05	63.43		11.76	11.85		5891647	3872144	2019503		2194394	1431659	762735		
1997年	31.54	31.17		66.02	63.37		11.63	11.65		5903230	3913052	1990178		2238273	1432359	750808	55106	
1998年	31.70	31.43		66.07	63.74		11.45	11.49		5959642	3953966	2005676		2300637	1465386	765201	70050	
1999年	31.84	31.64		66.19	64.32		9.26	9.20		5505977	3628955	1877022		2350938	1494527	783411	73000	
2000年	31.96	31.85		66.21	64.42		9.46	9.38		5760285	3836742	1923543		2497001	1598766	825035	73200	
2001年	31.88	31.70		66.21	65.43		8.84	8.77		5712639	3822787	1889852		2629608	1710665	845943	73000	504274
2002年	31.76	31.81		66.47	66.47		8.82	8.73		5817836	3829641	1988195		2660480	1700618	887162	72700	
2003年	31.76	32.12		66.63	66.67		8.70	8.72		6258718	4117754	2140964		2879066	1836649	969417	73000	
2004年	31.49	31.86		66.63	66.63		8.73	8.76		6660520	4359436	2301084		3033222	1928176	1031846	73200	
2005年	30.60	30.71		67.15	66.73		8.80	8.80		8380825	6070846	2309979		3589794	2538143	978751	72900	
2006年	30.13	30.17	24.56	67.26	67.22	67.26	8.74	8.73	9.37	9227889	6239476	2484139	504274	3763289	2535293	1019180	72800	136016
2007年	30.45	30.47	26.77	67.29	67.29	67.29	8.74	8.75	9.34	9953265	6371071	2569727	1012467	4000083	2555407	1035954	73000	335722
2008年	29.85	29.89	26.84	67.29	67.29	67.29	8.71	8.73	9.29	8355706	6272942	1159012	923752	3186865	2384028	458595	46840	297402

表 1-36 原矿多元素分析   (%)

元　素	TFe	FeO	SiO$_2$	MgO	CaO	Al$_2$O$_3$	S	P
含量	27.28	10.08	51.20	2.39	1.54	0.75	0.02	0.048

表 1-37 原矿铁物相分析   (%)

相　态	磁铁矿中铁	赤褐铁矿中铁	菱铁矿中铁	硫化铁中铁	硅酸铁中铁	全　铁
含量	19.53	3.13	0.8	0.11	4.79	28.36
分布率	68.86	11.04	2.82	0.39	16.89	100.00

C　技术进展

选矿厂在 50 年的生产过程中,不断地进行技术改造及应用新型高效设备,使选矿厂原矿处理量不断增加,选别指标不断提高,主要的技术进步如下。

a　磁选设备永磁化

从 1968 年开始,采用 CTB718 永磁筒式磁选机代替电磁带式磁选机,采用永磁脱水槽代替电磁脱水槽,起到了节能及提高选矿指标的目的。改造后,原矿品位 27.02%,精矿品位 63.35%,金属回收率 81.26%,精矿水分 10.24%。

b　应用细筛再磨工艺

通过试验研究,1978 年初,基本完成 11 个系列的细筛自循环再磨再选工艺流程改造,使精矿品位有了明显提高。1978 年精矿品位达 67.26%,近年来精矿品位一直稳定在 67% 左右。1978 年至 1985 年选矿厂一直采用细筛自循环再磨再造工艺流程。

c　磁团聚重选工艺的应用

1978 年研制成功磁团聚重力分选机,在半工业及工业试验取得良好结果的基础上,1985 年下半年完成了当时 11 个系列的技术改造。该工艺的特点是使精矿在粗粒的情况下得到富集,在精矿品位仍保持 68.5% 条件下,精矿粒度由改造前 -0.074 mm 90% 放粗到 -0.074 mm 72%,从而提高了球磨机台时能力 12.35t,原矿处理量由 1985 年 680 万吨/年提高到 1986 年 860 万吨/年,年增产精矿 38 万吨,收益 1237 万元,扣除改造投资 500 万元,当年盈利 737 万元,经济效益十分显著。

d　高频振网筛—复合闪烁磁场精选机磨选工艺应用

为了解决固定细筛—永磁磁聚机—固定细筛流程中存在的磨矿分级效率低、循环负荷过大的问题,在水厂选矿厂应用高频振网筛—复合闪烁磁场精选机磨选工艺流程取得成功之后,大石河铁矿选矿厂也将原流程改造为高频振网筛—复合闪烁磁场精选机磨选工艺流程。使用两种新设备的工艺流程,提高了筛分效率、台时处理能力,在精矿品位稳定在 68% 以上时,尾矿品位有所降低,提高了精矿铁回收率。

D　生产工艺及流程

a　破碎筛分与预选

选矿厂破碎分新、老两套系统,目前老破碎系统已经停用。目前生产的新破碎系统粗碎采用一台 PXZ-1200/180 旋回破碎机,生产能力 1000~1600 t/h;中碎采用三台 PYB2200 mm 标准圆锥破碎机,生产能力 590~1000 t/h;细碎采用四台 PYD2200 mm 短头圆锥破碎机,生产能力 125~350 t/h;细碎采用预先检查筛分,两台振动筛对一台细碎机,循环负荷 130%，采用 SZZ1800 mm×3600 mm 自定中心振动筛，筛孔尺寸 12～14 mm。原矿最大粒度 1000 mm，粗碎产品粒度 350～0 mm，中碎产品粒度 75～0 mm，细碎产品粒度 25～0 mm，最终产品粒度 12～0 mm。三段一闭路的破碎流程如图 1-27 所示。

预选作业是采用永磁干式磁选机一粗一扫工艺流程，如图 1-28 所示。

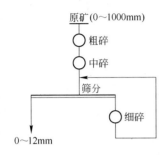

图 1-27　破碎筛分工艺流程图

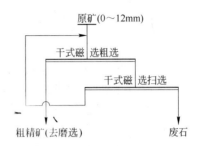

图 1-28　预选工艺流程图

细碎产品由矿仓经摆式给矿机、平皮带给入 CYT800 mm×1200 mm 永磁干式磁选机粗选，粗选精矿给入一次磨矿；尾矿经 BKO800 mm×1200 mm 永磁干式磁选机扫选，扫选精矿返至粗选再选，扫选尾矿运至废石仓，由火车外运。

b　磨矿分级与选别

选矿厂磨矿分级与选别流程历经多次技术改造，现生产流程如图 1-29 所示。

一段磨矿产品经一次磁选，精矿给入二段磨矿，二段磨矿排矿给入二次磁选，二次磁选精矿进入高频振网筛进行筛分，筛上产品返至二段磨矿，筛下产品给入复合闪烁磁场精选机选别，其精矿给入三次磁选，三次磁选精矿为最终精矿。一、二次磁选的尾矿给入回收磁选，其精矿与复合闪烁磁场精选机尾矿合并返至一次磁选。三次磁选尾矿与回收磁选尾矿合并为最终尾矿。

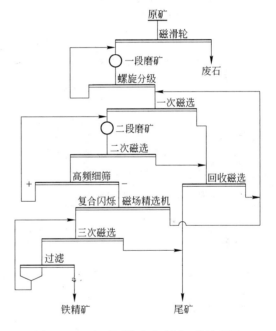

图 1-29　大石河铁矿选矿厂工艺流程图

c　精矿过滤

精矿过滤系统也分一、二两期，均采用内滤式真空过滤机，配用 SZ-4 水环式真空泵，后采用 ϕ600 喷射泵代替 SZ-4 水环式真空泵；后期又安装三台盘式真空过滤机，过滤系数达 0.8～1.0 t/(m²·h)。

d　尾矿处理

选矿厂尾矿全部集中到四台 ϕ50 m 浓缩机进行浓缩，底流浓度 18%～20%（溢流固体含量 0.5%～0.8%），通过一级总砂泵站，采用 200ZJ-I-A70 渣浆泵及两条全长 400 m 的 ϕ600 管道（1 工 1 备）输送至尾矿库。浓缩机溢流返回主厂房使用。尾矿库澄清水固体含量小于 0.2%,用泵抽回选矿厂作为回水使用。

近年来,选矿厂对尾矿库进行了全面复垦绿化,占地面积 4000 多亩的孟家冲尾矿库于 2005 年闭库。经过两年的治理,植树 500 万株,尾矿库全部披上绿装,彻底解决了风起扬沙的污染问题,有效地保持水土和生态平衡,保护了周围环境。

利用露天闭坑采场作尾矿库,不仅具有显著的经济效益和社会效益,而且为废弃采坑的利用与治理闯出了一条新路,在国内同行业具有广泛的示范作用。

e　选矿厂自动控制

选矿厂的自动控制包括破碎系统集中控制,可实现新老系统独立集中开启、停机、粗碎、中碎、细碎三段破碎机设备预警,各部皮带连锁开、停等功能。一次球磨分级系统集中自动控制,该系统的控制原理是利用电耳电流值与球磨机功率值进行分析,实现对球磨机工作状态进行定量分析,作为给矿、排矿水量、返砂水量自动调整的依据,实现球磨机台时处理量最大化。除上述两个系统外,还有供料集中控制、水源集中控制、总降微机保护等三个系统。由于自动控制系统的投入使用,节省了人力,取消了皮带看管性岗位。通过实时的在线监控,提高了设备运行稳定性和设备运行效率,同时减少了设备故障,取得了巨大的经济效益。

f　选矿厂主要设备

破碎筛分的主要设备如表 1-38 所示,永磁干式磁选机技术性能如表 1-39 所示,磨矿分级与选别作业主要设备如表 1-40 所示,过滤作业主要设备如表 1-41 所示。

表 1-38　破碎筛分主要设备

设备名称	规格型号	数量/台	给矿粒度/mm	排矿口或筛孔/mm	排矿粒度/mm
液压旋回破碎机	PXZ-1200-180	1	1000~0	180	350~0
标准圆锥破碎机	PYB2200mm	3	350~0	30~60	75~0
短头圆锥破碎机	PYD2200mm	4	75~0	5~15	25~0
自定中心振动筛	SZZ1800mm×3600mm	8	75~0	6~50	12~0

表 1-39　永磁干式磁选机技术性能

设备名称	规格型号	给矿粒度/mm	处理量/t·h⁻¹	磁感应强度/mT
永磁干式磁选机	CYT800mm×1200mm	20~0	100	180
永磁干式磁选机	BKO800mm×1200mm	20~0	400	280

表 1-40　磨矿分级与选别作业主要设备

作业	设备名称	规格型号/mm	数量/台
磨矿	格子型球磨机	φ2700×3600	21
	格子型球磨机	φ2850×3600	4
	格子型球磨机	φ3200×4500	1
分级	直线振动筛	ZKB856A1800×5600	4
	高堰式双螺旋分级机	2FLG-2000×8200	9
	高频振网筛	MVS2018	54
选别	磁选机	CTB1050×3000	39
		CTS1050×3000	6
		CTB1050×2400	15
	复合闪烁磁场精选机		24

表1-41 过滤作业主要设备

设备名称	规格型号	数量/台	电动机功率/kW	生产能力/t·(台·h)$^{-1}$
内滤式真空过滤机	GN-20	11	4.5	15~22
	GN-32	5	5.5	25~30
盘式真空过滤机	ZPG-40	3	7.5	≥45

g　近年主要技术经济指标

选矿厂近年来主要技术经济指标如表1-42所示。

表1-42 2001~2009年选矿主要技术经济指标

项　目		2001年	2002年	2003年	2004年	2005年	2006年	2007年	2008年	2009年
处理原矿量/万吨·年$^{-1}$		630.71	655.94	658.66	637.87	670.79	657.63	667.00	608.51	516.50
原矿品位/%		27.22	27.03	26.64	26.79	26.91	26.23	23.89	24.06	25.40
精矿品位/%		67.38	67.28	66.54	66.87	67.35	67.15	67.03	67.04	66.94
尾矿品位/%		6.90	6.83	6.81	6.66	6.56	6.50	6.62	6.61	5.15
实际回收率/%		82.14	82.05	82.14	82.63	82.93	81.08	71.77	80.46	84.77
理论选矿比/t·t^{-1}		2.98	2.99	3.01	2.99	2.99	3.07	3.75	3.48	3.11
每吨原矿精矿成本/元		241.79	208.95	199.46	251.04	297.03	345.71	414.61	438.06	462.85
每吨原矿钢球消耗/kg		0.67	0.60	0.46	0.41	0.397	0.423	—	0.436	0.44
每吨原矿铁球消耗/kg		0.76	0.75	0.80	0.71	0.68	0.55	—	—	—
每吨原矿衬板消耗/kg		0.07	0.06	0.04	0.04	0.04	0.08	—	0.07	0.08
每吨原矿水耗/m^3		11.01	10.12	9.91	8.71	8.07	8.83	—	7.92	7.80
其中每吨原矿新水消耗/m^3		1.27	1.11	0.81	0.85	0.70	0.16	—	0.02	0.01
每万吨原矿胶带/m		6.96	4.90	5.00	67.89	98.49	76.91	—	60.32	75.75
每万吨精矿过滤布/m^2		3.67	3.59	3.69	2.94	3.62	1.74	—	3.77	5.56
每吨原矿电耗/kW·h		21.11	20.55	21.99	21.03	19.02	17.33	18.36	19.04	19.93
劳动生产率/t·(人·年)$^{-1}$	全员	7175	9465	13360	20059	21921	21921	21413	21413	—
	工人	8858	11713	16889	26358	25701	23320	22922	—	26011.21

1.3.1.5 马钢凹山选矿厂选矿实践

A　概述

凹山选矿厂隶属马钢集团南山矿业有限责任公司,地处安徽省马鞍山市郊向山镇南山矿区,西距马鞍山市中心13km,有公路和专用铁路直通市区和冶炼厂,交通方便。

凹山选矿厂1965年由鞍山黑色冶金矿山设计研究院(现中冶北方工程技术有限公司)设计,年处理原矿石370万吨,共6个系列,先后于1965年和1969年投入生产。对地表氧化矿石采用磁选—重选联合流程,对原生矿石采用单一弱磁选流程。1979年由中冶华天工程技术有限公司(马鞍山钢铁设计研究院)设计扩建两个系列,年处理原矿矿石达400万吨。1985年由马钢公司设计研究院设计,再扩建两个系列,年处理原矿石达500万吨。2000年以后,由于凹山采场进入开采末期,出矿量减少,为了保证精矿量不减少,需入选品位低、硬度大的高村矿石,经大量的试验研究,在选矿厂流程中引入高压辊磨机超细碎设备,

2006 年末建成投产,原矿破碎—超细碎—阶段磨选的单一弱磁选工艺流程,年处理原矿矿石达 700 万吨,原矿品位 19% ~23%,获得精矿品位 64% 以上、铁回收率 72% 的选别指标。

　　B　矿石性质

　　目前凹山选矿厂入选的原矿石为凹山采场和高村采场的混合矿石,两个采场的矿石有所不同。

　　a　凹山采场矿石性质

　　凹山采场深部矿石为混合型贫磁铁矿石,自然类型有闪长玢岩角砾浸染磁铁矿石、磷灰石阳起石磁铁矿石、高岭土化闪长玢岩浸染状磁铁矿石、绿泥石化闪长玢岩浸染状磁铁矿石等四种。主要岩石为闪长玢岩。矿石的多元素化学分析、铁物相分析及矿物组成见表 1 - 43 ~ 表 1 - 45。

表 1 - 43　矿石多元素化学分析　　　　　　　　(%)

元素	TFe	SFe	FeO	MFe	SiO$_2$	Al$_2$O$_3$	CaO	MgO	S	P	V$_2$O$_5$	烧碱
含量	29.85	27.63	13.77	25.59	32.03	7.56	5.57	3.76	0.82	0.282	0.23	1.77

表 1 - 44　矿石铁物相分析　　　　　　　　(%)

矿物类型	磁铁矿	假象赤铁矿	赤、褐铁矿	黄铁矿	硅酸铁	碳酸铁	合　计
铁含量	24.37	1.22	0.22	0.63	2.81	0.35	29.60
分布率	82.34	4.12	0.74	2.13	9.49	1.18	100.00

表 1 - 45　矿石的矿物组成分析　　　　　　　　(%)

矿物名称	磁铁矿	假象赤铁矿	褐铁矿	菱铁矿	黄铁矿	斜长石	阳起石	绿泥石	磷灰石
含量	35.01	1.80	0.46	2.32	1.38	24.51	8.23	10.56	2.17

矿物名称	绿帘石	石英	方解石	高岭土	透辉石	角闪石	绢云母	矿泥	合计
含量	6.24	1.31	1.03	1.73	微量	微量	微量	3.25	100.00

　　矿石中金属矿物主要为磁铁矿,少量的赤铁矿、菱铁矿、黄铁矿等;钒以类质同象赋存在铁矿物中。脉石矿物主要为阳起石、绿泥石,其次为石英、长石、磷灰石、透闪石等。矿石中铁矿物嵌布粒度在 1.6 ~0.08 mm。矿石硬度 $f=9 ~11$,密度 2.8 t/m^3,松散系数 1.4。

　　b　高村采场矿石性质

　　高村采场矿石的多元素化学分析和铁物相分析如表 1 - 46 和表 1 - 47 所示。

表 1 - 46　矿石多元素分析　　　　　　　　(%)

元素	TFe	SFe	FeO	S	P	V$_2$O$_5$	Al$_2$O$_3$	CaO	MgO	TiO$_2$	Na$_2$O	SiO$_2$	烧碱
含量	19.68	18.60	8.88	0.80	0.38	0.071	13.46	4.03	2.85	0.72	4.68	40.09	3.17

表 1 - 47　矿石铁物相分析　　　　　　　　(%)

相　态	磁铁矿	假象赤铁矿	赤、褐铁矿	黄铁矿	硅酸铁	碳酸铁	合　计
铁含量	14.40	0.75	0.68	0.70	2.40	0.90	19.83
分布率	72.62	3.78	3.43	3.53	12.10	4.54	100.00

矿石中金属矿物主要是磁铁矿,其次为黄铁矿,少量赤铁矿(含假象赤铁矿)、微量黄铜矿、褐铁矿等。脉石矿物以长石为主(主要为斜长石、钠长石),其次为碳酸盐矿物(主要为方解石)、绿泥石、磷灰石、少量绿帘石、高岭土、透闪石、阳起石、电气石、石英、石膏等。矿石构造有浸染状、致密块状及脉状三种构造。浸染状构造矿石为磁铁矿石的主要类型,矿石为灰色、绿灰色、暗褐色,呈不规则浸染。致密块状构造矿石矿物组成简单,矿石为灰黑色。金属矿物磁铁矿粒度一般在 0.03 ~ 0.12 mm,大者在 0.18 ~ 0.36 mm,小者在 0.009 ~ 0.045 mm,赤铁矿粒度在 0.015 ~ 0.03 mm。脉石矿物长石、钠长石与磁铁矿呈不规则嵌布,粒度一般在 0.016 ~ 0.12 mm;碳酸盐矿物方解石与磁铁矿呈不规则嵌布,粒度在 0.16 ~ 1 mm。磷灰石、绿泥石与磁铁矿嵌布关系密切。

C 技术进展

a 破碎筛分工艺流程改造

选矿厂原破碎筛分工艺流程是带有洗矿作业的三段一闭路流程,粗、中、细碎的实际产品粒度为 400 ~ 0 mm、100 ~ 0 mm 和 35 ~ 0 mm,远没有达到设计要求。为了缩小破碎粒度,加之地表氧化矿逐渐减少,1985 年破碎流程取消洗矿作业,改为标准的三段一闭路流程,2000 ~ 2007 年期间中碎引进了 CH880 液压圆锥破碎机,细碎引进了 HP—500 液压圆锥破碎机,提高了原矿处理量,并将三段破碎产品的粒度分别降至 300 ~ 0 mm、75 ~ 0 mm 和 20 ~ 0 mm,特别是入磨粒度由 35 ~ 0 mm 降至 20 ~ 0 mm,实现了多碎少磨,节约能耗。

b 高压辊磨机的应用

由于凹山采场进入开采末期,出矿量逐年减少,凹山选矿厂需入选铁品位低、矿石硬度大的高村采场矿石,同时集团公司要求不能减少精矿产量。在此背景下,并经长时间大量的试验研究,于 2006 年末高压辊磨机投入生产,将细碎 20 ~ 0 mm 的原矿闭路辊压为 3 ~ 0 mm,通过粗粒湿式磁选可抛出对原矿产率 50%,铁品位 9% 以下的合格尾矿,进入磨矿的矿量降低 50%,铁品位由 19% ~ 23% 提高至 41% ~ 45%,进一步地实现了多碎少磨,降低选矿厂能耗。选矿厂现原矿处理量已提高至 700 万吨/年,精矿铁品位 64% 以上,铁回收率 72%。

c 磨矿分级与选别流程优化

由于应用高压辊磨机,在原矿年处理量增加的情况下,入磨矿量还比原流程有所减少,约 315 万吨/年,并且入磨粒度也减小,有利地提高磨矿处理量,将原流程的 10 个系列减少到 8 个系列,又进一步节约了能耗。

d 粗粒尾矿送往排土场

高压辊磨机排矿通过打散、筛分,+3 mm 经干式磁选抛尾,3 ~ 0 mm 采用粗粒湿式磁选抛尾,这两部分尾矿通过脱水、分级后的粗粒尾砂,送往排土场,减少了排入尾矿库的尾矿量,延长了尾矿库服务年限。

D 生产工艺及流程

a 破碎筛分

现工艺流程为在中碎前设有预先筛分的三段一闭路破碎流程。采场原矿(1000 ~ 0 mm)—粗破碎—预先筛分—筛上产品进中破碎—中碎产品、预先筛分筛下产品与细破碎产品合并给入细碎预先检查筛分。筛上产品给入细破碎—预先检查筛分筛下产品给入超细碎圆筒矿仓,流程见图 1 - 30。设计处理能力 700 万吨/年,破碎系统的处理能力 1178 t/h,

三段破碎的产品粒度分别为 300 ~ 0 mm ,75 ~ 0 mm 和 20 ~ 0 mm。

　　b　磨矿分级与选别

　　选矿厂现行的磨矿分级与选别流程见图 1 - 31。圆筒矿仓中 20 ~ 0 mm 的矿石给入高压辊磨机进行超细碎,其排矿经圆筒打散机、直线振动筛湿式打散及筛分,大于 3 mm 的筛上产品经干式磁选抛尾后,粗精矿返回高压辊磨机;3 ~ 0 mm 的筛下产品给入粗粒湿式磁选,其尾矿经分级后,粗粒精矿与干式磁选尾矿合并为最终粗粒尾矿,送往排土场存放,分级溢流为细粒最终尾矿。粗粒湿式磁选精矿给入与球磨机 I 呈闭路的螺旋分级机,分级溢流(- 0. 074 mm 55%)给入

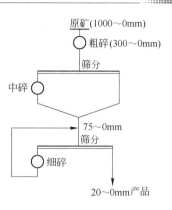

图 1 - 30　破碎筛分流程图

一次磁选,精矿给入与球磨机 II 呈闭路的螺旋分级,分级溢流(- 0. 074 mm 85%)经二次、三次磁选,获得主厂房精矿。各次磁选的尾矿合并为最终尾矿进入尾矿库。

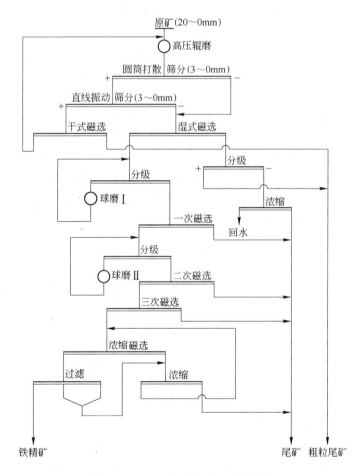

图 1 - 31　凹山铁矿选矿工艺流程图

　　该流程的特点是采用高压辊磨机将 20 ~ 0 mm 原矿再碎至 3 ~ 0 mm (- 0. 074 mm 30%),进一步体现了多碎少磨,降低选矿厂能耗。3 ~ 0 mm 原矿采用粗粒磁选可抛出产率

50%的合格尾矿,使进入磨矿的矿量下降50%,品位由19%~23%提高至41%~45%。目前原矿处理量已达700万吨/年,精矿品位64%以上,铁回收率72%。

c 精矿过滤

主厂房精矿浆给入浓缩磁选,浓缩精矿给过滤,滤饼为最终精矿粉外运。浓缩磁选尾矿、过滤溢流及滤液经ϕ15 m浓缩机浓缩,底流返回浓缩磁选,溢流给入ϕ50 m浓缩机,其底流为尾矿,溢流为环水。近年来精矿水分一直稳定在10%,过滤系数0.91~0.94t/(m^2·h),滤布为腈纶,消耗为每万吨原矿3.32~4.11 m^2。

d 尾矿处理及利用

凹山选矿厂尾矿包括粗粒湿式磁选尾矿经分级后的溢流和主厂房磁选尾矿,浓度5%~7%,密度2.85~2.95 t/m^3,首先给入4台浓缩机进行浓缩,浓缩溢流经加压泵送至选矿厂作为生产用水,底流(浓度约25%~40%)通过溜槽并经集体企业回收含铁贫连生体后,尾矿浆浓度在18%~22%,给入总砂泵站矿浆仓,再由1号总砂泵站的三组泵送出,通过2号、3号、4号、5号总砂泵站接力送至尾矿库。

尾矿综合利用包括从尾矿中回收磁性矿物及回收硫矿物。尾矿中含铁品位8.0%~10.0%,磁性铁品位2%,目前采用盘式回收机直接从尾矿溜槽中回收粗精矿,粗精矿经分级、磨矿、磁选,最终获铁品位60%左右的精矿。回收硫矿物是将主厂房一次磁选的尾矿,经水力分级分为粗、中、细三种粒级,分别用粗砂、细砂及细泥三种床面的6-S摇床选别,精矿再经磁选分出铁矿物,获得硫精矿,目前月产硫品位22%~28%的硫精矿3000~4000t,产生了明显的经济效益。

e 自动控制系统

选矿厂引进的粗、中、细碎的C145破碎机、CH880破碎机、HP-500破碎机及RP630/17-1400高压辊磨机自身都配有设备工作状态显示和工艺参数调整自动控制系统。为了协调好上述相对独立的作业设备,选矿厂完成了从粗碎到超细碎自动控制系统。由于破碎系统和超细碎系统及选别系统作业制度不同,破碎与超细碎建有独立的自动控制系统,现场的视频信号通过各自独立的自动控制系统传输到中央监控主站,必要时,调度将根据各系统的信息,及时下达调整生产指令;正常情况下的设备操作管理则根据设在控制分站的自动控制系统的指示及报警信号,就近操作。该系统实现了全系统自动控制目标与局部自动控制目标的统一。

f 选矿厂主要设备

选矿厂主要设备如表1-48所示。

表1-48 选矿厂主要设备

作业名称		设备名称	规格型号	数量/台	电动机功率/kW
破碎筛分	粗碎	颚式破碎机	C145	2	250×2
	筛分	重型圆振筛	YA1536	1	18.5
	中碎	圆锥破碎机	CH880MC-HC	1	600
	筛分	圆振筛	YAH1542	6	11×6
	细碎	圆锥破碎机	HP500	3	400×3

作业名称		设备名称	规格型号	数量/台	电动机功率/kW
碎磨机	超细碎	高压辊磨机	RP630/17 - 1400	1	1450 × 2
	一段	球磨机	MQG2700 × 3600	8	400 × 8
	二段	球磨机	MQY2700 × 3600	8	400 × 8
磁选	粗粒湿抛	磁选机	DZCN1200 × 3000	10	7.5 × 10
	粗粒干抛	磁滑轮	CTDG1012N	10	11 × 10
	一段	磁选机	CTN - 1021	11	4 × 11
	二段	磁选机	CTB1021	16	4 × 16
	三段	磁选机	CTB1021	5	4 × 5
			CTB718	6	2.8 × 6
分级	一段	高堰分级机	2FG - 20	8	22 × 8
	二段	沉没分级机	2FC - 20	8	22 × 8
筛分	湿式打散	圆筒筛	ϕ1800 × 4885	10	37 × 10
	湿式筛分	直线筛	USL3060	10	18.5 × 10
精矿过滤	浓缩	磁选机	CTB1015	12	3.0 × 12
	过滤	过滤机	CN - 32	12	4.0 × 12
尾矿浓缩	浓缩	浓缩机	NT - 50	4	10 × 4
	浓缩	浓缩机	NT - 53	2	14 × 2

g　2003 ~ 2009 年主要技术经济指标

2003 ~ 2009 年主要技术经济指标如表 1 - 49 所示。

表 1 - 49　2003 ~ 2009 年选矿生产主要技术经济指标

项　目	2003 年	2004 年	2005 年	2006 年	2007 年	2008 年	2009 年
年处理原矿量/万吨	478.68	530.17	512.17	532.71	607.45	—	—
原矿品位(TFe)/%	26.36	26.58	26.09	25.03	23.54	20.73	21.41
精矿品位(TFe)/%	64.45	64.26	64.10	64.16	64.08	63.97	64.04
尾矿品位(TFe)/%	8.40	9.10	9.20	8.89	8.48	7.54	7.77
回收率(TFe)/%	78.35	76.63	75.57	74.84	73.73	72.13	72.51
选矿比/t·t^{-1}	3.12	3.16	3.25	3.42	—	4.28	4.13
每吨精矿成本/元	172.17	190.89	271.33	314.39	383.81	429.74	469.28
每吨原矿钢球消耗/kg	0.75	0.78	0.76	0.79	0.69	0.33	0.77
每吨原矿铁球消耗/kg	0.21	0.24	0.22	0.32	0.24	—	—
每吨原矿水耗/m^3	6.64	—	—	7.1	—	7.7	7.55
其中每吨原矿新水消耗/m^3	2.82	—	—	2.4	—	3.0	2.84
每万吨精矿过滤布/m^2	4.11	3.70	3.32	4.13	3.42	478	3.48
每吨原矿电耗/kW·h	26.18	25.65	25.65	26.04	25.75	25.10	24.45
全员劳动生产率/t·(人·年)$^{-1}$	5719	6505	6148	6116	7301	4310	4334.66

1.3.1.6 太钢尖山选矿厂生产实践

A 概况

尖山铁矿位于山西省太原市娄烦县马家庄乡境内,距太原市115 km。矿区资源丰富,境界内圈定的铁矿石储量达1.38亿吨,地质平均品位全铁为34.45%,属易采易选大型山坡露天矿,矿区面积4.45平方公里。主要产品为铁精矿,是太钢的主要原料基地之一。

B 矿石性质

a 矿床类型

尖山铁矿属于鞍山式沉积变质类型的贫铁矿床,赋存于吕梁山袁家村含铁岩组底层之中。

矿区由两个矿体组成,两个矿体是一个走向,北西西向南东东倾伏的向斜,两翼内倾,倾角30°~80°,深部相连形成轴部,轴向与该区岩层走向大致平行。

位于矿层下部的为一号矿体,呈层状,矿石主要由磁铁石英岩及少量赤铁石英岩组成。

位于矿层上部的为二号矿体,亦呈层状,矿石主要由磁铁石英岩及少量赤铁石英岩组成。矿体总的埋藏特点是西部浅东部深。两矿体间隔10~60 m,其间主要为石英岩或石英片岩。

b 矿石类型、物质组成及结构特征

按矿物组成大致可划分为五种自然类型:

条带状磁铁石英岩:主要矿物为磁铁矿及石英,是矿区最主要的矿石类型;

条带状磁铁铁闪岩型:为矿区次要矿石类型,主要矿物为磁铁矿、铁闪岩及透闪石等;

条带状赤铁石英岩:数量很少,主要矿物为假象赤铁矿和石英及少量闪石矿物;

铁闪磁(赤)石英型:数量很少,以磁铁矿、石英和铁闪石为主;

磁(赤)铁石英型富矿:全铁品位达到52%~57%,矿层厚度为0.3~2.0 m左右,分布零散,无分采价值。

总之,该矿石的矿物组成比较单一,金属矿物主要为磁铁矿,其次为假象赤铁矿,含有少量褐铁矿以及微量的黄铁矿、黄铜矿;脉石矿物主要为石英,含量为40%~50%,其次为透闪石、阳起石、普通角闪石以及少量铁闪石、绿泥石、云母、斜长石与方解石等。

矿石的构造特点:主要为条带状构造,所形成的条带主要由脉石矿物石英和少量透闪石、阳起石与磁铁矿相间而成。

矿石的结构特点:主要矿物磁铁矿在矿石中呈自形半自形晶粒状结构,矿石的嵌布粒度为0.02~0.2 mm,属于粗细不均匀细粒嵌布。

矿石的多元素分析和物相分析结果分别见表1-50和表1-51。

表1-50 矿石多元素分析结果 (%)

组分	TFe	SFe	FeO	SiO$_2$	CaO	MgO	Al$_2$O$_3$	S	P
含量	35.55	33.53	8.42 ~ 19.09	41.06 ~ 48.34	0.78 ~ 2.20	0.60 ~ 2.45	0.31 ~ 2.26	0.03 ~ 0.13	0.05

表 1－51　　矿石铁物相分析结果　　　　　　　　（％）

矿石类型	石英型矿石		闪石型矿石	
	TFe	分配率	TFe	分配率
磁性铁	35.29～25.90	95.88～82.49	31.69～35.16	84.69～77.00
氧化铁	0.70～0.78	1.97～2.60	0.64～1.33	1.78～3.01
碳酸铁	0.17～0.18	0.68～0.90	0.22～0.31	0.85～1.03
硫化铁	0.09～0.15	0.04～0.73	0.19～0.43	0.81～1.47
硅酸铁	0.72～5.77	1.42～13.31	6.13～11.03	11.88～17.49

C　技术进展

a　改扩建工程

尖山铁矿原设计采剥总量 1300 万吨/年,铁矿石 400 万吨/年,年产磁选精矿 161 万吨,服务年限 40 年,属采、选、运联合大型露天矿山企业,1990 年 12 月 17 日被列为国家"八五"重点项目,1994 年 8 月采选系统简易联动负荷试车,1997 年 7 月 15 日铁精矿外部输送管道建成投用,标志着尖山铁矿全面建成投产。

2000 年 9 月磨选扩建了第四系列,2001 年末建成投产,原矿处理能力由 400 万吨/年提高到 600 万吨/年,精矿产量由 161 万吨/年提高到 216 万吨/年。

2002 年 7 月实施提铁降硅阴离子反浮选改造工程,2002 年 12 月建成,铁精矿品位由 65.5% 提高到 69.5%,SiO_2 由 8% 降低到 4% 以下。

2003 年矿业公司依靠内部技术力量,扩建第二条精矿管道,设计年输送能力为 230 万吨/年,于 2005 年 9 月投入使用,两条精矿管道的运行使尖山铁矿精矿输送能力由 200 万吨/年提高到 460 万吨/年。

2004 年随着太钢发展的需要,开始开发尖山东部采场,采矿扩建井巷工程于 2005 年 12 月开工,选矿扩建工程于 2006 年 2 月开工,2007 年元月开始试车。目前尖山铁矿规模已达到 900 万吨/年,铁精矿产量达到 314 万吨/年。

b　先进工艺及高效设备的研究与应用

(1) 引进高效进口破碎机,降低入磨粒度。尖山铁矿设计入磨粒度为 －20 mm,1998 年达到设计。2001 年尖山铁矿四系列扩建后,设计破碎系统年处理原矿 500 万吨,2002 年实际中破碎系统生产能力达到 540 万吨/年。随着采场向下延伸,矿石结晶粒度变细,硬度变大的特点暴露出来,2002 年末开始研究提高破碎系统生产能力、优化破碎产品粒度,以进一步提高球磨机利用系数。2004 年 4 月完成匹配破碎系统生产能力、优化破碎产品粒度的工作,具备了 600 万吨/年的生产能力,入磨粒度 －15 mm 含量不小于 90.00%。

2006 年尖山铁矿 900 万吨/年扩建改造中,破碎系统在原尖山铁矿破碎系统的基础上,将中细碎以及筛分设备全部更换为效率高的进口设备,振动筛全部更换为高效的直线振动筛,入磨粒度将由 15 mm 降至 12 mm,球磨机利用系数由 4.12 t/(m^3·h)提高到 4.20 t/(m^3·h),球磨机利用系数在国内冶金铁矿山中保持先进水平,目前破碎系统生产能力已达到 1000 万吨/年。

(2) 阴离子反浮选提铁降硅工艺的研究与应用。为了满足太钢(集团)公司精料的要求,于 2002 年 4 月份组织尖山铁矿技术人员联合马鞍山矿山研究院进行了磁选精矿的反浮选试验,反浮选试验的成功为尖山铁矿提供了理论基础,与此同时开始组织反浮选工艺的可研设计、方案论证、工艺优化等工作。尖山铁矿反浮选采用一段粗选、一段精选、三段扫选工艺流程,精矿品位由65.5%提高到69.0%,SiO$_2$含量由8%降低到4%,精矿回收率达到98%以上。

(3)高效分级设备的应用。细筛再磨工艺是磁铁矿石选矿提高精矿品位的有效方法之一。尖山铁矿一开始使用的细筛为DGS型高频振动尼龙细筛,但最大的问题是筛分效率低,筛上返回量大,造成再磨循环负荷大,且过磨现象严重,于2005年引进美国Derrick高频细筛,生产实践证明,细筛分级效率由35%提高到70%以上,筛下产率由25%提高到60%以上,大大减少了三磨二筛的循环量,在最终精矿品位保持不变的情况下,精矿粒度由原来的-0.043 mm(-325目)83%降低到76%,系统产能提高了5%以上,年经济效益达上千万。

(4)磁重选—反浮选联合工艺的研究与应用。尖山铁矿增设浮选工艺后,生产过程畅通,技术指标稳定,最终精矿铁品位已达69%以上。由于全部磁选精矿进入浮选作业,虽然最终铁精矿质量较单一磁选工艺的最终铁精矿质量有了明显提高,但对精矿管道输送及精矿过滤带来一些负面影响。同时由于全部磁选精矿都要经过浮选处理,明显地增加了选矿加工成本。为了给尖山铁矿选厂改造及扩建提供更为合理的工艺流程,对磁选精矿进行了磁重选—反浮选联合工艺流程试验,试验结果认为将磁选精矿经过磁重选后可获得最终合格精矿,磁重选的中矿再进入反浮选进行选别,该工艺已在900万吨/年扩建改造中成功应用于第五六系列。

尖山铁矿选矿采用了阶段磨矿阶段选别—磁重选—反浮选联合工艺流程,既能满足精矿质量要求,又将大大改善精矿管道输送物料的性质,对于缓解管道结垢和降低过滤精矿水分意义重大。

(5)与格子型球磨机配套的新型高效磨矿分级工艺的研发与应用。尖山铁矿900万吨/年扩建改造于2007年1月试车投产,该系统一段格子型球磨机采用常规旋流器分级,排矿端吐矿,返砂比高达420%,造成沉砂嘴频繁堵塞,溢流跑粗,严重制约着系统生产能力的进一步提高,球磨机处理量在165 t/h低水平运行。组织现场技术人员攻关和研究,增加大倾角胶带输送机与格子型球磨机配套,处理磨机排渣工艺;依据旋流器分离理论提出了"大锥角、大规格、低压力"的改进思想,对旋流器的结构进行优化,成功开发出一种用于高浓度、粗粒级磨矿分级的新型旋流器。

尖山铁矿磨选第五六系列新型工艺的成功应用,磨矿分级循环负荷从419.49%降到252.85%,球磨机台时处理量从165 t/h提高到205 t/h,提高幅度达24.24%。

该工艺成功地解决了尖山铁矿一段磨矿分级过程中存在的排矿端吐矿、溢流跑粗、沉砂嘴堵塞等问题,提高了球磨机的处理能力,产生了较大的经济效益。

(6)压滤技术研究与应用。尖山铁矿后处理过滤生产使用的是美国EIMCO盘式真空过滤机,处理磁选铁精矿,滤饼水分为9.5%,过滤机利用系数为0.75 t/(m^2·h)。自2002年底尖山铁矿反浮选提铁降硅工艺投产后,由于浮选药剂的加入,滤布更换频繁,滤饼水分达到10.5%;现有的过滤设备不能满足用户的需要。于2004年通过压滤现场小型试验,引进美国DOE公司生产的3台AFPⅣ型压滤机,精矿滤饼水分降低到9%以下。

(7)高效浓密技术的研究和应用。尖山铁矿原设计尾矿工艺为两段浓缩,其中一尾直接进入深型浓缩机浓缩,二~五尾先进入浅型大井浓缩后,其底流再进入深型浓缩机浓缩,经过几年的运行,浅型浓缩机生产能力能满足,且溢流水满足小于 300 mg/L 要求,但深型浓缩机的水质则远远达不到要求,经常出现溢流水浓度高达 10%,严重影响了磨矿选别的效果。

通过与国外浓密机生产厂的技术交流,同时进行了尖山尾矿的浓缩试验,认为浓密机的给矿浓度必须控制在一个合理范围内,原设计两段浓缩的工艺流程是不经济的,也难以达到理想的浓缩效果。因此本次改造将原浅型底流直接给入总砂泵站,不再给入深型浓密机,降低深型浓密机的给矿浓度。在 900 万吨/年扩建项目中,引进 1 台奥托昆普高效浓密机,该设备的台时处理能力为 440 t/h(干矿),底流浓度将达到 50% 以上,溢流水质达到 0.12%。新的 ϕ53 m 高效浓密机投入运行后,在处理所有新系统尾矿的同时,将旧系统四个系列的一磁尾矿全部给入,减轻了旧系统浓密机的负担,进一步改善浓缩效果,旧系统底流浓度保持原有水平,与新系统 50% 的高浓度底流混合输送,提高了综合尾矿的输送浓度,降低了尾矿输送的运行成本。

D　生产工艺及流程

a　工艺流程简介

尖山铁矿采用采、选、运连续生产工艺,矿石从采场入溜井,到太原精矿过滤,中间不落地。选矿工艺采用三段一闭路破碎、三段磨矿、三次分级、四次磁选加阴离子反浮选工艺流程。目前选矿工艺流程分别见图 1-32~图1-35。

b　破碎筛分及预选

破碎工艺流程见图 1-32,矿石采用平硐溜井开拓系统,平硐及通廊全长 5 km。钢芯胶带带宽 1.2 m,No.1 皮带长 3082.7 m,为加拿大进口防撕裂胶带。No.2 胶带机

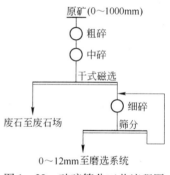

图 1-32　破碎筛分工艺流程图

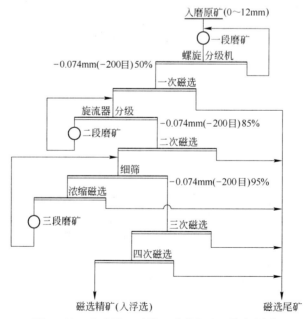

图 1-33　选矿第一至第四系列磨选工艺流程图

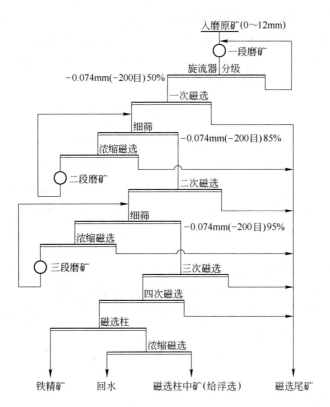

图1-34 选矿第五、六系列磨选工艺流程图

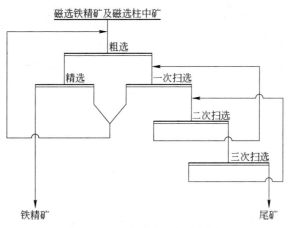

图1-35 反浮选工艺流程图

长1902.86 m,是国内自动化程度较高的大皮带运输系统,No.1、No.2胶带带速由2006年改造前2 m/s增至4 m/s。一段破碎设在溜井底部,溜井来矿粒度为0~1000 mm,经重板给料机给入颚式破碎机进行一段破碎,破碎后的矿石通过No.1、No.2胶带到达圆筒料仓。颚式破碎机排矿粒度为0~350 mm。

通过皮带运至中碎圆筒料仓。通过G01皮带给入中破碎机,中碎机分别为1台美卓HP500和1台山特维克H8800的破碎机,排矿粒度为0~75 mm,二段破碎后的矿石通过皮带进入干选料仓。通过干式磁选机对矿石进行选别,干选尾矿通过皮带送至废石仓,由拉矿车运至废石场堆存,干选精矿通过皮带进入筛分作业。

矿石通过直线振动筛(7 台)进行筛分,合格的筛下产品(0～15 mm)通过皮带给入磨选系统的 U 形料仓;筛上产品通过皮带进入 4 台细破碎机进行第三次破碎,破碎后的矿石通过皮带返回到筛分车间,由振动筛进行筛分,形成闭路循环。

c 磨矿选别

原系统磨选工艺流程见图 1－33,磨选系统 U 形仓下部设有圆盘给料机,矿石通过给料机给入一段球磨机,球磨机排矿给入双螺旋分级机进行一次分级。分级机的返砂返回一段球磨再磨;溢流进入一次磁选,一段磁选精矿给入旋流器进行二次分级。旋流器沉砂给入二段球磨机,旋流器的溢流进入二次磁选,二段磁选精矿给入德瑞克细筛进行三次分级。筛上产品经浓缩磁选机浓缩后给入三段球磨机,三段磨机排矿入德瑞克细筛;筛下产品给入三次磁选,三次磁选精矿给入四次磁选,四段磁选精矿为最终磁选精矿,品位为 65.5%,通过渣浆泵送至反浮选。

五、六系列的生产工艺与原生产工艺略有不同(见图 1－34),其三次分级分别采用旋流器、德瑞克细筛(两段)。四次磁选精矿给入磁选柱,通过磁选柱工艺在反浮选前可获取90% 左右优质合格铁精矿,减少进入反浮选的给矿量,品位达 51% 的磁选柱中矿与原系统的磁选精矿混合一起给入反浮选系统。

尖山铁矿阴离子反浮选采用一粗一精三扫工艺流程(见图 1－35),共两个生产系列,反浮选加入四种药剂:淀粉、NaOH、CaO、MH(捕收剂)。经过反浮选后,最终的精矿品位达到69%,SiO_2 含量在(4±0.2)% 以下。

2006 年尖山改扩建改造后,在磨选第五、六系列采用磁重选工艺,将一部分合格精矿提前回收,磁选柱精矿品位达到 69%,直接进入精矿输送系统,磁选柱中矿经过浓缩后与原四个系列的磁选精矿一并进入浮选系统。

d 精矿浓缩过滤

浓度为 40%～50% 的矿浆经精矿浓密机浓缩后以 70% 左右的浓度经底流泵注入搅拌槽,搅拌槽内矿浆经喂料泵给入隔膜泵后加压,通过管道输往设在太原市的过滤作业区。矿浆经过滤脱水后,以皮带运自太钢厂区。

前后处理系统的主体设备包括隔膜泵、过滤机、压滤机分别由荷兰奇好泵厂、美国艾姆科公司生产。隔膜泵电机及可控硅控制部分由德国西门子公司引进。自动化系统包括SCADA 系统、隔膜泵自动保护系统、过滤顺序控制系统三大部分,全部由 PSI 公司引进。

尖山铁矿精矿管道起点地形标高海拔 1334.0 m,终点地形海拔标高 809.0 m,全长102.23 km,设计年输送能力为 200 万吨,输送矿浆浓度为 63%～65%,2002 年达设计能力。2004 年公司依靠内部技术力量,扩建第二条精矿管道,设计年输送能力为 230 万吨,于 2005年 9 月投入使用。两条精矿管道实际年输送能力达到 460 万吨,满足尖山铁矿改扩建工程完工后的输送要求。

尖山铁矿后处理过滤生产使用的美国 EIMCO 盘式真空过滤机,处理铁精矿,滤饼水分为 9.5%。由于浮选药剂的加入,滤布更换频繁,滤饼水分达到 10.5%。2004 年引进美国DOE 公司生产的 3 台 AFP 型压滤机,精矿滤饼水分为 9%。

e 尾矿处理系统

旧磁选系列一次磁选后的尾矿以及五、六系列所有尾矿通过溜槽进入新增进口浓密机。

二至四次磁选及反浮选尾矿进入原国产浓密机,经浓缩后的底流通过渣浆泵加压进入总砂泵泵站的贮浆槽,再通过喂料泵给入六台隔膜泵送至尾矿库堆存。浓缩机溢流水分进入环水池,通过环水泵供磁选系统和破碎系统的生产用水。

尾矿筑坝采用水力旋流器筑坝,尾矿经旋流器分级,大量粗颗粒尾矿沉积于坝前逐渐堆成子坝,而较细颗粒尾矿及矿泥则通过旋流器溢流排入滩面,在沉积滩上自然分选,分级的尾矿沉砂筑坝所构成的粗粒级坝壳形成坝体边坡层,其覆盖厚度达9 m,透水性能强,力学强度高,有利于上游法筑高坝的稳定性,而且筑坝速度快,能满足大规模连续生产的需要。

　　f　选矿过程检测与自动控制

尖山选矿数控系统于1997年投入运行,为西门子S5系统,2004年完成S5升级S7工作。仪控系统于1999年底着手,进行了球磨机自动控制系统开发和应用,到2000年10月该系统的研究取得突破性的进展,实际应用取得预期效果。包括:一段球磨机给矿量自动控制、一段磨矿浓度自动调节、分级机溢流浓度的自动控制、旋流器给矿压力自动控制、一次矿浆池恒液位控制、圆盘给矿机智能给矿。该系统投用后,随着矿石性质的变化,控制系统反应迅速,合理调整给矿量,使球磨机的处理能力得到充分的发挥,在精矿品位、尾矿品位合格的前提下,球磨机处理能力提高7%以上,精矿质量的波动值控制在$x \pm 0.3\%$的水平。自动控制系统的使用,不仅稳定了选矿生产,而且大幅度减小了工人的劳动强度。

　　g　选矿厂主要设备

尖山选矿厂主体设备见表1-52。

表1-52　尖山选矿厂主体设备表

序号	作业名称	设备名称规格及型号	单位	数量	电机功率/kW
1	粗破作业	简摆颚式破碎机 2100 mm×1500 mm	台	2	250
		重型板式给矿机 2400 mm×12000 mm	台	2	4/37/50
2	中破作业	HP500 标准圆锥破碎机	台	1	400
		H8800 中碎圆锥破碎机	台	1	600
3	细破作业	H8800 圆锥破碎机	台	2	600
		HP500 短头圆锥破碎机	台	2	600
4	筛分作业	2LF2448 直线振动筛	台	7	2×30
5	干选作业	CT1218 干式磁选机	台	5	15
6	一段磨矿分级作业	MQG3600 mm×4500 mm 湿式格子型球磨机(LMNY 系列)	台	4	1250
		φ3600 mm×6000 mm 湿式格子型球磨机(YZ 系列)	台	2	1600
		2FG-φ3000 mm 螺旋分级机(LMNX 系列)	台	4	45
		旋流器 φ660×4	组	2	
7	二段磨矿分级作业	MQY3600 mm×4500 mm 溢流型球磨机(LMNY 系列)	台	4	1000
		旋流器 φ500×6	组	4	
		φ3600 mm×6000 mm 溢流型球磨机(YZ 系列)	台	2	1200
		Derrick 细筛	台	4	2×3.75
8	三段磨矿分级作业	MQY3200×4500 溢流型球磨机(LMNY 系列)	台	4	630
		φ3600 mm×4500 mm 溢流型球磨机(YZ 系列)	台	2	1200
		Derrick 细筛	台	12	2×3.75

序号	作业名称	设备名称规格及型号	单位	数量	电机功率/kW
9	选矿作业（磁选系统）	CTB718 永磁圆筒磁选机	台	22	3
		CTB1024 浓缩磁选机	台	32	5.5
		CTB1230 永磁磁选机	台	33	7.5
		CZM601 磁选柱	台	40	2
10	选矿作业（浮选系统）	BF - 16 浮选机	台	6	45
		JJF - 16 浮选机	台	14	45
		BF - 10 浮选机	台	6	30
		JJF - 10 浮选机	台	16	30
11	尾矿浓缩作业	NT - 53 尾矿浅型浓缩机	台	2	11
		NT - 53 尾矿深型浓缩机	台	2	22
		AUTOKump53 m 尾矿浓缩机	台	1	15
12	尾矿输送作业	SGMB300/4 尾矿隔膜泵	台	6	450
13	精矿浓缩	$\phi30$ m 浓密机	台	2	
14	精矿输送作业	TZPM1600 隔膜泵	台	2	1150
15	精矿脱水作业	110 m^2 盘式过滤机	台	4	7.5
		AFP 卧式压滤机	台	3	37

h　近年主要技术经济指标

2005 ~ 2009 年主要技术经济指标见表 1 - 53。

表 1 - 53　　2005 ~ 2009 年主要技术经济指标表

序号	指标名称	2005 年	2006 年	2007 年	2008 年	2009 年
1	原矿入选量/万吨	576.50	601.47	903.72	996.61	1039.34
2	球磨机处理量/万吨	516.71	511.37	767.28	840.96	881.25
3	铁精矿自产量/万吨	193.02	196.12	290.03	312.28	328.52
4	球磨机作业率/%	87.06	85.76	84.35	87.95	92.39
5	原矿 TFe 品位/%	29.74	29.14	29.15	29.28	29.25
6	精矿 TFe 品位/%	69.26	69.39	69.48	69.29	69.27
7	尾矿 TFe 品位/%	9.85	9.67	10.09	11.02	10.75
8	TFe 回收率/%	79.06	77.64	76.49	74.15	74.86
9	选比/倍	2.99	3.07	3.12	3.19	3.16
10	铁精矿成本/元·t^{-1}	310.51	305	308.23	346.95	324.52

1.3.1.7　哈萨克斯坦索科洛夫—萨尔巴伊斯克铁矿选矿厂

A　概述

哈萨克斯坦索科洛夫—萨尔巴伊斯克铁矿选矿厂于 20 世纪 50 年代由前苏联米哈诺布

尔选矿研究设计院设计。企业设计年处理矿石 2600 万吨,生产的铁精矿铁品位为 65.3%。目前年处理铁矿石 3500 万吨,铁精矿品位 67.5% ~70%,回收率 81%。

矿石主要来自卡恰尔斯克、萨尔巴伊斯克、索科洛夫斯克、库尔去库利斯克、宾卡林斯克、罗蒙诺索夫斯克、南卡尔巴伊斯克和索尔斯克矿床。萨尔巴伊斯克矿床矿石储量 6.36 亿吨,矿石含 Fe33% 左右;南萨尔巴伊斯克矿床矿石储量 3.820 亿吨;索科洛夫斯克矿床矿石储量 12 亿吨,含 Fe 41%、S 2.5% 和 P 0.1%;卡恰尔斯克矿床矿石储量 39.574 亿吨,含 Fe 39.04%、S 0.33% 和 P 0.22%,库尔云库利斯克矿床矿石储量 8290 万吨,含 Fe 41.41%。矿石主要露天开采。

矿石中主要矿物有磁铁矿、钠长石、方柱石、辉石和正长石,次要矿物有赤铁矿、黄铁矿、方解石、绿泥石、石英和磷灰石。

B 生产工艺及流程

a 破碎筛分与预选

选矿厂目前采用四段一闭路破碎流程,采场原矿(1200 ~0 mm)经粗碎—预先筛分—筛上产品中碎—中碎产品、预先筛分筛下产品进入二段细碎检查筛分—二段检查筛分筛上产品细碎—细碎产品进入三段检查筛分—筛上产品进入四段细碎、细碎产品返回三段检查筛分,二段、三段检查筛分筛下产品合并作为最终破碎产品进入干式磁选。破碎筛分与预选流程见图 1-36。

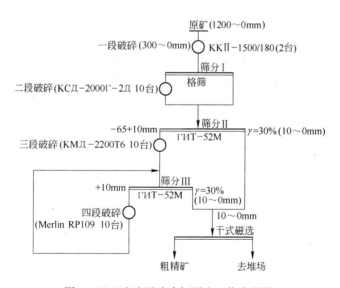

图 1-36 选矿厂破碎与预选工艺流程图

b 磨矿分级与选别

选矿厂现行的磨矿分级与选别流程为两段磨矿、三段湿式磁选、细筛流程,详细流程图见图 1-37。干式磁选精矿经一段棒磨至 2 ~0 mm,然后进入一段磁选,磁选精矿进入二段球磨,球磨排矿进入二段磁选,二段磁选精矿经细筛筛分,筛上产品返回二段球磨再磨,细度为 -0.045 mm90% 的筛下产品进行一次脱泥,脱泥沉砂给入三段磁选,三段磁选精矿再给入 Derrick 细筛进行筛分,筛上产品返回二段球磨再磨,对 Derrick 细筛筛下产品进行二次脱泥,脱泥溢流返回二段磁选机再选,对脱泥沉砂进行过滤得到最终铁精矿,过滤机溢流返回三段磁选;一段磁选尾矿、二段磁选尾矿、一次脱泥溢流与三段磁选尾矿合并为最终尾矿,经浓缩后沉砂送至尾矿坝,浓密机溢流返回系统循环使用。

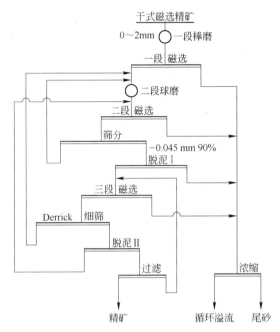

图 1-37　哈萨克斯坦索科洛夫—萨尔巴伊斯克铁矿选矿厂工艺流程图

选矿厂的技术特点为:(1) 对细碎产品进行干式磁选,可抛弃产率为 16.24%、铁品位为 10.00%、铁损失率为 4.72% 的粗粒尾矿;(2) 强化破碎回路,使进入磨矿的给矿粒度降至 -10 mm,使选矿厂的处理能力提高了 350 t/h,而且实现了多碎少磨,进而减少磨矿成本;(3) 对磁选精矿进行细筛,可提高处理能力 10% ~15%,铁品位提高 1.7% ~2.3%,起到提高最终精矿质量的效果。

1.3.2　弱磁性铁矿选矿实践

1.3.2.1　鞍钢东鞍山选厂选矿实践

A　概况

东鞍山烧结厂地处鞍山市千山区东鞍山镇,位于市区南部,交通十分便利。它隶属于鞍钢集团矿业公司,现有选矿和烧结两大生产系统,设有破碎车间、磨矿选别车间、尾矿车间、烧结车间等主要生产车间,设计年产铁精矿 226 万吨,烧结矿 365 万吨。

东鞍山烧结厂浮选车间始建于 1956 年,1958 年 10 月投产,是我国第一座大型贫赤铁矿石浮选厂,采用连续磨矿、单一碱性正浮选工艺流程,设计规模为年处理原矿 500 万吨。至 2000 年,其技术指标为:原矿品位 32.74%,铁精矿品位 59.98%,尾矿品位 14.72%,金属回收率 72.94%。2002 年按照“连续磨矿、粗细分级、中矿再磨、重选—磁选—阴离子反浮选”工艺完成工业改造。2004 年实现原矿品位 32.26%,铁精矿品位 64.80%,尾矿品位 16.06%,金属回收率 66.76% 的技术指标。

东鞍山烧结厂二选车间始建于 1970 年,原工艺流程为湿式自磨机、球磨机磨矿—碱性正浮选。2003 年二选车间工艺流程改为一段闭路破碎筛分、阶段磨矿、中磁抛尾、细筛再磨、尾矿再选工艺,年处理原矿 140 万吨,年产精矿 50 万吨,原矿品位 30.50%,铁精矿品位 66.00%,尾矿品位 10.00%,金属回收率 78.60%,球磨机台时处理能力 80t。

2007 年 6 月,二选车间停产,全厂进行设备大型化改造,处理贫赤铁矿。

2008 年东鞍山烧结厂实际生产能力为年处理原矿 585 万吨,年产铁精矿 181 万吨,是鞍钢主要的原料基地之一。

B 矿石性质

东鞍山铁矿属于沉积变质铁矿床,又称鞍山式铁矿床,矿石类型复杂,可分为假象赤铁石英岩、磁铁石英岩、磁铁赤铁石英岩、赤铁磁铁石英岩和绿泥假象赤铁石英岩、绿泥赤铁磁铁石英岩、菱铁磁铁石英岩等。

在生产管理的过程中,一般把铁矿石划分为未氧化矿、半氧化矿、高亚铁矿、氧化矿石、含碳酸铁矿石和含绿泥石铁矿石 6 种。

由于未氧化矿埋藏较深,暂未研究。铁矿石化学全分析结果见表 1-54。铁矿石的全分析结果说明,除含绿泥石矿石外,半氧化矿的品位为 29.18%,其余种铁矿石的品位均在 32.81% ~34.06% 之间,说明虽然东鞍山铁矿石种类多异,但是铁品位相对稳定。

表 1-54　　矿石化学多元素全分析结果　　　　　(%)

样　品	TFe	FeO	Fe_2O_3	SiO_2	Al_2O_3	CaO	MgO	MnO
半氧化矿(西部)	29.18	9.88	30.76	54.30	1.04	0.34	0.46	0.03
高亚铁矿(西部)	34.06	7.01	40.93	50.30	0.56	0	0.32	0.07
氧化矿(东部平均)	33.64	0.63	44.43	61.10	0.56	0	0.16	0.05
氧化矿(西部平均)	32.81	1.80	44.94	51.30	0.59	0	0.24	0.06
极贫矿	25.41	1.08	35.15	62.10	0.60	0	0.26	0.04
含绿泥石矿(东部)	26.45	5.03	32.25	56.50	2.17	0.53	0.54	0.12
碳酸盐型矿(地表)	32.41	0.11	41.07	47.68	0.44	0.35	0.21	1.021
碳酸盐型矿(岩芯)	34.62	11.43	36.82	44.70	0.33	1.23	0.77	0.24
全区平均(不计岩芯矿)	32.86	1.91	43.66	51.33	0.93	0.04	0.23	0.06

样　品	Na_2O	K_2O	P	S	H_2O	CO_2	碱性系数	碱性率
半氧化矿(西部)	0.023	0.14	0.41	1.44	0.94	1.19	0.010	33.86
高亚铁矿(西部)	0.023	0.028	0.124	0.09	0.67	0.72	0.010	20.58
氧化矿(东部平均)	0.015	0.028	0.078	0.01	0.44	0.33	0.013	1.87
氧化矿(西部平均)	0.015	0.029	0.060	0.06	0.70	0.65	0.005	5.49
极贫矿	0.11	0.120	0.059	0.02	0.65	1.52	0.004	4.25
含绿泥石矿(东部)	0.020	0.042	0.085	0.10	1.64	1.54	0.020	19.02
碳酸盐型矿(地表)	0.071	0.020	4.39	0.010	0.03	0.89	14.69	
碳酸盐型矿(岩芯)	0.040	0.025	0.067	0.075	0.42	3.85	0.04	33.02
全区平均(不计岩芯矿)	0.016	0.030	0.074	0.061	0.63	0.68	0.005	5.81

随着开采深度的增加,磁性铁的含量增加较明显,碳酸铁的量也在进一步增加。实践表明,碳酸铁矿物是可利用的铁,但其含铁理论品位低,不影响高炉利用系数。对于绿泥石矿而言,其理论品位较低,且其中硅酸铁含量较高,对高炉利用系数影响较大,对其利用还有待研究。矿石的物相分析见表 1-55。

表 1 – 55　　矿石铁物相分析结果　　　　　　　　　（ % ）

铁物相	半氧化矿（西部）	高亚铁矿（西部）	氧化矿		绿泥石矿（东部）	碳酸盐矿		
			东部	西部		地表	岩芯	平均
TFe	29.18	34.34	33.64	32.81	26.45	33.37	34.70	32.93
磁铁矿	15.40	13.80	0.03	0.90	0.60	0.30	13.50	1.58
硅酸铁	1.90	0.75	1.20	2.00	2.90	0.45	1.70	1.59
碳酸铁	1.60	1.10	1.10	0.40	1.00	4.05	5.30	1.02
假、半假赤铁矿	5.28	17.89	31.32	28.31	20.45	0.69	1.20	27.49
赤铁矿、褐铁矿	4.00	0.80	0.10	1.20	0.50	27.88	13.06	1.28
磁性铁占有率	52.78	40.19	0.89	2.74	2.27	0.90	38.90	4.80
工业可用铁品位	24.68	32.49	31.72	30.41	21.55	28.87	27.76	30.35

东鞍山铁矿石中,铁主要以氧化物的形式存在于假象赤铁矿、赤铁矿、镜铁矿、磁铁矿、褐铁矿及针铁矿中,以其他化合物的形式存在于菱铁矿、鳞绿泥石、铁闪石、铁方解石、铁白云石、黄铁矿等矿物中。

矿石的结构主要为细粒变晶结构,鳞片状变晶结构,交代、蜂窝及土状、包裹结构也常见。

东鞍山矿石主要为条带状构造,其次为隐条带状构造和块状构造,部分为揉皱状和角砾状构造,在碳酸盐矿石中还分布较多的网脉状、蜂窝多孔状及卜状构造等。

东鞍山铁矿石普氏硬度系数 12 ~ 18,岩石普氏硬度系数 8 ~ 18,矿石密度 3.4 t/m³,岩石密度 2.6 t/m³。矿石含硫、磷等有害杂质低,铁矿物嵌布粒度较细,从总体上看,西部矿石明显细于东部矿石。东部矿石铁矿物粒度为 39.42 μm,脉石矿物粒度 56.20 μm;西部矿石铁矿物粒度为 37.38 μm,脉石矿物粒度 50.25 μm。但绿泥石型矿石东部、西部铁矿物和脉石矿物粒度基本一致;东部碳酸盐矿石的铁矿物粒度粗于西部矿石,而脉石矿物粒度比西部矿石粒度细。东部碳酸盐型矿石铁矿物粒度为 38.01 μm,脉石矿物粒度为 44.66 μm;西部碳酸盐型矿石铁矿物粒度在 34.41 ~ 34.68 μm 之间,脉石矿物粒度在 46.40 ~ 60.17 μm 之间,且随着氧化程度的增加粒度有逐渐变粗的趋势。原生矿的嵌布粒度只有 30 μm,脉石矿物粒度为 40.87 μm,明显细于氧化矿,表明矿石在氧化过程中粒度发生了增粗现象,这与矿石在氧化过程中伴随重结晶作用和矿物晶格变化有关。

C　技术进展

东鞍山选矿厂选矿工艺自 1958 年投产以来,长期采用连续磨矿、单一碱性正浮选工艺,选矿技术指标不高。但是,针对东鞍山选矿厂选矿工艺流程的研究工作从来没有停止过。特别是自 20 世纪 80 年代以来,选矿工艺研究步伐明显加快,至 20 世纪末,先后完成了数十个工艺的选矿试验,详情见表 1 – 56。

表 1 – 56　　东鞍山贫赤铁矿石试验结果一览表

原则流程	规模	矿样	原矿		精矿品位/%	尾矿品位/%	回收率/%	粒度（ – 0.074 mm）/%
			TFe/%	FeO/%				
阶段磨矿、强磁选—酸性正浮选	连选	赤铁矿	29.76		63.83	9.89	79.02	88.23

原则流程	规模	矿样	原矿		精矿品位/%	尾矿品位/%	回收率/%	粒度(−0.074 mm)/%
			TFe/%	FeO/%				
阶段磨矿、强磁选—酸性正浮选	连选	高亚铁矿	34.59	5.56	63.09	16.49	70.84	65/99
阶段磨矿、强磁选—阴离子反浮选	连选	高亚铁矿	34.59	5.56	64.17	14.40	75.24	65/99
阶段磨矿、强磁选—阳离子正浮选	连选	高亚铁矿	34.59	5.56	63.02	14.07	75.24	65/99
阶段磨矿、重选—磁选—酸性正浮选	小型	难选矿	34.06	3.78	62.14	17.25	68.32	80
连续磨矿、重选—磁选—浮选（再磨）	小型	高亚铁矿	35.46	3.78	62.50	17.35	70.70	78
连续磨矿、强磁选—酸性正浮选	小型	难选矿	33.92	3.78	62.22	15.34	72.71	92
连续磨矿、强磁选—阳离子反浮选	小型	难选矿	33.92	3.78	64.87	15.43	71.70	92
连续磨矿、分级—粗粒酸性正浮选	半工业	正常矿	32.65	1.29	61.35	12.95	76.62	79.43
连续磨矿、分级—粗粒酸性正浮选	半工业	高亚铁矿	34.03	6.96	60.91	16.23	72.51	79.23
连续磨矿、强磁选—酸性正浮选	工业	高亚铁矿	35.45	6.69	61.51	20.28	63.84	77.51
连续磨矿、强磁选—酸性正浮选	工业	绿泥石和碳酸铁矿	32.17	2.57	60.91	16.60	66.53	79.67
连续磨矿、强磁选—酸性正浮选	工业	碳酸铁矿	33.00	2.91	62.08	16.69	67.60	80.10
连续磨矿、分级-分支浮选	半工业	正常矿	31.35	1.26	61.93	13.46	72.91	75~79
连续磨矿、软水介质碱性正浮选	连选	正常矿	32.16	0.36	64.27	12.35	76.25	86.80
连续磨矿、软水介质碱性正浮选	连选	高亚铁矿	41.02	12.75	62.47	17.52	79.62	85.77
连续磨矿、软水介质碱性正浮选	连选	碳酸铁矿	37.65	5.21	63.30	15.19	78.36	85.40
连选磨矿、强磁选—阴离子反浮选	小型	碳酸铁地表矿	35.18	8.80	62.82	15.04	75.27	90.00
连选磨矿、强磁选—阴离子反浮选	小型	混合难选矿	33.78	2.87	62.06	16.27	70.24	87.50
连选磨矿、强磁选—阴离子反浮选	小型	正常矿	31.97	1.97	62.90	14.57	70.88	89.00
连选磨矿、螺旋溜槽—离心机选矿	小型	高硅酸盐	31.41	7.08	62.34	17.51	61.54	87.60

原则流程	规模	矿样	原矿 TFe/%	原矿 FeO/%	精矿品位/%	尾矿品位/%	回收率/%	粒度(−0.074 mm)/%
阶段磨矿、螺旋溜槽—离心机选矿	小型	高碳酸盐、高亚铁矿	31.63	7.08	62.86	16.33	65.35	83.40
连选磨矿、脱泥—阴离子反浮选	小型	碳酸铁地表矿	35.39	9.18	64.45	13.43	78.38	95.00
连选磨矿、脱泥—阴离子反浮选	小型	碳酸铁地表矿	34.62	11.43	63.40	15.00	74.24	95.00
连选磨矿、脱泥—阴离子反浮选	小型	高亚铁矿	33.23	8.08	63.10	15.48	70.78	94.80
阶段磨矿、螺旋溜槽—离心机—酸性正浮选	连选	难选矿	34.35	9.18	63.37	13.03	78.13	55/91.08
阶段磨矿、螺旋溜槽—离心机—阴离子反浮选	连选	难选矿	34.35	9.18	64.13	13.03	77.89	55/91.08

东鞍山贫赤铁矿石，由于矿石矿物结晶粒度细，氧化程度深，矿物组成极为复杂，是鞍山地区难选的铁矿石之一。经过几代人的技术攻关和试验研究，采用"连续磨矿、粗细分级、中矿再磨、重选—磁选—阴离子反浮选"工艺流程，对东鞍山一选车间进行改造，铁精矿品位由 60.00% 提高到 64.50%，获得了阶段性的成果。

　　D　生产工艺及流程

　　a　流程简介

东鞍山选矿厂一选车间 1958 年 10 月投产，采用连续磨矿、单一碱性正浮选工艺流程，设计规模为年处理原矿 500 万吨。至 2000 年，其技术指标：原矿品位 32.74%，铁精矿品位 59.98%，尾矿品位 14.72%，金属回收率 72.94%；2001 年在一选车间进行"连续磨矿、粗细分级、中矿再磨、重选—磁选—阴离子反浮选"和"连续磨矿、粗细分级、中矿再磨、磁选—重选—阴离子反浮选"两种工艺流程试验，分别取得原矿品位 31.38%，铁精矿品位 64.08%，尾矿品位 13.77%，金属回收率 71.47% 和原矿品位 32.94%，铁精矿品位 64.74%，尾矿品位 14.68%，金属回收率 71.69% 的技术指标；2002 年按照"连续磨矿、粗细分级、中矿再磨、重选—磁选—阴离子反浮选"工艺完成工业改造；2004 年实现原矿品位 32.26%，铁精矿品位 64.80%，尾矿品位 16.06%，金属回收率 66.76% 的技术指标。

2007 年 11 月，选别工艺不变，完成了磨矿分级设备大型化改造。2008 年全厂年处理原矿量达 585 万吨，年产铁精矿达到 181 万吨，电耗由 52.88kW·h/t 原矿降为 48.42kW·h/t 原矿，降幅达 9.2%，效果显著。

　　b　破碎筛分

破碎筛分工艺为三段一闭路破碎流程，东鞍山铁矿 0～1000 mm 原矿由电机车经铁路运送到粗破桥上，翻入粗破机进行粗破碎。粗破采用 1 台 B1200 mm 型旋回破碎机，排矿粒度 0～350 mm 的粗破产品经皮带给入 2 台中破机。中破采用 2 台 H8800 – MC 圆锥破碎机，排矿粒度 0～75 mm 的中碎产品一路进入 1 台 2000 mm × 6000 mm 固定棒条筛，固定筛筛上产品送往露天矿仓储存，固定筛筛下通过皮带运输给入检查筛分作业；另一路中破产品直接给入检查筛分作业。检查筛分筛上和露天矿仓的矿石经皮带运输给入细破机，细破机采用

3台 H8800 - EFX 型圆锥破碎机,细破机排矿与固定筛筛下产品一起给入6台2YA2760型圆振动筛,筛上产品返回细破机构成回路,筛下 - 12 mm 含量占90.0%以上的产品为最终破碎产品,由皮带运输机送往选矿车间。

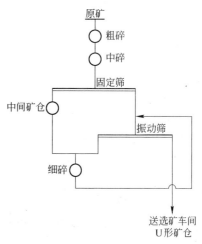

图1-38　破碎筛分工艺流程

破碎系统沿用了原来的三段一闭路破碎工艺和设备,粗破采用 B1200 mm 旋回破碎机1台,中破采用 ϕ2100 mm 标准圆锥破碎机3台,细破采用 ϕ2100 mm 短头圆锥破碎机6台。粗破将 0 ~ 1000 mm 原矿破至 0 ~ 350 mm,给入中破,中破排矿粒度 0 ~ 75 mm,给入一台 2000 mm ×6000 mm 固定棒条筛,筛上产品给入细破机,细破机排矿和固定筛筛下产品一起给入 8 台自定中心振动筛,筛上产品返回细破机构成回路,筛下粉矿产品为最终破碎机产品,送往选别车间磨矿作业。三段一闭路的破碎流程如图 1 - 38 所示。

2007 年 11 月选矿大型化改造,对破碎工艺进行相应的提高能力改造,破碎工艺仍采用三段一闭路破碎流程,粗破沿用原有 B1200 mm 型旋回破碎机,中破采用 2 台 H8800 - MC 型圆锥破碎机取代原有 3 台 ϕ2100 mm 型标准圆锥破碎机,细破采用 3 台 H8800 - EFX 型圆锥破碎机取代原有 6 台 ϕ2100 mm 型短头圆锥破碎机,筛分采用 6 台 2YA2760 型圆振动筛取代原有 9 台 1800 mm ×3600 mm 型自定中心振动筛。

c　磨矿分级

选矿车间采用两段连续磨矿、中矿再磨工艺流程处理破碎车间 0 ~ 12 mm 产品,破碎后原矿给入一次球磨机与旋流器组组成的一次闭路磨矿。一次分级溢流给入二次旋流器,二次旋流器沉砂给入二次球磨机,二次球磨机排矿返回二次旋流器构成闭路。二次旋流器溢流与再磨系统排矿给入粗细分级旋流器,分成粗细两种物料。一次旋流器溢流粒度 -0.074 mm(-200 目) 含量为 45.0% ,二次旋流器溢流粒度 -0.074 mm(-200 目) 含量为 80.0% 。

2007 年 6 月东鞍山选矿厂实施设备大型化改造,采用两段连续磨矿、粗细分选、中矿再磨的磨矿工艺,一段磨矿采用 ϕ5030 mm × 6700 mm 溢流型球磨机 3 台,二段磨矿采用 ϕ5030 mm × 6700 mm 溢流型球磨机 3 台,再磨采用 4 台 MQY2700 mm × 4000 mm 溢流型球磨机和 2 台 MQY3200 mm × 3100 mm 溢流型球磨机。一次分级采用 ϕ660 mm 渐开线水力旋流器,3 组 18 台;二次分级采用 ϕ500 mm 渐开线旋流器 3 组 21 台,再磨分级采用 ϕ500 mm 渐开线旋流器 3 组 21 台,粗细分级采用 ϕ500 mm 渐开线旋流器 3 组 42 台,工作压力0.04 ~ 0.06MPa,沉砂嘴直径 60 mm,溢流管直径 130 mm。

d　生产工艺及流程

选矿车间选别工艺采用两段连续磨矿、粗细分级、重选—强磁—阴离子反浮选工艺流程。粗细分级的沉砂给入螺旋溜槽,分选出两种产品即粗螺精矿和粗螺尾矿,粗螺精矿给入精螺选出粗粒精矿,精螺中矿自循环,粗螺尾矿给入立环脉动中磁机抛弃粗粒尾矿,精螺尾矿和扫中磁精矿作为中矿给入三次旋流器进行分级,分级的沉砂给入球磨机进行再磨,再磨排矿和三次分级溢流混合后返回粗细分级;粗细分级旋流器溢流给入筒式磁选机,其尾矿给入强磁前浓缩机进行浓缩,浓缩机底流经平板除渣筛除渣后给入立环脉动高梯度强磁机,弱磁精和强磁精合并给入浮选前浓缩机浓缩后,底流送入浮选机,经过一段粗选、一段精选、三段扫选选出精矿并抛弃尾矿,浮精、重精合并为最终精矿,强磁尾、扫中磁尾及浮尾合并成为最终尾矿。生产工艺流程图见图 1 - 39。

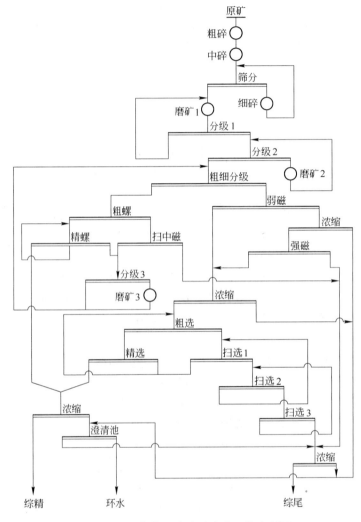

图 1 - 39　东鞍山选矿厂选矿工艺流程图

选矿工艺浮选作业采用阴离子反浮选,浮选药剂有捕收剂、矿浆 pH 值调整剂、石英活化剂、铁矿物抑制剂。现场捕收剂采用 KS - Ⅰ(脂肪酸、阴离子捕收剂),矿浆 pH 值调整剂采用 NaOH 溶液,石英活化剂采用 CaO,铁矿物抑制剂采用淀粉。

e　精矿浓缩过滤

选矿车间的精矿经加酸处理后,pH 值达到 7 ± 0.2,矿浆通过溜槽输送至输送车间的 ϕ30 m 精矿浓缩机 3 台进行浓缩,给矿浓度 25% ~35%,底流浓度 60% ~70%,溢流固体含量在 0.5% 以下。浓缩后底流经 ZJ100 - 500 型渣浆泵输送至过滤机分矿箱,过滤机采用 14 台 30 m² 陶瓷过滤机和 4 台 72 m² 圆盘真空过滤机,过滤后滤饼水分 10%,滤饼由皮带机运输到烧结车间混合料仓,供给烧结使用。过滤机溢流返回 ϕ30 m 精矿浓缩机形成循环。

2002年10月东鞍山选矿厂采用10台P30/10-C陶瓷圆盘过滤机代替32 m²内滤式真空圆筒过滤机,将原来的三段浓缩两段过滤流程改为一段浓缩一段过滤流程。

过滤系统改造后,滤饼水分由真空过滤机的13.48%降为陶瓷圆盘式过滤机的10.00%左右,利用系数由0.227 t/(m²·h)提高到0.452 t/(m²·h),滤液浓度由15.46%降为21×10⁻⁶。

f 尾矿处理

选矿厂尾矿经3台φ53 m浓密机浓缩后,其溢流循环使用,浓缩机溢流自流入φ29 m机械加速澄清池,底流经φ325 mm陶瓷管,通过一级泵站加压扬送至尾矿库。泵站内安装SGMB-160/7型隔膜泵12台,9台工作3台备用。尾矿输送浓度40%~50%。2003年SGMB-160/7型隔膜泵投入生产,采用高浓度输送,代替原来的7级泵站,节约了大量用水,实现了零排放目标。

东鞍山尾矿库位于鞍山市西果园,距选矿厂12 km。尾矿库分西沟和南沟两坝,采用长渠沟槽法筑坝,总库容1.04亿立方米,总汇水面积3.52 km²。库内共29座溢水塔,两坝内各设3座内径φ2.5 m、高20 m、40 m、50 m的圆筒形周边进水溢水塔和排放尾矿水的2500 m长的隧洞1条,回水管直径0.9 m。按目前选矿厂的生产能力计算,尚可服务37年。

g 选矿厂主要设备

选矿厂破碎筛分设备见表1-57。选矿厂大型化改造后磨矿分级和选别作业设备见表1-58。

表1-57 破碎筛分设备

设备名称	型号、规格/mm	数量/台	传动电机	
			功率/kW	数量/台
液压重型旋回破碎机	ККД-B1200	1	430	1
弹簧标准型圆锥破碎机	КСД-φ2100	3	210	3
弹簧短头型圆锥破碎机	КСД-φ2100	6	210	6
自定中心振动筛	SZZ-1800×3600	8	10	8
固定棒条筛	2000×6000			

表1-58 东鞍山选矿厂大型化改造后磨矿分级和选别作业设备

作业名称	设备名称		型号、规格/mm	数量/台	传动电机	
					功率/kW	数量/台
磨矿	溢流型球磨机	一段磨矿	φ5030×6700	3	3000	3
	溢流型球磨机	二段磨矿	φ5030×6700	3	3000	3
	溢流型球磨机	再磨	MQY-2700×4000	4	400	4
	溢流型球磨机	再磨	MQY-3200×3100	2	600	2
分级	渐开线水力旋流器	一次分级	φ660	3组18台		
	渐开线水力旋流器	二次分级	φ500	3组21台		
	渐开线水力旋流器	再磨分级	φ500	3组21台		
粗细分级	渐开线水力旋流器	粗细分级	φ500	3组42台		
	德瑞克高频筛	粗细分级	2SG48-60W-5STK	6		

作业名称	设备名称		型号、规格/mm	数量/台	传动电机	
					功率/kW	数量/台
重选	螺旋溜槽	粗选	φ1200×720	180		
	螺旋溜槽	精选	φ1200×720	108		
磁选	湿式弱磁场永磁筒式磁选机	弱磁选	CTB – 1200×3000	18	7.5	18
	立环脉动高梯度磁选机	强磁选	Slon – 1750	8	转环4/脉动4	16
	立环脉动高梯度磁选机	强磁选	Slon – 2000	8	转环5.5/脉动7.5	16
	立环脉动高梯度磁选机	扫中磁	Slon – 1750	10	转环4/脉动4	20
	立环脉动高梯度磁选机	扫中磁	Slon – 2000	5	转环5.5/脉动7.5	10
浓缩	周边齿条传动浓密机	浮选前浓缩	NT – 30	3	11	3
	周边齿条传动浓密机	强磁前浓缩	NT – 53	3	15	3
反浮选	浮选机	粗选	BF – 16	36	45	36
	浮选机	精选	BF – 16	18	45	18
	浮选机	扫选1	BF – 16	24	45	24
	浮选机	扫选2	BF – 16	18	45	18
	浮选机	扫选3	BF – 16	18	45	18

　　h　近年主要技术经济指标

东鞍山烧结厂近年来的技术经济指标分别见表 1 – 59。

1.3.2.2　酒钢选矿厂选矿实践

　　A　概述

甘肃酒钢集团宏兴钢铁股份有限公司选烧厂,以下简称选烧厂,于 2008 年 11 月成立,由原选矿厂、烧结厂整合而成,主要负责公司铁精矿、烧结矿、球团矿及生石灰的生产,下设综合科、生产技术质量科、设备科、安全管理科 4 个科,竖炉、磁选、浮选、精矿、原料、高烧、球烧、球团、点检 9 个作业区。选矿年可处理原矿 650 万吨,其中块矿 374 万吨,粉矿 276 万吨。年可产烧结矿 539 万吨、球团矿 105 万吨、生石灰 35 万吨。

酒钢选矿厂始建于 1958 年,1972 年陆续投产,至 1992 年已建成 8 个磨选系列,规模为年处理原矿 500 万吨。2006 年 8 月完成扩建改造,又扩建了两个系列,达到 10 个磨选系列,具备 650 万吨/年的原矿处理能力。2007 年,为了进一步提高精矿的品位,降低精矿中 SiO_2 含量,焙烧弱磁选精矿提质降杂改造工程开工,同年年底投产,采用阳离子反浮选工艺,经过一次粗选、一次精选、四次扫选,铁精矿品位提高到 60%,精矿中 SiO_2 含量降低至 5% 左右。

选矿厂处理的矿石主要来自镜铁山矿桦树沟和黑沟两个矿区,是酒钢主要原料供应基地,近几年来为了提高入选矿石品位,也处理部分周边民采中等品位矿石。

选厂生产、生活用水由公司动力厂供给,生产及照明电源由公司电厂供给,采用 10kV、6kV 两种电源。

　　B　矿石性质

镜铁山铁矿为一大型沉积变质铁矿床,由于后期构造运动,使矿体分成桦树沟与黑沟两大矿区。矿体产于北祁连山加里东地槽带地区的下古生代寒武、奥陶纪地层含铁千枚岩第

表1-59 近年东鞍山选矿厂生产技术经济指标

车间名称	年份	年处理原矿量/万吨	年产精矿量/万吨	原矿品位/%	精矿品位/%	尾矿品位/%	回收率/%	球磨机作业率/%	磨矿效率/t·(m³·h)⁻¹	每吨原矿电耗/kW·h·t⁻¹	球耗 一段	球耗 二段	劳动生产率/t·(人·年)⁻¹ 工人	劳动生产率/t·(人·年)⁻¹ 全员
一选	2000	399	159	32.75	61.30	14.70	74.76	80.52	2.285	53.06	1.289	1.311	3958	3350
	2001	365	157	32.74	60.48	13.55	79.18	78.94	2.143	53.36	1.385	1.417	4056	3434
	2002	286	123	32.85	60.16	15.06	78.90	66.41	2.042	50.07	1.392	1.510	3386	2875
	2003	345	132	32.50	64.49	17.17	76.11	84.90	2.017	55.16	1.400	1.455	5853	4349
	2004	393	152	32.25	64.80	16.06	77.82	92.24	2.089	47.60	1.385	0.759	6093	5092
	2005	385	150	32.00	64.75	16.85	78.53	91.99	2.062	47.00	1.386	1.249	6011	5074
	2006	396	151	32.89	64.82	16.17	76.05	93.98	2.077	46.49	1.346	1.249	7278	6554
	2007	316	116	31.73	64.80	16.05	74.92	93.93	2.010	52.88	1.587	1.308		6404
	2008	585	181	31.17	64.52	17.67	64.09	88.33	1.992	48.42	1.600	1.512		11432
二选	2000	82.9	32.3	30.75	63.93	10.29	81.00	82.97	2.264	41.44	2.193	0.568	3164	2683
	2001	78.8	33.0	31.09	64.88	10.21	87.46	66.73	2.112	46.20	0.789	0.775	2845	2400
	2002	54.7	22.6	31.19	65.93	10.15	86.26	43.55	2.241	50.46	0.775	0.901	3059	2603
	2003	72.2	29.1	30.09	65.97	10.20	87.48	60.59	2.125	44.29	0.793	0.525	4379	3660
	2004	105.0	43.7	30.47	66.15	10.14	86.26	87.37	2.138	36.70	0.861	0.395	4942	4570
	2005	109.0	43.0	29.35	66.17	10.56	89.17	89.97	2.157	35.70	0.830	0.350	5038	4640
	2006	112.0	42.4	29.26	66.09	9.98	85.51	91.05	2.195	34.82	0.821	0.341	5274	4850
	2007	47.5	18.3	29.42	66.02	8.99	86.43	83.87	2.035	38.32	0.796	0.342		3061

中,上盘为灰黑色千枚岩,下盘为灰绿色千枚岩。矿石结构构造有不规则条带、块状、浸染状等。铁矿石属中低品位、低磷高硫、酸性铁矿石。铁矿物主要有镜铁矿、褐铁矿、菱铁矿,少量磁铁矿与黄铁矿;脉石矿物主要有碧玉、石英、重晶石、铁白云石、绿泥石、绢云母等;矿体围岩为灰绿色千枚岩及灰黑色千枚岩。该矿石是中国难选铁矿之一,具有以下特点:

(1) 矿物组成复杂,比例多变,粗细不均。桦树沟与黑沟矿区之间、同一矿区不同矿体之间,矿物组成差别均较大;矿物嵌布粒度粗细不均,且以细粒为主,一般为 0.01 ~ 0.2 mm,需要细磨。

(2) 矿石中有用矿物单矿物纯度低,杂质含量高。如菱铁矿中含有 Mg^{2+}、Mn^{2+},与铁以类质同象存在,单矿物含铁仅为 36.5% 左右,褐铁矿含铁量仅为 56.5% 左右。

(3) 主要工业矿物与脉石矿物之间物理参数有大小相同或交叉的现象,还含有部分微浸染铁围岩,主要是铁质千枚岩,矿石可选性差。

(4) 该矿石在选矿生产中具有难选别、难脱磁、难过滤、易泥化等特点。

矿石硬度 $f = 12 ~ 16$。原矿多元素分析结果见表 1 – 60。

表 1 – 60　原矿多元素分析结果　　　　　　　　　　(%)

元素	TFe	FeO	Fe$_2$O$_3$	SiO$_2$	Al$_2$O$_3$	CaO	MgO	MnO
含量	33.77	10.10	37.05	23.78	2.95	2.12	2.82	1.11
元素	BaO	K$_2$O	Na$_2$O	V$_2$O$_5$	TiO$_2$	S	P	Ig
含量	4.17	11.99	0.84	0.08	0.01	0.98	0.02	0.2

C　技术进展

a　初期的选矿技术研究

1957 年,重工业部钢铁局钢铁工业研究所取样试验表明:桦树沟铁矿具有工业价值,焙烧磁选比浮选好。1959 年,中国科学院化工冶金研究所磁化焙烧后得到铁精矿品位 58%,金属回收率 88% 的指标。

b　焙烧磁选工艺技术研究

1964 年 9 月起,国家计划委员会、冶金工业部确定围绕酒钢矿石选矿方案开展联合试验。

(1) 流态化焙烧磁选工艺。中国科学院化工冶金研究所开展流态化焙烧磁选工艺试验研究,1966 年、1968 年完成流态化半工业试验工作,试验取得理想指标。当时排矿隔板运行不过关,工艺设备存在问题,导致生产无法正常顺行,20 世纪 60 年代后期停止。

(2) 竖炉焙烧磁选工艺。竖炉焙烧磁选工艺是各类还原性焙烧工艺中唯一在酒钢最终得到应用的工艺。1966 年,鞍山烧结总厂完成投笼试验;1972 年 7 月,采用竖炉焙烧磁选工艺的生产线投产。原设计处理全粒级矿石,由于粉矿焙烧效果不佳,一直应用于处理 15 mm 以上粒级的块矿,直至现在。

(3) 斜坡炉焙烧磁选工艺。1971 年,为解决镜铁山粉矿处理的难题,酒钢选矿技术人员与鞍山设计院共同设计单室粉矿焙烧斜坡炉。工业试验于 1972 年完成,达到铁精矿品位 59.11%,金属回收率 76.84% 的指标。1974 年 10 月,设计的五室斜坡炉工业试验在酒钢进行,历时 3 年。试验取得较理想指标,但连续生产仍问题比较多,此工艺未能在酒钢应用。

(4) 回转窑焙烧磁选工艺。1975 ~ 1977 年,酒钢竖炉工艺投产后产生大量粉矿,采用竖炉工艺无法处理。借鉴苏联及东欧国家回转窑焙烧磁选处理非强磁性铁矿的经验,1981

年在酒钢选矿厂建成 $\phi 3.6\,m \times 50\,m$ 工业回转窑试验系统。酒钢、长沙矿冶研究院、鞍山设计院组成的联合试验组,经过 1982~1983 年两年工业性试验取得较理想指标,达到铁精矿品位 58.20%,金属回收率 83.61% 的指标。但存在运行困难的问题,没有推广工业应用。

c 强磁选工艺技术研究

1976 年起,广东大宝山矿用 Shp-1 强磁选机处理弱磁性铁矿。酒钢采用该机对镜铁山矿进行了试验,一次粗选取得铁精矿品位 47.91%,回收率 78.82% 的指标。

1978 年,酒钢制作了五台 Shp-1 强磁选机进行试验,取得理想指标。冶金工业部决定长沙矿冶研究院与酒钢共同研制 Shp-3200 强磁选机,研制两台试生产。

1979 年 12 月首台 Shp-3200 强磁选机投入试生产,1981 年 6 月工业试验结束,一粗二扫流程取得铁精矿品位 47.14%,金属回收率 75.56% 的指标。

1982 年,酒钢建成国内最大的强磁选生产车间,4 台 Shp-3200 强磁选机采用一粗一扫工艺处理粉矿,解决酒钢粉矿堆存不能利用的问题。

d 选矿工艺流程优化试验研究

从 1982 年,酒钢强磁选工艺投产以后,自产精矿量上基本满足烧结和高炉的生产。之后的二十多年,一直围绕提高酒钢入选原矿品位、精矿品位及金属回收率开展研究工作,主要完成了以下工作:

(1)粉矿全流程工业试验。1982 年 9 月,冶金工业部将酒钢桦树沟铁矿粉矿试验列为国家"六五"期间重大科技攻关项目,进行贫铁矿选矿技术攻关。1983 年 3 月,采用跳汰重选工艺剔除围岩,浮选工艺回收重晶石,1985 年 10 月,完成工业试验任务,达到目标。由于重选工艺存在矿泥脱水、浓缩机设备运行不稳定等问题,没有实现工业化生产。

(2)感应辊预选粉矿试验。1985 年 6 月,在广西八一锰矿开始采用感应辊式强磁选机进行粉矿预选试验,1987 年 11 月,酒钢自行设计感应辊式强磁选机进行工业预选试验,由于存在磁极头磨损等技术问题,此技术没有在酒钢得到应用。

(3)跳汰机块矿预选工艺技术研究。20 世纪 80 年代中期,酒钢开展了块矿预选工艺技术研究,与马鞍山矿山研究院共同研制的大块跳汰机,完成半工业试验,与东北大学合作研制的动筛跳汰机,完成半工业试验,由于设备和工艺均存在一定问题,没有实现工业应用。

(4)永磁强磁选机矿石预选试验研究。20 世纪 90 年代中期,永磁强磁选机得到迅猛发展。酒钢与美国国际分选公司和伊利公司合作,采用辊带式或筒式永磁强磁选机预选桦树沟铁矿石试验,2003 年,酒钢在镜铁山矿建成预选生产线。

(5)弱磁铁精矿提质降杂试验研究。围绕提高酒钢铁矿石品位,2005 年与长沙矿冶研究院完成焙烧磁选精矿提质降杂工业试验。2007 年 3 月,弱磁精矿提质降杂改造工程破土动工,同年 12 月建成投产,2008 年 4 月完成达产达标调试。工业调试结果表明,72 h 的指标考核结果为:二磁精品位 55.76%、细度 -0.047 mm(-300 目)90.72%,浮选精矿铁品位 60.61%,SiO_2 5.76%,回收率 94.23%,达到了设计指标。与原有工艺相比,精矿品位提高了 4.04 个百分点,SiO_2 降低了 4.74 个百分点,提质降杂效果显著。

D 生产工艺及流程

a 破碎及预选

桦树沟矿区:破碎机(SP-900、$\phi 2200$、PYB-1200)6 台,强力磁选机(H-F$\phi 100 \times 1500$、H-F$\phi 600 \times 1500$、H-F$\phi 300 \times 1500$)14 台。对于小于 50 mm 的桦树沟铁矿石进行预

选抛废后运输下山。预选工艺流程见图 1 - 40。

黑沟矿区:破碎机(PXZ - 900、PYB - 2200)两台,矿石经过两段破碎,直接运输下山。

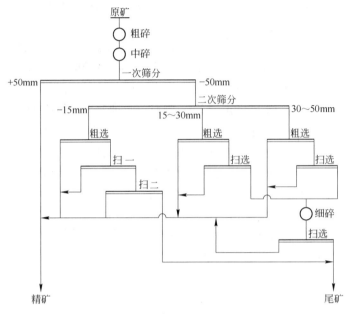

图 1 - 40　镜铁山桦树沟铁矿预选工艺流程图

b　筛分分级

进入选矿工序的矿石经一次筛分 10 台 SSZL1.8 × 3.6 m 振动筛进行分级,筛孔尺寸 14 mm × 40 mm(聚氨酯筛),生产能力为 240 t/(台·h),筛上产品为 15 ~ 100 mm(以下简称块矿),产率为 55%,进入焙烧磁选系统选别,筛下产品为 15 ~ 0 mm,产率为 45%(以下简称粉矿),进入强磁选系统选别。

c　选别工艺

镜铁山矿采用闭路焙烧工艺,共有 26 台 100 m³ 鞍山式竖炉,按工艺要求分大块炉、小块炉和返矿炉,即一次筛分 100 ~ 15 mm 矿石给入 2 台二次筛分 1.8 m × 3.6 m 振动筛,分成 55 ~ 100 mm 的大块和 55 ~ 15 mm 的小块,分别给入大、小块焙烧炉进行一次焙烧,焙烧后的矿石经 4 台 φ1.4 m × 2.0 m 干选机选别,磁性产品送往弱磁选球磨机矿仓,不合格产品和废石送往返矿炉进行二次焙烧,二次焙烧产品经磁滑轮抛废,产率 8% 左右,送往废石场,磁性产品也送到干选。

焙烧加热和还原气体均采用高炉混合煤气,热值为 4500 kJ/m³,每吨原矿单位热耗 1.65 GJ,2007 年 1 月 ~ 8 月入炉矿石品位 37.49%,焙烧矿品位 42.67%,处理能力 24.01 t/(台·h)。

弱磁选系统有五个磨选系列处理焙烧后的矿石。采用阶段磨矿、二段脱水槽、三段磁选流程。一段磨矿为 φ3.2 m × 3.1 m(φ3.2 m × 3.5 m)格子型球磨机与 φ500 mm 水力旋流器组成闭路,旋流器溢流粒度为 - 0.074 mm(- 200 目)占 65%,经一段磁力脱水槽、一段磁选机选别后,抛出约 25% 的尾矿,粗精矿经 φ350 mm 水力旋流器和 φ3.2 m × 3.1 m(φ3.2 m × 3.5 m)格子型球磨机组成二段闭路磨矿、二段旋流器溢流粒度为 - 0.074 mm(- 200 目)占 80%,再经二段脱水槽、二段和三段磁选机选别得到弱磁选精矿。

2007 年,酒钢选矿厂对弱磁精矿进行了反浮选提质降杂技术改造,反浮选采用一粗一精四扫浮选流程。弱磁选精矿进入 φ250 mm 旋流器和 φ3.6 m × 6.0 m 球磨机组成的磨矿分级系统,旋流器溢流粒度为 −0.047 mm(−300 目)占 90% 左右,旋流器溢流与浮选中矿经 1 台 φ25 m 高效浓密机浓缩后进行一粗一精四扫浮选流程选别,浮选后精矿进入大井浓缩。

强磁选系统有五个磨选系列,采用两段连续磨矿、强磁粗细分选流程。一段磨矿为 φ3.2 m × 3.1 m(φ3.2 m × 3.5 m)格子型球磨机与 φ2.4 m 高堰式双螺旋分级机组成闭路,产品粒度 −0.074 mm(−200 目)55%,分级机溢流给一段高频细筛分级,筛上产品给入 φ350 mm × 4 旋流器组与 φ3.2 m × 3.1 m(φ3.2 × 3.5 m)格子型球磨机组成的二段闭路系统,产品粒度 −0.074 mm(−200 目)80%,旋流器溢流与一段高频细筛筛下产品经隔渣后进入中磁机选别,中磁机尾矿给入粗选 Shp − φ3.2 m 强磁选机选别,强磁机粗选尾矿经 φ250 mm × 18 旋流器组分级,沉砂 −0.038 mm(−400 目)含量 33%,进入 Shp − φ3.2 m 强磁选机进行一次、二次扫选;旋流器溢流 −0.038 mm(−400 目)含量 95% 经过 2 台 φ25 m 高效浓密机浓缩后,浓密机底流给入 Slon − φ2.0 m 立环式强磁选进行一次粗选、一次精选、一次扫选。中磁机选别精矿与粗细两种强磁选精矿混合即为强磁选精矿,送往大井浓缩,与浮选精矿形成混合精矿。选矿生产工艺流程见图 1−41。

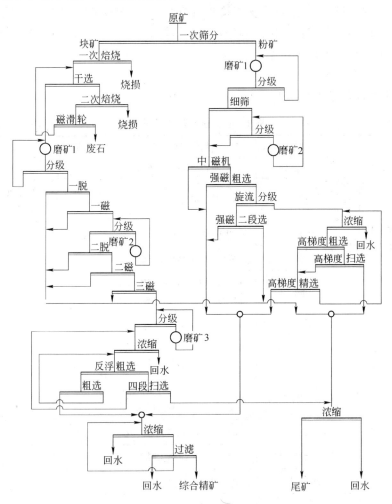

图 1−41 选矿生产工艺流程图

d　精矿脱水与尾矿处理

弱磁浮选精矿与强磁精矿合用 1 台 φ53 m 普通周边传动式浓缩机混合浓缩,浓缩机底流浓度 55% ~ 65%,形成综合精矿,过滤采用 12 台 72 m² 盘式真空过滤机,精矿水分 15.5%,铁精矿经皮带输送至精矿库。

尾矿用 2 台 φ53 m 普通周边传动式浓缩机浓缩,浓缩机溢流水做回水用,底流浓度 32% 左右,用双线双金属复合耐磨管和陶瓷复合管,经两级泵站(一总和二总)输送至距厂区约 9 公里的尾矿库内。尾矿库内设有回水塔,回水由回水泵站加压送回选矿厂作为生产用水。

e　选矿综合自动化系统概况

酒钢选矿综合自动化系统分为三个分系统:过程控制系统、多媒体计算机监视系统和生产执行系统。历时近 3 年的建设和功能测试,于 2003 年底交付使用。经过近 8 年的运行来看,系统功能运行稳定,取得了良好的经济和社会效应,为选矿厂扩大产能,提高经济技术指标,降低各项生产成本,发挥了积极而重大的作用。该工程总投资 5000 万元人民币,其中 4000 万元由沈阳东大自动化有限公司大包,1000 万元由选矿厂负责配套工艺改造。

该项目于 2003 年 11 月进行了交工验收,该项目在大型选矿生产过程实现综合自动化方面有重大突破,整体技术处于国际领先水平。该项目在降低新水消耗,节约检修、动力成本的同时,大大提高了劳动生产率。

f　选矿厂主要设备

选矿厂主要设备见表 1 - 61。

表 1 - 61　选矿厂主要设备

生产流程	作业名称	设备名称及规格	数量/台	电动机功率/kW
块矿焙烧—弱磁选	一、二次筛分	SZZL1.8 m×3.6 m	12	18.5
	焙烧	100 m³ 鞍山式竖炉	26	搬出机 7.5,排矿 1.1 抽风 132/75,鼓风 40
	干选	B1400 永磁干式磁选机	4	7.5
	抛废	φ750 mm×1000 mm 磁滑轮	1	22
	一段磨矿	φ3.2 m×3.1 m 格子型球磨机	2	600
		φ3.2 m×3.5 m 格子型球磨机	3	630
	一次分级	φ350 mm 旋流器	20	
	二段磨矿	φ3.2 m×3.1 m 格子型球磨机	2	600
		φ3.2 m×3.5 m 格子型球磨机	3	630
	一段磁力脱水槽	φ2.2 m 永磁磁力脱水槽	9	
		φ3.2 m 永磁磁力脱水槽	4	
	一段磁选	BX1024 半逆流筒式磁选机	13	5.5
	二段磁力脱水槽	φ2.2 m 永磁磁力脱水槽	22	
	二段磁选	BX1024 半逆流筒式磁选机	22	5.5
	三段磁选	BX1024 半逆流筒式磁选机	18	5.5

生产流程	作业名称	设备名称及规格	数量/台	电动机功率/kW
粉矿强磁选	强磁选流程一段磨矿	ϕ3.2 m × 3.1 m 格子型球磨机	3	600
		ϕ3.2 m × 3.5 m 格子型球磨机	2	630
	强磁一次分级	ϕ2.4 m 双螺旋分级机	5	20,2.8 × 2
	强磁辅助分级	MVS2420 高频筛	12	0.5 × 8
	强磁二段磨矿	ϕ3.2 m × 3.1 m 格子型球磨机	3	600
		ϕ3.2 m × 3.5 m 格子型球磨机	2	630
	强磁二次分级	ϕ350 mm 旋流器	72	
	隔渣	MVS2420 高频筛	6	0.5 × 8
	强磁中磁选	BX1024 顺流筒式磁选机	6	5.5
	粗磁强磁选	Shp - ϕ3.2	10	37,100
	细粒强磁选	Slon - ϕ3.2	7	7.5,5.5,74
	粗细分级	ϕ250 mm 旋流器	36	
	细粒强磁选	SSS - I - 2000 湿式双频双立环高梯度磁选机	2	
精矿浓缩过滤	浓缩	ϕ53 m 浓密机	1	
	过滤	ZPG - 72 平方米盘式过滤机	12	
尾矿处理		ϕ53 m 浓密机	2	
弱磁精矿反浮选	弱磁精脱磁	脱磁器 GMT < 0.35 kW	1	
	弱磁精矿分级	CZ250 水力旋流器	10 × 2	
		200ZJ - I - A60(旋给)	4	
	弱磁精再磨	ϕ3600 mm × 6000 mm 溢流型球磨机	2	1250
	浮给浓缩	ϕ25 m 高压浓密机	1	
	药剂搅拌槽	ϕ4000 mm × 4000 mm 搅拌桶	4	30
	浮选机	KYF II - 50 浮选机	26	50
		XCF II - 50(吸浆槽)	12	75

g 近年主要技术经济指标

近年来焙烧磁选、强磁选主要技术经济指标见表 1 - 62 和表 1 - 63。近年选矿厂主要技术经济指标见表 1 - 64。2009 年和 2010 年生产指标见表 1 - 65。

表 1 - 62 2001 ~ 2006 年焙烧磁选主要生产指标

项　　目	2001 年	2002 年	2003 年	2004 年	2005 年	2006 年
原矿品位/%	40.80	42.54	42.58	42.97	42.95	42.70
精矿品位/%	55.89	55.88	56.24	55.95	56.26	56.65
尾矿品位/%	17.25	17.81	17.52	15.74	17.32	16.97
理论回收率/%	83.49	85.3	85.48	88.18	86.22	86.03
选矿比/t · t^{-1}	1.64	1.54	1.55	1.47	1.52	1.54

项　　目	2001 年	2002 年	2003 年	2004 年	2005 年	2006 年
磨机台时产量/t·h^{-1}	71.08	66.97	64.71	62.39	70.38	68.88
磨机作业率/%	90.98	87.25	78.99	87.56	93.93	87.89
磨机利用系数/t·(m^3·h)$^{-1}$	3.159	2.976	2.876	2.773	3.13	2.98

表 1 - 63　　2001 ~ 2006 年强磁选主要生产指标

项　　目	2001 年	2002 年	2003 年	2004 年	2005 年	2006 年
原矿品位/%	31.71	31.97	31.82	32.79	36.11	36.37
精矿品位/%	48.07	48.25	47.13	47.69	50.79	51.28
尾矿品位/%	17.92	18.03	17.72	17.19	20.27	19.82
理论回收率/%	69.34	69.62	71.01	74.39	73.00	74.17
选矿比/t·t^{-1}	2.19	2.17	2.09	1.96	1.93	1.90
磨机台时产量/t·h^{-1}	70.18	66.73	68.08	65.65	74.64	73.56
磨机作业率/%	88.11	85.64	88.46	90.29	93.23	84.83
磨机利用系数/t·(m^3·h)$^{-1}$	2.898	2.789	2.848	2.748	3.122	3.08

表 1 - 64　　2001 ~ 2006 年选矿厂生产主要经济技术指标

项　　目		2001 年	2002 年	2003 年	2004 年	2005 年	2006 年
年处理原矿/万吨		496.82	467.53	438.04	449.26	534.04	524.16
原矿品位/%		32.88	33.04	33.16	34.22	36.28	36.35
精矿品位/%		52.70	52.74	51.98	52.23	53.79	54.18
尾矿品位/%	弱磁尾	17.25	17.81	17.52	15.74	17.32	16.97
	强磁尾	17.92	18.03	17.72	17.19	20.27	19.82
	废石	13.78	13.51	12.80	12.96	14.62	14.20
实际回收率/%		74.96	76.52	77.26	80.22	77.52	79.01
选矿比/t·t^{-1}		2.138	2.086	2.029	1.903	1.913	1.910
每吨精矿成本/元		193.5	196.22	136.42	137.74	258.20	274.58
每吨原矿钢球消耗(一次)/kg		0.29	0.25	0.33	0.38	0.38	0.40
每吨原矿钢球消耗(二次)/kg		0.28	0.26	0.28	0.24	0.27	0.28
每吨原矿衬板消耗/kg		0.02	0.105	0.101	0.08	0.104	0.103
每吨原矿水消耗/m^3		9.91	10.00	10.54	11.15	11.17	11.21
每吨原矿新水水泵/m^3		0.87	0.65	0.93	0.90	0.94	1.00
每万吨原矿胶带/m		54.9	72.88	85.87	73.79	49	60
每万吨精矿滤布/m^2		32.13	72.83	22.56	37.32	35	22
每吨原矿电耗/kW·h		24.93	25.50	25.09	24.69	24.80	25.35
劳动生产率/t·(人·年)$^{-1}$	全员	7437.42	8033.10	8052.24	9703.33	12419.65	10718.94
	工人	8449.31	9239.65	9031.79	10722.29	15520.00	11596.38

表 1-65 2009 年和 2010 年选矿厂关键生产指标

名　　称	综精产量/万吨	原矿品位/%	综精品位/%	全选比/倍	金属回收率/%
2009 年完成值	318	34.91	54.56	2.140	73.03
2010 年预计完成	323	35.59	54.43	2.086	73.32

1.3.2.3　陕西大西沟选矿厂选矿实践

A　概况

a　地理位置

大西沟菱铁矿位于陕西省柞水县小岭镇境内,储量约三亿吨,是目前为止我国发现的储量最大的菱铁矿床。

b　发展简史

从 20 世纪 70 年代起,长沙矿冶研究院、鞍山黑色金属矿山设计院、鞍山钢铁大学、西北有色地质研究院等研究单位就开始对该矿进行焙烧、磁选等实验室及扩大试验研究工作,均取得了较大的进展。

2000 年以前,由于交通不便、建设资金缺乏和选矿技术中某些问题仍未得到彻底解决等原因,该菱铁矿一直未能开发利用,大西沟铁矿选矿厂仅开采利用约占总储量 10% 左右的天然磁铁矿,由于规模太小,且可单独开采的天然磁铁矿也越来越少,无法满足快速发展的生产需要。随着距大西沟铁矿仅 30 多公里的安康铁路的顺利建成、大西沟矿产资源归属龙门钢铁(集团)公司等建厂条件的日趋成熟,开发利用菱铁矿资源有了交通、资金方面的保障。

进入 21 世纪,2002 年 12 月至 2003 年 5 月,长沙矿冶研究院进行了中性焙烧水冷出炉、中性焙烧空冷出炉和氧化焙烧三种焙烧方案的焙烧试验及其焙烧矿选矿试验,结果表明:大西沟低品位菱铁矿矿样采用中性焙烧水冷出炉方案较好,焙烧矿磁化率可达到 85% 左右,对其采用阶段磨矿弱磁选流程可取得精矿品位 TFe 60.73%、回收率 79.82% 的指标。对磁选精矿采用反浮选进一步提高品位,可取得精矿品位 TFe 64.17%、作业回收率 84.69%(对原矿回收率 72.28%)的指标。

从 2004 年开始,陕西龙钢集团和长沙矿冶研究院合作,在详细研究了前期针对大西沟菱铁矿、褐铁矿进行的实验室试验取得的研究成果基础上,采用煤基回转窑磁化焙烧—阶段磨矿—弱磁选—阳离子反浮选流程完成了 1.5 万吨规模的半工业试验,最终取得了焙烧矿品位:30.08%,总精矿品位:61.48%,总尾矿品位:8.25%,金属回收率 83.83% 的优良指标。

2006 年下半年,陕西龙钢集团以半工业试验推荐的工艺流程为设计依据建设的 90 万吨/年顺利投产,经过近两年的工业生产调试及流程改造,基本解决了回转窑结圈、焙烧矿质量不稳定、选矿技术指标低等问题,工业试验的稳定指标是:原矿品位 23.93%,焙烧矿品位 29.25%,铁精矿产率 36.39%,铁精矿品位 60.63%,铁回收率 75.42%,超过设计指标。

B　矿石性质

大西沟菱铁矿矿石中铁主要以碳酸铁的形式存在,其次是赋存在赤(褐)铁矿和磁铁矿中的铁,三者分布率合计为 95.56%。矿石中铁矿物除菱铁矿外,尚有部分褐铁矿和少量磁铁矿。金属硫化物以黄铁矿为主,脉石矿物含量较高的有石英、绢云母和绿泥石。1988 年与 2004 年大西沟菱铁矿多元素和物相结果分别见表 1-66 和表 1-67。

表 1-66　矿石多元素分析结果　　　　　　　　（%）

年份	组分	TFe	FeO	SiO$_2$	Al$_2$O$_3$	CaO	MgO	MnO
1988	含量	27.57	23.31	30.66	7.95	0.43	1.81	0.60
2004	含量	26.82	20.12	30.71	8.59	0.42	1.62	0.74
年份	组分	K$_2$O	Na$_2$O	S	P	As	Cu	烧损
1988	含量	2.57	0.13	0.78	0.043	0.022	0.024	16.79
2004	含量	1.64	0.070	0.19	0.061			17.18

表 1-67　矿石物相分析结果　　　　　　　　（%）

年份	铁物相	碳酸铁	磁性铁	赤褐铁	硫化铁	硅酸铁	总铁
1988	含量	15.85	6.57	3.88	0.29	0.98	27.57
	分布率	57.49	23.83	14.07	1.05	3.56	100.00
2004	含量	13.86	1.44	10.41	0.16	0.95	26.82
	分布率	51.68	5.37	38.81	0.60	3.54	100.00

（1）菱铁矿。常呈自形、半自形或它形粒状，结晶粒度一般为 0.02~0.15 mm，集合体粒度变化较大，大多介于 0.03~0.4 mm 之间。总的来看，菱铁矿在矿石中分布极不均匀，含量较高的部位菱铁矿含量占 60%~80%，少者仅 10%~20%，一般在 30%~50% 之间。相对而言，菱铁矿较富集的部位，其结晶粒度和集合体粒度较粗；而在菱铁矿含量较低的矿石中，菱铁矿常呈微细粒稀疏浸染状沿矿石条带零星分布。

（2）褐铁矿。常呈不规则状集合体沿菱铁矿边缘分布，部分沿菱铁矿粒间交代。根据产出形式及分布规律，推测矿石中褐铁矿多系菱铁矿氧化形成，局部甚至完全变为褐铁矿，在褐铁矿发育的部位，圆形、椭圆形孔洞较为发育，孔洞直径一般在 0.02~0.05 mm 之间。褐铁矿集合体粒度一般为 0.01~0.4 mm，与菱铁矿集合体大致相当，局部见褐铁矿呈细脉状沿矿石裂隙充填交代，同时在部分矿石中亦见由黄铁矿蚀变形成的褐铁矿。

（3）磁铁矿。常呈自形、半自形等轴粒状，在少数矿石中见其零星分布，粒度小者 0.02 mm 左右，个别粗者可至 0.8 mm，一般 0.1~0.5 mm。通常粒度较粗的磁铁矿中多包含微细粒脉石矿物或黄铁矿。

（4）石英和绢云母。常混合交生构成集合体见于菱铁矿及褐铁矿粒间，在部分较粗粒的菱铁矿集合体中，亦见少量粒度 0.01~0.03 mm 的脉石矿物呈包裹体产出。

C　生产工艺及流程

a　破碎筛分

大西沟选矿厂破碎车间采用三段一闭路破碎筛分流程，流程图见图 1-42。

采场来矿块度 1000~0 mm 最终破碎产品粒度为 22~0 mm，露天采矿场所采的矿石，若粒度大于 800 mm 的在采场二次补破或用碎石机破碎，然后将 800~0 mm 矿石经平硐溜井窄轨铁路运到破碎焙烧场地粗碎受矿槽。受矿槽下部由 1800 mm × 10000 mm 重型板式给矿机将矿石给入 1200 mm × 1500 mm 颚式破碎机进行破碎。破碎后的粒度为 300~

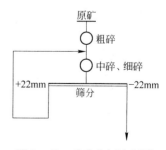

图 1-42　破碎车间流程图

0 mm,经 No.1 胶带机给入 PYB2200 标准圆锥破碎机进行中碎,破碎后的粒度为 75 ~ 0 mm,由中、细碎破碎机下面的 No.2 胶带机经 No.3 胶带机和 No.4 胶带机转到中细碎车间筛分矿仓。

筛分矿仓内矿石,分别由设在矿仓底部的两条给矿胶带机,分别给到两台 YA2100 × 6000 振动筛上进行筛分,筛子的筛孔为 22 mm × 22 mm,筛上物料(75 ~ 22 mm)直接给到两台 PYD2200 短头圆锥破碎机进行细碎,细破碎后的产品与中破碎产品一起由 No.2、No.3、No.4 胶带机,运到筛分矿仓中闭路筛分。筛下产品(22 ~ 0 mm)由 No.5 和 No.6 胶带机运到中间贮矿仓上,经 No.7 固定可逆胶带机给入中间矿仓贮存。

中间贮矿仓内矿石用 8 台 ZGZ - Ⅲ - 600 同步惯性振动给料机,分别给入集矿 No.1、No.2 胶带机,然后转至 No.8 胶带机卸入回转窑尾部给料矿仓中,矿仓下设 B = 800 胶带电子秤给料机,将矿石给入回转窑进行中性焙烧。

b 回转窑焙烧

(1)采用焙烧磁选工艺处理菱铁矿的依据。大西沟菱铁矿中铁主要以碳酸铁($FeCO_3$)的形成存在,部分菱铁矿因 Mg^{2+} 和 Mn^{2+} 替代菱铁矿中的 Fe^{2+} 形成类质同象进而形成镁、锰菱铁矿。工艺矿物学研究结果表明,纯菱铁矿单矿物铁品位为 48.28%,由于有镁、锰类质同象的存在,大西沟纯菱铁矿单矿物铁品位仅达到 40% 左右。采用传统的磁、重、浮选矿工艺,不可能将其精矿铁品位提高到 60% 以上,要达到精品位大于 60% 的目的,必须采用焙烧工艺,将工业生产上不易处理的($FeCO_3$)转化为易处理的人工磁铁矿(Fe_3O_4)或假象赤铁矿($\gamma - Fe_2O_3$),然后以磁选方法进行分选。根据菱铁矿的差热分析可知,菱铁矿石加热到 564 ~ 848.8℃时,即可完全分解,属中低温焙烧,加之菱铁矿在加热分解的过程中产生的 CO_2 足以完成菱铁矿向磁铁矿的转化,不需额外添加任何还原剂,因而,菱铁矿的磁化焙烧与需要额外添加还原剂的赤铁矿、褐铁矿的焙烧相比,耗煤量较低。

菱铁矿在焙烧过程中,当焙烧温度达到 564℃后,进入菱铁矿激烈分解区,$FeCO_3 \rightarrow FeO + CO_2$,当焙烧温度达到 600℃以上时,进入氧化放热区,$3FeO + CO_2 \rightarrow Fe_3O_4 + CO$,当焙烧温度达到 848.8℃时,进入 Fe_2O_3 还原区,$3Fe_2O_3 + CO \rightarrow 2Fe_3O_4 + CO_2$,由于焙烧过程中大量的 CO_2 从 $FeCO_3$ 晶格中挥发出来,焙烧后的人工磁铁矿孔洞发育,结构疏松。与原生磁铁矿相比,可磨度大幅度提高,多次实验室试验证明,菱铁矿经磁化焙烧后,可磨度是天然磁铁矿的 1.49 倍。因此,虽然磁化焙烧将提高选矿成本,但磨矿成本将大幅度降低。

(2)采用以煤做原料的回转窑焙烧的依据。目前经济可行的铁矿石还原焙烧设备主要有竖窑、回转窑,焙烧热源为煤、煤气、油、电等。以煤做原料的回转窑焙烧有以下两点依据:

1)对于附加值较低的铁矿石焙烧而言,以重油及电作热源显然过于昂贵,而大西沟铁矿位于陕西省柞水县境内,有高炉煤气的龙钢总公司位于几百公里以外的韩城,附近没有煤气来源,在目前的现实情况下,建立煤气输送管道将煤气从韩城输送到柞水,或在韩城建设选矿厂将菱铁矿石从柞水运到韩城,都是不经济的。因此,利用陕西省燃煤资源丰富的优势,以煤作燃料进行磁化焙烧,在经济上是合理的。

2)竖炉焙烧的最低粒度下限是 18 ~ 20 mm,不能实现全粒级焙烧,势必造成资源的浪费。而回转窑最大的优势就在于可以实现全粒级焙烧,有利于提高资源利用率;磁化焙烧效果好,由于不需要进行粗细矿石分别处理,矿石及设备的管理都相对简单。

因此,对于大西沟铁矿石而言,选择以煤作燃料的回转窑进行磁化焙烧是合理的。

(3)菱铁矿焙烧现状。20 纪 60 年代东欧几个国家建有半工业规模的菱铁矿选矿厂,但都因技术经济指标低、能耗高、流程不顺行等问题而停产。因此,菱铁矿石在世界上没有得到广泛应用,仅在欧洲一些铁矿资源较少的国家,如捷克、波兰、前南斯拉夫、奥地利等国家进行过大规模的工业应用。

捷克特尔日恩茨冶金厂和鲁得那尼亚选矿厂用回转窑进行磁化焙烧,其生产能力分别为2400吨/天和450吨/天,焙烧后的产品进行磁选,得磁选精矿。波兰沙比努夫公司采用焙烧磁选—重选联合流程,每年处理量为150万吨。前联邦德国西格兰德选矿厂采用重选—焙烧磁选流程,处理含锰菱铁矿石。国际上此种类型矿石的选矿指标见表1-68。

表1-68　　国外菱铁矿选矿指标表

企业名称	精矿产率/%	含铁量/%			精矿铁回收率/%	流　程
		原矿	精矿	尾矿		
捷克特尔日恩茨冶金厂	44~45	27.4	48~49		78~79	焙烧磁选
前南斯拉夫太米什杰选厂	70	38.8	44.0	22.0	79.4	重介质选

(4)大西沟回转窑焙烧工艺。焙烧车间采用的工艺流程为:原矿经磁滑轮预选,磁选精矿进选矿车间,磁选尾矿进入回转窑磁化焙烧,焙烧矿经过磁滑轮抛尾后入选矿车间,流程图见图1-43。

焙烧工艺流程如下:0~22 mm 的菱铁矿原矿通过电子皮带秤计量后,沿溜槽自窑尾流入回转窑,在倾斜安装的回转窑内随窑的转动而翻滚并向窑头运动。粒度为-0.074 mm 90%的煤粉通过安装在窑头的四通道燃烧器

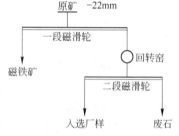

图1-43　回转窑焙烧车间流程图

喷入回转窑并燃烧,燃烧产生的高温烟气将热量传递给物料,菱铁矿被加热到反应温度,发生分解反应转变为磁铁矿。焙烧好的物料(焙烧矿)从窑头流出,进入水冷槽,在槽中冷却后用埋刮板输送机输送到胶带机,再输送到焙烧矿仓。燃烧烟气在向物料传热后,自身温度降低到约300℃,此烟气由安装在烟道上的引风机引出,依次通过旋风除尘器、冷却器、布袋除尘器,送入烟囱并高空排放。

矿石冷却:焙烧好的矿石出炉后进入单螺旋分级机中进行水冷,分级机中的水冷焙烧矿提升脱水后用 No.10 胶带机运到装车矿仓,装车矿仓有效容积为 2750 m³,贮矿量为6050 t,装车矿仓下设电液动扇形阀门卸入汽车运到选矿厂。分级机的溢流自流到沉淀池沉淀、溢流水循环再用,沉淀后的细粉矿集中运到选矿厂。

除尘系统:对生产过程中产生粉尘的设备和产尘点,在最大限度密闭的基础上设置机械除尘系统进行抽风,使密闭罩内形成一定负压,防止粉尘外溢。

根据粉尘的性质以及车间的分布情况,全厂设1个集中除尘系统——铁矿石除尘系统。该系统包括粗破碎,中细碎筛分室,中间矿仓,No.1转运站,选用一台 2800 m² 离线脉冲袋式除尘器,系统总抽风量 $L = 161300$ m³/h,气体初始含尘 5 g/m³(标态),管路系统总阻力约为 $P = 1200$ Pa,除尘器工作阻力为 $P = 1500$ Pa。

回转窑尾气除尘系统,每座窑各配一台 PPD96-2×8 布袋除尘器和 SBC1070-1400 单机叶耐磨离心风机,风量 127760 m³/h,全压 $H = 5779$ Pa,转速 $n = 1480$ r/min,配用电机 Y4501-4 型,功率为 $N = 355$ kW,电压 6 kV。除尘器收集的粉尘用螺旋输送机集中在灰尘

润湿机,润湿后卸入装车灰槽,然后汽车运走。除尘后的窑尾气经设在高处的60 m 烟囱排入大气。

c 磨矿选别

(1)磨矿—磁选部分。磨矿—磁选工艺流程:焙烧矿经圆盘给料机从皮带给入一段 $\phi2700$ mm×3600 mm 溢流型球磨机。球磨机排矿进入一次旋流器给矿泵池,再用渣浆泵打入一次 $\phi500$ mm 水力旋流器进行分级,旋流器沉砂自流入一段 $\phi2700$ mm×3600 mm 溢流型球磨机进行闭路磨矿,一段分级溢流自流到一磁 CTB1050 - 3000 永磁筒式磁选机中,磁选尾矿进入二磁 CTB1050 - 2400 进行扫选,二磁尾矿经一次 $\phi1$ m 尾矿回收机回收后丢弃,一、二磁精与一次尾矿回收机精矿混合进入二次旋流器给矿泵池,泵池矿浆由渣浆泵打入二次 $\phi250$ mm 水力旋流器进行分级,旋流器沉砂自流进入二段 $\phi2700$ mm×3600 mm 溢流型球磨机,球磨机排矿进入二次 $\phi250$ mm 旋流器给矿泵池形成二段磨矿闭路循环。二次 $\phi250$ mm旋流器溢流自流给入三磁 CTB1050 - 2400 永磁筒式磁选机,三磁精矿进入四磁 CTB1050 - 2400 永磁筒式磁选机进行精选,三磁尾矿进入五磁 CTB1050 - 2400 永磁筒式磁选机进行扫选,四、五磁尾一并进入二次尾矿回收机,回收机精矿返回一次 $\phi500$ mm 旋流器循环,回收机尾矿直接丢弃。图 1 - 44 为选矿厂磨矿 - 磁选部分工艺流程图。

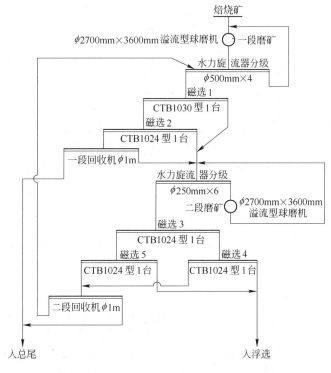

图 1-44 大西沟菱铁矿磨矿—磁选工艺流程图

(2)浮选部分。弱磁选精矿采用阳离子反浮选工艺,提质改造前、后工艺流程图分别见图 1 - 45 和图1 - 46,改造前后浮选指标见表 1 - 69。

改造前浮选流程的缺点主要有:(1)泡沫冲洗水装置不合理,致使浮选泡沫难以消除,流动性较差;(2)浮选药剂制备不合理,浓度不稳定,致使浮选指标波动较大;(3)由于泡沫流动性差,捕收剂加药量达不到要求,铁精矿品位较低。

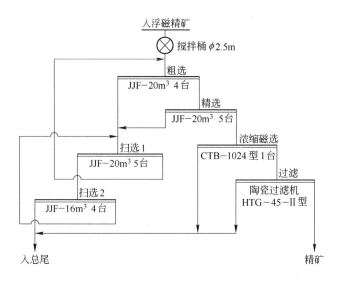

图 1-45　大西沟菱铁矿改造前浮选工艺流程图

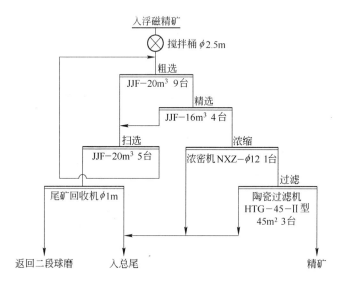

图 1-46　大西沟菱铁矿改造后浮选工艺流程图

表 1-69　浮选改造前后主要技术指标对比　　　　　　　　　　（%）

时　间	焙烧矿品位	精矿品位	尾矿品位	回收率
改造前	28.77	54.36	18.10	55.60
改造后	29.25	60.63	11.30	75.42

　　目前选矿车间采用阶段磨矿阶段磁选—反浮选的选矿工艺。磁选精矿给入浮选前搅拌槽,经搅拌后流入浮选槽进行粗选,粗选精矿进入精选浮选槽进行精选,粗选、精选泡沫进入扫选浮选槽进行扫选,扫选底流返回粗选,扫选泡沫进入三次尾矿回收机进行回收,回收机

精矿打入二段 ϕ2700 mm×3600 mm 溢流型球磨机再磨,尾矿并入总尾丢弃,浮选精矿流入六磁,六磁精矿自流入浓缩机,尾矿返回一段矿浆池,浓缩机底流给入 HTG-45-Ⅱ型陶瓷过滤机进行过滤,过滤后的精粉由胶带机送到精矿料场进行堆存,溢流、排矿返回浓缩机,整个磁选尾矿经过溜槽进入尾矿泵池用渣浆泵送到尾矿库内。

d 精矿浓缩过滤

最终精矿用1台 ϕ12 m 浓密机浓缩,浓密机底流浓度55%~60%,过滤采用3台HTG-45-Ⅱ型陶瓷过滤机过滤,滤饼经皮带输送至放样坪并最终运往烧结厂。

e 尾矿处理

总尾矿经过溜槽进入尾矿泵池用两级渣浆泵串联送到尾矿库内。

f 选矿厂主要设备

破碎筛分主要设备见表1-70。

表1-70 破碎筛分设备主要技术性能

设备名称	型号及规格	数量/台	给矿粒度/mm	排矿粒度/mm	处理量/t·h⁻¹ 设计	处理量/t·h⁻¹ 实际
颚式破碎机	PJ1200 mm×1500 mm		1200~1500	110~180		360~500
圆锥破碎机	PYB2200 mm		360~0	30~50		360~500
圆锥破碎机	PYD2200 mm		76~0	10~15		150~300
振动筛	YA2100 mm×6000 mm	2				

回转窑规格及相关设备见表1-71。

表1-71 回转窑规格及主要设备

项 目 名 称		规 格
回转窑	直径/m	4.0
	长度/m	50
	工作温度/℃	650~800
	生产能力/t·h⁻¹	65
	填充率/%	8
	倾角/(°)	2.429
	物料停留时间/min	80
主传动	电机型号	YTSP400L1-6
	功率/kW	315
	转速/r·min⁻¹	0.5~1.0
	减速机型号	SQASD2300-Ⅰ
辅助传动	电机型号	XWDY37-8215-17
	功率/kW	37
	转速/r·min⁻¹	0.06

项　目　名　称		规　格
齿轮传动	模数	40
	齿数	$Z_1 = 164, Z_2 = 23$
	轮带直径/m	5.1
	轮带有效宽度/m	0.6
	托轮直径/m	1.6
挡轮装置	数量	2
	直径/mm	900
	最大行程/mm	±40
	工作行程/mm	±20
	移动速度/mm·h^{-1}	20

磨矿分级设备技术参数见表 1 - 72 ~ 表 1 - 75。

表 1 - 72　磨矿设备参数

作业名称	型号及规格	数量	筒体容积 /m³	筒体转速 /r·min^{-1}	最大装球量 /t	传动电机	
						功率/kW	数量/台
一段球磨	MQY2700 mm × 3600 mm	2	18.5	20.5	34	400	2
二段球磨	MQY2700 mm × 3600 mm	2	18.5	20.5	34	400	2

表 1 - 73　磨矿设备工艺技术指标参数

作业名称	型号及规格	给矿粒度	磨矿浓度/%	介质添加指标		
				充填率/%	规格/mm	每吨原矿正常补加量/kg
一段球磨	MQY2700 mm × 3600 mm	16 ~ 0 mm	70 ~ 75	40	φ100	0.3
二段球磨	MQY2700 mm × 3600 mm	- 0.075 mm ≥ 65%	60 ~ 65	38	φ40	0.25

表 1 - 74　分级设备参数

作业名称	型号及规格/mm	内径/mm	锥角/(°)
一段旋流器分级	φ500	500	20
二段旋流器分级	φ250	250	20

表 1 - 75　分级设备工艺技术标准　　　　　　　　　　　　　（%）

作业名称	型号及规格/mm	给　矿		溢　流		给　矿		溢　流	
		浓度	-200 目	浓度	-200 目	浓度	-325 目	浓度	-325 目
一段	φ500	40 ~ 45	45 ~ 55	25 ~ 30	> 75				
二段	φ250					40 ~ 45	60 ~ 65	25 ~ 30	> 90

磁选、浮选设备技术参数见表1-76、表1-77。

表1-76　磁选设备参数

作业名称		型号及规格/mm	数量/台	磁感应强度/mT	传动电机	
					功率/kW	数量/台
永磁机	一磁	CTB-1030	2	220	7.5	2
	二磁	CTB-1024	2	260	5.5	2
	三磁	CTB-1024	2	190	5.5	2
	四磁	CTB-1024	2	180	5.5	2
	五磁	CTB-1024	2	350	5.5	2

表1-77　浮选设备参数

作业名称	规格及型号	有效容积/m³	槽数	安装功率/kW	生产能力/m³·min⁻¹	吸气量/m³·(m²·min)⁻¹	刮板电机功率/kW	刮板电机转速/r·min⁻¹	浮选机转速/r·min⁻¹
粗选	BF-20JJFⅡ-20	20	9	45	15~20	10	2.2	17	198
精选	BF-16JJFⅡ-20	16	4	45	10~16	10	2.2	17	198~240
扫选	BF-20JJFⅡ-20	20	5	45	15~20	10	2.2	17	198~240

浓缩过滤设备见表1-78~表1-81。尾矿处理渣浆泵设备参数见表1-82。

表1-78　浓密机设备参数

规格及型号	直径/m	功率/kW	转速/r·min⁻¹
NXZ-12	φ12	5.5	0.2

表1-79　浓密机工艺技术指标参数

规格及型号	进料浓度/%	出料浓度/%	溢流浓度/%
NXZ-12	35~45	55~60	$< 5 \times 10^{-4}$

表1-80　过滤机设备参数

规格及型号	过滤面积/m²	过滤盘数	主轴功率/kW	搅拌转数/r·min⁻¹	搅拌功率/kW	过滤盘转数/r·min⁻¹	真空度	外形尺寸/mm×mm×mm
HTG-45-Ⅱ	45	15	3.0	2~20	7.5	0.2~2	-0.7~0.98	5200×2852×2650

表1-81　过滤机工艺技术指标参数

规格及型号	入料浓度/%	溢流浓度/%	清洗时间/h·台⁻¹	清洗硫酸用量/kg·台⁻¹	清洗水压/MPa	精矿水分/%
HTG-45-Ⅱ	55~58	<30	1	30	0.4	17

表1-82　砂泵设备参数及工艺技术参数

规格及型号	数量	流量/m³·h⁻¹	扬程/m	排放粒度-200目含量/%	输送浓度/%	传动电机功率/kW
150ZBG-740	2	600	91	92	10	355

1.3.2.4　新疆克州切勒克选厂选矿实践

A　概况

a　地理位置

阿图什建宝选矿有限公司位于距离新疆阿图什市西南约20公里的阿图什市重工业园区,园区内有公路与314国道相连接,分别通往市区与新疆喀什市。选矿厂主要产品为铁精矿。

b　矿石来源及采矿方法

建宝选矿厂矿石主要来源于距选矿厂约200公里的新疆亚星矿产资源集团阿克陶乾盛矿业公司的切列克其铁矿,采矿方法为露天开采。

c　生产流程

建宝选矿厂始建于2006年,选矿厂设计规模为年处理原矿量200万吨。工艺流程为破碎—磁化焙烧—磁选流程。原矿进厂为汽车运输,由于矿山位于严寒地区,工作制度与选矿厂不同,为保证生产的连续性,在选矿厂建有堆存量100~150万吨的原矿堆场。破碎设计采用三段一闭路破碎流程,破碎前矿石块度1000~0 mm,破碎后进入回转窑的粒度为12~0 mm。设计采用回转窑对矿石进行磁化还原焙烧,回转窑用天然气加热方式,以煤作还原剂。磁选流程采用两段连续磨矿三段磁选一粗一精一扫的磁选选别流程。

B　矿石性质

(1)矿石多元素分析。矿石化学多元素分析结果见表1-83。

表1-83　矿石化学多元素分析结果　　　　　　　　　　　　(%)

组　　分	TFe	FeO	SiO$_2$	Al$_2$O$_3$	CaO	MgO	K$_2$O
1、2号矿体	43.90	16.53	10.91	1.65	0.82	2.35	0.62
3号矿体	45.34	3.67	13.44	2.40	1.86	1.23	0.65
组　　分	Na$_2$O	P	S	C	MnO	烧失	
1、2号矿体	0.042	0.041	0.088	—	1.96	19.30	
3号矿体	0.048	0.032	0.085	—	1.91	11.98	

(2)矿石物相分析。矿石铁物相分析结果见表1-84。

表1-84　矿石铁物相分析结果　　　　　　　　　　　　(%)

样　品	金属量分布率	碳酸铁中铁	赤褐铁中铁	磁铁矿中铁	硫化铁中铁	硅酸铁中铁	全铁
1、2号矿体	金属量	12.51	30.62	0.10	0.07	0.60	43.90
	分布率	28.49	69.75	0.23	0.16	1.37	100.00
3号矿体	金属量	3.10	41.56	0.10	0.07	0.51	45.34
	分布率	6.84	91.66	0.22	0.15	1.13	100.00

(3)矿石类型。区内矿石属氧化较为强烈的菱铁矿石,矿石肉眼下显黄褐色、黑褐色,多呈致密块状,部分具条带状或斑杂状构造。矿石中绝大部分菱铁矿都受到不同程度的褐铁矿化。

(4)矿物组成及含量。铁矿物主要是菱铁矿和褐铁矿,金属硫化物以黄铁矿为主,脉石矿物含量较高的有石英和白云母,其他尚见方解石、绢云母、阳起石、黑云母、电气石、锆石和磷灰石等零星分布。实验室试验样品分析结果见表1-85。

表1-85 矿石中主要矿物的含量 (%)

样品	菱铁矿	褐铁矿	石英	白云母	方解石	黄铁矿	其他
1、2号矿体	31.9	52.7	9.0	4.6	1.3	0.2	0.3
3号矿体	8.3	73.9	11.2	5.1	1.0	0.2	0.3

C 生产工艺及流程

a 流程简介

阿图什建宝选矿厂选矿工艺采用磁化焙烧—磁选选别流程,选矿厂主要由破碎、焙烧、磁选三部分组成,工艺流程如下:破碎工艺采用的流程是三段一闭路破碎流程。焙烧工艺采用的是 $\phi 4\,m \times 60\,m$ 回转窑进行磁化还原焙烧。主厂房选别工艺流程采用的是连续磨矿—单一磁选—旋流器分级再磨工艺流程。

b 破碎筛分

设计的破碎筛分流程为三段一闭路破碎流程。矿山采出矿石由汽车运至选矿厂堆矿坪,堆矿坪采用铲车运至粗矿仓,经板式给矿机给入粗破机,粗破排矿产品经皮带给入中破机进行破碎,中破排矿产品和细碎产品一起运送到筛分间,经给料机给入振动筛进行筛分,筛上产品返回细破机矿仓,经皮带给料机给入细破机进行破碎,细破排矿产品和中碎产品一起输送到筛分间进行筛分,筛分筛下产品分别给入主厂房磁选车间的粉矿仓进行贮存。破碎给矿粒度 $0 \sim 1000\,mm$,产品粒度 $0 \sim 12\,mm$。破碎工艺流程图见图1-47。

c 回转窑磁化焙烧

年处理200万吨新疆切列克其菱、褐铁矿回转窑磁化焙烧成套装置包括主装置回转窑系统、窑头排料系统、窑尾配料给料系统、尾气除尘系统、天然气燃烧系统、配电及仪表控制系统等部分组成,其工艺流程见图1-48。

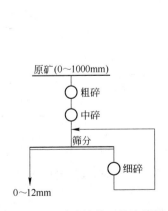

图1-47 破碎筛分工艺流程图

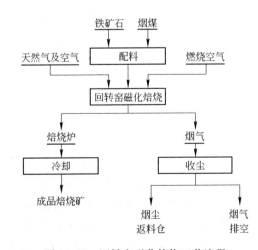

图1-48 回转窑磁化焙烧工艺流程

破碎合格的菱、褐铁矿($0 \sim 12\,mm$)和烟煤($0 \sim 6\,mm$),分别由设在窑尾的铁矿仓、煤仓和定量给料设备,按比例经上料皮带和窑尾下料锁风阀进入回转窑中进行磁化焙烧。加热用的天然气和空气从窑头天然气烧嘴喷入回转窑内进行燃烧供热。经 60 ~ 80 min 磁化焙烧后的成品焙烧矿通过排料漏斗直接进入双螺旋分级机进行水淬冷却至 70℃,冷却后的焙烧矿经皮带机送入主厂房的粉矿仓。回转窑排出的烟气经旋涡除尘器粗除尘和袋式除尘器精收尘后,由引风机送入烟囱排入大气。

主要设备的技术指标和参数见表 1 – 86。

表 1 – 86　主要技术指标及参数

作　业	焙烧温度/℃	给矿粒度/mm	还原剂用量/%	还原率/%
磁化还原焙烧	≥700	0 ~ 12	8	> 90

d　磨矿分级

磨矿流程采用连续磨矿—单一磁选—旋流器分级再磨工艺流程。原矿给入一次球磨机,与螺旋分级机构成闭路磨矿,螺旋分级机溢流与二段磨矿排矿合并进入旋流器进行二次分级,旋流器粗粒级产品返回二次球磨机磨矿,细粒级产品给入矿浆分配器进入一次磁选机进行分选。磨矿分级技术指标见表 1 – 87。

表 1 – 87　磨矿分级技术指标

作　业	入磨粒度 – 12 mm	磨矿段数	磨矿细度 – 0.076 mm 含量/%	分级效率/%
磨矿分级	≥94	2	一次≥50;二次≥75	一次≥40;二次≥60

e　选别工艺流程

(1)磁选工艺流程。磁选流程由旋流器分级,细粒级产品给入一次磁选机进行粗选,粗选精矿给入二次磁选机进行两段精选。精矿给入脱水磁选机浓缩,浓缩后的产品给入过滤车间。磁选工艺流程图见图 1 – 49。

设计工艺技术指标:

原矿品位 41.72%,精矿品位为 63.47%,选矿回收率为 86.00%,年原矿处理量为 200 万吨。

(2)选别流程工艺改造。选矿厂于 2008 年初建成 50 万吨/年规模焙烧生产线并于当年 3 月开始进入生产调试阶段,选别过程发现一段粗选后尾矿中铁品位较高,为减少铁的损失,2009 年在原选别工艺的基础上在总尾增加了一段盘式磁选机,回收效果很好。

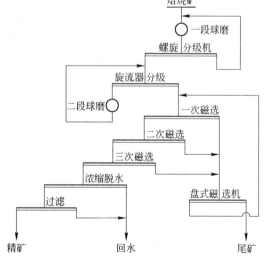

图 1 – 49　选矿工艺流程图

f　精矿浓缩过滤

精矿产品过滤指标见表 1 – 88。

表1-88　精矿产品过滤指标

设备名称	作业浓度/%	最终滤饼水分/%	过滤机台时/t·h^{-1}
盘式过滤机	50~60	≤10	≥50

g　尾矿处理

主厂房排出的尾矿经浓缩池浓缩以后底流经分砂泵站送至总砂泵站,再经渣浆泵加压直接送至尾矿库,靠尾矿库自然沉降,尾矿库内不回水。尾矿浓缩指标见表1-89。

表1-89　尾矿浓缩指标

作业名称	规格/m	给矿浓度/%	排矿浓度/%	溢流浓度/mg·L^{-1}
磁选尾矿浓缩	φ30	5~8	40~50	≤1000
焙烧冷却水浓缩	φ25	1~3	15~20	≤500

h　选矿厂主要设备

选矿厂主要设备见表1-90~表1-94。

表1-90　破碎设备技术参数及指标

作业名称	设备名称	型号及规格	给矿粒度/mm	排矿粒度/mm	设计处理量/t·h^{-1}
粗破	颚式破碎机	PJ1215	0~1000	0~350	426
中破	标准圆锥破碎机	PYB2200	0~350	0~70	589
细破	圆锥破碎机	HP500	0~70	0~12	500
煤破	可逆式破碎机	PXA100	0~100	0~6	28.5

表1-91　筛分设备技术参数及指标

作业名称	设备名称	台数	型号及规格	处理量/t·h^{-1}
中、细破预、检筛分	双层圆振动筛	2	2YA2160	537

表1-92　主要焙烧设备技术参数

序　号	设备名称	型号及规格	功率/kW·h^{-1}	处理量/t·h^{-1}
1	回转窑	φ4×60m	160×2	55
2	烧嘴			
3	高压离心风机	$Q=17172~30052$ m^3/h	75	
4	螺旋分级机	φ1200 mm×2	30	
5	渣浆泵	ZJ150-60	90×2	
6	旋涡除尘器	μH24型6-φ1100		
7	长袋低压除尘器	$F=1615$		
8	锅炉引风机	Y9-38	250	

表 1-93 磨矿主要设备表

作业名称	设备名称	型号及规格/mm
给矿	圆盘给料机	ϕ800
一段磨矿	格子型球磨机	ϕ2700×3600
一段分级	双螺旋分级机	ϕ1200×2
二段磨矿	溢流型球磨机	ϕ2700×3600
二段分级	旋流器组	ϕ300×6

表 1-94 磁选主要设备表

作业名称	设备名称	台数	型号及规格/mm
粗选	磁选机	6	CTB1050×2400
一精	磁选机	3	CTB1050×2400
二精	磁选机	3	CTB1050×2400

i 近年主要生产指标

2008~2010 年生产指标见表 1-95。

表 1-95 2008~2010 年生产指标 （%）

年份	分析指标			
	产品名称	产率	品位 TFe	回收率 TFe
2008	精矿	59.31	61.75	86.52
	尾矿	40.69	14.02	13.48
	焙烧矿	100.00	42.33	100.00
	原矿		37.36	
2009	精矿	65.01	62.57	93.60
	尾矿	44.99	7.95	6.40
	焙烧矿	100.00	43.46	100.00
	原矿		37.73	
2010	精矿	66.60	62.96	92.23
	尾矿	33.40	10.57	7.77
	焙烧矿	100.00	45.46	100.00
	原矿		40.00	

j 选矿厂供水

新水由阿图什重工业园区给水厂送入选矿厂 2000 m³ 新水储水池中,生产环水给水系统由选矿厂主厂房总尾矿与焙烧冷却水分别给入两台 ϕ30 m 浓缩池和一台 ϕ25 m 浓缩池进行浓缩,浓缩池溢流水进入环水泵站的吸水池,经加压泵加压后供给选矿厂主厂房和回转窑冷却水使用,外排水实现零排放。

1.3.2.5 加拿大卡蒂尔公司选矿厂

A 概况

卡蒂尔公司选矿厂,年产铁精矿 1900 万吨,是世界上最大选矿厂之一。处理矿石为镜铁矿,原矿含铁 30% ~31% ,铁精矿品位为 66.3% 。

B 生产工艺及流程

a 破碎

原矿给入 2 台旋回破碎机破碎至 200 ~0 mm,破碎机单机处理量 11000 t/h。经过破碎,矿石运至 6 个 1 万吨储量的磨矿储矿仓,每个储矿仓各供应六条磨机生产线中的一条。

b 磨矿

矿石经磨矿储矿仓下 3 台振动给矿机卸到给矿带式输送机上,由其将矿石给入自磨机中。自磨机与两段串联工作的粗、细筛孔的振动筛组成闭路磨矿系统,第一段筛分为 2 台粗筛孔振动筛,第二段为 20 台细筛孔振动筛。振动筛上矿石由返矿带式输送机返回自磨机中再磨,筛下细粒级别矿石用泵扬送到设在顶高层的粗选螺旋选矿机中进行选别。

c 选别流程

重选作业由粗选、精选、再精选三段选别作业组成,各段作业之间矿浆自流输送。

粗选作业每个系统采用 576 台螺旋选矿机,粗选精矿含铁品位 53% ,其自流进入精选作业,粗选尾矿经水力旋流器分级得到高浓度尾矿和细粒级低浓度溢流,溢流自流进入尾矿浓缩池。精选作业每个系统采用 432 台螺旋选矿机,精选的精矿含铁品位 63% ,精矿自流到再精选作业,其中矿自流返回自磨机进行再磨。再精选作业每个系统采用 432 台螺旋选矿机,再精选的最终铁精矿含铁品位为 66.3% ,其自流流入水平式真空过滤机中,中矿用泵扬送到粗选作业。精选与再精选作业尾矿和过滤机溢流合并,用泵扬送到尾矿浓缩池中。选矿工艺流程图见图 1 -50。

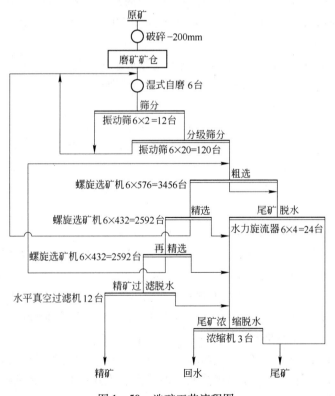

图 1 - 50 选矿工艺流程图

1.3.3　混合型铁矿石选矿实践

1.3.3.1　鞍钢齐大山选矿厂选矿实践

A　概况

鞍山钢铁集团鞍山矿业公司齐大山选矿厂位于辽宁省鞍山市东郊,地处千山山脉与辽河平原接壤的低山丘陵地带,距离鞍山市 12 km。厂区有准轨铁路与采场、鞍钢厂区、环市铁路和哈(尔滨)大(连)铁路连接,并有公路通往市区,交通便利,保证了选厂原材料的供应及产品的外运。

齐大山铁矿矿床赋存于我国太古界鞍山群地层中,是巨型沉积变质型"鞍山式"铁矿床的重要组成部分。该矿表内储量 14.1 亿吨,表外矿石量为 1.4 亿吨,矿石平均全铁含量 30.62%,其中表内矿平均全铁含量 31.57%,表外矿平均全铁含量 23.83%。围岩以千枚岩和混合岩为主,间有闪长岩和绿泥石英片岩,矿床开采技术条件好,适合于露天开采。齐大山选矿厂始建于 1969 年 4 月,1972 年 3 月建成投产,由于强磁选处理齐大山贫赤铁矿石不能获得合格的精矿,只能采用单一弱磁选回收磁铁矿。经过 30 多年的生产技术改造,目前形成了阶段磨矿、粗细分选、重选—磁选—阴离子反浮选工艺流程,选厂年处理原矿石量 800 万吨。调军台选矿厂 1992 年开始建设,1998 年正式投产,年处理原矿量 900 万吨,现已更名为齐大山铁矿选矿分厂,划归齐大山选矿厂,因此,齐大山选矿厂现已形成年处理原矿量 1700 万吨的生产能力。

矿山主要采用露天开采。通过把矿岩划分成具有一定厚度的水平分层,用独立的采掘运输设备进行开采,在开采过程中各分层保持一定的超前关系,从而形成了阶梯状,每一个阶梯就是一个台阶。主要采矿设备有:16 立电铲,130 立、154 立、180 立电动轮汽车及牙轮钻。

齐大山选矿厂生产用水来自:一是通过场内环水净化后的净化水;二是通过尾矿库尾矿自然沉降浓缩的溢流回水;三是鞍钢北大沟污水处理厂处理后的工业清水。

齐大山选矿厂用电采用两路供电,一路是魏家屯变电所,另一路是首山变电所。

齐大山选矿厂尾矿与齐欣尾矿送至风水沟尾矿库,该尾矿库隶属于齐大山选矿厂,供齐大山选矿厂、齐大山铁矿选矿分厂、鞍千矿业有限公司选矿厂使用。尾矿库回水返回选厂再利用。

B　矿石性质

a　矿床类型

齐大山铁矿属于巨型沉积变质型"鞍山式"铁矿床,区内出露的地层主要为太古界鞍山群和元古界辽河群的古老变质岩及第四系。鞍山群为一套以黏土质—半黏土质岩和硅铁质沉积岩为主,并含有少量中基性变质火山岩的原岩组合。地层走向 310° ~335°,倾向南西,局部倒转,倾角大于 75°。总厚度大于 600m。辽河群不整合覆盖在鞍山群之上,产状基本与鞍山群一致,由底部砾石和石英岩、千枚岩组成,已知厚度大于 200m。第四系广泛分布在上述两个岩层之上,主要由坡积、残积和冲积层组成,厚度 10 ~50m。

矿区位于鞍山复向斜北东翼的北西端,为一走向 300° ~400°,倾向南西,倾角 70° ~90°的单斜向构造。受后期构造复合干扰及燕山期花岗岩大规模侵入,致使鞍山地区构成向北西倾伏的紧密复向斜。

矿床规模巨大,矿体中主矿层以条带状含铁石英岩层为主要含铁层位,呈厚层状,产状稳定,走向305°~335°,沿北西-南东方向延伸,倾角70°~90°,并有倒转,全长4650 m,矿体厚度150~250 m,矿体延深大于800 m。主矿层上盘千枚岩中有3层平行于主矿层的薄矿层,其产状与主矿层基本一致。其中一层较厚者断续延长1400余米,平均厚度30余米。矿体由南采区、北采区两部分组成,是鞍山地区重要的铁矿石资源。

b　矿石性质

矿石类型比较简单,自然类型有石英型矿石和透闪石型;工业类型有氧化矿、混合矿和原生矿。

矿石的矿物组成比较简单,铁矿物主要是假象赤铁矿、镜铁矿、赤—磁铁矿和磁铁矿,少见褐铁矿、菱铁矿;脉石矿物以石英居多,次为透闪石、阳起石、绿泥石、铁白云石、滑石和绢云母等。

各类矿石的矿物含量、多元素分析和铁的物相分析详见表1-96~表1-98。

表1-96　各类型矿石矿物定量计算一览表　　　　　　　　　　　　（%）

矿石类型＼矿物	板片状赤铁矿	假象赤铁矿	磁铁矿	褐铁矿	石英	菱铁矿	铁白云石	透闪石	阳起石	绢云母	绿泥石	磷灰石	黄铁矿	合计
二矿区红矿	7.71	26.87	5.01	0.38	56.01	0.21	0.10	1.22	0.24	1.38	0.52	0.02	0.33	100.00
南采透闪矿	1.52	1.84	27.82	0.35	45.12	0.33	0.18	10.11	5.28	3.58	3.33	0.12	0.42	100.00
南采半假象矿	9.10	8.33	17.21	0.16	45.29	0.51		13.25	3.54		2.11	0.06	0.44	100.00
南采红矿	18.04	15.03	7.81	1.69	53.11	1.28	0.22	1.45	0.16		0.88	0.11	0.22	100.00
黄泥段红矿	18.23	8.96	3.94	8.72	55.82			2.18	0.25	0.88	0.74	0.06	0.22	100.00
西石碴子红矿	20.11	7.96	5.61	4.12	51.08	1.05	0.33	3.46	1.64	2.15	2.17	0.08	0.24	100.00
北采混合矿	7.54	4.62	19.22	2.54	49.21			12.83	1.84		1.95	0.03	0.22	100.00
北采红矿	18.16	10.30	4.82	3.91	52.64	2.21	0.21	2.83	0.18	2.56	1.93	0.03	0.22	100.00

表1-97　齐大山铁矿各类型矿样多元素分析结果　　　　　　　　　　（%）

矿样	TFe	FeO	SiO_2	CaO	MgO	Al_2O_3	MnO	Ig	S	P
北采红矿	29.86	5.05	50.01	0.45	0.18	0.41	0.012	0.88	0.01	0.015
南采透闪矿	31.12	10.47	50.25	0.85	1.15	1.65	0.077	0.30	0.019	0.053
南采半假象矿	32.89	9.11	48.82	1.77	1.38	0.066	0.22	0.020	0.026
南采红矿	30.65	4.57	52.95	0.34	0.48	0.10	0.048	0.48	<0.01	0.047
黄泥段红矿	29.08	2.58	49.91	0.08	0.10	·0.12	0.033	1.32	<0.01	0.025
碴子红矿	30.14	3.95	52.20	0.11	0.20	0.15	0.029	0.67	0.011	0.035
北采混合矿	32.28	7.71	50.22	0.19	0.22	0.85	0.031	0.71	0.01	0.015
二矿区红矿	26.77	1.92	53.66	0.51	0.22	0.38	0.61	0.38	0.015	0.011

表 1-98　齐大山铁矿各类型矿样物相分析结果　　　　　　　(%)

矿样名称	项目	TFe	Fe₃O₄	FeCO₃	FeSiO₃	假象、半假象赤铁矿	赤褐铁矿
北采红矿	含量	29.86	8.77	0.95	0.15	5.30	19.99
	分布率	100.00	29.37	3.18	0.50	17.75	66.95
北采混合矿	含量	32.28	6.94	0.8	0.55	9.39	14.6
	分布率	100.00	21.50	2.48	1.70	29.09	45.23
西石砬子红矿	含量	30.14	5.13	1.05	0.38	0.7	22.88
	分布率	100.00	17.01	3.48	1.26	2.32	75.91
黄泥段红矿	含量	29.08	3.29	1.33	0.63	0.6	23.23
	分布率	100.00	11.30	4.57	2.17	2.06	79.88
南采红矿	含量	30.65	2.65	0.65	0.65	5.1	21.6
	分布率	100.00	8.65	2.12	2.12	16.64	70.47
南采透闪矿	含量	31.12	22.27	0.85	1.02	1.29	5.69
	分布率	100.00	71.56	2.73	3.28	4.15	18.28
南采半假象矿	含量	32.89	8.13	1.12	1.58	10.11	11.95
	分布率	100.00	24.72	3.41	4.80	30.74	36.33
二矿区红矿	含量	26.77	4.37	0.88	0.65	0.85	20.02
	分布率	100.00	16.32	3.29	2.43	3.18	74.79

　　矿石结构较为复杂,但总的来说以各种变晶结构为主,其次受后期热液氧化作用和蚀变作用影响而形成各种交代结构,其中变晶结构主要分为粒状变晶结构、板片状变晶结构、针柱状变晶结构等。

　　矿石构造以条带状构造为主,其次是受后期动力变质作用的影响,在条带构造的基础上叠加的揉皱构造和角砾状,少数为细条纹、致密块状构造。条带由黑白相间的铁矿物和石英及透闪石组成,条带宽 1~2 mm。

　　区内矿石属于矿物嵌布粒度不均匀的细粒浸染贫铁矿石。铁矿物平均粒度 0.04 ~ 0.055 mm,粗者 1.0 mm 以上,细者 0.005 mm 以下;脉石矿物平均粒度 0.072 ~ 0.085 mm,普遍比铁矿物粒度粗。随着开采深度的下降,铁矿物的平均粒度呈现越来越细的趋势。

　　C　技术进展

　　齐大山铁矿矿石选矿工艺流程发展变化经历了以下四个阶段:

　　a　块矿焙烧磁选、粉矿碱性正浮选工艺流程

　　齐大山选矿厂最初设计采用一段破碎、干式自磨、二段闭路磨矿的弱磁选—强磁选流程,投产后因强磁选处理矿石不能获得合格的精矿,而采用单一弱磁选工艺回收磁铁矿,致使回收率很低。据 1971 年统计,选矿处理原矿量 72.105 万吨,年产精矿 15.126 万吨,原矿品位 28.60%,精矿品位 58.18%,回收率 42.43%。

　　由于工艺技术不过关,齐大山选矿厂进行了首次重大技术改造,总体原则是:块矿竖炉焙烧磁选,粉矿浮选。选矿厂在原有粗碎的基础上,扩建了中碎和筛分系统,以使原矿经粗碎和中碎后,筛分分级成 75~20 mm 块矿和 20~0 mm 粉矿,分别送二选焙烧车间和一选浮选车间处理,部分块矿输出供给鞍钢烧结总厂。

（1）块矿处理工艺流程。二选焙烧车间于 1971 年 4 月动工兴建,1973 年 4 月建成投产,设计规模为年处理原矿量 500 万吨,包括焙烧车间和磁选车间。

焙烧车间原有容积为 50 m³ 鞍山式竖炉 50 座,1978 年将其中的 10 座改建为容积 70 m³ 梁式竖炉。梁式竖炉的外形尺寸与原竖炉相同,但炉内结构不同,原竖炉炉膛宽 450 mm,梁式竖炉加宽至 1044 mm,炉子容积由 50 m³ 增加到 70 m³,在加热带增设 6 根横穿梁。改建后的竖炉处理能力和焙烧矿质量明显提高。

75 ~ 20 mm 块矿经竖炉焙烧后,用筛孔为 55 mm 的共振筛筛分,筛上物经磁滑轮选别后,所得磁性产品与筛下物一起送磁选车间,弱磁性产品经皮带运输机送入中间贮矿槽,然后返回焙烧炉再焙烧,构成半闭路焙烧系统。

焙烧矿采用两种流程选别:连续磨矿、磁选—细筛流程和阶段磨矿、粗细分选、磁重联合流程。磁选车间有 5 个生产系列,为了提高磁选精矿品位,1979 年增加了细筛再磨(自循环)工艺。

在连续磨矿、磁选—细筛流程中,原矿经两段闭路磨矿后,产品粒度为 – 0.074mm（ – 200 目）占 70%,经三段磁选一段细筛选别,得到精矿,细筛筛上产物返回二段磨矿自循环。生产指标是:原矿含铁品位 29% ~ 30%,精矿含铁品位 62% ~ 63%,尾矿含铁品位 9.0% ~ 10.0%,铁回收率 78% 左右。

1983 年在工业试验的基础上,将 4、5 两个生产系列改建成阶段磨矿、粗细分选、磁重联合流程。一、二段球磨机台数为 2 对 1,一段磨矿为 2 台 ϕ3.6 m×4.0 m 格子型球磨机和 2 台 ϕ3.0 m 双螺旋高堰型分级机组成闭路,磨矿产品粒度为 – 0.074mm（ – 200 目）50% ~ 55%,分级溢流给入磁场强度为 1.9×10^5 A/m 的永磁中磁磁选机抛掉尾矿,精矿经中频脱磁器脱磁后,给入 ϕ1.0 m 水力旋流器分级,旋流器溢流进入磁力脱水槽—磁选机—细筛作业选别。旋流器底流与细筛筛上产品合并给入 ϕ1200 mm 螺旋溜槽中选别,螺旋溜槽精矿与细筛筛下产品一起经 ϕ3.0 m 磁力脱水槽选别后得最终精矿。螺旋溜槽尾矿进二段磨矿,二段磨矿是由 1 台 ϕ3.0 m 双螺旋高堰型分级机与 1 台 ϕ3.6 m×4.0 m 格子型球磨机组成的开路磨矿,磨矿分级产品返回中磁磁选机再选。生产指标为:原矿含铁品位 30.36%,精矿含铁品位 63.34%,尾矿品位 10.16%,铁回收率 79.25%。与同期连续磨矿、磁选—细筛流程比较,精矿品位高 1.64%,尾矿品位低 0.95%,铁回收率高 1.83%。

（2）粉矿选别工艺流程。浮选车间处理 20 ~ 0 mm 粉矿,共有 7 个生产系列,其中 5 个系列是连续磨矿、浮磁联合流程,两个系列是阶段磨矿、重—磁—浮联合流程。

连续磨矿、浮磁联合流程于 1974 年投产。磨矿为两段闭路流程,一段磨矿采用 ϕ2.7 m×3.6 m 格子型球磨机,与 ϕ2.0 m 双螺旋高堰型分级机组成闭路,二段磨矿采用 ϕ2.7 m×3.6 m 格子型球磨机,与 ϕ2.4 m 双螺旋高堰型分级机组成闭路,磨矿产品粒度为 – 0.074mm（ – 200 目）占 75% ~ 80%。

磨矿产品进入浮选作业,浮选包括一次粗选三次精选,每个系列有 XJK – 6A 浮选机 46 槽,其中两槽作为搅拌槽,一次精选尾矿返回二次分级机中,其余中间产品均按顺序返回前一作业。

浮选的药剂制度是苏打灰作调整剂,用量每吨原矿 2.5 ~ 3.0 kg、氧化石蜡皂、塔尔油（按重量 3:1 混合）作为捕收剂,用量每吨原矿 0.6 kg,浮选矿浆 pH 值为 9.5 ~ 10.0。

每个系列配制 2 台 ϕ3.0 m 永磁磁力脱水槽和 2 台 ϕ750 mm×1800 mm 半逆流永磁弱磁磁选机,回收浮选尾矿中的强磁性铁矿物。

连续磨矿、浮磁联合流程的生产指标为:原矿品位 26% ~ 28%,精矿品位 57% ~ 59%,

尾矿品位 13% ~15% ,铁回收率 60% ~68% 。

　　b　粉矿酸性正浮选工艺

　　为了提高赤铁矿选矿技术水平,"五五"、"六五"期间,冶金工业部组织国内有关科研院所和高等院校对齐大山铁矿石开展了大量的选矿试验研究工作,其中马鞍山矿山研究院研制的石油磺酸钠为捕收剂的弱酸性正浮选工艺研究成功。为选别齐大山细粒赤铁矿提供了高效的捕收剂和浮选工艺。1979 年有关研究单位在选矿厂试验厂进行工业试验,试验采用连续磨矿弱磁选—强磁选—弱酸性正浮选流程,在原矿品位 26.66%、磨矿粒度为 - 0.074 mm 粒级占 85% 条件下,取得的技术指标为:精矿品位 65.94% ,回收率 78.36% 。在此基础上,于 1980 年 10 月至 1981 年 7 月在齐大山选矿厂浮选车间 9 系列进行生产验证试验,共运转 2628 小时,球磨机平均台时能力 45t,磨矿粒度为 - 0.074 mm 粒级占 80% ,原矿品位 26.82% ,精矿品位 64.21% ,尾矿品位 10.64% ,回收率 72.31% 。从 1981 年到 1985 年,研究单位先后 5 次进行阶段磨矿—重选—磁选—浮选流程的工业试验,浮选工艺包括碱性正浮选和弱酸性正浮选两种。1985 年采用阶段磨矿—粗细分选—重选—磁选—浮选(弱酸性正浮选)流程,以石油磺酸钠为捕收剂,进行处理齐大山粉矿的工业试验,共运转 539 小时,在原矿品位 27.74% 时,精矿品位 65.30% ,尾矿品位 9.01% ,回收率 78.33% 。

　　1984 年末,齐大山按阶段磨矿—重选—磁选—浮选流程改造浮选车间,1986 年竣工投产。改造后浮选车间一段磨矿为 10 个系列,1 ~ 4 系列与 $\phi2000$ 单螺旋分级机成闭路,5 ~ 8 系列和 10 系列与 $\phi2000$ 双螺旋分级机成闭路,9 系列与 $\phi2400$ 双螺旋分级机成闭路。一次球磨机磨矿浓度 75% ~80% ,分级机溢流浓度:1 ~4 系列为 35% ~40% ,5 ~ 10 系列为 45% ~50% ;分级机溢流粒度 - 0.074 mm 55% ~60% 。使用中碳钢球,直径为 127 mm、100 mm 和 75 mm,三种球比 50∶30∶20,装球 40 t,球耗 1.359 kg/t 原矿。一段分级机溢流再经水力旋流器进行分级,水力旋流器给矿浓度 25% ~30% ,溢流浓度 10% ~ 15% ,细度 - 0.074 mm 85% ;水力旋流器沉砂给入由螺旋溜槽和中磁磁选机组成的重选—磁选作业分选。螺旋溜槽给矿浓度 35% ~55% ,经一次粗选、一次精选获得重选精矿,一次扫选尾矿再用中磁磁选机回收磁性矿物后成为最终粗粒尾矿丢弃;中矿给入由双螺旋分级机与球磨机成闭路的二段磨矿作业再磨,磨矿产品返回水力旋流器。

　　水力旋流器溢流用三联筒式弱磁选机选别,第三次弱磁选获得精矿;弱磁选尾矿经中磁磁选机进行扫选,中磁尾矿经浓缩机浓缩后进入 Shp - $\phi2000$ 平环强磁选分选,强磁精矿经浓缩机浓缩后成为浮选原料,强磁选尾矿作为最终废弃尾矿。浮选作业共 4 个系列,采用一次粗选、三次精选、中矿顺序返回前一作业的闭路流程,每个系列有 6A 浮选机 32 台。浮选给矿浓度 30% ~40% ,浮选矿浆温度 28℃ 。药剂制度石油磺酸钠为捕收剂,用量每吨原矿为 1.5 kg(有效成分),硫酸为调整剂,用量每吨原矿 0.3 kg,分三段添加,粗选 0.24 kg,一次精选 0.04 kg,三次精选 0.02 kg,浮选作业 pH 值 5.5 ~6.5,浮选作业获得精矿。

　　重选精矿、弱磁选精矿和浮选精矿合并成为综合精矿,送至过滤车间的浓缩机浓缩。重选尾矿、强磁选尾矿、浮选尾矿和各段浓缩机溢流合并为综合尾矿。1987 年浮选车间的生产技术指标为:年处理原矿量 218.82 万吨,年产精矿 65.23 万吨,原矿品位 27.95% ,精矿品位 63.04% ,尾矿品位 12.97% ,实际回收率 67.23% ,理论回收率 67.43% 。

　　至 2000 年,齐大山选矿厂一选车间一直采用的是阶段磨矿—重选—磁选—浮选工艺流程,其生产技术指标为:原矿品位 28.49% ,精矿品位 63.60% ,尾矿品位 11.36% ,回收率

73.20%；二选车间仍采用焙烧磁选工艺,流程由连续磨矿、磁选和阶段磨矿、磁选—重选两部分组成,其生产技术指标为:原矿品位29.26%,精矿品位63.26%,尾矿品位10.44%,回收率77.03%。

    c 连续磨矿—弱磁—强磁—阴离子反浮选工艺

    为进一步改善和提高齐大山铁矿选矿技术经济指标,"七五"期间,齐大山铁矿合理选矿工艺的研究被列为国家科技攻关重点项目,从1984年1月至1987年5月,长沙矿冶研究院、鞍钢集团鞍山矿业公司矿山研究所、马鞍山矿山研究院等多家科研单位通力合作,对齐大山铁矿石开展了进一步的研究工作,先后完成了多个工艺流程的论证立项、实验室研究、扩大连续试验研究。试验结果表明,采用反浮选工艺流程,均可以获得铁精矿品位65%以上、回收率85%以上的良好指标。

    在实验室研究和实验室扩大试验研究工作的基础上,在推荐的八个流程中选出连续磨矿、弱磁—强磁—阴离子反浮选工艺,连续磨矿、弱磁—强磁—酸性正浮选工艺,连续磨矿、弱磁—强磁—阳离子反浮选工艺,阶段磨矿、粗细分选、重选—磁选—酸性正浮选工艺等四种工艺流程进行对比试验。1988年上述选定的4种工艺流程在鞍钢集团鞍山矿业公司研究所试验厂分别进行了工业试验。

    (1)连续磨矿、弱磁—强磁—阴离子反浮选工艺工业试验研究。该工艺流程由长沙矿冶研究院提出,由长沙矿冶研究院、鞍钢集团鞍山矿业公司矿山研究所、马鞍山矿山研究院共同试验完成,工艺流程见图1-51。采用氢氧化钠作调整剂,玉米淀粉作铁矿物抑制剂,氧化钙作石英脉石活化剂,RA-315作捕收剂,取得的选矿技术指标为:原矿品位28.97%,铁精矿品位65.33%,尾矿品位8.70%,金属回收率80.72%。

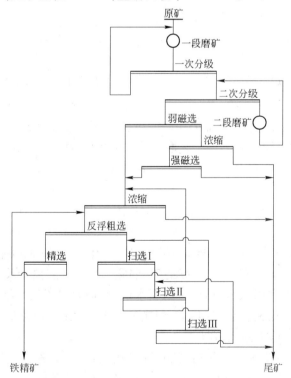

图1-51 连续磨矿、弱磁—强磁—阴离子反浮选工艺流程

（2）连续磨矿、弱磁—强磁—酸性正浮选工艺工业试验研究。该工艺流程由马鞍山矿山研究院提出，由马鞍山矿山研究院、鞍钢集团鞍山矿业公司矿山研究所、长沙矿冶研究院共同试验完成，工艺流程见图1-52。该工艺取得的选矿技术指标：原矿品位29.13%，铁精矿品位64.79%，尾矿品位9.70%，金属回收率78.45%。

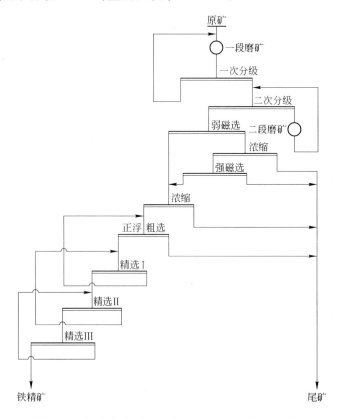

图1-52　连续磨矿、弱磁—强磁—酸性正浮选工艺流程

（3）连续磨矿、弱磁—强磁—阳离子反浮选工艺工业试验研究。该工艺流程由鞍山矿业公司矿山研究所提出，由鞍山矿业公司研究所、马鞍山矿山研究院、长沙矿冶研究院共同试验完成，工艺流程见图1-53。该工艺取得的选矿技术指标为：原矿品位29.16%，铁精矿品位65.22%，尾矿品位9.69%，金属回收率78.28%。

（4）阶段磨矿—粗细分选—重选—磁选—酸性正浮选工艺工业试验研究。该工艺流程由鞍钢集团鞍山矿业公司研究所提出，由鞍钢集团鞍山矿业公司研究所、马鞍山矿山研究院、长沙矿冶研究院共同试验完成，工艺流程见图1-54。该工艺取得的选矿技术指标为：原矿品位29.48%，铁精矿品位64.95%，尾矿品位11.04%，金属回收率75.45%。

为满足设计工作需求，又按照"连续磨矿、弱磁—强磁—阴离子反浮选"流程进行了工业验证考核试验，回水利用试验、精矿过滤脱水试验，均取得了较好结果，回水利用率达到85%。经过反复论证，最终选定连续磨矿、弱磁—强磁—阴离子反浮选工艺流程作为调军台选矿厂（现齐大山铁矿选矿分厂）建厂方案。

1998年3月，以连续磨矿、弱磁—强磁—阴离子反浮选工艺作为设计流程的调军台选矿厂建成投产，并且生产调试一次成功，在原矿品位30.31%的条件下，铁精矿产率35.20%，

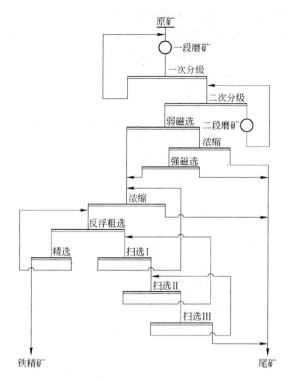

图 1-53 连续磨矿、弱磁—强磁—阳离子反浮选工艺流程

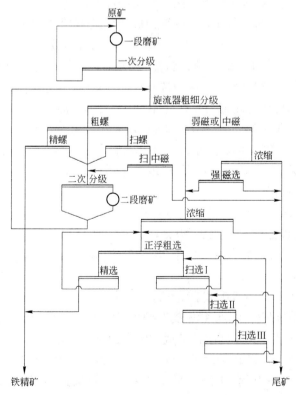

图 1-54 阶段磨矿—粗细分选—重选—磁选—酸性正浮选工艺流程

品位 64.77%,回收率 75.22%,精矿品位和回收率均超过设计要求的 64.00% 和 74.00% 的指标。同时,破碎产品粒度 - 12 mm 含量达到 90% ~ 95%,合格率 90%,磨矿粒度 - 0.074 mm 粒级含量达 90%,过滤水分小于 11%,尾矿输送浓度 40% ~ 45%,精矿浓缩底流浓度 65%。从 1999 年起选厂工艺流程基本正常,生产运行稳定,随着生产管理水平和技术的不断进步,生产技术经济指标越来越好,2000 年至 2006 年指标见表 1 - 99。

表 1 - 99　齐大山铁矿选矿分厂 2000 ~ 2006 年选矿技术指标　　　　（%）

年　份	原矿品位	精矿品位	尾矿品位	金属回收率
2000	30.07	65.05	10.43	77.79
2001	29.76	65.37	8.10	83.08
2002	29.69	66.80	7.47	84.26
2003	29.86	67.54	8.31	82.30
2004	29.55	67.59	9.47	79.02
2005	29.50	67.61	9.21	79.63
2006	28.91	67.57	8.99	79.48

连续磨矿、弱磁—强磁—阴离子反浮选工艺以及捕收剂 RA - 315 在调军台选矿厂的成功工业应用,使齐大山铁矿选矿技术指标得到极大的提高,是鞍山式贫弱磁性铁矿选矿技术的重大突破。

d　阶段磨矿、重选 - 弱磁 - 强磁 - 阴离子反浮选工艺

阴离子反浮选工艺在调军台选矿厂取得的成功,加快和促进了齐大山选矿厂选矿工艺技术改造的步伐。1999 年 11 月在齐大山一选车间对细粒部分进行了弱磁—强磁—(混磁精)阴离子反浮选工艺流程单系统工业试验,即齐大山选矿厂一选车间细粒部分经过弱磁、强磁抛尾后,混磁精采用一次粗选、一次精选、三次扫选的反浮选方法进行选别。反浮选根据调军台选矿厂的药剂制度,确定为氢氧化钠 997g/t,玉米淀粉 1570 g/t,氧化钙 345 g/t,RA - 315 465 g/t,在入选给矿(混磁精)品位 44.05% 时,取得了浮精品位 65.91%、浮尾品位 13.72%、作业回收率 86.95% 的较好指标。在此基础上,于 2000 年 7 月间进行了工业验证试验,在混磁精入选品位 45.22% 的情况下,取得了浮精品位 65.21%,浮尾品位 14.27%,作业回收率 87.62% 的较好指标。

在上述试验的基础上,2000 年 9 月 1 日至 9 月 22 日进行了半场工业试验。半场工业试验反浮选应用的药剂制度为氢氧化钠 330 g/t,玉米淀粉 1570 g/t,氧化钙 345 g/t,RA - 315 120 g/t。试验取得的技术指标为原矿品位 28.58%,精矿品位 65.10%,尾矿品位 12.35%,金属回收率 70.09%。

根据试验结果,从 2001 年 9 月份起,齐选厂一选车间浮选工艺流程改为阴离子反浮选,改造之后,车间综合精矿品位由 65.42% 提升到了 67% 以上,综合尾矿品位呈现明显下降趋势。2001 年下半年,根据一选车间改造的成功经验,对二选车间也进行了工艺流程改造,砍掉了焙烧流程,综合精矿品位由 2001 年的 65.27% 迅速提升至 67.21%,并稳定在 67.70% 的水平,综合尾矿稳定在 10.50% 的水平。现采用阶段磨矿、粗细分选、重选—弱磁—强磁—反浮选工艺流程,见图 1 - 55。工业改造完成后,齐大山选矿厂选矿技术指标达到了预

期目标,到2005年底,取得了原矿品位29.6%、精矿品位67.67%、尾矿品位11.96%、金属回收率71.65%的指标。

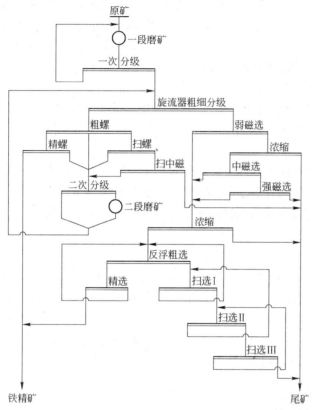

图1-55 阶段磨矿、粗细分选、重选—弱磁—强磁—阴离子反浮选工艺流程

调军台选矿厂于后划归齐大山选矿厂,更名为齐大山铁矿选矿分厂,成为齐大山选矿厂的一个生产车间,其生产流程也在2007年由连续磨矿、弱磁—强磁—阴离子反浮选改造为阶段磨矿、粗细分选、重选—弱磁—强磁—阴离子反浮选,流程改造于2007年8月31日完成投产。改造后铁精矿品位保持不变,铁回收率由79%降至70%,齐大山铁矿选矿分厂2008年和2009年选矿生产指标见表1-100。

表1-100 齐大山铁矿选矿分厂2008年和2009年选矿技术指标 (%)

年 份	原矿品位	精矿品位	尾矿品位	金属回收率
2008	26.67	67.57	10.95	70.34
2009	26.35	67.55	11.03	69.49

D 生产工艺及流程(一选、二选车间)

2001年齐大山选矿厂工艺技术改造完成后,齐大山选矿厂一选、二选车间统一了生产流程,形成现在的三段一闭路破碎、阶段磨矿、粗细分选、重选—磁选—阴离子反浮选联合工艺流程。

a　破碎筛分

破碎筛分工艺为三段一闭路破碎流程。0~1000 mm 原矿由电机车经铁路运到粗破桥上,翻入粗破机进行粗破碎,粗破产品给入中破机进行中破碎。中破产品给入振动筛筛分,筛上产品送露天块矿贮矿场之后,一部分用皮带运输机给入东细破筛分间的细破机和振动筛进行闭路破碎,细破 0~10 mm 产品送入二选车间处理;另少部分用皮带运输机给入西细破筛分间细破机和振动筛进行闭路破碎,细破与中破筛下的 0~10 mm 混合产品送入一选车间处理。流程图见图 1-56。

破碎从 2001 年磁选车间改造开始,中破采用 Sandvik H8800 液压圆锥破碎机,为二选车间供料的东细破直接采用美国 METSO 公司的 Nordberg HP800 圆锥破碎机,保证了供料的稳定。

为充分满足一选车间生产的需要,2006 年 3 月份对一选车间辅助供料的西细破机进行了改造,把原来的 PYD-2100 短头圆锥破碎机改为 H8800 液压圆锥破碎机,增大西细破机的处理能力。改造后破碎机的台时处理能力由 310 t/h 提高到 950 t/h,排矿中 -12 mm 由 25% 提高到 45%。

b　磨矿分级

磨矿分级系统采用阶段磨矿工艺流程。破碎车间的 0~10 mm 产品给入球磨机和旋流器组成的一次闭路磨矿。二次磨矿主要处理重选中矿,重选中矿先由旋流器进行检查分级,旋流器的粗粒级矿粒给入二次磨机,进行开路磨矿。中矿检查分级旋流器的溢流与二次磨机的球排混合后,与一次磨矿产品一起给入粗细分级旋流器,再由粗细分级旋流器分级成粗细两种物料。经过 2001 年的改造之后,一、二选车间的工艺流程已完全相同,见图 1-57。

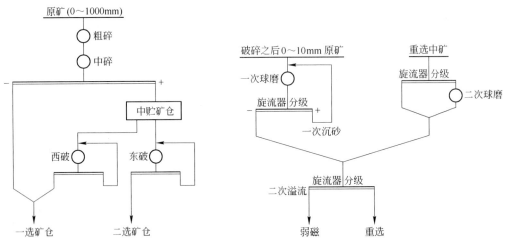

图 1-56　破碎筛分工艺流程图　　　　　图 1-57　磨矿分级工艺流程图

齐大山选矿厂 2004 年 3 月~4 月在二选车间 1—1 号球磨作业开展了采用水力旋流器代替 φ3.0 m 螺旋分级机工业试验,取得了比较理想的试验指标。在此基础上,于 2005 年 9 月~11 月,在 1—1 号磨矿、水力旋流器分级系统安装了自动控制系统,进一步进行与螺旋分级机分级对比工业试验,取得了理想的试验效果。

旋流器与螺旋分级机分级相比,分级效率提高了 2.18%,溢流中 -0.074 mm(-200目)含量提高 1.4 个百分点,0.04 mm(-360 目)含量降低了 8.27%。球磨机台时提高 5.2 t/h,作业率提高 1.38%。旋流器取代螺旋分级机具有明显的优势,工作稳定,适应能力强,调整方便,减少检修人员工作量。

根据二选车间改造的成功经验,在 2006 年 11 月~2007 年 2 月对一选车间进行了分级系统的改造。

c 选别作业

选别作业包括重选和弱磁、强磁、反浮选。矿浆先经粗细分级旋流器预先分级,沉砂给入粗选、精选、扫选三段螺旋溜槽和弱磁、扫中磁机两段磁选作业,选出粗粒合格重选精矿,并抛弃粗粒尾矿;中矿给入二次分级作业旋流器,沉砂给入球磨机。二次磨矿为开路磨矿,磨矿后的产品与二次分级溢流混合后返回粗细分级作业。

粗细分级旋流器溢流给入弱磁选作业,弱磁尾矿给入浓缩机进行浓缩,其底流经过一段平板除渣筛进入强磁机。弱磁精、强磁精合并给入浓缩机进行浓缩。浓缩底流给入浮选作业,浮选作业经一段粗选、一段精选、三段扫选选出精矿,并抛弃尾矿。重精、浮精合并成为最终精矿,扫中磁尾、强磁尾、浮尾合并成为最终尾矿。选别作业主要技术指标见表1 -101。

表 1 - 101   选别作业技术指标要求

作业名称	给矿浓度 /%	给矿粒度(-200 目含量) /%	矿浆温度/℃	矿浆 pH 值	精矿品位 /%	尾矿品位 /%
粗螺	40 ~ 55	48 ~ 55			50 ~ 60	
精螺	50 ~ 60				65 ~ 67	
扫螺	35 ~ 40					15 ~ 20
扫中磁						7 ~ 9
浮选	45 ~ 60	>85	35 ~ 45	11 ~ 12	67.5 ~ 69.5	14 ~ 18
强磁	30 ~ 45					7 ~ 9

一、二选车间选别工艺流程图分别见图 1 -58、图 1 -59,总流程图见图 1 -60。

2002 年起还进行了如下的技术改造项目:2002 年在一选车间选用 Slon 立环脉动高梯度强磁选机。由于 Slon 立环脉动高梯度强磁选机具有独特的磁介质结构,不易堵塞;依靠有效的脉动使颗粒在选分过程中始终保持松散状态,能有效地消除非磁性颗粒的机械夹杂等功能;加之能有效地调整液位、冲程、冲次、激磁电流等可操作性强的特点,选矿指标有了较大的改善。

2003 年 4 月齐大山选矿厂 Slon -1500 mm 立环脉动中磁机工业试验成功,取得了作业精品降低 0.65%、作业尾品(即重尾品位)降低 1.67% 的试验指标。齐大山选矿厂一选车间、二选车间分别于 2003 年 8 月、9 月全面推广应用了 ϕ1050 mm × 2400 mm 10 极磁系永磁筒式磁选机与 Slon -1500 mm 立环脉动中磁机组合。一选车间工业应用时期的重精品位提高 0.47%,重尾品位降低 1.62%,二选车间重精品位提高 0.22%,重尾品位降低 1.47%。

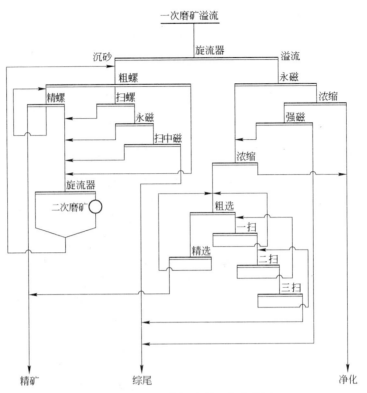

图 1-58　一选车间选别工艺流程图

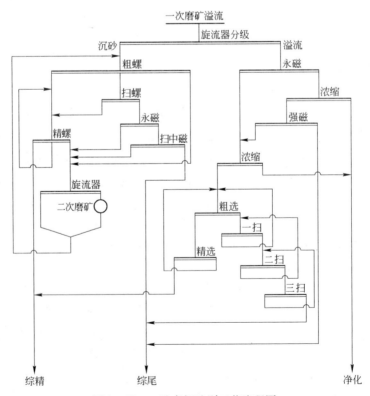

图 1-59　二选车间选别工艺流程图

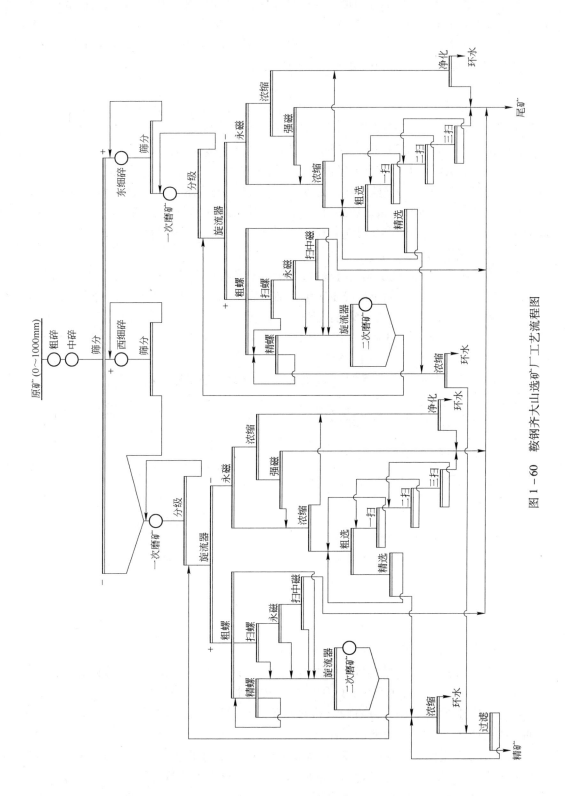

图 1-60 鞍钢齐大山选矿厂工艺流程图

重选作业由于 φ1.2 m 螺旋溜槽处理量小,因此一选车间在 2005 年下半年开始陆续更新为 1.5m,二选车间从 2007 年上半年开始更新。

浮选设备从 2003 年开始由原来的单一 BF 型浮选机改为 BF 与 JJF 联合的设备配置,充分利用了 BF 浮选机吸浆能力和 JJF 浮选机的搅拌能力。

d　浓缩过滤

一选、二选的精矿分别经浓缩后送入过滤车间进行混合过滤。滤饼由皮带机送入精矿槽存放,然后用火车送到新钢炼铁总厂。浓缩过滤流程图见图 1-61。一选水净化系统共有 5 个净化澄清池(1 台 φ21.8 m 机械加速澄清池,4 台 φ28 m 水力循环澄清池),二选水净化系统共有 3 个 φ25 m、1 个 φ29 m 倾斜板机械加速澄清池。二选的浓缩机溢流给入净化澄清池,加入聚合硫酸铁和赤铁盐净化剂处理后,底流进入尾矿,溢流作为环水循环使用。

针对二选原一台 φ50 m 精矿浓缩机能力不足问题,在 2005 年增设两台 φ30 m 精矿浓缩机,把原来的 φ50 m 精矿浓缩机改为尾矿浓缩脱水,保证了精矿浓缩机的工作效率。

e　精矿及尾矿输送

齐大山选矿厂精矿经过滤车间过滤后,直接装车采用铁路运输送至烧结厂烧结成球团。

尾矿输送流程:二选车间尾矿经尾矿泵站加压后送到高位矿浆池与经联合泵站加压的一选车间尾矿混合,经二泵站、三泵站送到风水沟尾矿库贮存。风水沟尾矿库距齐大山选矿厂有 5 公里,隶属于齐大山选矿厂,供齐大山选矿厂和齐大山铁矿选矿分厂使用。尾矿库的回水返回选厂再利用,流程见图 1-62。

齐大山选矿厂自建厂至今,精矿采用机车运输,尾矿采用泵输送至尾矿库。

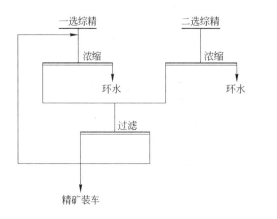

图 1-61　浓缩过滤工艺流程图

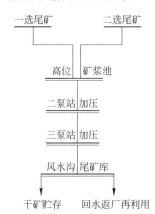

图 1-62　尾矿输送工艺流程图

f　尾矿综合利用及环境保护

鞍钢集团鞍山矿山公司从 1980 年到 1985 年,先后对齐大山选矿厂的选矿废水进行了治理。齐大山选矿厂每天处理废水 6 万吨,90% 的废水已被回收利用。

针对选厂外排污水,2004 年在厂外排污水汇总点增设了截污泵站,专门负责外排污水的回收浓缩处理,实现了零排放的目标。

2006 年破碎流程除尘设施全部更新为湿式除尘,保证了职工的身体健康,连续 3 年矽肺发病率为零,粉尘 9.7 t/km²,破碎及皮带部位粉尘合格率大于 40%。

从 20 世纪 90 年代末开始,选厂逐渐增加厂综合治理的投资,并在 2005 年被国务院命名为花园式工厂。

g　选矿过程检测及自动控制

目前齐大山选矿厂自动化还处于改造阶段。现在已实现自动控制的部位主要有:破碎车间由于中破及细破分别采用最新式破碎机,已实现全场自动化控制。一选车间及二选车间仅在球磨及浮选实现了半自动化控制。

h　选矿厂主要设备

破碎设备性能及技术指标见表1-102。

表1-102　破碎设备性能及技术指标

作业名称	粗破作业	中破作业	东细破作业	西细破作业
设备名称	旋回破碎机	液压圆锥破碎机	圆锥破碎机	圆锥破碎机
型号及规格	PXZ1350/180	H8800	HP800	H8800
设备台数	1	2	5	1
电机功率/kW	400	600	630	600
台时能力/t·h^{-1}	1200~1600	1200~1600	550~600	900
最大给矿粒度/mm	1000	350	110	110
排矿粒度/mm	0~350	0~100	0~55	0~55
作业率/%	65.58	33.7	55.8	45

磨矿设备性能及技术参数见表1-103。

表1-103　磨矿设备性能及技术参数

车　间	一选		二选		
作业名称	一次磨矿	二次磨矿	一次磨矿	二次磨矿	一次磨矿
设备名称	湿式格子型球磨机	湿式溢流型球磨机	湿式格子型球磨机	湿式溢流型球磨机	湿式溢流型球磨机
型号及规格	MQG2700×3600	MQY3600×4000	MQG3600×4000	MQY3600×4000	MQY5030×6400
设备台数	11	4	5	5	1
有效容积/m^3	17.7	36	36	36	121
台时能力/t·h^{-1}	35~55		80~130		245
工作转速/r·min^{-1}	21.7	19	19	19	14.4
最大装球量/t	40	80	80	80	224
钢球直径/mm	100	45×50	100	45×50	100
转动齿轮齿数	198/23	208/24	208/24	208/24	292/21
主电机功率/kW	380/400	1100	1100	1100	2600
主电机型号	JDG215/32-32	TL260/44-36	TL260/44-36	TL260/44-36	TMW260-30/290
主电机转速/r·min^{-1}	187.5	167	167	167	200

选别设备性能及技术参数分别见表1-104~表1-107。

表 1 - 104　　重选螺旋溜槽技术参数

外径 /mm	内径 /mm	螺距 /mm	圈数	头数	断面形状	槽面宽度 /mm	台时处理能力 /t · h⁻¹	给矿粒度 /mm	设备台数		
									粗螺	精螺	扫螺
1500	280	750	4	4	立方抛物线	610	15 ~ 25	0.03 ~ 0.2	117	60	69

表 1 - 105　　弱磁选设备技术参数

作 业 名 称	扫中磁前弱磁作业	强磁前永磁作业
设备名称	湿式弱磁场永磁筒式磁选机	湿式中磁场永磁筒式磁选机
型号及规格/mm	BX - 1024ϕ1050 × 2400	YZJ - 1030ϕ1050 × 3000
设备台数	13	31
磁感应强度/mT	180	240
磁极数	10	10
底箱形式	半逆流	半逆流
工作间隙/mm	55 ~ 65	55 ~ 65
磁偏角/(°)	10 ~ 15	10 ~ 20
处理量/t · h⁻¹	35 ~ 60	50 ~ 80
电机功率/kW	5.5	7.5

表 1 - 106　　Slon 立环脉动磁选机工作参数

作 业 名 称	扫 中 磁		强 磁	
设备名称	立环脉动中磁场磁选机	立环脉动中磁场磁选机	立环脉动高梯度强磁机	立环脉动高梯度强磁机
型号及规格	Slon - 1500	Slon - 2000	Slon - 1750	Slon - 2000
设备台数	13	1	12	1
转盘直径/mm	1500	2000	1750	2000
转速/r · min⁻¹	2 ~ 4	3 ~ 4	2 ~ 4	2 ~ 3
脉动冲程/mm	18 ~ 40	6 ~ 26	0 ~ 26	0 ~ 14
脉动冲次/r · min⁻¹	0 ~ 450	0 ~ 300	0 ~ 350	0 ~ 300
背景磁感应强度/T	0 ~ 0.4	0 ~ 0.4	0 ~ 1.4	0 ~ 1.0
处理量/t · h⁻¹	30 ~ 50	50 ~ 80	35 ~ 50	50 ~ 70
额定激磁电流/A	930	1100	1400	1080
额定激磁电压/V	17	29	44	71
转环电机功率/kW	1.5	5.5	5.5	5.5
脉动电机功率/kW	4.0	7.5	4.0	7.5
给矿粒度上限/mm	1.3	1.3	1.0	1.0
给矿浓度/%	10 ~ 40	10 ~ 50	10 ~ 40	20 ~ 50
冲洗水压/MPa	0.1 ~ 0.2	0.1 ~ 0.2	0.1 ~ 0.2	0.1 ~ 0.2
设备总重/t	15	40	35	
设备外形尺寸/mm × mm × mm	3800 × 2600 × 3000	4175 × 3440 × 4072	3900 × 3300 × 3800	

表 1 - 107　浮选设备技术参数

规格型号	容积 /m³	内部尺寸(长×宽×高)m×m×m	生产能力 /m³·min⁻¹	叶轮直径 /mm	叶轮转速 /r·min⁻¹	吸气量 /m³·min⁻¹	电机功率 /kW	设备台数/台		
								粗选	精选	扫选
BF - 6	6	2.2×2.35×1.3	6	650	220	0.9~1.0	18.5	25	13	46
JJF - 6	6	2.2×2.35×1.3	9	650	220	0.9~1.0	18.5	7	3	6
BF - 8	10	2.25×2.85×1.7	10	760	220	0.1~1.0	30	19	7	36
JJF - 8	10	2.2×2.9×1.7	10	760	220	0.1~1.0	22	21	9	24

浓缩过滤及尾矿输送主要设备与技术参数见表 1 - 108 ~ 表 1 - 117。

表 1 - 108　浓缩设备技术参数

作业名称	一选精矿浓缩作业	二选精矿浓缩作业
设备名称	周边齿条传动浓缩机	周边齿条传动浓缩机
规格型号	NT - 24	NT - 30
设备台数	2	2
沉降面积/m²	452.16	
最大深度/m	3.2	4
传动方式	周边齿轮传动	周边齿轮传动
耙架转速/r·min⁻¹	1/12.7	
电机功率/kW	5.5	

表 1 - 109　浓缩净化技术标准

作业名称	ϕ21.8 m 机械加速澄清池	ϕ28 m 水力循环澄清池	ϕ25 m 机械加速澄清池	ϕ29 m 机械加速澄清池
处理量/m³·h⁻¹	1200~1500	500	1700	2000
原水浓度/%	<0.8	<0.8	<0.56	<0.8
净化药剂使用浓度/%	30	30	100	100
每24 h 加药量/t	2~3	1	2~3	3~4
净化水浓度/%	<0.01	<0.01	<0.01	<0.01

表 1 - 110　过滤设备技术参数

设备名称	盘式真空过滤机
规格型号	ZPG - 72
设备台数	10
过滤面积/m²	72
真空度/MPa	0.05
卸矿风压/MPa	0.03
筒体转速/r·min⁻¹	1.0
电机功率/kW	5.5

表 1 - 111　　浓缩、过滤作业技术指标要求

浓缩作业	底流浓度/%	55 ~ 65
	溢流浓度/%	< 0.5
过滤机利用系数/t·(m³·h)⁻¹		> 0.8
滤饼水分/%		< 11.5

表 1 - 112　　联合泵站加压泵技术参数

型号	台数	扬程/m	流量/m³·h⁻¹	转速/r·min⁻¹	轴功率/kW	配用电机		
						型号	功率/kW	转速/r·min⁻¹
300ZJ	1	70.7	1844	730	650	Y500 - 8	650	740
250PN	2	90	1700	740	317.2	JSQ1512 - 8	570	739

表 1 - 113　　二选车间尾矿加压泵技术参数

型　号	台数	扬程/m	流量/m³·h⁻¹	转速/r·min⁻¹	轴功率/kW	配用电机		
						型号	功率/kW	转速/r·min⁻¹
350ZJ - I - F110	3	49	1850	490	360	Y5005 - 12	450	490

表 1 - 114　　二泵站加压泵技术参数

型　号	台数	扬程/m	流量/m³·h⁻¹	转速/r·min⁻¹	轴功率/kW	配用电机		
						型号	功率/kW	转速/r·min⁻¹
400ZJ - 110	2	46	1600	490	630	Y560 - 12	630	490
250PN	3	90	1040	740	317.2	JSQ1512 - 8	625	780

表 1 - 115　　齐欣渣浆泵技术参数

型　号	台数	扬程/m	流量/m³·h⁻¹	转速/r·min⁻¹	轴功率/kW	配用电机		
						型号	功率/kW	转速/r·min⁻¹
200ZJ - 1 - A65(63)	2	34	600	730	73	Y315L2 - 8	110	740

表 1 - 116　　三泵站渣浆泵技术参数

型　号	台数	扬程/m	流量/m³·h⁻¹	转速/r·min⁻¹	轴功率/kW	配用电机		
						型号	功率/kW	转速/r·min⁻¹
400ZJ - 110	6	90/48	3400	490	630	Y560 - 12	710	490
						Y650 - 12	800	

表 1 - 117　　水沟尾矿库参数

名　称	终期坝标高/m	库容/m³	有效库容/m³	总汇水面积/km²	服务年限/年
风水沟尾矿库	140	2.28 × 10⁸	1.68 × 10⁸	7.828	23

i　近年主要技术经济指标

近年主要技术经济指标见表 1 - 118 和表 1 - 119。

表1-118 2001~2006年选矿主要技术经济指标

项 目		单位	2001年	2002年	2003年	2004年	2005年	2006年
年处理原矿		t	6575940	6882422	6943842	7190266	7912919	9340207
原品	全厂	%	29.54	29.62	29.25	29.25	29.03	28.55
	一选	%	29.11	29.05	28.65	28.65	28.26	27.77
	二选	%	29.91	30.07	29.73	29.73	29.51	29.07
精品	全厂	%	65.34	67	67.67	67.67	67.62	67.56
	一选	%	65.42	66.72	67.5	67.5	67.38	67.37
	二选	%	65.27	67.21	67.79	67.79	67.77	67.67
尾品	全厂	%	11.41	11.41	11.99	11.99	10.85	10.93
	一选	%	12.16	11.68	12.28	12.28	11.17	11.06
	二选	%	10.73	11.19	11.75	11.75	10.63	10.86
回收率	全厂	%	79.62	79.56	83.32	78.59	85.38	78.92
	一选	%	76.48	77.86	81.84	76.77	83.13	77.23
	二选	%	82.25	80.87	84.47	79.98	86.76	80.01
选矿比		t/t	2.778	2.844	2.776	2.943	2.729	2.998
精矿成本		元/t原矿	135.34	135	148.74	176.72	182.76	296.11
钢球消耗		kg/t原矿	1.407	1.793	1.888	2.065	1.916	2.055
衬板消耗		kg/t原矿	0.12	0.173	0.205	0.187	0.171	0.191
水耗		m^3/t原矿	2.613	1.843	1.111	1.021	0.887	0.855
其中新水消耗		m^3/t原矿	0.097	0.101	0.079	0.075	0.05	0.128
胶带		m/万吨	64.56	56.38	48.3	54.3	138.42	44.81
过滤布		m^2/万吨	26.96	18.79	24.09	71.43	70.578	65.641
药剂		kg/t	0.607	1.801	1.801	1.848	1.746	1.54
电耗		kW·h/t原矿	35.17	39.12	38.21	40.28	41.032	37.351
劳动生产率	全员	t/(人·年)	4207.06	4053.25	4657.17	5422.52	6518	10163.45
	工人	t/(人·年)	4860.27	4678.74	5224.86	6108.98	7564	12162

注:精矿成本中2001~2005年的为加工成本,2006年的为总成本。

表1-119 2007~2009年选矿主要技术经济指标

项 目		单 位	2007年	2008年	2009年
年处理原矿		t	9748920	8259427	7235802
原矿	全厂	%	27.14	25.26	24.99
	一选	%	26.43	23.73	24.23
	二选	%	27.61	25.93	25.34
精矿	全厂	%	67.56	67.56	67.45
	一选	%	67.19	67.23	67.09
	二选	%	67.79	67.72	67.61

项　　目		单　位	2007 年	2008 年	2009 年
尾矿	全厂	%	10.75	10.81	10.70
	一选	%	10.90	10.95	10.91
	二选	%	10.65	10.64	10.60
回收率	全厂	%	79.94	74.57	73.75
	一选	%	78.09	70.71	71.19
	二选	%	72.89	76.90	74.89
选矿比		t/t	3.114	3.586	3.659
精矿成本		元/t_精矿	350.81	403.04	416.33
钢球消耗		kg/t_原矿	2.101	2.092	2.092
衬板消耗		kg/t_原矿	0.195	0.287	0.357
水耗		m³/t_原矿	0.806	0.770	0.578
其中新水消耗		m³/t_原矿	0.115	0.105	0.117
胶带		m/万吨	55.667	21.143	35.272
过滤布		m²/万吨	68.445	70.396	78.202
药剂		kg/t	1.480	1.419	1.460
电耗		kW·h/t_原矿	37.254	37.71	36.87
劳动生产率	全员	t/(人·年)	12727.1	13975.34	9136.11

1.3.3.2　鞍钢鞍千矿业公司选矿厂选矿实践

A　概况

鞍千矿业有限责任公司(以下简称鞍千公司)是鞍钢集团矿业公司下属的独立法人单位,地处辽宁省鞍山市千山区齐大山镇,距市中心 12 km。东与辽阳县接壤,南与眼前山铁矿排土场毗邻,北与齐大山铁矿相望,距齐大山铁矿 6 km,距齐大山选矿厂 8 km,交通便利。

鞍千公司在 2004 年 10 月由鞍钢集团矿业公司和辽宁衡业集团共同出资成立,于 2009 年 6 月,通过股权转让,成为鞍钢集团矿业公司全资子公司。

鞍千公司是鞍钢集团矿业公司实现第三步发展战略的重大建设项目,鞍钢西区建设的配套工程,鞍钢首家国企与民营公司合资的大型采选联合股份制企业,是由鞍钢集团矿山设计研究院自主研究和设计的一家大型采选联合企业。企业包括采矿场和选矿厂两部分,采区内矿床地表覆盖层较薄,矿体肥厚,开采条件良好,现已探明地质储量为 10 亿多吨,为国内少有的特大型矿体。采矿场分为许东沟和哑巴岭两个采区,采用露天开采工艺,汽车—胶带联合开拓运输方式;选矿厂采用三段一闭路破碎、阶段磨矿、粗细分选、重选—磁选—阴离子反浮选联合工艺流程。

鞍千公司采选联合工程于 2005 年 3 月正式破土动工,总投资 13.95 亿元,选矿厂占地面积 40 万平方米。2006 年 3 月半厂投产,2006 年 8 月全厂建成投产,实现一次转车成功。现全厂年处理原矿量 800 万吨,年产铁精矿 190 余万吨。

B　矿石性质

鞍千矿业公司选矿工艺所处理矿石为典型的鞍山式贫赤铁矿石,多元素及物相分析见

表 1 - 120 和表 1 - 121。

表 1 - 120　矿石化学多元素分析结果　　　　　　　（％）

成 分	TFe	FeO	SiO$_2$	CaO	MgO	Al$_2$O$_3$	MnO	S	P	Ig
含 量	23.89	1.62	63.20	0.11	0.16	0.69	0.012	0.010	0.041	0.63

表 1 - 121　矿石物相分析结果　　　　　　　　　　（％）

成 分	磁铁矿中铁	假象、半假象赤铁矿中铁	赤、褐铁矿中铁	碳酸铁中铁	硅酸铁中铁	TFe
含 量	3.60	2.00	16.94	0.35	1.00	23.89
分布率	15.07	8.37	70.90	1.47	4.19	100.00

矿区内出露的地层主要为前震旦纪鞍山群、辽河群变质岩系、混合岩和第四纪层。鞍山群自下而上分为绿泥石英片岩、云母石英片岩、条带状贫铁矿层、千枚岩夹条带状贫铁矿薄层;辽河群自下而上分为底部砾岩及石英岩薄层、千枚岩夹石英岩及层间砾岩薄层。第四纪主要由冲积、坡积、残积、植物生长层及人工堆积物等组织;矿区东北部出露混合岩;此外矿区内还有少量辉绿岩脉、蚀变中性脉岩、伟晶岩脉和石英脉。

矿石的自热类型分为赤铁石英岩、磁铁石英岩、假象赤铁石英岩、透闪 - 阳起或绿泥磁铁石英岩等,属贫铁高硅、低硫磷的简单型矿石,矿石粒度较细,铁矿物粒径在 0.074 mm 以上的占 60%,0.015 mm 以下的占 4%,其他粒径为 0.015 ~ 0.074 mm 之间。石英的粒度较铁矿物微粗些,粒径在 0.074 mm 以上的占 62.10%。

C　技术进展

(1) 选矿工艺投产后,由于原矿品位低于设计,流程循环负荷产率偏低,过磨现象严重,二段球磨新增 - 10 μm 粒级含量高达 20% 以上。为降低流程中次生矿泥含量,选厂开展了重选增加扫螺作业工业试验与应用,在螺旋溜槽一段粗选、一段精选的基础上增加了一段扫选作业,流程内循环负荷适当增加,过磨现象明显减轻,流程内次生矿泥含量降低(增加扫螺前后流程中次生矿泥含量数据对比见表 1 - 122),同时二次磨矿粒度满足生产工艺要求,技术指标得到明显改善,精矿品位提高 0.17%,尾矿品位降低 0.27%。

表 1 - 122　重选增加扫螺前后流程中再生矿泥含量数据对比　　　（％）

项 目	增加扫螺前		增加扫螺后	
粒级含量	- 0.075 mm	- 10 μm	- 0.075 mm	- 10 μm
二次旋流器沉砂	44.46	3.96	42.15	4.67
二次磨机排矿	71.82	24.79	62.16	8.73
增加值	+ 27.36	+ 20.83	+ 20.01	+ 4.06

(2) 选厂投产后,尾矿输送浓度偏低,供水不平衡,过滤机利用系数低。选矿厂通过采取调整输尾系统渣浆泵的叶轮直径,提高尾矿输送浓度,从而实现生产供水平衡。针对过滤机利用系数偏低的问题,主要采取了提高过滤机给矿浓度、改善过滤布质量、确定最佳的过滤机操作参数等措施后,过滤机利用系数由 0.7 ~ 0.8 t/(m^2 · h) 提高到 1.0 t/(m^2 · h)。

D　生产工艺及流程

a　破碎筛分

破碎筛分工艺为三段一闭路破碎流程,见图 1 - 63。粗破采用
PXZ - 1216 粗破机(2 台),分别设在许东沟和哑巴岭采场,中细破筛
分设在选厂,中破采用 H8800 圆锥破碎机(2 台),细破采用 H8800 圆
锥破碎机(3 台),筛分设备采用 2YA2460 圆振筛(12 台)。设计指标
为:原矿处理量 800 万吨/年,粗破给矿粒度 0 ~ 1000 mm,排矿粒度
0 ~ 350 mm;中破排矿粒度 0 ~ 80 mm,其中 0 ~ 12 mm 含量不小于
28%;细破排矿粒度 0 ~ 30 mm,其中 0 ~ 12 mm 含量不小于 58%,最
终产品粒度 0 ~ 12 mm 含量不小于 95%。

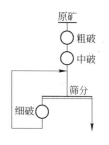

图 1 - 63　破碎筛分
工艺流程图

破碎流程投产后,粗破产品粒度实际为 0 ~ 300 mm;中破排矿粒
度 0 ~ 80 mm,其中 0 ~ 12 mm 含量 28% 左右。

细破排矿粒度 0 ~ 12 mm 含量仅为 40% 左右,经过多次反复调试,但细破机产品粒度
仍然没有达到设计水平。

最终产品粒度 0 ~ 12 mm 含量 80% ~ 85%,为满足球磨入磨粒度的要求,对筛分机的
筛孔进行对比试验,最终确定筛孔尺寸为 14 mm × 20 mm,入磨粒度达到 90% 以上,具体见
表 1 - 123。

表 1 - 123　筛孔对比试验数据

筛孔尺寸/mm × mm	给矿 −12 mm 含量/%	筛上 −12 mm 含量/%	筛下 −12 mm 含量/%	筛分效率/%
12 × 45	34.6	5.9	83.2	89.28
14 × 20	34.6	6.5	90.8	88.10

b　磨矿分级

鞍千公司磨矿分级工艺为阶段磨矿、粗细分选。原矿给入溢流型球磨机和旋流器组成
的一次闭路磨矿;二次磨矿为开路磨矿,重选中矿给入二次分级旋流器作业,旋流器沉砂给
入二次球磨机,磨矿后的产品与二次分级溢流、一次溢流混合后给入粗细分级旋流器;粗细
分级旋流器产生两种产品,粗粒级给入重选作业,细粒级给入磁选作业。

c　选别工艺

鞍千公司选矿工艺流程为阶段磨矿、粗细分选、重选—磁选—阴离子反浮选联合工艺流
程,具体流程见图 1 - 64。

d　浓缩过滤

鞍千公司浓缩设备均选用周边齿条传动浓缩机(11 台),分别用于强磁前浓缩、浮选前
浓缩、精矿浓缩和尾矿浓缩;过滤设备采用 ZPG - 72 盘式真空过滤机(9 台)。

精矿经浓缩后一部分送入鞍千厂区内过滤厂房进行过滤,另一部分通过精矿输送泵输
送到齐大山铁矿过滤厂房进行过滤,滤饼由皮带机送入精矿槽存放。精矿浓缩过滤作业技
术指标见表 1 - 124,尾矿浓缩作业技术指标见表 1 - 125。

尾矿经过尾矿大井浓缩后,底流经尾矿泵站渣浆泵送到齐选厂风水沟尾矿库贮存,尾矿
库回水返回循环使用。

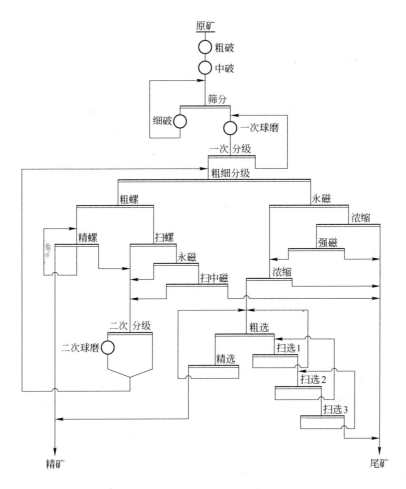

图 1-64 鞍千公司选矿工艺流程图

表 1-124 精矿浓缩、过滤作业技术指标

项 目	指 标
浓缩底流浓度/%	55~65
浓缩溢流浓度/%	<0.5
过滤机给矿 pH 值	7~8
过滤机利用系数/t·(m² · h)⁻¹	>0.9
滤饼水分/%	≤12

表 1-125 尾矿浓缩作业技术指标 （%）

作 业 名 称	尾矿浓缩机
底流浓度	45
溢流浓度	<0.5

e 精矿及尾矿输送

精矿经过滤后,滤饼由皮带机送入精矿槽存放,通过铁运、汽运输出,供给鞍钢集团。

尾矿经过尾矿大井浓缩后,底流经尾矿泵站渣浆泵送到齐选厂风水沟尾矿库贮存,尾矿库回水返回循环使用。

f　尾矿综合利用及环境保护

鞍千公司没有自己的尾矿库,尾矿矿浆排放到齐选厂风水沟尾矿库,自然沉降后返回选厂循环使用;选厂设有水净化系统,对全厂使用后的废水集中回收,经处理后循环再使用,全厂污水实现零排放,水净化系统技术指标见表1-126。选矿各环节产生的粉尘采用低压文丘里除尘器进行除尘。对所有大型高噪声设备采用减震基础,引风机设有消声器,达到国家标准。

表 1-126　水净化系统技术指标

处理量/m³·h⁻¹	进水浊度/mg·L⁻¹	出水水质/mg·L⁻¹	底流浓度/%
5200	<8000	100~300	>15

g　选矿自动化控制

选厂工艺设备运行及连锁采用 PCL 控制,磨矿分级作业实行自动检测和控制;矿仓进行料位检测;锅炉房实行计算机控制。

h　选矿厂主要设备

选矿厂主要设备及设备技术参数见表1-127~表1-137。

表 1-127　破碎设备技术参数

作业名称	粗破作业	中破作业	细破作业
设备名称	悬挂式旋回破碎机	圆锥破碎机	圆锥破碎机
型号及规格	PXZ-1216	H8800	H8800
设备台数	2	2	3
给料口尺寸/mm	1200	400	100
最大给矿粒度/mm	1000	350	80
动锥转速/r·min⁻¹	110	230	230
台时处理量/t·h⁻¹	1250	1400	830
最大排矿粒度/mm	350	80	30
偏心距/mm	—	24~70	24~70
液压缸工作压力/MPa	0.1~0.3	3.6~6.0	3.6~6.0
电机功率/kW	310	600	600

表 1-128　筛分设备技术参数

作业名称	筛分作业
设备名称	圆振筛
型号及规格	2YA2460
设备台数	12
筛面尺寸/m×m	2.4×6.0
上层筛孔尺寸/mm×mm	30×30
下层筛孔尺寸/mm×mm	14×20

续表 1 - 128

作 业 名 称	筛 分 作 业
给矿粒级/mm	0 ~ 120
筛面倾角/(°)	20
振幅/mm	8 ~ 11
台时能力/t·h⁻¹	450
电机型号	Y225M - 8
电机功率/kW	22
电机转速/r·min⁻¹	730

表 1 - 129 磨矿设备技术参数

作 业 名 称	一次磨矿	二次磨矿
设备名称	湿式溢流型球磨机	湿式溢流型球磨机
规格型号	MQY5030 × 6400	MQY5030 × 6400
设备台数	4	2
有效容积/m³	121	121
台时能力/t·h⁻¹	260	—
工作转速/r·min⁻¹	14.4	14.4
最大装球量/t	224	224
钢球直径/mm	100	35 × 45
主电机功率/kW	3000	3000
主电机型号	TMW3000 - 30/2900	TMW3000 - 30/2900
主电机转速/r·min⁻¹	200	200

表 1 - 130 分级设备技术参数

作 业 名 称	一次分级	二次分级	粗细分级
设备名称	渐开线旋流器组	渐开线旋流器组	渐开线旋流器组
型号及规格/mm	FX660 - GT × 5	FX660 - GT × 5	FX660 - GT × 5
设备台数	4	2	4
返砂比/%	150 ~ 250	—	—
溢流管直径/mm	240	200	180
沉砂口直径/mm	120 ~ 130	110 ~ 120	130 ~ 140
溢流管深度/mm	400	400	400
工作压力/MPa	0.06 ~ 0.1	0.08 ~ 0.12	0.08 ~ 0.12

表 1 - 131 重选螺旋溜槽技术参数

名称	外径/mm	螺距/mm	圈数	头数	断面形状	台时处理能力/t·h⁻¹	给矿粒度/mm
粗螺	1500	800	4	4	立方抛物线	15 ~ 25	0.03 ~ 0.2
精螺	1500	760	4	4	立方抛物线	15 ~ 25	0.03 ~ 0.2
扫螺	1500	760	4	4	立方抛物线	15 ~ 25	0.03 ~ 0.2

表 1 – 132 永磁设备技术参数

作 业 名 称	扫中磁前永磁作业	强磁前永磁作业
设备名称	湿式中磁场永磁筒式磁选机	湿式弱磁场永磁筒式磁选机
型号及规格	YXB1230L	YXB1230L
设备台数	8	24
磁感应强度/mT	240	240
磁极数	6	6
底箱形式	半逆流	半逆流
工作间隙/mm	45 ~ 60	45 ~ 60
磁偏角/(°)	10 ~ 20	10 ~ 20
磁系磁包角/(°)	137	137
圆筒转速/r·min^{-1}	17.5	17.5
处理量/t·h^{-1}	100 ~ 150	100 ~ 150
电机功率/kW	7.5	7.5

表 1 – 133 Slon 立环脉动高梯度磁选机技术参数

作 业 名 称	扫 中 磁	强 磁
设备名称	立环脉动高梯度中磁机	立环脉动高梯度强磁机
型号及规格	Slon – 2000	Slon – 2000
设备台数	8	8
转盘直径/mm	2000	2000
转速/r·min^{-1}	3 ~ 4	3 ~ 4
脉动冲程/mm	6 ~ 26	0 ~ 30
脉动冲次/r·min^{-1}	0 ~ 300	0 ~ 300
磁感应强度/T	0 ~ 0.6	0 ~ 1.0
处理量/t·h^{-1}	50 ~ 80	50 ~ 80
额定激磁电流/A	1400	1400
额定激磁电压/V	30	53
转环电机功率/kW	5.5	5.5
脉动电机功率/kW	7.5	7.5
给矿粒度上限/mm	1.3	0.3
给矿浓度/%	10 ~ 40	10 ~ 40
最重部件/t	11	14
设备外形尺寸/mm × mm × mm	4175 × 3640 × 4100	4200 × 3500 × 4300

表 1-134 浮选设备技术参数

规格型号	容积/m³	生产能力/m³·min⁻¹	吸气量/m³·min⁻¹	电机功率/kW	设备台数/台		
					粗选	精选	扫选
BF-20 浮选机	20	10~20	0.5~1.0	45	12	4	24
JJF-20 浮选机	20	5~20	0.1~1.0	45	16	8	24

表 1-135 尾矿浓缩设备技术参数

作 业 名 称	尾矿浓缩作业
设备名称	周边齿条传动浓缩机
规格型号	NT-53
设备台数/台	4
沉降面积/m²	2202
最大深度/m	5.07
传动方式	周边齿条传动
耙架转速/r·min⁻¹	23.18
电机功率/kW	18.5

表 1-136 精矿浓缩设备技术参数

作 业 名 称	精矿浓缩作业	精矿浓缩作业
设备名称	周边齿条传动浓缩机	周边齿条传动浓缩机
规格型号	NT-45	NT-24
设备台数/台	2	1
沉降面积/m²	1590	452.16
最大深度/m	5.06	3.2
传动方式	周边齿轮传动	周边齿轮传动
耙架转速/r·min⁻¹	19.3	12.7
电机功率/kW	18.5	7.5

表 1-137 过滤设备技术参数

设 备 名 称	盘式真空过滤机
规格型号	ZPG-72
设备台数/台	9
过滤面积/m²	72
滤盘直径/mm	3100
滤盘/个	6
真空度/MPa	0.06
卸矿风压/MPa	0.03
滤盘转速/r·min⁻¹	0~1.0
电机型号	Y132S-4
电机转速/r·min⁻¹	0.1~1
电机功率/kW	5.5

i　2006～2009 年选矿生产主要技术经济指标

2006～2009 年选矿生产主要技术经济指标见表 1-138。

表 1-138　　2006～2009 年选矿生产主要技术经济指标

项　　目	2006 年	2007 年	2008 年	2009 年
原矿处理量/万吨·年$^{-1}$	564.7238	846.9459	823.5924	812.7662
原矿品位/%	23.54	24.25	24.31	24.53
精矿品位/%	67.50	67.55	67.55	67.62
尾矿品位/%	10.49	10.28	10.42	10.18
回收率/%	70.96	73.4	73	74.4
选矿比/%	4.041	3.795	3.807	3.705
精矿成本/元·t^{-1}	495.73	454.07	489.32	
劳动生产率/t·(人·年)$^{-1}$	18732.06	26059.87	26229.06	24356
每吨原矿钢球消耗/kg	1.715	1.532	1.72	1.66
每吨原矿衬板消耗/kg	0.134	0.12	0.17	0.18
每吨原矿水耗/m³	0.553	0.171	0.18	0.18
其中每吨原矿新水消耗/m³	0.421	0.171	0.17	0.14
每万吨原矿胶带/m	42	56	82.51	58.82
球磨机作业率/%	90.533	97.89	94.95	93.74
每吨原矿电耗/kW·h	30.458	30.696	30.44	30.18

1.3.3.3　昆钢大红山选矿厂选矿实践

A　概况

大红山铁矿位于云南省玉溪市新平彝族、傣族自治县戛洒镇,从矿区经新平、玉溪至昆钢本部公路距离 260 km,至戛洒生活区 10.5 km,对外交通方便。昆钢玉溪大红山矿业有限公司于 2002 年 12 月建成处理大红山铁矿原矿量 50 万吨/年工业试验选厂,以试验选厂的工艺参数为设计依据于 2006 年 12 月建成 400 万吨/年选矿厂,该厂年产精矿量 180 余万吨,选厂铁精矿直接通过管道输送到昆钢。该选矿厂已成为昆钢自产矿的主要生产基地之一。

B　矿石性质

大红山铁矿矿石地质探明储量 4.5 亿吨,矿石中铁矿物以磁铁矿为主,其次为赤铁矿,少量假象赤铁矿。硫化矿为黄铁矿、磁黄铁矿、黄铜矿。脉石矿物主要为石英,其次为斜长石、白云母、黑云母、碳酸盐、绿泥石、透闪石、符山石、石榴石、磷灰石、独居石、蛇纹石等。

矿石呈粒状、浸染状、碎裂结构,并以块状、较少角砾状、浸染状、斑状构造产出。矿石中磁铁矿呈致密集合体、自形-半自形粒状、变形柱状、细粒半自形-它形嵌布形态,其结晶粒度较粗,大于 0.1 mm 部分约占 50%,主要与石英互嵌。赤铁矿粒度较磁铁矿细,60% 以上分布于 0.05 mm 以下,主要伴生矿物为石英。主要脉石矿物石英粒度总体较铁矿物粗,在 0.05 mm 以下仅为 16.95%,而大于 0.1 mm 时为 64.82%。

矿石化学多元素及铁物相分析结果分别见表 1-139、表 1-140。矿石中主要矿物的含量见表 1-141。

表 1-139　　矿石化学多元素分析结果　　　　　　　　　　　　　(%)

元素	TFe	SFe	FeO	SiO₂	Al₂O₃	CaO	MgO	K₂O	Na₂O	S	P	烧失
含量	39.21	38.92	13.56	33.79	3.72	1.14	0.93	0.052	1.16	0.052	0.161	0.80

表 1-140　原矿铁物相分析结果　　　　　　　　　（%）

铁　相	磁铁矿中铁	假象赤铁矿中铁	赤(褐)铁矿中铁	硫化物中铁	硅酸盐中铁	碳酸盐中铁	合　计
含量	24.60	0.46	12.50	0.06	0.54	1.00	39.16
分布率	62.82	1.17	31.92	0.15	1.38	2.56	100.00

表 1-141　矿石中主要矿物的含量　　　　　　　　（%）

矿　物	磁铁矿	赤铁矿	黄铁矿	石　英	长　石	白云母
含量	34.02	18.30	0.13	32.96	3.29	4.16
矿　物	黑云母	绿泥石	碳酸盐	闪石英	其　他	合　计
含量	2.01	1.72	2.01	0.89	0.51	100.00

C　技术进展

大红山 50 万吨选矿试验厂于 2003 年 4 月 1 日转入正式生产后的流程为半自磨—球磨—弱磁选—强磁选的阶段磨选工艺。在此基础上,2004 年完成重选技改,2005 年完成三段磨矿改造,2006 年完成降低尾矿铁品位技术改造。经过多次技术改造,形成了一段半自磨—二、三段球磨连续磨矿—弱磁选—强磁选—重选的工艺流程,磨矿细度从 2004 年 -0.075 mm 占 71.90% 提高到 2005 年的 -0.075 mm 占 85.00%,铁精矿产率从 51.11% 提高到 52.69%,精矿铁品位由原来的 63.54% 提高到 64.73%,尾矿品位从原来的 17.35% 降低至 13.39%,回收率从 79.30% 提高到 82.46%,生产规模达到 60 万吨/年。

400 万吨/年选矿厂生产达产后,选厂总尾矿铁品位波动在 16% ~17%,尾矿铁品位偏高,导致了选厂铁金属的大量流失,同时尾矿品位高导致矿浆比重大,致使尾矿输送系统负荷加重,影响了生产的正常运行。经生产流程考查得出,总尾矿铁品位高的主要原因是二段强磁尾矿铁品位高达 24% ~26%(一段强磁尾矿品位为 8.3% 左右)。针对这一情况,选厂进行了技术改造,将二段强磁尾矿引进斜板浓缩箱浓缩脱水后,斜板箱底流经强磁一粗一精两次选得到强磁精矿、精选尾矿摇床再选,该项目于 2007 年 12 月成功运行,总尾矿铁品位降至 13%,每年可产出铁品位 50% 的精矿 30 万吨,产生了显著的经济效益。

400 万吨/年选矿厂建厂后采用正浮选工艺处理二段强磁精矿,存在药剂成本高、污染环境及选别效果不理想、浮选精矿品位低的缺点,选厂总精矿铁品位仅为 59% ~61%,SiO_2 高达 9% 左右,后改造为采用振动螺溜—摇床来分选二段强磁精矿,所得精矿与弱磁精矿混合后,所得综合精矿铁品位 63% 左右,SiO_2 含量不大于 6.5%,但振动螺溜-摇床工艺对 -0.037 mm 粒级回收效果不好。2009 年 5 月,选厂采用 Slon 系列离心机对二段强磁精矿进行了工业试验,取得了离心机精矿铁品位大于 60% 的良好试验指标,并着手进行用 ϕ2400 × 1300 离心机替换振动螺溜-摇床工艺改造,于 2010 年 9 月试车成功,取得了综合铁精矿品位 64% 以上,SiO_2 含量 5% ~6% 的运行指标。

D　生产工艺及流程

a　流程简介

50 万吨/年试验选厂采用的工艺为:一段半自磨—弱磁选、强磁选—混磁精再磨—弱磁选、高梯度强磁选—重选流程。

400 万吨/年选矿厂工艺采用一段半自磨与一段球磨连磨—弱磁选、强磁选—混磁精再磨弱磁选、强磁粗选 + Slon 离心机精选—二段强磁尾 + 离心机尾矿强磁选—重选流程。

　　b　破碎

50 万吨/年和 400 万吨/年选矿厂的破碎作业均只采用一段粗破碎。

50 万吨/年选矿厂:矿石由采场汽车运至地面 30t 粗碎矿仓,给矿最大块度 650 mm,经 1 台 PEF - 900 mm × 1200 mm 颚式破碎机粗碎,排矿粒度 250 ~ 0 mm,破碎产品经带式运输机送至 100 m³ 地面分配矿仓。

400 万吨/年选矿厂:矿石粗碎位于坑下 - 343m 水平,坑下采出矿石块度 850 ~ 0 mm,经 1200/160 井下型旋回破碎机粗碎至粒度 250 ~ 0 mm 后,再通过带式输送机送至选矿厂 3.6 万吨地面矿仓。

　　c　磨矿分级与选别

50 万吨/年与 400 万吨/年选矿厂分别采用 ϕ5.5 m × 1.8 m 及 ϕ8.53 m × 4.27 m 半自磨机 1 台,半自磨工艺取代中、细碎设备主要是利用了大红山铁矿石天然硬度差和人工块度差的特点,以达到节约选矿成本、降低消耗、提高经济效益的目的。半自磨机的钢球充填率约为 12% ~ 15%,半自磨机与双层直线振动筛构成闭路磨矿。半自磨工艺充分发挥了矿石粗磨的作用,且生产实践证明半自磨机中没有难磨粒子产生。

50 万吨/年选矿厂采用一段半自磨 - 弱磁选、强磁选 - 混磁精再磨 - 弱磁选、高梯度强磁选 - 重选工艺流程,见图 1 - 65。

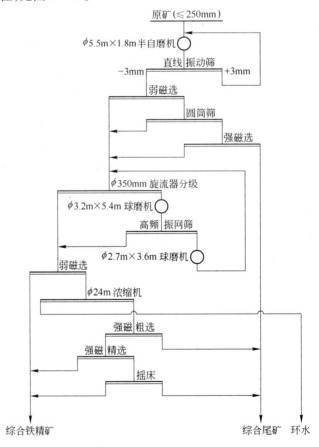

图 1 - 65　50 万吨/年选矿厂磨选工艺流程图

400 万吨/年选矿厂的振动筛筛下产品(– 0.074 mm 占 21%)经 ϕ660 mm 旋流器预先分级,沉砂再磨后返回旋流器形成闭路,溢流细度 – 0.074 mm 粒级为 60%,溢流采用弱磁—强磁工艺抛尾。一段弱磁、强磁混磁精经 ϕ350 mm 旋流器预先分级,沉砂再磨后返回旋流器形成闭路,分级溢流细度 – 0.045 mm 粒级占 80%,分级溢流经弱磁分选得到合格铁精矿,弱磁尾矿经斜板浓缩箱浓缩后进 Slon 强磁机分选富集后再采用 Slon 离心机精选,二段强磁尾矿与离心机尾矿合并浓缩再经强磁—粗—精两次选、强磁精选尾矿摇床再选。选厂磨选工艺流程见图 1 – 66。

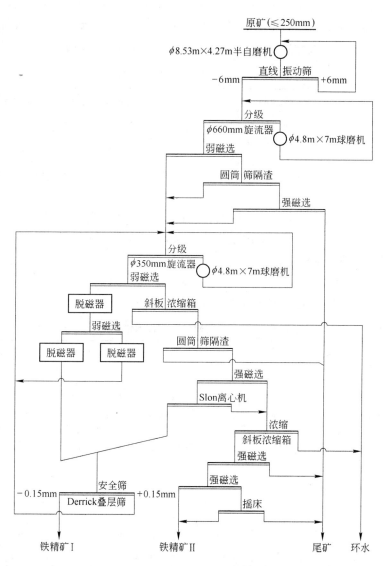

图 1 – 66　400 万吨/年选矿厂磨选工艺流程图

d　精矿浓缩过滤

(1) 50 万吨/年选矿厂精矿集中浓缩、过滤。精矿给入 1 台 ϕ500 m² 斜板浓密机浓缩,底流浓度 40% ~45%,再给入过滤机过滤。斜板浓密机溢流用作选矿厂回水,近年选矿厂精矿过滤技术指标见表 1 – 142。

表 1 - 142　精矿过滤技术指标　　　　　　　　　　（%）

年　份	精矿品位 TFe	精矿水分	过滤材质
2003	62.98	9.5	尼龙布
2004	63.54	9.0	尼龙布
2005	64.04	9.0	尼龙布
2006	64.53	9.0	尼龙布
2007	63.52	9.0	尼龙布

（2）400 万吨/年选矿厂精矿集中给入 1 台 $\phi24m$ 高效浓密机浓缩,底流浓度 70%,经管道输送给入 8 台 $60m^2$ 陶瓷过滤机。精矿过滤技术指标见表 1 - 143。

表 1 - 143　精矿过滤技术指标　　　　　　　　　　（%）

年　份	精矿品位 TFe	精矿水分	过滤材质
2008	62.22	9.73	陶瓷
2009	63.27	9.11	陶瓷
2010(1~9月)	63.37	9.04	陶瓷

e　尾矿处理

选矿厂尾矿进入尾矿浓密机集中浓缩,溢流作为选矿回水循环使用。尾矿浓密机共有 3 台,其中 50 万吨/年选矿厂 $\phi30m$ 浓密机 1 台,400 万吨/年选矿厂 $\phi53m$ 浓密机两台。浓密机底流矿浆由渣浆泵加压后输送入尾矿库。

f　选矿厂主要设备

选矿厂主要设备见表 1 - 144 ~ 表 1 - 148。

表 1 - 144　粗碎破碎机技术性能

选厂规模 /万吨·年$^{-1}$	设备名称	型号、规格 /mm	数量/台	给矿粒度 /mm	排矿口 /mm	排矿 粒度	单机产量/t·h^{-1} 设计	单机产量/t·h^{-1} 实际
50	颚式破碎机	PEF - 900 × 1200	1	650 ~ 0	100 ~ 200	250 ~ 0	150 ~ 320	200
400	旋回破碎机	PXZ - ϕ1200/160	1	850 ~ 0	160	250 ~ 0	1000 ~ 1200	1000

表 1 - 145　50 万吨/年选矿厂磨矿分级和选别设备

作业名称	设备名称		型号、规格/mm	数量/台	传动电机 功率/kW	传动电机 数量/台
磨矿	湿式半自磨机	一段	ϕ5500 × 1800	1	800	1
磨矿	溢流型球磨机	二段	ϕ3200 × 5400	1	800	1
磨矿	溢流型球磨机	三段	ϕ2700 × 3600	1	400	1
分级	直线振动筛	一次	ZKX - 2448	1	22	1
分级	水力旋流器	二次	ϕ350	1		1
分级	高频振网筛	三次	MVS - 2020	4	3.5	4
弱磁选	永磁筒式磁选机	粗选	XCTB - 1024	1	5.5	1
弱磁选	永磁筒式磁选机	精选	CTB - 1024	1	5.5	1

续表 1-145

作业名称	设备名称		型号、规格/mm	数量/台	传动电机	
					功率/kW	数量/台
强磁选	立环脉动高梯度强磁选机	一次	Slon-1500	2	3+4	2×2
	立环脉动高梯度强磁选机	二次	Slon-1500	1	3+4	1×2
	立环脉动高梯度强磁选机	三次	Slon-1500	1	3+4	1×2
重选	螺旋溜槽	一次	LLB-1500	3		
	摇床	一次	云锡摇床	12	1.5	12

表 1-146 50 万吨/年选矿厂磨机装球情况

磨机规格/mm	段数	磨矿介质比例与对应球径/mm					装球量/t	充填率/%	补加球直径	材质
		40%	40%	10%	10%	类型				
$\phi5500×1800$ 半自磨机	一	$\phi150$	$\phi120$	$\phi90$	$\phi80$	钢球	20.16	10	$\phi150$	铁锰
$\phi3200×5400$ 溢流型球磨机	二	$\phi60$	$\phi40$	$\phi20$	$\phi10$	钢球	56.16	30~35	$\phi60$	铁锰
$\phi2700×3600$ 溢流型球磨机	三	45×45×40				钢锻	24.48	30~35	45×45×40	铁锰

表 1-147 400 万吨/年选矿厂磨机装球情况

磨机规格/mm	段数	磨矿介质比例与对应球径/mm					装球量/t	充填率/%	补加球直径	材质
		40%	40%	10%	10%	类型				
$\phi8530×4270$ 半自磨机	一	$\phi150$	$\phi120$	$\phi90$	$\phi80$	钢球	106	10	$\phi150$	铁锰
$\phi4800×7000$ 溢流型球磨机	二	$\phi60$	$\phi40$	$\phi20$	$\phi10$	钢球	55.34	30~35	$\phi60$	铁锰
$\phi4800×7000$ 溢流型球磨机	三	$\phi45×45×40$				钢锻	55.34	30~35	45×45×40	铁锰

表 1-148 400 万吨/年选矿厂磨矿分级和选别设备

作业名称	设备名称		型号、规格/mm	数量/台	传动电机	
					功率/kW	数量/台
磨矿	湿式半自磨机	一段	$\phi8530×4270$	1	5400	1
	溢流型球磨机	二段	MQY-$\phi4800×7000$	2	2500	2
	溢流型球磨机	三段	MQY-$\phi4800×7000$	2	2500	2
分级	直线振动筛	一次	2ZK-3073	2	37	2
	水力旋流器	二次	$\phi660×7$	2		
	水力旋流器	三次	$\phi350×20$	2		
弱磁选	永磁筒式磁选机	一选	XCTB-1224 半逆流	8	7.5	8
	永磁筒式磁选机	二选	CTB-1224	8	7.5	8

作业名称	设备名称		型号、规格/mm	数量/台	传动电机	
					功率/kW	数量/台
强磁选	立环脉动高梯度强磁选机	一次	Slon - 2000	8	74	8
	立环脉动高梯度强磁选机	二次	Slon - 2000	3	74	3
磁重选	Slon 离心机	精选	Slon - ϕ2400 × 1300			
重选	摇床	一次	云锡摇床			

g　历年主要技术经济指标

大红山 50 万吨/年选矿厂 2003～2010 年生产技术指标见表 1 - 149。

大红山 400 万吨/年选矿厂 2007～2010 年生产技术指标见表 1 - 150。

表 1 - 149　大红山 50 万吨/年选矿厂 2003～2010 年 9 月生产技术指标

指标 年份	原矿		尾矿	弱磁 + 强磁铁精矿					重选铁精矿				铁精矿总回收率/%	选矿比
	处理量/t	品位(TFe)/%	品位(TFe)/%	产率/%	品位(TFe)/%	金属量/t	回收率/%	产率/%	品位(TFe)/%	金属量/t	回收率/%			
2003	342343.40	40.15	13.85	53.54	62.98	115431.63	83.98	0.00	0.00	0.00	0.00	83.98	1.87
2004	481752.00	40.96	17.35	51.11	63.54	156454.54	79.29	0.00	0.00	0.00	0.00	79.29	1.96
2005	522074.25	39.50	13.39	50.86	64.04	170055.78	82.46	1.03	52.16	2810.12	1.36	83.82	1.93
2006	592512.70	39.21	12.76	49.71	64.53	190064.47	81.81	2.90	52.19	8960.76	3.86	85.67	1.92
2007	580745.60	36.70	11.81	46.42	63.25	170498.53	80.00	2.97	52.20	8993.21	4.22	84.22	2.05
2008	652990.70	36.50	12.79	43.98	62.92	180708.45	75.82	3.86	52.56	13259.05	5.56	81.38	2.12
2009	742735.90	37.77	12.06	48.61	62.89	227043.78	80.93	2.54	51.62	9740.95	3.47	84.40	1.97
2010	608173.70	37.26	11.84	49.47	62.01	186566.70	82.33	1.59	49.89	4831.85	2.13	84.46	1.97

表 1 - 150　大红山 400 万吨/年选矿厂 2007～2010 年 9 月生产技术指标

指标 年份	原矿		尾矿	弱磁 + 强磁铁精矿					重选铁精矿				铁精矿总回收率/%	选矿比
	处理量/t	品位(TFe)/%	品位(TFe)/%	产率/%	品位(TFe)/%	金属量/t	回收率/%	产率/%	品位(TFe)/%	金属量/t	回收率/%			
2007	2542463.60	35.85	15.75	42.94	62.54	682723.40	74.90	0.00	0.00	0.00	0.00	74.90	2.33
2008	4066374.60	35.72	13.55	40.44	62.21	1023121.34	70.44	6.45	51.44	262365.20	9.29	79.73	2.18
2009	4546994.00	36.20	13.43	41.63	62.80	1188757.90	72.22	6.05	50.53	274895.80	8.44	80.66	2.15
2010	3510918.80	36.68	12.83	43.35	62.32	948473.94	73.65	6.78	47.77	238124.90	8.83	82.48	2.06

1.3.3.4　太钢袁家村铁矿选矿实践

A　概况

袁家村铁矿位于山西省岚县梁家庄乡,北距岚县县城 15 km,距尖山铁矿采矿场北约 12.5 km,距选矿厂约 15 km,其地理坐标为:东经 111°35′00″～111°36′30″,北纬 38°07′45″～38°10′00″,有简易公路与县城相通,交通较为便利。

截止 1990 年底,全区累计探明及保有储量均为 12.5 亿吨,具有良好的露天开采条件。但由于铁矿物种类多,矿物间镶嵌关系复杂,嵌布粒度微细,选矿难度大,一直未能开发利用。近年来随着我国铁矿选矿工艺技术的进步,大规模开发利用袁家村铁矿已成为可能。为此,太原钢铁(集团)公司从 2006 年 3 月开始,委托长沙矿冶研究院对袁家村铁矿先后进行了前期四样探索试验、十一种类型的铁矿进行详细的可选性研究、四个综合样试验、进行扩大连续试验、浮选机与浮选柱对比试验等。根据扩大试验结果,设计流程为粗破碎—半自磨—两段球磨—弱磁—强磁—再磨—反浮选流程。

B　矿石性质

a　矿体概述

袁家村铁矿属沉积变质类矿石,矿区分布南北长 6 km,东西宽 0.4~1.5 km,共有大小矿体 20 余个,其中 10 号矿体规模最大,占总储量的 57.88%,其次为 1 号和 2 号矿体,分别占总含量的 17.62% 和 10.94%。

b　化学成分

袁家村铁矿矿区内十一种铁矿样的多元素化学成分分析结果列于表 1-151,铁的化学物相分析结果列于表 1-152。

表 1-151　各种矿样的化学成分　　　　(%)

样　品	TFe	FeO	Fe$_2$O$_3$	SiO$_2$	TiO$_2$	Al$_2$O$_3$	CaO	MgO
石英型原生矿	36.34	13.89	36.52	41.46	0.060	0.28	2.87	1.40
石英型氧化矿	34.26	7.19	40.99	44.97	0.15	1.22	1.48	1.13
石英型镜铁矿	35.90	1.11	50.09	45.81	0.064	0.74	0.25	0.25
石英型镜铁次贫矿	32.34	1.66	44.39	49.70	0.13	1.72	0.33	0.59
闪石型氧化矿	29.79	3.34	38.88	45.56	0.26	1.35	2.74	1.84
10 号矿体石英型磁(赤)铁矿	33.41	8.90	37.88	45.20	0.14	1.24	1.90	1.62
1 号矿体闪石型氧化矿	36.50	12.03	38.81	43.10	0.069	0.63	1.12	1.76
2 号矿体闪石型氧化矿	32.51	24.17	19.62	47.34	0.051	0.44	1.34	4.56
砾岩型铁矿	22.03	1.48	29.85	30.50	0.065	0.69	17.82	1.26
2 号矿体闪石型原生矿	34.34	25.49	20.77	41.50	0.073	1.57	0.76	4.00
11 号矿体闪石型原生矿	31.54	18.63	24.39	40.96	0.19	3.07	0.78	4.48
样　品	MnO	Na$_2$O	K$_2$O	P	S	Ig	TFe/FeO	碱性系数
石英型原生矿	0.10	0.0090	0.017	0.067	0.038	2.80	2.62	0.10
石英型氧化矿	0.097	0.016	0.054	0.073	0.035	2.20	4.76	0.06
石英型镜铁矿	0.034	0.021	0.099	0.057	0.013	0.68	32.34	0.01
石英型镜铁次贫矿	0.027	0.022	0.19	0.055	0.023	0.40	19.48	0.02
闪石型氧化矿	0.061	0.036	0.27	0.055	0.018	3.95	8.92	0.10
10 号矿体石英型磁(赤)铁矿	0.046	0.14	0.083	0.091	0.032	1.60	3.75	0.08
1 号矿体闪石型氧化矿	0.076	0.014	0.030	0.048	0.025	1.70	3.03	0.07
2 号矿体闪石型氧化矿	0.076	0.021	0.053	0.038	0.061	2.02	1.35	0.12
砾岩型铁矿	0.13	0.031	0.20	0.017	0.029	16.19	14.89	0.61
2 号矿体闪石型原生矿	0.11	0.064	0.11	0.032	0.24	2.94	1.35	0.11
11 号矿体闪石型原生矿	0.11	0.044	0.12	0.040	0.19	5.78	1.69	0.12

表 1-152　各种矿样铁化学物相分析结果　　　　　　　　（%）

样　品	铁相	磁铁矿中铁	半假象赤铁矿中铁	赤(褐)铁矿中铁	碳酸盐中铁	硫化物中铁	硅酸盐中铁	合　计
石英型原生矿	金属量	27.84	4.96	1.50	0.99	0.03	1.02	36.34
	分布率	76.61	13.65	4.13	2.72	0.08	2.81	100.00
石英型氧化矿	金属量	14.46	8.32	9.84	0.65	0.03	0.96	34.26
	分布率	42.21	24.28	28.72	1.90	0.09	2.80	100.00
石英型镜铁矿	金属量	1.32	6.58	25.38	0.12	0.01	2.49	35.90
	分布率	3.68	18.33	70.69	0.33	0.03	6.94	100.00
石英型镜铁次贫矿	金属量	1.23	2.39	26.95	0.22	0.02	1.53	32.34
	分布率	3.80	7.39	83.34	0.68	0.06	4.73	100.00
闪石型氧化矿	金属量	1.32	6.18	18.87	0.19	0.02	3.21	29.79
	分布率	4.43	20.74	63.34	0.64	0.07	10.78	100.00
10号矿体石英型磁(赤)铁矿	金属量	16.68	8.38	6.60	0.46	0.03	1.26	33.41
	分布率	49.93	25.08	19.75	1.38	0.09	3.77	100.00
1号矿体闪石型氧化矿	金属量	21.51	8.44	4.21	0.37	0.02	1.95	36.50
	分布率	58.93	23.12	11.54	1.01	0.06	5.34	100.00
2号矿体闪石型氧化矿	金属量	15.15	1.57	1.03	0.95	0.05	13.76	32.51
	分布率	46.60	4.83	3.17	2.92	0.15	42.33	100.00
砾岩型铁矿	金属量	1.05	0.96	18.17	0.30	0.02	1.53	22.03
	分布率	4.77	4.36	82.48	1.36	0.09	6.94	100.00
2号矿体闪石型原生矿	金属量	18.56		1.48	1.16	0.20	12.94	34.34
	分布率	54.05		4.31	3.38	0.58	37.68	100.00
11号矿体闪石型原生矿	金属量	20.69		3.91	2.11	0.15	4.68	31.54
	分布率	65.60		12.40	6.69	0.47	14.84	100.00

c　矿物组成

　　矿石内石英型原生矿属低磷低硫的单一酸性原生磁铁矿矿石,1 号矿体闪石型氧化矿属低磷低硫的单一酸性混合型矿石,而其余样品均为低磷低硫的单一酸性氧化矿矿石。经镜下鉴定、X 射线衍射分析和扫描电镜分析,各矿样的组成矿物种类基本相似,但含量差异较大。铁矿物部分矿样以磁铁矿为主,如石英型原生矿和 2 号矿体闪石型氧化矿、2 号矿体、11 号矿体闪石型原生矿;部分矿石以假象赤铁矿、镜铁矿和赤铁矿居多,如石英型镜铁矿和石英型镜铁次贫矿;部分矿石则以磁铁矿、半假象赤铁矿和假象赤铁矿为主,而镜铁矿、赤铁矿含量较低,如石英型氧化矿、10 矿体石英型磁(赤)铁矿和 1 号矿体闪石型氧化矿;但闪石型氧化矿和砾岩型铁矿中假象赤铁矿和镜铁矿均占较大的比例;褐铁矿在各矿样中均有出现,但含量较低,相对而言,闪石型氧化矿、10 矿体石英型磁(赤)铁矿和 1 号矿体闪石型氧化矿中褐铁矿出现的频率略高。

　　脉石矿物大多数矿样均以石英为主,其次是阳起石、透闪石、绿泥石、方解石和铁白云石,部分矿样中尚含一定数量的斜长石、黑云母和滑石;微量矿物包括黄铁矿、菱铁矿、磷灰石、钛铁矿、金红石和锆石等。其中2号矿体闪石型氧化矿中脉石主要是阳起石,而砾岩型铁矿中脉石则以方解石居多,相应这两矿样中石英的含量明显降低。

各样品中主要矿物的含量列于表1-153。

表1-153 样品中主要矿物的含量　　　　　　　　　（%）

样品	石英型原生矿	石英型氧化矿	石英型镜铁矿	石英型镜铁次贫矿	闪石型氧化矿	10号矿体石英型磁(赤)铁矿	1号矿体闪石型氧化矿	2号矿体闪石型氧化矿	砾岩型铁矿	2号矿体闪石型原生矿	11号矿体闪石型原生矿
磁铁矿	36.1	16.5				19.6	27.5	18.5		24.9	25.0
半假象赤铁矿	6.8	14.2	10.4	3.7	9.6	15.7	14.0	0.7	2.5	1.0	3.6
假象赤铁矿	3.7	13.0	16.8	16.4	8.3	5.2	2.7	0.2	15.8	2.7	5.4
镜铁矿赤铁矿	1.0	1.4	20.0	23.6	18.5	2.4	1.3	5.3	10.3		
褐铁矿	0.2	1.3	0.3	0.1	1.8	1.5	2.6	0.2	0.8	0.1	0.2
石英	38.5	42.5	42.8	47.1	40.7	43.0	39.1	17.8	27.3	19.1	32.8
角闪石	6.3	2.9	0.2	0.3	7.6	1.3	3.0	36.5	2.9	42.3	11.2
绿泥石	3.2	4.3	7.5	8.2	4.5	6.1	4.3	10.3	3.4	6.2	9.5
方解石铁白云石	3.9	3.6	0.3	0.3	7.2	0.8		4.1	36.7	3.0	11.7
斜长石						4.1					
黑云母					1.5						
滑石			1.4					2.4	6.0		
其他	0.3	0.3	0.3	0.3	0.3	0.3	0.3	0.4	0.3	0.7	0.6

注:2号矿体和11号矿体的其他含量中各包括黄铁矿0.4、0.3。

d 矿石结构构造

矿石结构:普遍呈板片状、针柱状结构,镜铁矿和赤铁矿多呈板片状、针柱状出现,集合体为束状、放射状;呈细粒～微细粒结构,磁铁矿、半假象～假象赤铁矿、镜铁矿和赤铁矿粒度都较为细小,部分甚至小于0.01 mm。

矿石构造:基本上均呈浸染条带～条纹状产出,特征是磁铁矿、半假象～假象赤铁矿和镜铁矿条带和脉石条带相间排列,其中铁矿物条带的宽度变化较大,窄者约0.01 mm,宽者可至2.0 mm左右,一般0.05～1.0 mm。

各种类型矿石的主要特征及差异列于表1-154。

表1-154 各类型矿石的主要特征及差异

样品	主要化学成分	主要矿物组成	铁矿物的产出形式	铁矿物的粒度分布	矿石构造
石英型原生矿	TFe 36.34% TFe/FeO 2.62	铁矿物以磁铁矿为主,次为半假象～假象赤铁矿,镜铁矿和褐铁矿少量;脉石以石英为主,次为角闪石、绿泥石和碳酸盐类矿物	磁铁矿多呈浸染条带状分布,粒度大小不一,假象赤铁矿化不均匀,赤铁矿多呈细脉状沿裂隙充填并交代磁铁矿	属细粒嵌布的范畴,介于-0.32+0.052 mm之间的占75.13%,大于0.037 mm部分占92.55%	浸染条带～条纹状构造

样品	主要化学成分	主要矿物组成	铁矿物的产出形式	铁矿物的粒度分布	矿石构造
石英型氧化矿	TFe 34.26% TFe/FeO 4.76	铁矿物中磁铁矿、半假象赤铁矿和假象赤铁矿三者比例大致相近，镜铁矿和褐铁矿少量；脉石以石英为主，次为角闪石、绿泥石和碳酸盐类矿物	磁铁矿呈浸染条状分布，部分粒度小于0.01 mm。磁铁矿集中分布在部分矿块中，假象赤铁矿化在部分矿石中十分强烈，褐铁矿可集中见于个别矿块中	属细粒嵌布的范畴，介于 −0.30 +0.052 mm之间的铁矿物占71.27%，大于0.037 mm部分占91.70%	浸染条带~条纹状构造为主，少数具皱纹状构造
石英型镜铁矿	TFe 35.90% TFe/FeO 32.34	铁矿物以半假象~假象赤铁矿和镜铁矿为主，褐铁矿少见，未见磁铁矿；脉石以石英为主，次为绿泥石、角闪石和碳酸盐类矿物少见	铁矿物多呈浸染条带状产出，半假象~假象赤铁矿分布广泛，个别矿块中这种变化的程度较弱，镜铁矿交代半假象~假象赤铁矿	属细粒嵌布的范畴，介于 −0.30 +0.052 mm之间的铁矿物占69.30%，大于0.037 mm部分占91.85%	浸染条带~条纹状构造为主，偶见皱纹状和角砾状矿石
石英型镜铁次贫矿	TFe 32.34% TFe/FeO 19.48	铁矿物以镜铁矿和假象赤铁矿为主，褐铁矿微量；脉石主要是石英，次为绿泥石，角闪石和碳酸盐类矿物少见	铁矿物多呈浸染条带状产出，少数镜铁矿粒度小于0.01 mm，假象赤铁矿分布十分广泛，镜铁矿交代假象赤铁矿	属细粒嵌布的范畴，介于 −0.30 +0.052 mm之间的铁矿物占65.17%，大于0.037 mm部分占89.38%	浸染条带~条纹状构造
闪石型氧化矿	TFe 29.79% TFe/FeO 8.92	铁矿物以赤铁矿为主，次为半假象~假象赤铁矿，褐铁矿少量；脉石以石英为主，次为角闪石、绿泥石和碳酸盐类矿物，并出现少量黑云母	铁矿物多呈浸染条带状产出，部分矿石中其分散程度较高。由于氧化，脉石粒间常见粒度小于0.002 mm的粉尘状铁矿物分布，致使部分矿石显红褐色	属微细粒嵌布的范畴，介于 −0.30 +0.052 mm之间的铁矿物占43.32%，大于0.037 mm部分占70.79%	以皱纹状构造为主，少数具条带~条纹状构造
10号矿体石英型磁(赤)铁矿	TFe 33.41% TFe/FeO 3.75	铁矿物主要为磁铁矿，次为半假象~假象赤铁矿，少量镜铁矿和褐铁矿；脉石以石英为主，次为绿泥石，角闪石和碳酸盐类矿物少量	铁矿物多呈浸染条带状产出，分散程度较高，假象赤铁矿化普遍；镜铁矿常为细脉状并交代磁铁矿和假象赤铁矿，褐铁矿呈不规则状沿假象赤铁矿粒间充填	属细粒嵌布的范畴，介于 −0.30 +0.052 mm之间的铁矿物占82.17%，大于0.037 mm部分占91.99%	浸染条带~条纹状构造

样 品	主要化学成分	主要矿物组成	铁矿物的产出形式	铁矿物的粒度分布	矿石构造
1号矿体闪石型氧化矿	TFe 36.50% TFe/FeO 3.03	铁矿物以磁铁矿为主，次为半假象～假象赤铁矿，假象赤铁矿和镜铁矿少量，褐铁矿亦较常出现；脉石以石英为主，次为角闪石、绿泥石和碳酸盐类矿物和滑石	铁矿物多呈浸染条带状分布在脉石中，粒度不均匀，假象赤铁矿化较为广泛，脉石的褐铁矿化常见	属细粒嵌布的范畴，介于 −0.30 +0.052 mm 之间的铁矿物占 80.85%，大于 0.037 mm 部分占 90.79%	浸染条带～条纹状构造
2号矿体闪石型氧化矿	TFe 32.51% TFe/FeO 3.75	铁矿物以磁铁矿为主，次为镜铁矿，半假象～假象赤铁矿和褐铁矿较少；脉石角闪石为主，次为石英、绿泥石、碳酸盐类矿物和滑石	铁矿物多呈浸染条带状产出，分散程度相当高，因此预计磨矿过程中较难解离	属细粒～微细粒嵌布的范畴，介于 −0.30 + 0.052 mm 之间的铁矿物占 70.67%，大于 0.037 mm 部分占 84.78%	浸染条带～条纹状构造，但铁矿物条带中铁矿物多呈稀疏～星散状
砾岩型铁矿	TFe 22.03% TFe/FeO 14.89 碱性系数 0.61	铁矿物主要是假象赤铁矿和镜铁矿以及少量半假象赤铁矿和褐铁矿；脉石以方解石、铁白云石等碳酸盐类矿物和石英为主，其次是角闪石和绿泥石	铁矿物多呈浸染条带状产出，即使在矿石角砾中，铁矿物亦此种形式出现。铁矿石角砾之间的胶结物主要是方解石和铁白云石	属细粒嵌布的范畴，介于 −0.30 + 0.052 mm 之间的铁矿物占 50.86%，大于 0.037 mm 部分占 89.02%	部分为浸染条带～条纹状，部分为角砾状构造，角砾粗者可至 3.0 mm，细小者小于 0.01 mm
2号矿体闪石型原生矿	TFe34.34%，FeO25.49%，磁性铁分布率占 54.05%	铁矿物以磁铁矿为主，次为半假象～假象赤铁矿，镜铁矿较少；脉石中角闪石含量大于石英	磁铁矿多呈中等稠密～稀疏浸染条带状嵌布在脉石中，定向排列的特征明显	属微细粒嵌布的范畴，介于 −0.21 + 0.037 mm之间的磁铁矿占81.88%	中等稠密～稀疏浸染条纹～条痕状构造为主，部分为星散浸染状
11号矿体闪石型原生矿	TFe31.54%，FeO18.63%，磁性铁分布率占 65.60%	铁矿物以磁铁矿为主，次为半假象～假象赤铁矿和镜铁矿；脉石中石英含量大于角闪石，绿泥石和方解石（包括铁白云石）含量明显较样品2号矿体高	磁铁矿产出形式与样品2号矿体基本一致，但由于晚期绿泥石化以及应力作用的影响，铁矿物条带弯曲、变形强烈	属微细粒嵌布的范畴，但粒度较样品2号矿体略细，未见大于 0.21 mm 的颗粒，介于 −0.15 +0.037 mm 之间的磁铁矿占 73.13%	中等稠密～稀疏浸染条纹～条痕状和皱纹构造为主，部分为星散浸染状

C　破碎筛分

粗破碎在矿山进行,工艺流程比较简单,采出矿石(1400～0 mm)经过圆锥破碎至300～0 mm,运至选矿厂进行半自磨。

D　选矿设计流程

袁家村铁矿属在建项目,工艺流程以长沙矿冶研究院前期经历五个阶段试验推荐出的流程,见图1－67。

流程设计指标:原矿处理量2200万吨/年,原矿铁品位31.31%,精矿产量741.84万吨/年,铁精矿品位65.00%,铁回收率70.00%。

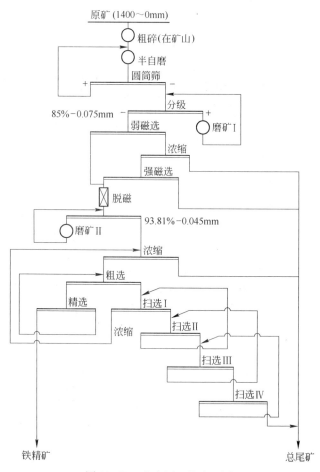

图1－67　选矿厂工艺流程图

E　选矿试验

a　十一个单样试验

太原钢铁公司采集了十一个矿石样品进行详细的选矿试验研究,十一个单样包括五个主样和六个试验室小试样。试验的目的是在对每个单样铁的矿物含量及存在形式、矿石中矿物组成、嵌布粒度、矿石结构构造、各矿样的选矿特点、磨矿细度、适宜的选矿工艺流程等进行详细研究的基础上,对各种矿石的可选性进行分类,并考查可选的矿石种类采用同一选矿流程分选的可能性,为下一步确定配样方案及综合样试验流程提供依据。

为此,先后进行了磁选预选抛尾试验、阶段磨矿阶段弱磁、强磁、浮选等试验,在各段选别中,根据各段的粒度特点和矿石性质,进行了磁、重、浮、脱泥等多方案单元试验及联合流程试验,最终有针对性地对各种合理流程方案进行了全流程闭路试验,试验结果见表1-155。

表 1-155　11 个矿样的最终选矿试验指标

矿样名称	试验流程	产品名称	产率/%	品位(TFe)/%	回收率/%
石英型原生矿	阶磨弱磁—磁选柱(Ⅱ)流程 92.50% -0.045 mm	精矿	46.77	67.66	86.65
		尾矿	53.23	9.16	13.35
		原矿	100.00	36.52	100.00
	再磨弱磁反浮选流程 -0.075 mm 96.66% -0.045 mm 73.87%	精矿	44.55	67.51	83.28
		尾矿	55.45	10.89	16.72
		原矿	100.00	36.11	100.00
	再磨弱磁—反浮选流程 91.88% -0.045 mm	精矿	42.88	70.27	83.58
		尾矿	57.12	10.36	16.42
		原矿	100.00	36.05	100.00
	再磨反浮选流程 96.47% -0.075 mm -0.045 mm 73.87%	精矿	43.34	68.11	81.32
		尾矿	56.66	11.97	18.68
		原矿	100.00	36.30	100.00
石英型氧化矿	阶磨弱磁—强磁—反浮选流程 95.13% -0.0385 mm	精矿	42.14	65.52	80.50
		尾矿	57.86	11.56	19.50
		原矿	100.00	34.30	100.00
	阶磨全浮选流程	精矿	44.13	61.24	78.88
		尾矿	55.87	12.95	21.12
		原矿	100.00	34.26	100.00
	阶磨弱磁—强磁—脱泥—浮选流程 95.13% -0.0385 mm	精矿	37.28	68.14	74.06
		尾矿	62.72	14.19	25.94
		原矿	100.00	34.30	100.00
石英型镜铁矿	阶磨弱磁—强磁—反浮选流程 92.50% -0.045 mm	精矿	44.17	66.04	81.37
		尾矿	55.83	11.96	18.63
		原矿	100.00	35.85	100.00
	全浮选流程 96.51% -0.075 mm	精矿	44.25	65.85	81.53
		尾矿	55.75	11.84	18.47
		原矿	100.00	35.74	100.00
	阶磨—强磁—重选—反浮选流程 95.54% -0.075 mm	精矿	43.02	66.22	79.38
		尾矿	56.98	12.99	20.62
		原矿	100.00	35.89	100.00

矿样名称	试验流程	产品名称	产率/%	品位(TFe)/%	回收率/%
石英镜铁次贫矿	阶磨—强磁—反浮选流程 -0.075 mm 96.73%	精矿	38.93	65.07	79.68
		尾矿	61.07	10.58	20.32
		原矿	100.00	31.79	100.00
	阶磨—强磁—重选—反浮选流程 -0.075 mm 96.73%	精矿	39.03	65.40	80.30
		尾矿	60.97	10.27	19.70
		原矿	100.00	31.79	100.00
	全浮选流程 97.33% - 0.075 mm	精矿	38.13	64.72	78.29
		尾矿	61.87	11.06	21.71
		原矿	100.00	31.52	100.00
闪石型氧化矿	焙烧—磁选—反浮选流程 96.31% - 0.030 mm	烧失	2.88	0.00	0.00
		精矿	36.06	58.22	70.47
		尾矿	61.06	14.41	29.53
		原矿	100.00	29.79	100.00
	阶磨弱磁—强磁—反浮流程(开路) 96.73% - 0.0385 mm	精矿	37.75	46.48	57.27
		尾矿	42.92	16.18	22.67
		原矿	100.00	30.64	100.00
10 号矿体石英型磁(赤)铁矿	弱磁—强磁—反浮选流程 98% - 0.045 mm	精矿	43.04	65.38	83.95
		尾矿	56.96	9.45	16.05
		原矿	100.00	33.52	100.00
	弱磁—强磁—脱泥—反浮选流程 84.60% - 0.0385 mm	精矿	36.32	69.08	74.84
		尾矿	63.68	13.24	25.16
		原矿	100.00	33.52	100.00
1 号矿体闪石型氧化矿	弱磁—强磁—反浮选流程 97.5% - 0.045 mm	精矿	52.91	63.69	88.62
		尾矿	47.09	9.19	11.38
		原矿	100.00	38.03	100.00
	弱磁—强磁—脱泥—反浮选流程 90.30% - 0.0385 mm	精矿	42.88	69.09	78.62
		尾矿	57.12	14.10	21.38
		原矿	100.00	37.68	100.00
砾岩型铁矿	强磁—反浮选流程 93.7% - 0.0385 mm	精矿	24.85	65.84	75.05
		尾矿	75.15	7.24	24.95
		原矿	100.00	21.82	100.00
2 号矿体闪石型氧化矿	弱磁—强磁—反浮选流程 97.5% - 0.045 mm	精矿	35.48	52.85	59.44
		尾矿	64.52	19.83	40.56
		原矿	100.00	31.55	100.00
	焙烧—强磁—反浮选流程 98.49% - 0.030 mm	烧失	1.28	0.00	0.00
		精矿	21.88	62.01	41.73
		浮选尾矿	25.73	21.43	16.96
		磁选尾矿	51.11	26.27	41.31
		尾矿	76.84	24.65	58.27
	全弱磁选流程 95.59% - 0.045 mm	精矿	19.48	68.20	40.67
		尾矿	80.52	24.07	59.33
		原矿	100.00	32.66	100.00

矿样名称	试验流程	产品名称	产率/%	品位(TFe)/%	回收率/%
2 号矿体闪石型原生矿	阶磨弱磁流程 -0.045 mm 96.71%	精矿	26.26	66.51	50.86
		尾矿	73.74	22.88	49.14
		原矿	100.00	34.34	100.00
11 号矿体闪石型原生矿	阶磨弱磁流程 -0.045 mm 96.71%	精矿	30.35	65.14	62.69
		尾矿	69.65	16.90	37.31
		原矿	100.00	31.54	100.00

试验结论：

（1）袁家村铁矿五个主要矿样中，除闪石型氧化矿外，其余四个矿样的可选性较好，在磨矿细度为 -0.074 mm（-325 目）粒级含量占95%左右，采用弱磁—强磁—反浮选流程铁精矿品位达到65%以上，金属回收率达79%以上的指标。闪石型氧化矿在磨矿细度为 -0.038 mm（-400 目）粒级含量占96.73%，采用弱磁—强磁—反浮选流程，铁精矿品位达46.48%，回收率为57.27%。

（2）五大单样均可以在 -0.075 mm 粒级含量占85%左右实现有效抛尾，均可以为下道作业提供90%左右的回收率保证（闪石型除外）。

（3）所有样品都能实现阶段抛尾，所有样品进行早收的可能性不大。通过脱泥浮选能显著提高铁精矿品位。

（4）通过十一个单样的小试，除闪石型氧化矿外，其余四种大样均能合并配成综合样，而闪石型氧化矿无论是大样还是 1 号矿体闪石型氧化矿、2 号矿体闪石型氧化矿均难以利用。主要原因是矿石嵌布粒度细，工业上磨矿无法达到单体解离程度。

（5）2 号矿体闪石型原生矿、11 号矿体闪石型原生矿可以采用弱磁选回收强磁性矿物，但铁的回收率不高，只有40% ~70%。

（6）砾岩型铁矿采用弱磁—强磁—反浮选流程，在磨矿细度为 -0.038 mm（-400 目）占93.7%时，精矿品位达65.84%，回收率为75.05%；2 号矿体闪石型原生矿在磨矿细度为 -325 目占96.71%时，采用阶磨弱磁流程精矿品位达66.51%，回收率为50.86%；11 号矿体闪石型原生矿在磨矿细度为 -325 目占96.71%，采用阶磨弱磁流程精矿品位达65.14%，回收率为62.69%；2 号矿体闪石型氧化矿及 1 号矿体闪石型氧化矿在磨矿细度 -325 目占97.5%时，采用弱磁 - 强磁 - 反浮选流程精矿品位达52%左右。

b 四个综合样试验

根据 2006 年 12 月 20 日鞍山工作会议后太钢矿业公司传真的会议纪要和配样方案，将五个大样中四个可选性较好的矿样石英型原生矿、石英型氧化矿、石英型镜铁矿、石英型镜铁次贫矿，根据开采深度由浅到深各样的储量变化比例配成四个综合样（表 1 - 156），以前期十一个单样试验中上述几种类型矿样的试验结果为基础，对新配的不同比例的四个综合样按阶段磨矿—弱磁—强磁—浮选和阶段磨矿—弱磁—强磁—脱泥—浮选流程进行详细的选矿试验研究。四个综合样采用上述流程均能取得满意的技术指标。详细试验结果见表1 - 157。

试验研究结论：

（1）四个矿样的可选性随着原生矿配比的增加、氧化矿配比的减少而变得好选，主要表现在流程试验脱泥品位的降低、强磁尾矿品位的降低，精矿品位升高，回收率升高。

（2）四个矿样基本上都适应阶段磨矿—弱磁—强磁—反浮选流程、阶段磨矿—弱磁—强磁（阶选）—反浮选流程、阶段磨矿—弱磁—强磁（大中矿水）—反浮选流程、阶磨弱磁—强磁—脱泥—反浮选流程。

（3）综合比较各方案技术指标并考虑生产中设备配置的方便，推荐采用阶磨弱磁—强磁—脱泥—反浮选流程、阶磨弱磁—强磁—反浮选流程进行扩大连续试验。

表 1 - 156　四个方案配样结果　　　　　　　　　　　　（%）

样品名称	石英型原生矿	石英型镜铁矿	石英型镜铁次贫矿	石英型氧化矿	围岩	设计品位（TFe）	分析品位（TFe）
1 号	0	38.88	11.00	36.69	13.43	31.85	31.83
2 号	6.02	45.33	5.70	28.54	14.41	31.88	31.96
3 号	24.45	45.75	2.73	10.60	16.47	31.89	31.86
4 号	40.62	38.62	2.30	0	18.46	31.64	31.71

注：围岩含铁品位为 12.97%。

表 1 - 157　四个矿样各流程试验结果

矿样	试验流程	产品名称	产率/%	品位（TFe）/%	回收率/%
1 号	阶磨弱磁—强磁—脱泥—反浮选流程	精矿	35.24	66.81	73.99
		尾矿	64.76	12.78	26.01
		原矿	100.00	31.82	100.00
	阶磨弱磁—强磁（阶选）—反浮选流程	精矿	36.42	65.42	75.28
		尾矿	63.58	12.31	24.72
		原矿	100.00	31.65	100.00
	阶磨弱磁—强磁（大中矿水）—反浮选流程	精矿	36.46	65.44	75.31
		尾矿	63.54	12.31	24.69
		原矿	100.00	31.68	100.00
2 号	阶磨弱磁—强磁—脱泥—反浮选流程	精矿	34.57	67.01	72.80
		尾矿	65.43	13.23	27.20
		原矿	100.00	31.82	100.00
	阶磨弱磁—强磁（阶选）—反浮选流程	精矿	36.92	65.91	76.23
		尾矿	63.08	12.03	23.77
		原矿	100.00	31.92	100.00
	阶磨弱磁—强磁（大中矿水）—反浮选流程	精矿	37.27	66.15	77.31
		尾矿	62.73	11.53	22.69
		原矿	100.00	31.89	100.00
	阶磨弱磁—强磁—反浮选流程	精矿	37.62	65.10	76.97
		尾矿	62.38	11.75	23.03
		原矿	100.00	31.82	100.00

矿 样	试验流程	产品名称	产率/%	品位(TFe)/%	回收率/%
3 号	阶磨弱磁—强磁—脱泥—反浮选流程	精 矿	35.12	67.82	74.76
		尾 矿	64.88	12.39	25.24
		原 矿	100.00	31.86	100.00
	阶磨弱磁—强磁(阶选)—反浮选流程	精 矿	36.87	66.30	77.14
		尾 矿	63.13	11.48	22.86
		原 矿	100.00	31.69	100.00
	阶磨弱磁—强磁(大中矿水)—反浮选流程	精 矿	36.75	66.56	76.30
		尾 矿	63.25	12.01	23.70
		原 矿	100.00	32.06	100.00
4 号	阶磨弱磁—强磁—脱泥—反浮选流程	精 矿	36.28	67.72	77.55
		尾 矿	63.72	11.16	22.45
		原 矿	100.00	31.68	100.00
	阶磨弱磁—强磁(阶选)—反浮选流程	精 矿	36.94	66.95	77.63
		尾 矿	63.06	11.30	22.37
		原 矿	100.00	31.86	100.00
	阶磨弱磁—强磁(大中矿水)—反浮选流程	精 矿	37.83	66.53	78.43
		尾 矿	62.17	11.13	21.57
		原 矿	100.00	32.09	100.00

c 扩大连选试验

(1)原矿性质。根据十一个单样可选性研究结论,选用石英型原生矿、石英型氧化矿、石英型镜铁矿、石英型镜铁次贫矿四种矿石按不同采出阶段采出比例的不同,配成四个综合矿样。扩大试验矿样按照实验室试验 2 号综合样进行配矿,各类型矿样及围岩比例见表 1-158。

表 1-158　扩大试验矿样实际配样比例

样品名称	品位(TFe)/%	配样比	扩大试验样品位设计(TFe)/%
石英型原生矿	36.50	5.87	
石英型镜铁矿	35.46	45.53	
石英型镜铁次贫矿	31.90	5.70	31.84
石英型氧化矿	34.65	27.91	
围岩	13.78	14.99	

对上述所配的矿样进行了化学多元素及铁物相测定,结果分别见表 1-159、表 1-160。

表 1-159　原矿化学多元素成分分析结果　　　　　　　　(%)

组 分	TFe	FeO	Fe$_2$O$_3$	SiO$_2$	TiO$_2$	Al$_2$O$_3$	CaO
含 量	31.35	4.80	39.49	45.63	0.20	3.08	1.62
组 分	MgO	MnO	K$_2$O	Na$_2$O	P	S	Ig
含 量	1.38	0.066	0.20	0.037	0.069	0.026	3.12

表1-160　原矿化学物相分析结果　　　　　　　　　　　　（%）

铁 相	磁铁矿中铁	假象赤铁矿中铁	赤(褐)铁矿中铁	碳酸盐中铁	硫化物中铁	硅酸盐中铁	合 计
金属量	6.69	2.31	19.95	0.30	0.02	2.08	31.35
分布率	21.34	7.37	63.64	0.96	0.06	6.63	100.00

（2）试验结果。两流程扩大试验流程分别见图1-68、图1-69,结果见表1-161。

表1-161　2号综合样最终扩大试验结果

试验流程	产品名称	产率/%	品位(TFe)/%	回收率/%
阶磨弱磁—强磁—脱泥—反浮选流程;磨矿细度90.47% -0.045 mm	精 矿	36.10	66.38	75.55
	尾 矿	63.90	12.14	24.45
	原 矿	100.00	31.72	100.00
阶磨弱磁—强磁—反浮选流程;磨矿细度93.81% -0.045 mm	精 矿	34.20	66.95	72.62
	尾 矿	65.80	13.12	27.38
	原 矿	100.00	31.53	100.00

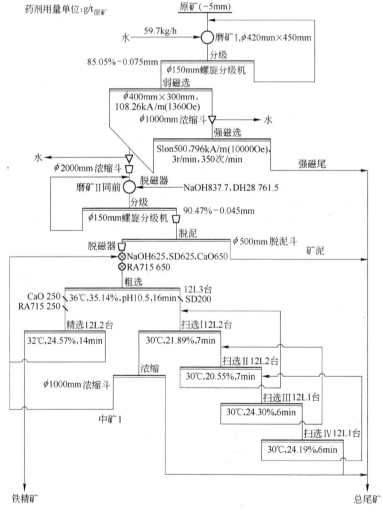

图1-68　阶磨弱磁—强磁—脱泥—反浮选扩试工艺流程图

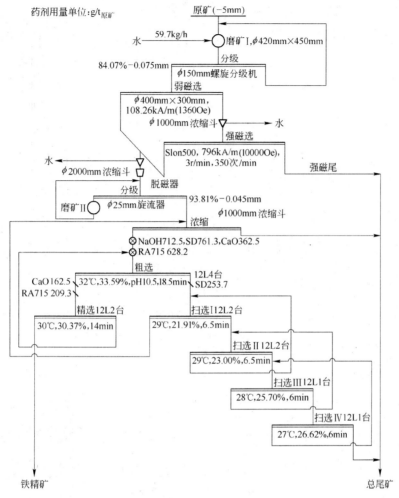

图 1-69 阶磨弱磁—强磁—反浮选扩试工艺流程图

d 柱机浮选试验

为给袁家村铁精矿烧结、球团试验提供原料,用 2 号矿样再次进行扩大试验,试验的主要目的是采用 2007 年 5 月扩大连选试验的磨矿—弱磁—强磁—反浮选工艺流程,制备冶金性能试验所需的 10 t 铁精矿粉,在制备铁精矿粉的同时进行浮选机、柱浮选对比试验及过滤、浓缩等专项试验,满足设备选型及招标要求;为建厂设计提供依据。试验流程见图 1-70,稳定试验最终试验结果见表 1-162。

表 1-162 两系统扩大试验结果

试验流程	产品名称	产率/%	品位(TFe)/%	回收率/%
阶磨弱磁—强磁—反浮选(机选)流程; 磨矿Ⅱ细度 88.46% -0.045 mm	精矿	34.51	68.19	74.26
	尾矿	65.49	12.46	25.74
	原矿	100.00	31.69	100.00
阶磨弱磁—强磁—反浮选(柱选)流程; 磨矿Ⅱ细度 88.46% -0.045 mm	精矿	35.53	67.59	75.78
	尾矿	64.47	11.91	24.22
	原矿	100.00	31.69	100.00

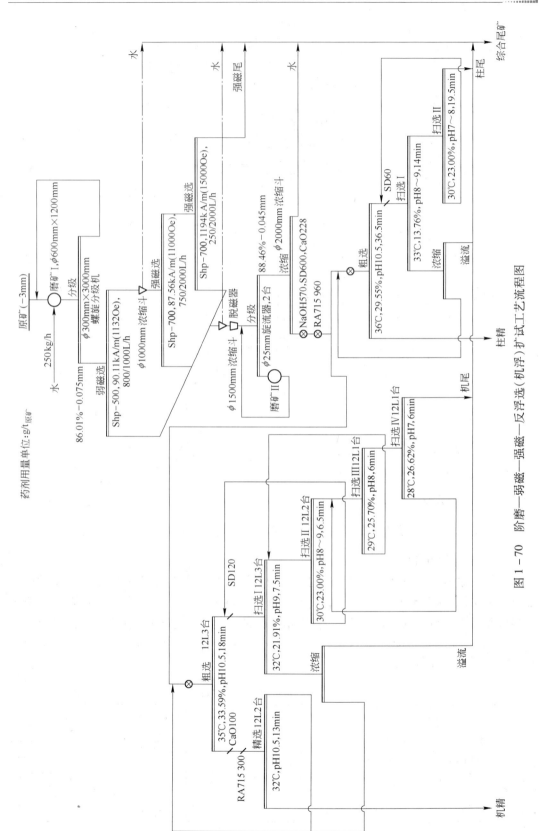

图 1-70　阶磨—弱磁—强磁—反浮选(机浮)扩试工艺流程图

1.3.3.5 加拿大 Bloom Lake 选矿厂选矿实践

A 概况

加拿大 Bloom Lake 铁矿隶属加拿大 CLM 公司(英文全称为 Consolidated Thompson Iron Mines Limited),距加拿大魁北克省蒙特利尔市西北约 940 km,位于加拿大魁北克和拉布拉多两省交界处、加拿大铁矿石生产集中区域,查明资源总量 22.2 亿吨,平均铁品位 29.5%。选矿厂于 2008 年开始建设,设计规模为年产铁精矿 800 万吨/a,2009 年 12 月开始试车,2010 年 3 月正式投产。

B 矿石性质

Bloom Lake 铁矿矿床类型为超湖沼型深沉积变质矿床。矿床由东西、北东 – 南西和南东 – 北西三个矿带组成。该型矿床为条带状沉积岩,其主要条带为富石英(燧石)岩石中的铁氧化物、磁铁矿和赤铁矿,以及数量不等的硅酸盐、碳酸盐和硫化物。该类建造形成世界上主要的铁矿资源。

Bloom Lake 铁矿中镜铁矿与磁铁矿为选矿回收的主要目的矿物,在这两种目的矿物中,大部分为镜铁矿,磁铁矿的含量在 10% 左右。镜铁矿呈银灰色、弱磁性,粒度粗于磁铁矿并和磁铁矿一样产于条带中。脉石矿物以石英为主,其次为阳起石、角闪石、黑云母、长石。其中阳起石中含有磁铁矿。

原矿多元素分析结果见表 1 – 163。

表 1 – 163 多元素分析结果 (%)

元 素	TFe	Fe_2O_3	SiO_2	Al_2O_3	CaO	MgO	MnO
含 量	30.95	44.25	50.90	0.16	1.96	2.01	0.07
元 素	K_2O	Na_2O	Ti_2O	S	P_2O_5	Ig	
含 量	0.02	0.07	0.01	微量	0.07	0.82	

C 选矿工艺及流程

Bloom Lake 铁矿采用"重选 + 磁选"的方法能够使重选得到相对较高的精矿品位和回收率,在 -35 目时,除部分强磁性矿物外,其他矿物已充分单体解离,故原矿经粗磨后即可进行重选,经一粗两精的三段重选工艺产出重选铁精矿。重选尾矿经磁选粗选抛尾后,磁选精矿细磨至 -0.043 mm(-325 目)后再进行磁选精选,得到磁选精矿。选矿厂的产品为高炉氧化球团所用的铁精矿(铁精矿品位≥65%,精矿中 SiO_2 含量≤4.5%)。选矿厂工艺流程图见图 1 – 71。

a 破碎与堆矿

从采矿场来的卡车(载重量为 218 t),将原矿直接卸入到设有 1 台旋回破碎机(规格1524 mm ×2261 mm)的粗碎站,破碎后的 -200 mm 产品通过 1 台 1830 mm ×6700 mm 可变速的液力驱动铁板给矿机排矿至 No.1 带式输送机,然后由带式输送机将矿送至粗矿堆进行贮存。

b 磨矿与分级

粗矿堆下面的通廊中安装有 2 台 1830 mm ×7000 mm 可调速铁板给矿机(一台工作一台备用),将矿给至 No.2 自磨机供矿带式输送机。每台铁板给矿机的最大给矿能力为 2600 t/h,平均给矿量为 2503 t/h。通过安装在带式输送机上的电子皮带秤来检测自磨机的给矿量,并通过调节给矿机的给矿速度来控制自磨机的给矿量。

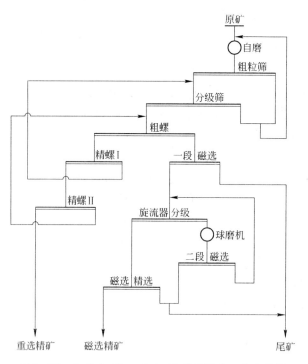

图 1-71　加拿大 Bloom Lake 选矿厂选矿工艺流程图

自磨作业采用 1 台 φ10.97 m×6.02 m 的自磨机,装机功率为 2×5590 kW,负荷率为 91%。

自磨机的给矿带式输送机将矿石给至自磨机前的给矿漏斗中。自磨机排出的矿浆分配到 2 台 3660 mm×7320 mm 直线振动筛进行粗筛,筛上的大块物料经过 No.5、No.6、No.7 带式输送机转运后返回至自磨机的给矿漏斗,筛下矿浆经泵扬送至 4 台 4270 mm×8540 mm 直线振动筛进行细筛,细筛筛下产出 -420 μm 的重选给矿产品,细筛筛上产品分别排至 No.3、No.4 带式输送机上,然后转运到 No.5 带式输送机上,再经 No.6、No.7 带式输送机返回至自磨机。

c　选别作业

细筛筛下矿浆用泵扬至螺旋溜槽粗选作业。整个螺旋溜槽选别作业分为 4 个系列,每个系列分为粗选、精选Ⅰ及精选Ⅱ三个作业段。精选Ⅰ作业段和精选Ⅱ作业段的设备规格相同,粗选作业的精矿自流至精选段,尾矿由泵扬送至尾矿系统进行处理。精选作业的精矿自流到精矿脱水设备进行处理,精选Ⅰ作业的尾矿矿浆自流返回至细筛的给矿泵池,精选Ⅱ段的尾矿矿浆自流到粗选段的给矿泵池。

重选尾矿用泵扬送至磁粗选抛尾作业,该作业由 9 台 φ1200 mm×3000 mm 弱磁选机组成。磁粗选精矿进入再磨回路,用泵扬送至旋流器进行预先分级,旋流器沉砂进入 1 台 φ5.5 m×8.8 m 溢流型球磨机。球磨机的排矿用泵扬送至 2 台 φ1200 mm×3000 mm 弱磁选机进行磁选中选抛尾,磁选中选精矿与磁粗选的精矿进入同一泵池,经泵扬送至再磨旋流器,旋流器的溢流进入 1 台 φ1200 mm×3000 mm 弱磁选机进行磁精选作业。磁精选精矿即作为最终精矿,用泵扬送至磁选精矿过滤机。三个磁选作业段的尾矿合并送至尾矿处理系统进行处理。

D 精矿过滤

根据铁精矿运输对水分的要求,重选铁精矿按系列采用 4 台直径为 7300 mm 的卧式盘式过滤机进行过滤,每台过滤机的有效单位面积处理能力为 5594 kg/(m^2·h)。磁选铁精矿采用过滤面积为 200 m^2 的立式盘式过滤机进行过滤,过滤机的有效单位面积处理能力为 305 kg/(m^2·h)。为了在冬季铁精矿能便于运输,每台过滤机配备有蒸汽加温干燥装置。所有过滤机滤饼水分不大于 4.5%,冬季蒸汽加温干燥后的水分不大于 2.0% ~ 3.0%。

过滤后的重选铁精矿由 No. 8 带式输送机收集后转运至 No. 9 带式输送机上,然后送至精矿仓存储。当精矿仓满矿时,可由仓顶部的 No. 11 带式输送机送精矿至一个室外矿堆进行临时堆存,堆存的精矿可由前装机配合 No. 12 带式输送机送回精矿仓。精矿仓下的 No. 10 带式输送机将精矿送到装车矿仓进行装车。磁选铁精矿由过滤机直接排送到 No. 9 带式输送机,与重选铁精矿一同外运。

1.3.3.6 利比里亚邦州铁矿选矿实践

A 概况

利比里亚邦州铁矿位于西非利比里亚邦州萨拉拉地区,距离首都蒙罗维亚 106km,距离 Roberts 国际机场 72km。邦州铁矿属于低品位铁矿,年产铁精矿 750 万吨,其中 300 万吨用于生产球团矿。

B 矿石性质

利比里亚邦州铁矿由许多矿体组成,呈现出窄、长条带状,绵延 13 km。矿石根据其风化程度分为 3 类:(1)完全风化铁矿石,其含量占总储量的 14%,TFe 品位为 39.1%,磁性铁含量为 9.3%;(2)部分风化铁矿石,其含量占总储量的 15%,TFe 品位为 37.4%,磁性铁含量为 18.1%;(3)未风化铁矿石,其含量占总储量的 71%,TFe 品位为 35.8%,磁性铁含量为 35.0%。脉石成分主要有石英、云母、角闪石等。

C 生产工艺及流程

a 破碎与混矿

采场来的矿样经两台 1524 mm 型旋回破碎机破碎至 - 300 mm,破碎机处理能力为 3000 t/h。由于矿石性质不同,为了保证入选矿石品位、磁性铁含量、粒度以及硬度方面的一致性,要求对破碎后的矿样进行混样,因此在采场与选厂之间建立有混样系统,共计有两个储矿堆,每个储矿堆能存储矿样 25 万吨,能保证选厂 4 ~ 5 天生产需要。

b 磨矿分级与选别

选矿厂目前的选别流程为阶段磨矿—重选、磁选联合流程,详细流程图见图 1 - 72。选矿厂共有 11 个系列。混匀的矿石经湿式自磨,自磨排矿经振动筛筛分,筛上产品返回自磨机再磨,筛下 -0.5 mm 产品进入重选作业,经螺旋选矿机一次粗选、两次精选获得重选精矿,重选两次精选的尾矿合并进入水力旋流器分级,旋流器溢流进入尾矿浓缩池,沉砂返回重选粗选作业。重选粗选尾矿经水力分选机进行选别,尾矿进入尾矿浓缩池,精矿进入磁选作业,首先进入磁选粗选作业,磁选粗选精矿通过细筛分级,筛下 - 0.15 mm 粒级产品进入磁选精选作业,磁选精选精矿为最终的磁选精矿,磁选精选尾矿进入尾矿浓缩池,细筛筛上产品返回自磨机再磨;旋流器溢流、重选粗选尾矿以及磁选精选尾矿经尾矿浓缩池浓缩后,浓缩底流与磁选粗选尾矿一起进入磁选扫选作业,经扫粗选和扫精选作业后,扫选精矿通过细筛预先筛分,筛上产品进入球磨机再磨,筛下产品与球磨机排矿合并进入磁选精选作业。磁选扫选尾矿为最终尾矿,进入尾矿坝。

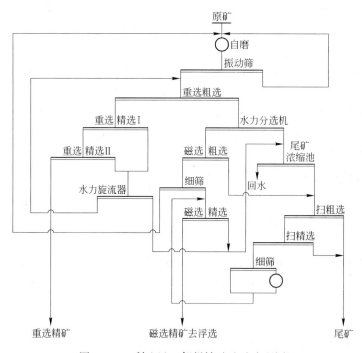

图 1 - 72　利比里亚邦州铁矿选矿流程图

c　选矿厂主要设备

选矿厂主要设备见表 1 - 164。

表 1 - 164　选矿厂主要设备表

设 备 名 称	规格、型号	台数/台
旋回破碎机	1524 mm	2
自磨机	55.88 cm×213.36 cm	6
	55.88 cm×243.84 cm	2
	60.96 cm×243.84 cm	4
螺旋选矿机		13
水力分选机	ϕ12 m	12
粗选磁选机	ϕ915 mm×1800 mm,800G	22
精选磁选机	ϕ915 mm×1800 mm,800G	7
	ϕ600 mm×1800 mm,600G	6
扫选磁选机	ϕ1200 mm×2400 mm,1000G	10
水力旋流器	ϕ800 mm	88
球磨机	ϕ3.2 m×4.2 m	8
	ϕ3.8 m×4.2 m	1
	ϕ4.4 m×8.8 m	1
尾矿浓缩机	ϕ45 m	2
	ϕ50 m	1

1.3.3.7 加拿大铁矿公司 Carol 矿山选矿实践

A 概况

矿山、选厂和现在的球团厂位于纽芬兰省拉布拉多市附近的 Carol 湖。公司运营着一条 412 km 长的铁路,连接 Carol 湖到魁北克省圣劳伦斯河口的七岛港。公司在七岛港持有管理权、工程、加工处理和港口设施。

Carol 项目的年度产量为 1800 万吨铁精矿,其中 1200 万吨用于造球,600 万吨用于销售。为了实现铁精矿产量,矿石年度产量在 3500 万吨到 3800 万吨间变化。加拿大铁矿公司销售多种不同品位的铁精矿及多种不同类型的球团,包括增加浮选车间后最近能生产的直接还原级的球团。

B 矿石性质

Carol 湖矿床位于南北走向的拉布拉多带状铁矿(或铁燧岩)地槽的南端,地槽位于拉布拉多和魁北克两省交界。矿体位于 Carol 湖附近的 152 m 到 305 m 高的山丘里,大部分矿体被很少量的表土覆盖。矿石类型为磁铁矿和镜铁矿,平均铁品位约 40%。原矿中磁铁矿的平均含量为 18%。矿石中含有很低量的或可忽略的化学杂质,如铝、磷、硫和锌,因此,矿石经过选别可以得到高质量的铁精矿。矿床倒转和褶皱构造复杂,所有矿体均在向斜构造中,并被石英铁闪岩、石英碳酸盐类和石英岩所覆盖,矿石结构多变,呈片状夹层,系易碎和非易碎的细、中和粗颗粒结晶。

C 生产工艺及流程

a 破碎

破碎站安装两台平行的 1520 mm × 2260 mm 旋回破碎机,给矿粒度 2000~0 mm,排矿粒度 150 mm,单机平均处理量 3900 t/h。

原矿通过全自动电机车列车由矿山运送到破碎站,列车在破碎站用机械翻车机卸矿,自动列车牵引的矿车为侧卸式矿车,每辆车装矿量 100 t,在破碎站卸车时,每次两辆运矿车同时卸矿,用机械翻车机将原矿卸入储矿仓。

矿石经过破碎机破碎后,跌落到缓冲储矿仓里,然后由板式给料机从矿仓中给到 1520 mm 的胶带机上,在转给梭式胶带机,送到料场堆存。

b 磨矿

磨矿为三个闭路的湿式自磨机。磨机直径 9.8 m,长 3.7 m。磨机给矿速率由系统通过测定磨机功率进行控制,因此磨机的给矿负荷保持不变。湿式自磨产品经过 14 目的细筛,筛上产品闭路返回湿式自磨机再磨,筛下泵送到旋流器进行粒度分级,旋流器底流给到 27 条独立的螺旋溜槽,旋流器溢流送入到磁选车间。

c 选别流程

湿磨旋流器底流在 Reichert WW-6 和标准的 Humphrey 重力螺旋选矿机中进行选别。铁矿沿螺旋选矿机槽面的内边缘富集回收,尾矿颗粒被冲洗到槽面的外边缘。经过三段连续选别(粗选、精选和再次精选)得到品位合格的精矿。

旋流器的溢流进入磁选车间的磁选机选别磁铁矿,以进一步提高品位。螺旋选矿机的尾矿进入磁选机回收磁铁矿。

对一段磁选尾矿进行两段螺旋选矿机选别,回收粗选作业中流失的细粒赤铁矿。该作业中所用的螺旋选矿机比粗选螺旋选矿机槽面倾斜度大,尾矿进入处理系统。

　　磁选车间包括三段辊式弱磁选机、二段球磨机和细筛,生产出的磁铁矿用泵输送到球团厂。

　　磁选给矿的矿浆浓度稀,经过脱水(回水再用)以后,浓矿浆给到第一段磁选机,使磁性矿物与非磁性矿物分离开来。

　　一段磁选精矿脱水后给入四个球磨机,其中三个磨机尺寸为直径 3.7 m、长 3 m,功率 900 kW;另一个磨机直径 5 m、长 8.5 m,功率 3000 kW。为使磁性矿物单体解离,粗精矿必须经过再磨降低矿物颗粒细度。磨矿产品进行二段磁选。最后一段磁选的精矿直接泵送到球团厂。二段与三段磁选的尾矿作为最终尾矿进入处理系统。选矿流程图见图 1 - 73。

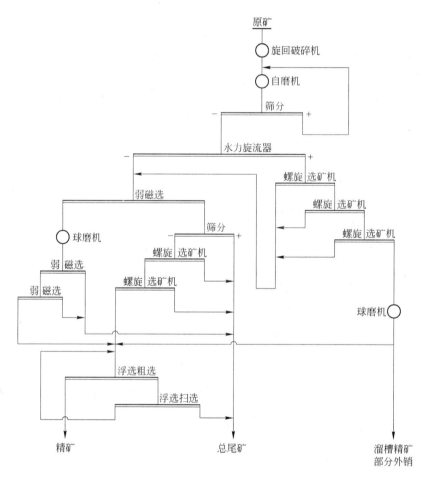

图 1 - 73　加拿大铁矿公司 Carol 选厂工艺流程图

　　浮选车间位于球团厂中,溜槽选别精矿再磨后与磁选车间矿浆混合作为浮选给矿。一般浮选给矿细度 -44 目约占 66%、固体浓度 40% 到 50%。浮选流程包括一个调浆槽、七个粗选浮选槽和两个扫选浮选槽。扫选用于处理粗选尾矿,扫选尾矿作为最终尾矿用泵输送到处理系统。每个浮选槽体积 49.55 m³(1750 立方英尺),用胺作为捕收剂,糊精作为抑制剂,甲基异丁基甲醇(MIBC)作为起泡剂,NaOH 作为 pH 值调整剂。在进入压滤机的给矿搅拌槽之前,所有的浮选精矿用泵输送到两个 45.72 m(150 英尺)的浓密机中。

1.3.4　多金属共生、伴生铁矿石选矿实践

1.3.4.1　白云鄂博铁矿石选矿实践

A　概况

包钢选矿厂位于内蒙古包头市昆都仑区以西的包钢厂区。该厂以白云鄂博矿为主要原料基地,不仅是包钢的铁精矿生产基地,而且也是国内主要的稀土生产基地。

选厂建于 1958 年,原设计 8 个生产系列处理白云鄂博主、东矿矿石,分三种选矿工艺流程,年处理原矿 1200 万吨,年产铁精矿 590 万吨。自 1965 年第一个选矿生产系列投产至今,经历了多次工艺改造,一直处于边生产、边试验、边改造的局面,到目前为止,已有 9 个生产系列,其中 1、2、4 系列处理白云鄂博主、东矿氧化矿石;6 ~ 9 系列处理白云鄂博主、东矿磁铁矿石;5 系列既可处理氧化矿,也可处理磁铁矿石。3 系列原为氧化矿系列,2001 年 12 月改造为外购粗精矿再磨再选系统,具有年处理外购精矿 180 万吨,年产铁品位 67% ~ 67.5% 的再磨精矿 160 万吨的生产能力。2005 年 10 月扩建成年处理外购精矿 280 万吨,年产铁品位 67% ~ 67.5% 的再磨精矿 230 万吨。包钢选矿厂年输出综合铁精矿包括自产铁精矿和外购再磨再选精矿及球团用再磨再选精矿 840 万吨。

B　矿石性质

白云鄂博铁矿属沉积 – 岩浆期后高温热液交代多次成矿作用的以铁、稀土、铌为主的多金属大型共生矿床。现已探明的铁矿石储量为 14 亿吨;稀土储量居世界第一位,约占世界储量 50%,我国的 90%。铌储量仅次于巴西,居世界第二位。矿石含铁品位 31% 左右(90% 以上为贫矿,富矿只占 10%)。在主、东矿体中稀土氧化物品位为 5% ~ 6%,铌氧化物含量为 0.1% 左右。矿体上部为氧化矿,下部为磁铁矿。

a　矿石特性

(1)化学成分复杂、矿物种类多。矿区现已发现 73 种元素、170 余种矿物,其中具有综合利用价值的元素有 28 种,铁矿物和含铁矿物 20 余种,稀土矿物 16 种,铌矿物 20 种。还含有害元素氟、磷、钾、钠、硫等矿物数十种。

(2)各种矿物的嵌布粒度很细,特别是铌和稀土矿物更细。铌矿物粒度一般为 0.01 ~ 0.03 mm,稀土矿物粒度一般为 0.01 ~ 0.07 mm,铁矿物粒度一般为 0.01 ~ 0.2 mm,0.1 mm 以上占 90%。

(3)矿石类型、矿石结构构造比较复杂。根据氧化程度可分为氧化矿石和磁铁矿石两种,根据矿物组合又分为块状型、萤石型、钠辉石型、钠闪石型、黑云母型、白云石型六种主要成因类型的铁—稀土—铌矿石。

(4)欲分离矿物间可选性差异小。有用矿物与脉石矿物间可选性差异小,脉石矿物间可选性差异大,矿石中同时存在硅酸盐和碳酸盐两大类矿物。

(5)有用元素铁、稀土和铌有少量分散在其他矿物之中,铁的分散量在萤石型矿石中为 5% 左右,在钠辉石型矿石中为 5% ~ 15%。

b　化学成分及矿物组成

矿石中可供选矿回收的元素主要为铁、稀土、铌,在选矿中需要排除的杂质元素主要有钾、钠、磷、硫、氟、硅、钛、钙等。主要有用矿物为铁矿物、稀土矿物及铌矿物。铁矿物主要为磁铁矿、半假象赤铁矿、假象赤铁矿、赤铁矿及褐铁矿;稀土矿物主要为氟碳铈矿物和独居石

两种;铌矿物则以铌铁矿、铌铁金红石、黄绿石和易解石为主。脉石矿物主要为萤石、钠辉石、钠闪石、石英、长石、白云石、方解石、云母类矿物、重晶石和磷灰石等。

矿石化学多元素及铁化学物相分析结果见表1-165、表1-166,矿石中主要矿物的含量见表1-167。

表1-165　原矿化学多元素分析结果　　　　　　　　（%）

项　目	TFe	SFe	FeO	Fe$_2$O$_3$	SiO$_2$	K$_2$O	Na$_2$O
磁铁矿石	33.00	30.20	12.90	32.84	10.65	0.823	0.853
氧化矿石	33.10	—	7.20	—	7.73	0.35	0.52
项　目	P	S	F	ReO	CaO	Al$_2$O$_3$	MgO
磁铁矿石	0.789	1.56	6.80	4.50	12.90	0.75	3.50
氧化矿石	1.09	1.08	8.43	6.50	16.60	0.82	1.16

表1-166　原矿铁物相分析结果　　　　　　　　（%）

铁物相		磁性铁	赤褐铁矿中铁	硅酸盐中铁	硫化矿中铁	总　计
氧化矿石	含量	21.00	5.10	6.10	0.10	32.30
	分布率	65.02	15.79	18.88	0.31	100.00
磁铁矿石	含量	21.10	9.50	1.49	0.60	32.69
	分布率	64.55	29.06	4.56	1.83	100.00

表1-167　矿石中主要矿物含量分析　　　　　　　　（%）

产品名称	磁铁矿	赤铁矿	黄铁矿	稀土矿物	萤　石	辉石闪石
磁铁矿石	34.21	8.36	3.10	5.50	13.46	14.68
氧化矿石	19.10	25.23	1.02	9.03	17.57	3.80
产品名称	碳酸盐矿物	磷灰石	重晶石	石英长石	云母	其他
磁铁矿石	9.98	1.95	1.60	3.38	2.51	1.27
氧化矿石	6.78	2.50	5.20	5.60	3.65	0.52

c　主要矿物的粒度特征

因白云鄂博矿有氧化矿和磁铁矿之分,其各种矿物的自然嵌布粒度也因矿石类型不同而有所差异,一般来讲,磁铁矿矿石中主要有用矿物的嵌布粒度稍大于在氧化矿中的嵌布粒度,但总体来说其差别不是很大,磁铁矿粒度一般在0.5~0.04mm之间,赤铁矿一般在0.1~0.01mm之间,氟碳铈矿一般在0.07~0.01mm之间,独居石多在0.05~0.02mm之间,铌矿物则一般分布于0.04mm以下。不同磨矿粒度下主要矿物的单体解离度及连生体的测定结果见表1-168。

d　矿石结构构造

矿石中常见且分布较广的有四种构造形式:条带状构造、块状构造、浸染状构造、浸染条带状构造。

矿石的结构,按矿物的结晶形态、颗粒大小及嵌布关系可分为:自形-半自形不等粒结构、它形不等粒状结构、它形等粒结构、镶嵌结构、包含结构。

表 1-168　　不同磨矿粒度下主要矿物的单体解离度及连生体的测定　　　　（%）

磨矿粒度	单体解离度			铁矿物连生体			
	铁矿物	萤石	稀土矿物	>3/4	3/4~1/2	1/2~1/4	<1/4
-0.074mm(-200目)75%	63.65	39.20	63.42	19.49	9.90	5.80	1.16
-0.074mm(-200目)85%	73.39	47.84	69.97	13.57	7.36	4.83	1.85
-0.074mm(-200目)95%	81.21	57.84	75.95	6.94	7.69	4.67	0.49
-0.053mm(-270目)95%	87.16	66.56	84.87	4.80	4.54	2.55	0.95
-0.044mm(-320目)95%	90.79	74.81	90.10	3.82	3.28	1.78	0.33
-0.043mm(-400目)95%	93.00	82.00	93.20				

综上所述,白云鄂博矿属于多金属共生的复杂难选矿石,是具有重大综合利用价值的宝贵资源。

C　技术进展

1953 年,我国开始了白云鄂博主东矿石的选矿研究工作,以选矿为目的进行了选铁多方案小型试验研究,1955 年由前苏联国立米哈诺贝尔矿山设计研究院在我国选矿试验基础上又进行了研究,按矿石氧化情况设计了年处理原矿石 1200 万吨的 8 个选矿系列。浮选工艺处理富铁矿石,焙烧磁选—浮选工艺处理中贫氧化铁矿石,弱磁选—浮选工艺处理原生磁铁矿石。

1965 年选矿厂 1 个系列建成投产,由于建国初期国家急需钢铁,所以高炉生产铁早于选矿厂生产,进入选矿车间已没有富矿,以及白云鄂博矿石成分复杂,矿石中的稀土矿物也需要选矿回收,选矿十分困难,导致选矿厂投产后已不能按原设计工艺流程安排组织生产,我国鞍山黑色冶金矿山设计院(中冶北方)进行了多次设计修改,国家科委及冶金部对中贫氧化矿的选矿组织多次技术攻关。1965~1990 年间,曾组织国内 10 多个选矿科研单位进行多方案小试、扩大连选半工业及工业试验,主要工艺流程如下:

(1)全浮选流程。优先浮选萤石—浮选稀土—选择性抑制石英钠辉石钠闪石—正浮选铁矿工艺流程。1965~1966 年,北京有色金属研究院和包钢合作研发的在选矿厂 3 系列改造为全浮选流程,该工艺主要设备只有浮选机,浮选机等相关设备比较成熟,靠浮选用的选择性强的抑制剂和捕收剂分阶段浮选回收有用矿物。经过几个月的工业试验,不仅铁、稀土精矿的技术指标低,而且浮选系统管道不通畅,所使用酸性水玻璃难操作、难控制,因此停止试验。

(2)弱磁—浮选—强磁选工艺流程。20 世纪 60 年代末,国内只有永磁强磁选机,磁感应强度一般在 0.6~0.7T。针对弱磁选选磁铁矿—浮选萤石、稀土—强磁选回收赤铁矿等氧化铁矿物的工艺流程进行了详细实验室研究,北京矿冶研究总院和包钢合作,于 1972 年在选矿厂 3 系列进行改造,工业试验结果:原矿含 TFe 30.6%、F 9.65%,得到铁精矿含 TFe 55% 左右、含 F 2.64%,铁回收率 65% 以上。稀土粗精矿含 REO 14%~18%,回收率 20%~30%。该工艺铁精矿含铁品位低、回收率低、杂质含量高,特别是强磁选机分选箱堵塞严重。其后又将原用的平环强磁选机改用立环笼式强磁选、多梯度强磁选机等,时经 5 年的工业试验,效果都不佳,因而在生产中淘汰。

(3)浮选—选择性絮凝脱泥工艺流程。1977 年开始了该工艺小试及扩大连选的试验研究,几乎全国绝大科研人员都用此工艺做过试验,都取得了理想的结果,所以 1980 年北京矿冶研究总院和包钢在包钢有色三厂进行了半工业试验,取得了令人满意的结果;原矿含 TFe30.34%、REO 6.79%、F 8.88%,获得的铁精矿含 TFe61.3%、F 0.18%、P 0.07%、$K_2O + Na_2O$ 0.36%,铁理论回收率 82.22%;稀土精矿含 REO 61.91%,稀土次精矿含 REO 42.56%,稀土理论回收率共计 40% 以上。

1984 年、1986 年分别进行了两次工业试验。在 1984 年取得初步成果基础上,1985 年又对全流程存在的设备及局部配套设施进行了改造,总计当时耗资 2700 万元。

1986 年 8 月 6 日至 21 日,在原矿处理量降至 100t/h 的前提下,粗磨粒度小于 76μm 占 93.59%,细磨处理量为混合浮选沉砂的 50%,细磨粒度小于 38μm 占 96.33%;连续运转 16 天,工业试验取得如下结果:在原矿 TFe 32.05%、REO 5.63%、F 7.92% 的情况下;获得了铁精矿品位 60.49%、稀土理论回收率 22.13% 的理想效果,但是实际铁回收率、稀土实际回收率与理论回收率都存在很大的差距。

该工艺存在以下问题:粗磨和细磨配套问题;生产用水问题;混合泡沫选稀土前的脱药问题;产品水分高的问题;这些关键技术问题要求高,工业生产难以实现,不能稳定生产,最终未能实现工业生产应用。

(4) 选矿最佳化工艺流程研究。1981～1989 年,联邦德国卡哈德(KHD)公司和中国合作,开展了全流程采用阶段磨矿阶段选别优先联合选矿工艺的研究。按矿物可选性特点,依次选出磁铁矿、萤石、赤铁矿、稀土矿物和铌矿物,最终弃尾。实验室效果不错,但该流程磨矿粒度过细(小于 38μm 占 95% 以上),磨矿和分选段数太多,比较复杂,工业上难以应用,仅 1989 年在包钢建成一个半工业试验厂,经过几次试验后停用。

(5) 磁化焙烧—反浮选工艺流程。前苏联设计采用焙烧—弱磁选—反浮选工艺处理 6、7、8 系列氧化矿和原生赤铁矿矿石。1973 年鞍山黑色冶金矿山设计研究院修改设计后,7、8 系列采用焙烧磁选工艺处理中贫氧化矿石,其中竖炉处理块矿(20～75mm)238 万吨,回转窑处理粉矿(0～20mm)102 万吨。1981 年 11 月建成 50m³ 竖炉 20 座,φ3.6m×50m 回转窑 1 座,回转窑经 2 次调试,竖炉和回转窑同时生产期间技术指标为:原矿含 TFe 33.09%,获得磁选铁精矿品位 58.42%、含 F 2.5%、铁回收率 72.17% 的结果。

在焙烧过程中碳酸盐矿物的氟部分进入大气,造成大气环境污染。从 7 系列浮选泡沫中很难回收稀土精矿,全部进入尾矿之中。

焙烧磁选技术指标虽然不理想,但也为包钢的发展做出了一定的贡献。竖炉焙烧磁选(回转窑焙烧只进行了一段短暂时间)于 1997 年停产。

(6) 弱磁—强磁—浮选工艺流程。白云鄂博矿的选矿攻关一直受到国内外有关科研单位的极大关注和孜孜不倦的寻求,寻求一种适合矿石性质,并在生产中能付诸实践的最佳工艺流程。从 1979 年起又经过长达 8 年的实验室研究,1987 年长沙矿冶研究院和包钢合作,在包钢选矿厂 3 系列按照弱磁—强磁—浮选工艺回收铁和稀土的工艺流程进行了工业分流连续试验,每天从生产厂磨矿分级矿流中分出 100t 的矿量,矿石性质、粒度和工业生产完全一致。试验获得了优异结果:原矿含 TFe 33%～35%、F 8.5%、REO 5.5%,获得了铁精矿含 TFe 60%～61%、F 0.85%、P 0.14%,铁回收率 79%～80%;稀土精矿品位大于 60%、回收率 18.81%、稀土次精矿品位 39.91%,回收率 16.7% 的技术指标。

1988 年包钢开始对 1、3 两系列按该工艺进行了改造,1990 年 3 月完成了改造,1990 年

4 月长沙矿冶研究院和包钢签订了技术总承包合同进行工业试验调试及试生产。经过一年试生产,其结果为:原矿含 TFe 31.5%、F 7.85%、REO 5.2%,获得铁精矿含 TFe 60.38%、F 0.58%、P 0.124%,铁回收率73.43%,稀土精矿品位61.26%~52.61%、回收率12.16%,稀土次精矿品位34.48%,回收率5.19%。与改造前相比,铁精矿年增产 20 万吨、稀土精矿年增产 0.6 万吨,直接经济效益 1400 万元。除技术指标好外,提供的大型强磁选机和铁反浮选捕收剂 SLM 的长期生产运行经受了考验,得到了推广应用。

1991 年包钢选矿厂又完成了 2、4 两个系列的技术改造(四个系列改造投资 4000 万元),并对改造的 4 个系列进行了联合生产调试,结果与 1、3 两个系列生产试验指标基本相同。以 1992 年 1~10 月四个系列的实际指标为准与 1989 年指标相比较,计算的选矿厂效益,由于铁精矿品位的提高,特别是铁回收率的提高,一年增加选矿厂的直接经济效益 2694.8 万元,增产铁品位61%的铁精矿 35.07 万吨/年。再加上为公司烧结、炼铁、炼钢等后续工序带来的效益 3433.3 万元,总计效益为 6128.0 万元/年。

该工艺流程自 1991 年包钢工业生产应用至今一直运行约 20 年,基本解决了困扰包钢钢铁生产的三十多年的红铁矿选矿的技术难题。

D　生产工艺及流程

a　概况

包钢选矿厂选矿工艺分处理氧化矿石和磁铁矿石两部分,处理氧化矿工艺流程如下:连续磨矿—弱磁选—反浮选、强磁选—反浮选—正浮选工艺;处理磁铁矿石采用连续磨矿—弱磁选—反浮选工艺。

b　破碎筛分

粗碎建在白云鄂博矿山,粗碎采用两段开路工艺流程,第一段采用 1500 mm 旋回圆锥破碎机,第二段采用900 mm 旋回圆锥破碎机。将原矿石由 1200 mm 破碎至 200~0 mm。中细碎建在选矿厂,采用开路工艺流程,破碎工艺原则流程见图 1-74。原设计中碎ϕ2200 mm 标准圆锥破碎机单机处理能力 531 t/h,细碎 ϕ2200 短头圆锥破碎机单机处理能力 241 t/h。在投产后的实际生产中,中碎 ϕ2200 标准圆锥破碎机与细碎 ϕ2200 短头圆锥破碎机的单机处理能力均可达到设计处理能力甚至超过设计能力,但最终破碎产品中大于 25 mm 的粒级占 15% 左右,大于 30 mm 的粒级占 8% 左右,与设计的破碎粒度指标差距较大。其原因主要是开路破碎流程,无检查筛分作业所至。由于破碎产品粒度粗,严重制约着磨矿系列处理能力与磨矿产品细度。上述对原有破碎设备本身的改进,在改善破碎粒度方面,虽然取得了一些效果,但效果不明显,仍不能将破碎产品粒度降至 20 mm 以下,为此在 1993 年对破碎工艺进行了巨大的改进,增设了闭路破碎工艺。在原有的中、细碎破碎机之后,增设 4 台 7Ft 西蒙斯短头圆锥破碎机和 10 台 YA2460 圆振动筛,筛孔尺寸 12 mm,形成五段一闭路破碎工艺,用于处理白云鄂博磁铁矿,破碎产品粒度达到 14 mm 以下,1998 年在超细碎上又采用了 1 台 HP800 圆锥破碎机,破碎工艺流程见图 1-75。该闭路破碎工艺对于提高磁铁矿系列磨矿处理能力起到了重要作用。2007 年为进一步降低破碎产品粒度,真正实现"多破少磨"的目标,进行了氧化矿实现全闭路的工业可行性方案研究,目前正在进一步的研究中。

c　磨矿分级

原设计采用阶段磨矿阶段选别工艺,分别处理氧化矿、磁铁矿、贫氧化矿三种类型的矿石,该阶段磨矿阶段选别流程在选矿厂投产后存在的时间很短暂。由于当时的选别工艺不

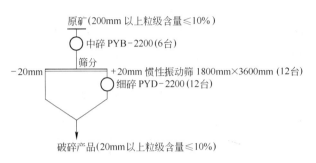

图 1-74　氧化矿破碎工艺流程图

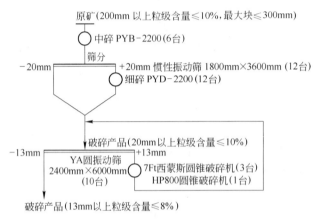

图 1-75　磁铁矿破碎工艺流程图

适应白云鄂博矿石的特殊性质,也由于后来考虑稀土的回收,已建成选矿系列的磨矿工艺都有所改动,后续建设的选矿系列也进行了修改设计。到 20 世纪 80 年代中期,已建成的七个系列为三段连续磨矿的流程结构,见图 1-76。该流程系列磨矿处理能力为 145 t/h 左右,磨矿最终粒度为 -0.074 mm(-200 目)86% 左右。

在三段磨矿作业中,棒磨和一次球磨的磨矿效率与设计指标较为吻合,二次球磨的磨矿效率则远远低于设计指标。ϕ2.4 m 螺旋分级机返砂量太少,降低分级溢流浓度仍不能解决返砂量少的问题,由此造成二次球磨的通过矿量太少是造成二次球磨磨矿效率低的主要原因。从 1985 年起,对磨矿分级进行改进,淘汰了 ϕ2.4 m 螺旋分级机,由旋流器作二次球磨的检查分级设备,二次球磨机由格子型改为溢流型,并将二次磨机全部更换为 ϕ3.6 m×6.0 m 型;另外,对磨矿介质进行了改进,将一次球磨磨矿介质由 ϕ75 mm 钢球改为 ϕ75 mm 与 ϕ50 mm 钢球比例各占 50%,磨矿效率由原来的 1.746 t/(m^3·h)提高到 1.864 t/(m^3·h);原设计二次球磨磨矿介质为 ϕ50 mm 钢球,后改为 ϕ30 mm×45 mm 棒球。此外,二次球磨采用了磁性衬板,在磨矿处理量及磨矿细度略有提高的情况下,大大地延长了衬板的使用寿命,减轻了衬板工更换衬板的劳动强度。现氧化矿与磁铁矿的磨矿分级流程相同,流程见图 1-77。系列磨矿处理能力达到 200 t/h,磨矿最终粒度达到 -0.074 mm(-200 目)90% 以上。

d　选矿工艺

包钢选矿厂现处理氧化矿为连续磨矿—弱磁选—反浮选、强磁选—反浮选—正浮选工艺,流程见图 1-78;另一种是处理磁铁矿石的连续磨矿—弱磁选—反浮选工艺,流程见图 1-79。

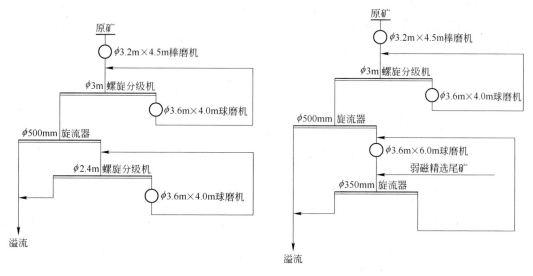

图1-76 磨矿分级工艺流程图(一)　　　图1-77 磨矿分级工艺流程图(二)

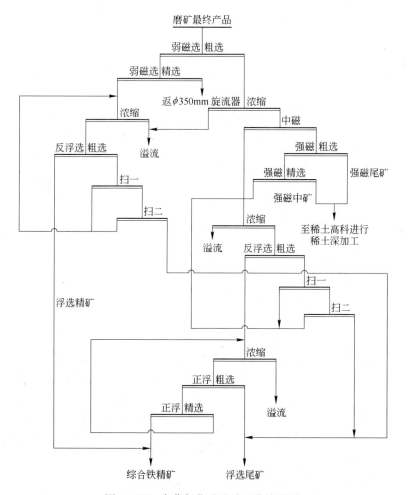

图1-78 中贫氧化矿选矿工艺流程图

e 精矿浓缩过滤

精矿浓缩过滤工艺流程如图 1-80 所示。

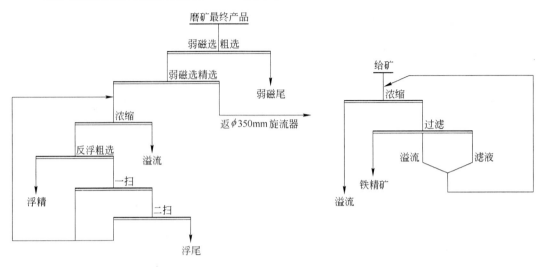

图 1-79 磁铁矿原则工艺流程图　　　　图 1-80 过滤工艺流程图

f 尾矿处理

尾矿处理工艺流程见图 1-81。

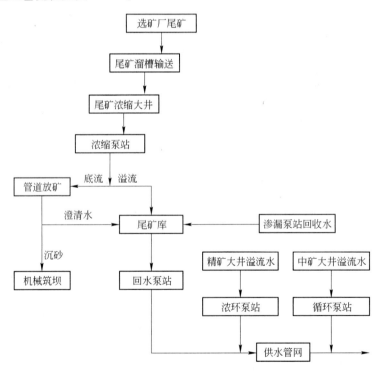

图 1-81 尾矿处理工艺流程图

g 尾矿综合利用及环境保护

包钢选矿厂自 1965 年投产至今,已堆积尾矿约 1.5 亿吨,而且尾矿库是一个高含稀土、萤石、并含有铁、铌等多种有用矿物的经过破碎、磨矿而形成的一个二次资源。虽然白云鄂博矿产资源综合利用研究已有几十年,但迄今为止,真正获得工业利用的仅铁和稀土两种有用成分,其他仍停留在试验室研究阶段。除了铁的回收率达到74%,稀土回收率接近20%外,铌、萤石、钪、钍等资源基本进入选铁尾矿或稀土浮选尾矿中。白云鄂博矿产资源综合利用问题要继续深入研究开发,特别是铌、钪、钍、萤石等资源具有重大的战略意义和经济价值。

h 选矿厂自动化控制

近年来,选矿厂不断加快自动化步伐,对1、8系列磨矿实现自动化控制,并准备推广应用。而且与科研院所合作进行破碎作业、浮选等作业的智能化控制的研究。

i 选矿厂主要设备

中细碎设备技术指标见表1-169~表1-171。

表1-169 φ2200圆锥破碎机技术指标

型 号		PYB圆锥破碎机	PYD圆锥破碎机
规格/mm		φ2200	φ2200
生产能力/t·h⁻¹		531	241
最大给矿粒度/mm		300	100
排矿粒度/mm		0~75	0~20
排矿口调节范围/mm		30~60	5~15
电动机	型 号	JO-147-8	JO-147-8
	电压/V	3000	3000
	电流/A	68	68
	功率/kW	260	260
	转速/r·min⁻¹	735	735
三角带	型 号	E-7874	E-7874

表1-170 HP800圆锥破碎机

设备名称		HP800圆锥破碎机
规 格		HP800
生产能力/t·h⁻¹		590~690
给矿口宽度/mm		150
排矿粒度/mm		≤12
排矿口/mm		13~18
电动机	型 号	HOF8010
	电压/V	6000
	电流/A	68
	功率/kW	800
	转速/r·min⁻¹	1000

表 1-171　西蒙斯短头型圆锥破碎机

设备名称	西蒙斯短头型圆锥破碎机	
规　格	7Ft(2134mm)	
生产能力/t·h⁻¹	550	
给矿粒度/mm	0~20	
排矿粒度/mm	0~12	
排矿口/mm	6±1	
电动机	型　号	Y500-12
	转速/r·min⁻¹	495
	功率/kW	400

磨矿设备技术性能见表 1-172,分级设备技术性能分别见表 1-173 及表 1-174。

表 1-172　磨矿设备技术性能

设备名称	规格/mm	有效容积/m³	转速/r·min⁻¹	装棒球量/t	电　机			数量/台
					型　号	容量/kW	转速/r·min⁻¹	
棒磨机	$\phi3200\times4500$	32	14.6	75	$\mathrm{II}\,C\dfrac{260}{39-36}3/6$	900	167	9
一次球磨机	$\phi3600\times4000$ 格子型	36	18.1	60	$\mathrm{II}\,C\dfrac{260}{44-36}3/6$	1100	167	7
二次球磨机	$\phi3600\times6000$ 溢流型	55	17.3	102	TM1250-40/3250	1250	150	11
细磨机	$\phi3200\times4500$ 溢流型	32	14.6	65	TMK 800 36	800	167	1

表 1-173　沉没式 ϕ3m 分级机技术性能

溢流粒度为 200 网目(-0.074 mm),密度为 2.65 g/cm³ 的矿石,计算处理能力(t/24 h)		螺旋转速	返砂量	溢流量
		3.2r/min	23300	1410
槽体尺寸 /mm	长	宽	溢流堰高	倾角
	14300	6300	2200	14°~18°36′
螺旋规格/mm		直径	长	螺距
		3000	14025	1800
传动装置	减速机型号	电动机	型号	功率	转速
	ZL65		Y225M-4	40 kW	1470 r/min
升降装置	减速机型号	提升高度	电动机	型号	功率	转速
	WDJ-180	2600 mm		Y11ZM-4	4 kW	1470 r/min
数　量	8					

表 1 - 174　水力旋流器技术参数　(%)

名　称	ϕ500 mm 旋流器	ϕ350 mm 旋流器
给矿浓度	34 ± 2	$\leqslant 40$
沉砂浓度	$\geqslant 60$	$\geqslant 65$
溢流　浓度	20 ± 2	22 ± 2
溢流　粒度 -0.074 mm(-200 目)	$\geqslant 94$	$\geqslant 88$
数量/台	6 台/系列	9 台/系列

弱磁选机与强磁选机技术参数分别见表 1 -175 ~ 表 1 -177,浮选机技术参数见表 1 -178。

表 1 - 175　弱磁选机技术参数

名　称	CTB - 1024 永磁机	YRJ - B 型永磁机	CBN - 1024 中磁机	CTB - 718
型号	CTB 型	YRJ - B 型	CBN 型	CTB 型
形式	半逆流	半逆流	逆流	半逆流
规格/mm × mm	$\phi 1050 \times 2400$	$\phi 1050 \times 2400$	$\phi 1050 \times 2400$	$\phi 750 \times 1800$
平均磁感应强度/T	0.135	0.16	0.35	0.16
最大磁感应强度/T	0.165	0.20	0.40	0.20
圆筒转速/r · min^{-1}	22	20	20	35
磁包角/(°)	138	138		
处理能力/t · h^{-1}	52 ~ 100	52 ~ 100	80 ~ 100	40 ~ 80
磁点极数	5 极	5 极	5 极	4 极
电机功率/kW	5.5	5.5	5.5	2.6
数量/台				

表 1 - 176　平环强磁选机技术参数

型　号	技　术　参　数	
	强磁粗选	强磁精选
	ShP - 3200	ShP - 3200
数量/台	2	2
转盘直径/mm	$\phi 3200$	$\phi 3200$
使用磁感应强度/mT	1500	700
最大激磁功率/kW	96	96
传动功率/kW	30	30
处理能力/t · h^{-1}	80 ~ 100	80 ~ 100

表 1 - 177　Slon2000 立环强磁机技术参数

机　型	Slon2000
转环直径/mm	2000
转环转速/r · min^{-1}	2 ~ 4

机　　型	Slon2000
给矿粒度/mm, – 200 目含量/%	– 1.3, (30 ~ 100)
给矿浓度/%	10 ~ 40
矿浆通过能力/m³ · h⁻¹	100 ~ 200
干矿处理量/t · h⁻¹	50 ~ 80
额定背景磁感应强度/T	1.0
最高背景磁感应强度/T	1.1
额定激磁电流/A	1400
额定激磁电压/V	53
额定激磁功率/kW	74
转环电机功率/kW	5.5
脉动电机功率/kW	7.5
数量/台	16

表 1 – 178　浮选机技术参数

型　　号		JJF – 20	JJF – 8	JJF – 4	SF – 10	SF – 8	SF – 4	SF – 20	KYF Ⅱ – 50
生产能力(按矿浆计) /m³ · min⁻¹		5 ~ 20	4 ~ 10	2 ~ 4	5 ~ 10	4 ~ 8	2 ~ 4	5 ~ 20	6 ~ 20
主轴电机	型号	JQ₂ – 91 – 8	Y200L – 6	Y200L₂ – 6	Y250M – 8	Y250M – 8	Y200 – 8	Y160 – 6	Y315M – 8V6
	功率/kW	40	22	11	30	30	15	37 ~ 45	75
刮板电机	型号	JO₂ – 31	Y100L – 6	Y100L – 6	Y100L – 6	Y100L – 6	Y100L – 6	Y100L – 6	
	功率/kW	1.5	1.5	1.5	1.5	1.5	1.5	1.5	

j　2001 ~ 2006 年选矿生产主要技术经济指标

2001 ~ 2006 年选矿生产主要技术经济指标见表 1 – 179 和表 1 – 180。

表 1 – 179　2001 ~ 2006 年主要设备生产指标

年份	中破碎机		闭路破碎机		棒磨机		过滤机	
	作业率/%	台时处理能力/t · h⁻¹	作业率/%	台时处理能力/t · h⁻¹	作业率/%	台时处理能力/t · h⁻¹	作业率/%	台时处理能力/t · h⁻¹
2001	29.56	539.4	18.15	897.1	58.39	204.5	27.51	53.5(精矿)
2002	36.67	464.88	20.41	862.21	61.85	206.77	35.76	54.09(精矿)
2003	38.21	497.91	24.78	685.69	68.99	207.57	42.76	60.11(精矿)
2004	44.32	486.19	30.06	651.92	79.59	203.14	43.82	63.93(精矿)
2005	43.15	528.33	40.96	553.69	85.81	198.70	44.22	70.65(精矿)
2006	39.97	574.64	30.83	754.17	86.43	198.80	49.57	68.35(精矿)

表 1 – 180　包钢选矿厂2001 ~ 2006 年主要技术经济指标

项 目		2001 年	2002 年	2003 年	2004 年	2005 年	2006 年
原矿处理量/万吨·年$^{-1}$		836.58	896.21	1003.6	1136.1	1187.77	1190.18
原矿品位(TFe)/%		32.55	32.55	32.65	32.59	32.62	32.67
铁精矿品位(TFe)/%		62.96	63.35	63.65	63.85	63.91	64.39
尾矿品位(TFe)/%				13.48	13.49	14.14	14.04
实际回收率(TFe)/%		71.50	72.67	74.03	74.17	74.45	74.35
实际选矿比/t·t^{-1}		2.71	2.69	2.63	2.64	2.63	2.65
每吨原矿钢球消耗/kg		0.89	0.85	0.73	0.83	0.89	0.99
每吨原矿钢棒消耗/kg		0.25	0.27	0.32	0.3	0.26	0.19
每吨原矿衬板消耗/kg		0.13	0.14	0.021	0.01	0.015	0.136
每吨原矿水耗/m^3		7.72	7.8	8.33	8.52	9.28	10.56
每吨原矿胶带/m		0.0003	0.00002	0.00005	0.0003	0.0001	0.00069
每吨精矿过滤布/m^2		0.002	0.001	0.001	0.0014	0.004	0.002
每吨原矿药剂/kg		0.74	0.75	0.75	0.75	0.88	0.96
每吨精矿电耗/kW·h		74.70	77.02	73.95	74.45	72.25	73.29
劳动生产率 /t·(人·年)$^{-1}$	全员	3661	4055	4848	5513.28	5558.16	5722.2
	工人	4295	4792	5911			

1.3.4.2 攀枝花钒钛磁铁矿石选矿实践

A 矿业有限公司选矿厂概况

攀枝花矿业有限公司选矿厂隶属于攀钢(集团)公司,位于四川省攀枝花市,北距成都751km,南距昆明361km,东靠成昆铁路攀枝花站,成昆铁路巴关河支线穿越厂区南部,交通方便。选矿厂坐落于金沙江北岸,系利用山坡建厂,地形为北高南低,自然坡度11%,相对高差108m,占地面积5.1km^2。

矿业有限公司矿石由兰尖铁矿和朱家包包铁矿供应,两个铁矿山均为露天采矿。兰尖铁矿的采剥方法为缓帮横向采剥法,朱家包包铁矿采用了在矿体中开沟从下盘到上盘的纵向推进采剥方法。

1966年生产铁精矿的选矿生产流程(一期工程)开始施工,1970年第一生产系统试车投产,1978年16个系统全部投入运行。原设计流程为三段开路破碎、一段闭路磨矿、三次磁选的工艺流程。2005年改原流程为三段闭路破碎、一段干式抛尾,两段闭路磨矿,阶段磨矿阶段选别(一粗两精一扫)四次选别流程。

1979年,从选铁磁选尾矿中回收钛铁矿与硫化物的重选—浮选—电选试生产系统(二期工程)建成投产。1997年回收微细粒钛铁矿的试生产系统建成投产。2001~2004年16个系统选铁尾矿回收微细粒钛铁矿生产系统全部建成投产。

B 矿石性质

a 矿床类型

攀枝花矿床为钒钛磁铁矿矿床。攀枝花钒钛磁铁矿产在攀枝花辉长岩体的底部。攀枝花钒钛磁铁矿矿床为岩浆分异型铁矿床。矿石中矿物成分有金属矿物和脉石矿物两类,金属矿物主要为钛磁铁矿、钛铁矿及少量硫化物,脉石矿物主要为钛普通辉石、斜长石及少量磷酸盐、碳酸盐矿物。

b   化学多元素分析

矿石化学多元素分析见表1-181。

表1-181   矿石多元素分析结果   (%)

组分	TFe	FeO	Fe_2O_3	TiO_2	V_2O_5	Al_2O_3	SiO_2	CaO
含量	31.07	22.17	19.65	11.77	0.267	8.20	21.45	5.80

组分	MgO	S	P	MnO	Cr_2O_5	Co	Ni	
含量	7.59	0.67	0.014	0.28~0.30	0.086~0.096	0.017	0.01	

c   矿物组成

矿石的矿物组成见表1-182。

表1-182   矿石的矿物组成   (%)

矿物	钛磁铁矿	钛铁矿	硫化物	辉石类	长石类
含量	43~44	7.5~8.5	1~2	28~29	18~19

C   技术进展

a   选铁技术发展沿革

从攀枝花钒钛磁铁矿石中分离与富集铁、钛与硫化物的选矿试验研究开始于1958年。根据1965~1966年工业试验结果,修改了施工设计并于1966年选铁生产流程(一期工程)开始施工,1970年第一生产系统试车投产,到1978年选矿厂16个系统全部建成投入运行。从选矿厂建成投产至今,选铁生产流程的变化分为一段磨矿磁选与阶段磨矿磁选两阶段。

(1) 一段磨矿磁选流程。根据选矿工艺流程试验的研究结果,除了该生产流程产出铁精矿可满足冶炼需要外,还考虑了节省投资、节约电能、少占用场地等诸因素,1966年选定一段0.4mm磨矿磁选流程作为选矿厂的施工流程。当年自选厂投产以来,生产流程通畅,技术指标逐渐稳步提高。

选矿厂投产以来,围绕稳定与提高铁精矿质量,提高产能,积极开展了多项技术引进与生产过程强化改造项目,主要有:

1) 大幅度降低破碎产品粒度,实现多碎少磨。将最终破碎产品粒度由设计的25~0mm占95%降至20~0mm占90%,2002年又将原设计的三段开路破碎流程改造为三段一闭路流程,使最终破碎产品粒度再降至15~0mm95%。

2) 提高磨矿分级效率。前后进行了高效螺旋分级机、旋流筛、圆筒筛、高频振动细筛控制合格产品粒度的工业试验,取得了可喜的结果。特别是2004年后一段磨矿分级采用旋流器取代螺旋分级和二级磨矿分级采用旋流器加高频细筛控制分级两项技术,不但保证了二段磨矿磁选流程顺利实施,还将磨矿分级技术提高至新水平。此外,还进行了使用耐磨钢球、采用钢球球径比合理配比与补加钢球制度、磨机使用波形衬板等多项工业试验,也取得了可喜的效果。

3) φ1050系列大筒径永磁磁选机研制成功,并取代已有的CYT-618型永磁磁选机。近年又成功开发出专用于磁选、扫选作业的磁选机。

4）提高尾矿输送浓度。

5）实现生产过程在线检测与自动控制。

（2）阶磨阶选流程。2003 年，为满足冶炼用户提出的新要求，即既要选矿厂生产含铁 54% 以上、含 TiO_2 稳定在 13% 以下的铁精矿，又要求铁精矿产能达到 500 万吨/年，选矿厂在相关实验室试验结果基础上，进行两段磨矿磁选流程，即磨矿—旋流器分级—磁选—磨矿—旋流器 + 高频细筛—磁选—过滤工艺流程的工业试验，并取得成功。2005 年选矿厂全厂两段磨矿磁选流程技术改造全部完成。2006 年选矿厂生产达到了设计指标，铁精矿含铁 54% 以上、含 TiO_2 低于 13%。2008 年则超过设计指标。

b 选钛技术发展沿革

20 世纪 50 年代末，当制定从选铁后磁选尾矿中回收钛铁矿与硫化物的分选工艺流程时，重视借鉴国外相关经验。当时，国外相关选矿厂采用两种类型工艺流程分选钛铁矿：一是分级重选；二是使用脂肪酸类捕收剂浮选。分选硫化物皆使用硫化物常规浮选流程，只是选钛流程不同，硫化物浮选位置放在选钛作业之前（浮选）或之后（重选）。考虑到重选流程生产成本仅为浮选流程的三分之一，而且没有环境污染，1958 年前后重点研究了重选流程。为提高对细粒级的回收效果，于 1965 年开展了以重选为主的重选—浮选联合流程，所获得的钛精矿 TiO_2 含量皆为 42% ~ 44%，直到 20 世纪 60 年代末，国内外相关科研单位对攀枝花矿石的选矿试验获得的钛精矿 TiO_2 含量仍未超过 45%。

1972 年钛精矿冶炼试验研究单位根据试验结果，认为含 TiO_2 45% 以下钛精矿的冶炼过程不顺行，要求提供 TiO_2 含量大于 47% 钛精矿。据此，选矿试验研究单位开展了获取 TiO_2 高于 47% 的钛精矿多方案试验研究，并成功实现工程化。主要如下：

（1）重选—电选选钛流程。1974 年，长沙矿冶研究院提出的以电选为精选作业的重选—电选选钛流程作为生产含 TiO_2 含量大于 47% 钛精矿的工艺流程受到行业认同，并组织了全流程扩大试验和工业型单机试验。

1975 年，使用兰家火山代表性矿样进行了以电选为精选作业的三种粗选流程方案的全流程扩大连选试验，同时在承德双塔山选矿厂进行了工业型电选机和四种工业型重选设备与强磁选机的工业型单机试验。

1975 年 8 月，根据扩大连选试验和工业型单机试验结果，确定按照分级—强磁选—螺旋—浮硫—电选流程建设选钛厂，选钛厂性质为带试验性生产厂，年产钛精矿 5 万吨。

1979 年末，处理磁尾中 - 0.4 ~ 0.04 mm 粒级产品的强磁选—重选—电选选钛生产流程带试验性生产厂建成调试。由于设计采用的 $\phi 1500 \times 1000$ mm 永磁笼型强磁选机的工作场强未达到要求，因此取消强磁选作业，生产流程简化为分级—螺旋—浮硫—电选流程。

从 1980 年开始选钛厂进入正式生产调试阶段，选钛生产流程顺畅，可以生产出含 TiO_2 47% 左右的钛精矿。

1992 年为适应市场需要，分级—螺旋—浮硫—电选流程扩建改造，年产 10 万吨钛精矿。

（2）微细粒级钛铁矿选矿。选钛生产中发现，重—电选流程不入选的 - 0.04mm 粒级产率高达 35% 以上，因此，从 - 0.04mm 粒级物料中回收钛铁矿列入试验研究日程。经过相关科研单位多方案比较后，认定强磁选—浮选流程为适宜的选钛流程。

1997 年，针对 - 0.04mm 微细粒级钛铁矿，进行了强磁选—浮选流程工业试验。采用强磁选机为 Slon 高梯度强磁选机,钛浮选捕收剂为 MOS。当钛浮选给矿含 $TiO_2$22.55%时,钛浮选精矿含 $TiO_2$47.31%,浮选作业回收率61.65%。

工业试验获得成功后,于 2001 年建成从选矿厂 9～16 号磁选系列(又称后八系列)尾矿回收细粒级钛铁矿生产线,年产钛精矿 4 万吨。

2004 年又从选矿厂 1～8 号磁选系列(又称前八系列)尾矿回收细粒级钛铁矿生产线,年产钛精矿 4 万吨。

至此,选矿厂 16 个生产系列产出的磁选尾矿全部进入选钛厂生产流程,年产钛精矿 28～30 万吨。

(3) 优化选钛流程。为进一步提高选钛厂总回收率,对选钛厂已有的粗粒级重选—电选,细粒级强磁—浮选流程进行了流程优化试验。主要内容有:一是对粗粒级采用强磁—磨矿—强磁—浮选流程取代重选—电选流程,二是对细粒级增加强磁扫选及精选作业,试验于 2007～2008 年进行。

选钛生产技术获得的进步主要有:

首次创造性地把电选作业作为提高原生钛铁矿精矿质量的有效手段,并成功应用于工业生产,从而打开了高品位钛精矿作为我国钛与钛制品生产基础原料之门,使攀枝花成为国内最大钛精矿原料生产基地。

成功地使用 Slon 高梯度强磁选机作为粗选作业,使用 MOS、MOH 类浮选药剂作为微细粒钛铁矿浮选捕收剂,从而建成了回收细粒级钛铁矿的强磁—浮选流程生产线,使细粒钛铁矿回收技术提升一大步。

采用带斜板的大型倾斜浓缩机和旋流器完成了对低浓度大体积量矿浆的浓缩脱泥作业。

研制出若干种细粒钛铁矿浮选用的有效捕收剂。

D　密地选矿厂选铁生产工艺及流程

选矿厂 1966 年开始施工,1970 年第一生产系统试车投产,1978 年 16 个系统全部投入运行。原设计流程为三段开路破碎、一段闭路磨矿、三次磁选的工艺流程。选矿厂设计规模与矿山相适应,设计原矿品位 31.3%,处理量 1350 万吨/年,年产钒钛铁精矿 588.3 万吨/年。通过多年来的技术改造,目前的工艺流程为三段闭路破碎、一段干式抛尾,两段闭路磨矿,阶段磨矿阶段选别,一粗两精一扫四次选别流程。

2003 年以来,选矿厂进行了三大重点项目改造:一是 2003 年实施的破碎闭路改造。闭路改造将原三段开路破碎改造为三段一闭路破碎,新增大型筛分设备及皮带转运系统,于 2003 年 7 月两个系列全部改造完成投入生产使用,投产后破碎粒度由 20 mm 降低到15 mm,"多碎少磨"为磨矿作业创造了较好的入磨条件,也为进一步提高选矿厂品位及产量奠定了基础;二是 2005 年实施的阶段磨选流程改造,将原一段磨矿两次选别流程改为两段磨矿,阶段磨矿阶段选别,一粗两精一扫四次选别流程。改造后,选矿厂在铁矿石磨选以及工艺技术装备方面已得到了较大的提升,具备年产铁精矿 500 万吨,铁精矿品位 54% 以上的生产能力。三是 2009 年进行的中破后磁滑轮抛尾改造,增加了 12 台干式磁选机对中破产品进行干式抛尾,该项目的实施可以抛出矿石中约 10% 左右的废石,减少了进入磨机的废石量,改善了入磨矿石的磨选特性。

a　破碎筛分

破碎原为三段开路破碎,破碎粒度为 – 20 mm,
2003 年经改造实现细破碎闭路,现为三段一闭路破碎
流程,年破碎原矿能力 1350 万吨,改造后破碎粒度由
20 mm 降低到 15 mm。兰尖、朱矿采出的矿石经铁路
运到选矿厂粗碎作业,经 2 台 PX – 1200/180 旋回破碎
机及 4 台 PYB – 2200 弹簧标准型圆锥破碎机破碎到
– 70 mm,进入干选机抛尾后,经筛分作业后进入 2 台
H8800 山特维克破碎机、8 台 PYD – 2200 短头型圆锥
破碎机破碎到 – 15 mm 达到 93% 左右。破碎系统工艺
流程如图 1 – 82 所示。

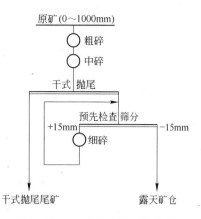

图 1 – 82　破碎系统工艺流程图

b　磨矿分级

原设计为一段闭路磨矿,为适应矿石性质的变化
及提高铁精矿质量的要求,2005 年改为两段磨矿。一段采用 $\phi3600$ mm × 4000 mm 格子型球
磨机与 4 台 $\phi610$ mm 旋流器(2 用 2 备)组成一段闭路磨矿,二段采用 $\phi2700$ mm × 3600 mm
溢流型球磨机与 6 台 $\phi350$ mm 旋流器(3 用 3 备)、4 台高频细筛组成二段闭路磨矿。一段
入磨粒度为 – 15 mm,一段旋流器分级效率为 45% 左右,磨矿细度 – 200 目粒级含量为 40%
左右;二段入磨粒度为 – 3 mm,二段旋流器分级效率为 30% 左右,高频细筛分级效率达到
36% ~ 50%,磨矿细度 – 200 目粒级含量为 60% ~ 70%。磨矿分级作业存在的主要问题是
二段组合分级效率低,返砂量大,致使磨矿效率低。针对这一问题主要进行了用 $\phi500$ mm
旋流器代替 $\phi350$ mm 旋流器及将高频细筛筛孔由 0.15 mm 换为 0.18 mm 的试验研究,但效
果都不太理想。

c　选铁工艺

磁选作业原设计采用一粗、一精、一扫三次磁选工艺流程,粗选和精选采用 CYT – 618
双筒半逆流永磁磁选机,扫选采用 CYT – 618 单筒半逆流永磁磁选机。1996 年后全部推广
使用 1050 系列大磁选机,仍为半逆流永磁磁选机。大磁选机筒表面磁感应强度粗选为
0.12 ~ 0.21T,精选为 0.1 ~ 0.16T。2005 年阶磨阶选流程改造后,采用一次粗选抛尾、两次
精选和扫选磁选工艺流程,见图 1 – 83,磁选机均采用 1050 系列。每个系统共有四台磁选
机,一台粗选机,两台精选机,一台扫选机。粗选机平均磁感应强度为 0.18 T,精 I 为 0.15
T,精 II 为 0.13 T,扫选项为 0.25 T。原矿经选别后的铁精矿品位可达到 54%。

为解决粗粒抛尾半逆流永磁磁选机底箱堵塞的问题,2008 年进行了顺流型磁选机试
验,将半逆流型底箱换成顺流型底箱,成功解决了底箱堵塞问题。为进一步提高粗选作业金
属回收率,强化分选指标,2010 年进行了 $\phi1200$ mm × 3000 mm 顺流型磁选机试验,将粗选机
滚筒筒径由原来的 $\phi1050$ mm 换为 $\phi1200$ mm,磁感应强度由 0.18 T 提高到 0.25 T。

d　精矿过滤浓缩

过滤作业采用 18 m² 真空永磁外滤式过滤机脱水,矿浆进入过滤机的浓度 60% 左右,精
矿水分 11% 左右,铁精矿品位 54% 左右,过滤溢流返回精 I 作业再选。磁选尾矿先经过选
钛厂斜板浓缩后,底流进入选钛流程,溢流自流到选矿厂 1 号、2 号、3 号、4 号 BCN – 53 m 周
边转动浓缩机进行浓缩,进入浓缩机的矿浆浓度为 10% 左右,浓缩机底流浓度达到
43% ~ 48%。

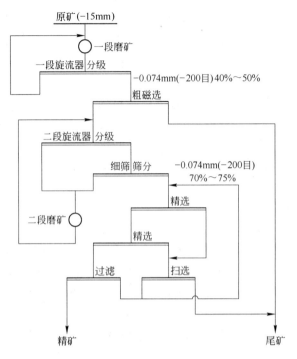

图 1 - 83　选矿厂选铁工艺流程图

e　尾矿处理

密地选矿厂马家田尾矿库位于金沙江南岸山谷之中,与厂相距两公里,尾矿坝等级Ⅱ级,七级地震烈度设防,属山谷型,设计总坝高 210 m,汇水面积 18.72 km²,总贮量 2.2 亿立方米,采用坝前均匀放矿,筑坝用冲积筑坝法。2008 年子坝筑至第 21 道,该子坝标高 1233 m,坝体绝对高差 143 m,长 1500 m。尾矿坝占地面积 3.5 km²,调洪安全超高 2 m,回水利用率 55%～75%,根据水文分析,洪水频率为 1%,排水量为 30 m³/s 时的马家田尾矿库调洪容积为 162 万立方米。

f　选矿厂主要设备

选矿厂主要设备见表 1 - 183 和表 1 - 184。

表 1 - 183　选矿厂主要设备

作业名称	设备名称	型号、规格		数量/台	电动机	
					功率/kW	数量/台
磨矿	球磨机	一段	MQG3640	16	1300	16
		二段	MQY2736	16	400	16
分级	水力旋流器	一段	FX610 - GT4	32		
		二段	FX350 - GT6	32		

续表 1-183

作业名称	设备名称	型号、规格		数量/台	电动机	
					功率/kW	数量/台
磁选	1050 磁选机	粗选机	CTB1030	16	5.5	16
		精Ⅰ	CTB1030	16	5.5	16
		精Ⅱ	CTB1021	16	4.0	16
		扫选	CTB1021	16	4.0	16
细筛	高频振动细筛	GPS 高频细筛	GPS(SB)-6B-32°	54	3.0	54
		五叠层德瑞克筛	SG18-60-4STK	5		5
过滤	18 m² 真空外滤式过滤机		GYW-18	20	55	20

表 1-184　磁选机规格及技术性能（技术参数）

序号	性能名称	粗　选	精　选		扫　选
			精Ⅰ	精Ⅱ	
1	型号规格/mm	CTB1050×3000 CTS1050×3000 （3号、4号系统）	CTB1050×3000	CTB1050×2100	CTB1050×2100
2	槽体形式	半逆流、顺流	半逆流	半逆流	半逆流
3	给矿粒度/mm	0~0.6	0~0.15	0~0.15	0~0.15
4	入选浓度/%	27~30	25~27	25~30	
5	处理量/t·h⁻¹	90~120	50~80	50~80	60~120
6	工作间隙/mm	70~75	85~90	80~85	65~70
7	排矿间隙/mm	35~40	30~35	30~35	30~35
8	磁场强度/kA·m⁻¹	119~127 159(3号、4号)	96~104	96~104	159
9	筒体转速/r·min⁻¹	20	20	20	20
10	磁系偏角/(°)	5~7	5	5	10~20
11	磁系包角/(°)	133.5	129.5	129.5	127
12	电机功率/kW	5.5	5.5	4	4

g　近年主要技术经济指标

近年选矿指标见表 1-185。

表 1-185　选矿厂设计指标及近五年主要指标

指标名称	设计指标	2005 年	2006 年	2007 年	2008 年	2009 年
破碎矿石量/万吨	1350	903.93	1065.77	1159.64	1209.84	1208.78
原矿处理量/万吨	1350	888.21	1081.19	1149.46	1207.25	1211.90
钒钛铁精矿/万吨	588.3	423.01	471.90	500.80	520.22	530.10
入选原矿品位/%	31.30	34.27	34.47	33.30	32.93	32.62
生产精矿品位/%	53.00	52.85	54.02	54.04	54.02	54.02
综合尾矿品位/%	14.53	17.37	17.75	17.52	17.69	17.49

h　选矿厂供水

选矿厂水量单耗在 7.73 m³/t 原矿左右,新水单耗 0.72 m³/t 原矿左右,废水重复利用率达到 95% 左右,尾矿库回水利用率达到 55% ~ 75%。

E　选钛生产工艺及流程

a　原则生产工艺流程

从选铁磁选尾矿中生产钛铁矿精矿和含钴硫化物精矿的原则生产流程由磁尾浓缩分级作业、粗粒级重选—电选、细粒级强磁—浮选相组合的联合流程构成,见图 1 - 84。

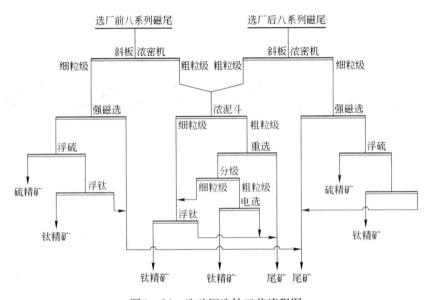

图 1 - 84　选矿厂选钛工艺流程图

选钛生产年处理含 TiO₂ 8% ~ 9% 的选铁磁选尾矿约 710 万吨,钛精矿产能约 25 万吨/年。选钛生产技术指标为:钛精矿 TiO₂ 含量大于 47%,S 含量小于 0.2%,选钛回收率 20% 左右;硫钴精矿 S 含量大于 32%,Co 含量为 0.25% ~ 0.3%。

b　现存问题及对策

当前选钛生产的突出问题是钛回收率不理想,仅为 20% 左右,主要是细粒级,特别是 -0.019 mm 粒级钛铁矿的回收率亟待提高。

为提高选钛回收率,需继续进行技术攻关的课题有:

(1)研究微细粒钛铁矿的高效分选技术与装备,侧重研究 -0.019 mm 粒级钛铁矿的特效浮选药剂与最佳分选工艺因素。

(2)适应磁选尾矿粒度组成出现的变化,研究更为合理的最佳选钛流程组合,以适应用户多方面需求。

c　选钛工艺主要设备

选钛工艺主要设备见表 1 - 186。

1.3.4.3　武钢大冶铁矿石选矿实践

A　概况

大冶铁矿隶属于武汉钢铁集团矿业有限责任公司,是武钢的主要铁矿石原料基地之一。

表 1-186 选钛工艺主要设备

作业名称	设备名称	规格型号	数量/台
浓密分级	倾斜浓密分级机		16
强磁选	立环脉动高梯度磁选机	Slon1500	
	高梯度磁选机	SSS-I	
浮选	浮选机	SF-4	
	浮选机	SF-10	
	浮选机	JJF-8	
	浮选机	GF-8	
重选	螺旋选矿机	Gl	
电选	高压电选机	YD-3A	

选矿厂的破碎系统于 1958 年 9 月 1 日正式投产,选矿部分于 1959 年 10 月投产。选矿厂原设计处理原矿 290 万吨/年,其中加工块、粉矿的原矿 55 万吨,入选原矿石 264 万吨/年。随着生产的发展,经过不断完善与改扩建,处理能力一度达到 430 万吨/年。经过四十余年的大规模生产,原露天矿闭坑,转入地下开采,采矿生产能力 120 万吨/年左右。近年来选矿厂原矿入选量 260 万吨/年,生产铁精矿 110 万吨/年、矿山铜 4000t,硫钴精矿 5 万吨/年,每年还可间接回收黄金 300kg。

目前铁精矿主要供大冶铁矿球团厂和武钢矿业公司鄂州球团厂,铜精矿和硫钴精矿自行销售。

1957 年 10 月选矿厂破碎系统部分开始基建,1958 年 9 月,块矿、粉矿破碎系统建成投产;1958 年 8 月选矿和脱水部分开始基建,1959 年 10 月建成投产。

选矿厂原设计共有 3 个选别系列,1960 年开始扩建第 4 系列,由长沙黑色冶金矿山设计院设计,武钢矿山分公司施工,1961 年,扩建工程缓建,1966 年恢复扩建,1971 年 11 月扩建工程竣工试生产。扩建后,四个系列的设计能力为年处理原矿 320 万吨,而实际具有的能力 360~390 万吨/年。

1972 年,为了适应扩大了的采场生产能力,对已有的四个系列进行了挖潜配套设计,设计由大冶铁矿组织设计,武钢工程公司施工。1973 年开工,1975 年 6 月全部工程结束,配套工程将原有的四个磨矿系列 390 万吨/年的实有能力提高到 430 万吨/年。1975 年、1978 年选矿处理原矿量达到了 388 万吨。

进入 2000 年后,大冶铁矿露天采场生产能力下降和闭坑,自产矿石量下降,随着外购矿石的不断增加,入选矿石日趋贫、细、杂,但市场对铁精矿量和质量的要求在提高。为提高选矿生产指标,大幅度降低能耗和选矿成本,进一步提高企业经济效益。2001 年由北京东方燕京地质矿山设计院对大冶铁矿破碎系统进行了改造设计,设计原矿处理量 180 万吨/年,更新了破碎流程及设备,2003 年 7 月份改造完成。2006 年该设计院对选矿及脱水系统进行了改造设计,设计年产铁精矿 110 万吨/年,处理原矿 266 万吨/年,采用了新工艺、大型球磨机,选矿自动控制,并对破碎系统相关设备进行了更换,2007 年底选矿改造工作全部完成。

1997 年起,大冶铁矿生产、生活供水全部由黄石市自来水公司提供,自来水公司通过一条 DN800 和一条 DN12000 输水管将水输送至下陆加压泵站,然后通过一条 DN600 和一条

DN800 水管将水输至市自来水公司铁山加压站,再经过 DN500 和 DN600 两条输水干管将水送给矿里生活区和生产区。

选矿原设计 3 个系列,生产用水年消耗量为 1570 万立方米/年,其中新鲜水 682.3 万立方米/年,回水 887.7 万立方米/年。

大冶铁矿选矿用水主要是白雉山尾矿坝的回水,约 500 m³/h,选矿厂各浓密机溢流的环水,约 1300 ~ 1500 m³/h,黄石市自来水仅作为生产新补充水和生活用水,新水量为 300 m³/h。

2000 年 5 月以后,黄石供电公司铁山地区总降压站负责对大冶铁矿供电。大冶铁矿工业用电共有两个受电点(土桥变电站为 1 受电点;开关站为 2 受电点)。受电设备的总容量为 117375 kV·A。其中土桥变电站受电点受电变压器两台,共计 20000 千伏安,运行方式一主一备。开关站由黄石供电局铁山区域变电所两台 220/110/6.3 kV 12 万千伏安变压器通过两条 6.3 kV 母线引入电源,通过 15 块高压变电柜将 6.3 kV 电源送至矿区 11 个高压室,供采矿、选矿、球团、工业场地用电,受电点受电变压器(电机)212 台,共计 91965 千伏安(千瓦)。运行方式为独立。

原国外设计三个系列,选矿用电设备总容量 21050 kW,外部电气照明容量 590 kW,年耗电量约 6300 万千瓦时。截至 2006 年底,选矿用电设备总容量为 42974kV·A。年耗电量 7990 万千瓦时。

B　矿石性质

a　矿床类型

大冶铁矿是一个大型的接触交代矽卡岩型含铜磁铁矿矿床,常称为大冶式磁铁矿类型,铁矿体分布于闪长岩和大理岩的接触带内。它由闪长岩侵入三叠纪石灰岩接触变质而形成。

b　成因类型

大冶铁矿矿床成因类型为接触交代矿床,是由于含石英闪长岩及黑云母透辉石闪长岩上侵与大冶群灰岩接触,含矿气水热液发生复杂的接触渗滤交代作用和接触扩散交代作用而形成接触交代矿床(矽卡岩矿床)。

c　矿石特性

(1)矿石类型。根据矿石中矿物共生组合与结构构造特征,大冶铁矿矿石自然类型可分为磁铁矿矿石、磁铁矿 – 菱铁矿矿石、菱铁矿 – 赤铁矿矿石(或赤铁矿 – 菱铁矿矿石)、磁铁矿 – 赤铁矿矿石、磁铁 – 赤铁 – 菱铁矿矿石。根据目前矿石技术加工条件,结合矿石技术加工性能及矿石中磁性铁占有率(MFe/TFe)、矿石中全铁(TFe)、铜品位(Cu)将矿石划分为六种工业类型,见表 1 – 187。

表 1 – 187　矿石类型与大冶铁矿现用工业技术指标

矿石类型		代　号	MFe/TFe	化学成分/%	
				TFe	Cu
原生矿	高铜磁铁矿	Fe1	≥0.85	≥45	≥0.2
	低铜磁铁矿	Fe2		≥45	<0.2
	贫磁铁矿	Fe3		20 ~ 45	
混合矿	高铜混合矿	Fe1—△	<0.85	≥45	≥0.2
	低铜混合矿	Fe2—△		≥45	<0.2
	贫铜混合矿	Fe3—△		20 ~ 45	

（2）矿石的矿物组成及结构构造。矿石中的矿物组成有 30 多种。主要金属矿物为磁铁矿，其次为赤铁矿、菱铁矿、少量褐铁矿。硫化物以黄铁矿、黄铜矿为主，其次为斑铜矿，少量白铁矿、辉铜矿、磁黄铁矿、胶黄铁矿等。脉石矿物以方解石、白云石、透辉石为主，其次为金云母、方柱石、长石、石榴石、绿帘石、阳起石、绿泥石、石英、玉髓、高岭土等。

矿石结构：以半自形－它形晶粒状结构为主，其次为交代残余结构、交代结构、胶状结构、雏晶结构等。磁铁矿嵌布粒度较细，粒度大于 0.074 mm（200 目）占 46.9%。

矿石构造：主要为致密块状构造，其次为浸染状、似条带状构造。

（3）矿石的化学成分。矿石中有益组分有：铁、铜、钴、镍、金、银，有害组分主要有硫、磷、砷等。

铁的主要工业矿物为磁铁矿，一般粒度为 0.016～0.056 mm，并有少量假象赤铁矿（粒度一般小于 0.033 mm）和菱铁矿，菱铁矿晶粒通常在 0.01 mm。此外，在硅酸盐矿物和硫化物中，铁的占有率分别为 3.49% 和 3.94%。

铜主要以黄铜矿产出，少量存在于斑铜矿中，自由氧化铜和结合氧化铜的总占有率约为 10%。

钴在黄铁矿中主要以类质同象存在，尚未发现钴的独立矿物。

金以自然金和银金矿产出。金的粒度在 0.05～0.01 mm 者占 93%，且以裂隙金为主，主要载金矿物为黄铜矿，其次为黄铁矿。

银的赋存状态尚不够清楚。据电子探针探测结果推测，部分银系以银金矿产出。硫主要赋存于黄铁矿、黄铜矿等金属硫化物中，部分以硬石膏出现。

大冶铁矿原矿多元素分析见表 1－188，铁物相分析见表 1－189、铜物相分析见表 1－190，硫物相分析结果见表 1－191。

表 1－188　原矿多元素分析结果　　　　　　　　　　　　（%）

元　素	TFe	Cu	S	Co	CaO	MgO	Al_2O_3	SiO_2	Au[①]	Ag[①]
含量	45.35	0.325	2.026	0.02	6.34	2.85	4.06	14.34	1.0	4.0

①：Au、Ag 含量单位为 g/t。

表 1－189　原矿铁物相分析结果　　　　　　　　　　　　（%）

相　别	磁性矿之铁	赤褐铁之铁	碳酸盐之铁	硫化矿之铁	硅酸盐之铁	全　铁
含量	37.65	3.40	2.70	1.60	0.00	45.35
占有率	83.02	7.50	5.95	3.53	0.00	100.00

表 1－190　原矿铜物相分析结果　　　　　　　　　　　　（%）

相　别	硫化矿之铜	自由氧化矿之铜	结合氧化矿之铜	全　铜
含量	0.181	0.032	0.112	0.325
占有率	55.69	9.85	34.46	100.00

表 1 – 191　　原矿硫物相分析结果　　　　　　　　（％）

相　别	硫化矿之硫	磁性矿之硫	硫酸盐之硫	全　硫
含量	1.446	0.236	0.344	2.026
占有率	71.37	11.65	16.98	100.00

C　技术进展

大冶铁矿选矿厂原设计破碎系统规模290万吨/年矿石,破碎流程为三段开路破碎,将1000mm矿石破碎至20mm,一直沿用至2003年7月。其间,1965~1970年增设过洗矿作业,1999起在中碎后实施了干式抛废。随着露天采场的结束,矿石量减少,2003年破碎系统改造,旨在(1)减少碎矿生产系统,更新破碎筛分主体设备;(2)将开路破碎流程改为闭路破碎流程,降低产品粒度,提高磨矿效率,实现多碎少磨,达到节能降耗的目的;(3)增加洗矿作业,切实解决坑内矿石含泥量大,影响破碎流程畅通的问题,同时强化抛尾作业,降低生产成本;(4)提高选矿厂自动化控制水平,稳定生产,提高劳动生产率,改善技术经济指标。

设计原矿处理能力180万吨/年,破碎流程改造为粗碎—中碎—洗矿筛分—抛废—细碎闭路流程。细碎产品粒度设计为 $d_{95} = 8$ mm,抛出废石17％。引进了美卓公司生产的破碎和筛分设备。

磨矿流程一直沿用原来设计的二段全闭路流程,将破碎产品磨至 –200 目75％。2003年破碎系统改造后,原设计洗矿筛下 –3 mm 产品经 ϕ500 水力旋流器组给入二段磨矿,由于现场 –3 mm 量及浓度波动太大,旋流器操作不稳定,现场停止使用旋流器,改为 –3 mm 直接进入二次螺旋分级机,由一个二段磨矿系统专门处理洗矿细粒。

浮选流程一直采用混合浮选先浮选出铜硫混合精矿,混合精矿经浓缩脱药后进入分离浮选作业。混合浮选采用的二粗二精一扫流程,分离浮选采用一粗二精二扫流程。1998~2001年将混合浮选的二、三系列JJF –20浮选改造为BF –8浮选机,并取消了扫选作业;并将分离浮选的粗选和扫选的6A浮选机改造为BF –8浮选机,流程不变。

磁选作业:大冶铁矿原生矿和混合矿的弱磁选一直沿用了三段磁选工艺,得到弱磁精矿;混合矿的一段弱磁尾进入浓缩机浓缩后经圆筒筛除渣后进入强磁选作业,获得强磁精矿。1999年在Shp强磁选前增加了2台中磁机,有效地减少了强磁性矿物进入强磁机造成其齿板堵塞的问题,2001年购进一台Slon –1500强磁选机替换了一台Shp –2000强磁选机。2003年强磁工序停产,2007年全部拆除。

大冶铁矿精矿产品全部采用二段脱水工艺,浓缩一直采用周边齿轮传动浓缩机,由于球团生产对铁精矿水分的要求,过滤设备也随着新设备的发展,不断更新。2001年起弱磁铁精矿过滤采用6台ZPG –72圆盘真空过滤机取代了原40 m² 内滤式真空圆盘过滤机,2005年采用3台TT –45陶瓷过滤机用于铁精矿过滤。另外,铜硫过滤也采用了ZPG –30圆盘过滤机。

2007年大冶铁矿选矿厂的磨矿选别以及浓缩过滤系统全面改造,采用单一磨选生产系统取代原设计的8个系统磨矿和4个系统的选别作业,磁选流程变更为浮选尾矿经过磁选—多层高频振动细筛—磁筛—中矿磁选脱水—再磨后返回原磁选回路的磁选流程;采用先进高效磁选和分级设备,提高铁精矿质量;采用大型高效浮选设备对浮选流程进行改造,提高浮选指标;全面采用陶瓷过滤机对精矿脱水作业进行改造,降低滤饼水分;对尾矿脱水浓缩机进行高效化改造,提高底流浓度,降低溢流固体含量;实现选矿厂自动化控制,稳定生产。

D 生产工艺及流程

a 选矿生产概况

大冶铁矿选矿厂近年来年产弱磁铁精矿计划值在 110 万吨,随着 2000 年后大冶铁矿露天采场的结束,入选原矿量的 55% 左右为大冶铁矿自产矿,45% 左右为外购周边原矿,年处理原矿量在 220~240 万吨。主要产品为弱磁铁精矿、铜精矿和硫钴精矿。

大冶铁矿选矿厂破碎系统采用三段一闭路—洗矿—抛废的破碎流程,将 -650 mm 的矿石破碎至 -18 mm,抛出 10% 左右的非磁性废石。

矿石经过两段全闭路的磨矿流程,磨细至 -0.074 mm(-200 目)75%,进入浮选作业,加乙基黄药、11 号油、Na_2S 进行混合浮选,得到铜硫混合精矿,其尾矿进入磁选工序,经三段弱磁选得到品位为 64% 的铁精矿,铁精矿浓缩过滤后得到最终的铁精矿产品;铜硫混合精矿中加入石灰使矿浆呈碱性,经浓缩脱药后,加入 Z-200 号进行铜硫分离浮选,分别得到铜精矿和硫钴精矿。

铁精矿、铜精矿、硫钴精矿分别浓缩过滤后进入精矿仓库,铁精矿经皮带输送至球团车间使用,或汽车、火车输送至鄂州球团厂或外销;铜精矿和硫钴精矿一般是火车输出外销。

磁选尾矿经浓缩后用油隔离泵加压扬送至白雉山尾矿库,输送管道约 6500 m。

选矿厂工艺流程图见图 1-85。

b 破碎筛分

选矿厂原破碎系统流程为三段开路破碎流程,采场原矿石经重型板式给料机给入 2100 mm×1500 mm 的简摆式颚式破碎机,粗碎后由皮带输送机经过棒条筛,+75 mm 的矿石进入 ϕ2100 标准型圆锥破碎机进行中碎,1999 年中碎后皮带上进行干式抛废,抛出 10% 左右的混岩,中碎后矿石进入 1800 mm×3600 mm 的重型振动筛,筛上物进入 ϕ2100 mm 短头型圆锥破碎机细碎,筛下物和细碎产品进入磨矿粉矿仓,见图 1-86。

破碎为两个系统,设备各 2 台,一用一备。

2003 年 7 月,大冶铁矿破碎系统改造增加了洗矿作业,改造后流程为粗碎—中碎—洗矿筛分—抛废—细碎闭路流程(图 1-87)。洗矿作业的增加有效地提高了抛废效果,抛废采用了马鞍山天源科技生产的 CTDG1014 型永磁干式磁选机,磁感应强度 400mT,设计抛出废石 17%。采用闭路破碎后,细碎产品粒度 $d_{95}=8mm$。破碎系统也由原来的两个系统变更为单系统作业。

大冶铁矿破碎系统改造完成后,实际生产中由于外购原矿的增加,破碎处理量在 240 万吨/年,实际处理量超过了设计处理量 180 万吨/年的 25%,破碎系统一直超负荷运行,现场细碎产品粒度仅为 $d_{95}=18mm$。2005 年由于 HP300 的中碎机不适合处理黏土矿以及设备故障率高,美卓公司同意将其更换为 GP300。

2007 年为扩大破碎系统生产能力至 266.7 万吨/年,重新更新破碎设备。粗碎设备为美卓的 C1054 破碎机一台,中碎机为山特维克出产的 H6800 型 1 台,另新增一台 HP500 细碎机。原有一台 YA2100 mm×6000 mm 振动洗矿筛,更换为一台 YA2400 mm×6000 mm 振动筛;经过完善设计改造后,细碎最终产品粒度确定为 13~0 mm,当矿石含泥少时,产品粒度有进一步降低的可能性。

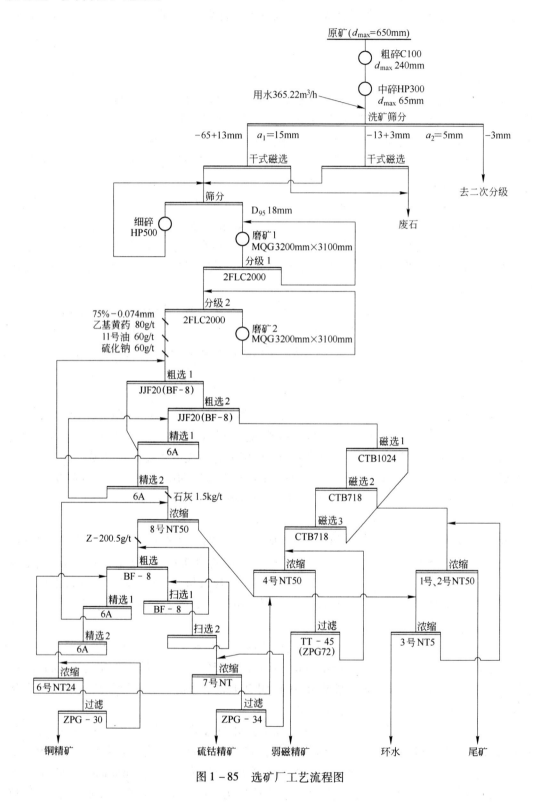

图 1-85　选矿厂工艺流程图

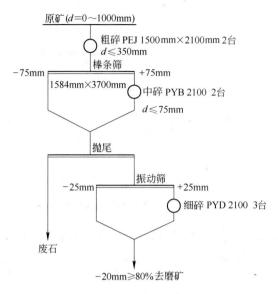

图 1-86 大冶铁矿原设计三段开路破碎流程

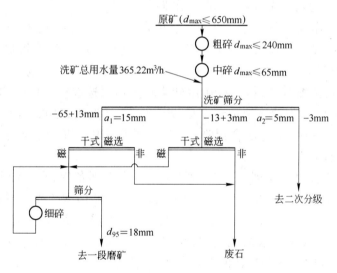

图 1-87 大冶铁矿现行破碎流程图

c 磨矿分级

大冶铁矿采用二段全闭路磨矿流程,由 8 个系统组成。细碎产品由皮带输送机输至 MQG3200 mm×3100 mm 球磨机粗磨后送入 2FLG-2000 螺旋分级机第一次分级,返砂返回球磨机再磨;第一次分级溢流 -0.074 mm(-200 目)50% ~55% 给入 2FLC-2000 螺旋分级机第二次分级,返砂给入第二段的球磨机细磨,细磨产品再给入第二次分级机,二次分级溢流 -0.074 mm(-200 目)75% 进入下步浮选作业。磨矿流程图见图 1-88。

2007 年的选厂改造采用两段闭路磨矿加再磨流程(单系统),取代原设计的 8 系列 16 台 MQG3200 mm×3100 mm 球磨机。一段磨矿由 1 台 ϕ5.03 m×6.4 m 溢流型球磨机与 3 台 ϕ660 mm 水力旋流器构成闭路磨矿流程,磨矿细度为 -0.074 mm(-200 目)占 50%。二段磨矿由 1 台 ϕ5.03 m×6.4 m 溢流型球磨机与 6 台 ϕ500 mm 水力旋流器构成闭路磨矿流

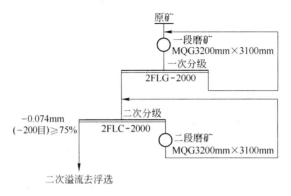

图 1 - 88　大冶铁矿磨矿分级流程图

程,磨矿细度为 - 0.074 mm(- 200 目)占 75%。再磨采用 1 台 ϕ3.6 m × 6.0 m 溢流型球磨机开路磨矿,磨矿细度为 95% - 0.074 mm(- 200 目)。

　　d　选别工艺

　　大冶铁矿选别作业采用的是先浮选后磁选工艺。浮选作业又分为混合浮选和分离浮选两个作业,磁选又分为弱磁选和强磁选两个作业。

　　铜硫混合浮选作业共分 4 个系列,每个系列有 20 m³ 浮选机 12 槽,6A 浮选机 10 槽(四系列 6A 浮选机 12 槽),二次球磨分级溢流先由 20 m³ 浮选机进行粗选,粗选精矿再由 6A 浮选机进行二次精选,精选精矿即为铜硫混合精矿。铜硫混合精矿由砂浆泵泵送 8 号浓缩机浓缩脱药,粗选尾矿由砂浆泵送弱磁选选铁。1987 年选矿在粗选和扫选使用了 JJF - 20 大型浮选机取代了原设计的 7A 浮选机,延长了浮选时间,提高铜、硫回收率。1998 ~ 2001 年将混合浮选的二、三系列 JJF - 20 浮选改造为 BF - 8 浮选机,并取消了扫选作业。

　　铜硫分离浮选有两个系列,一个系列生产,一个系列备用,有 6A 浮选机 4 排共 48 槽。铜硫混精经 8 号浓缩机脱药后,由砂浆泵送入一排 14 槽(或 18 槽)6A 浮选机粗选一次扫选和二次扫选,粗选精矿再由另一排 8 槽 6A 浮选机二次精选,精选精矿即为铜精矿,由砂浆泵送入 6 号浓缩机,扫选尾矿为硫钴精矿,由砂浆泵送入 7 号浓缩机。1999 年将分离浮选的粗选和扫选的 6A 浮选机改造为 BF - 8 浮选机,流程不变。流程图见图 1 - 89。

　　磁选选别流程为粗浮选尾矿先由 16 台 CTB1024 圆筒式永磁机第一段选铁,其精矿进入 11 台 CTB718 圆筒式永磁机第二段选铁,二段磁精再进入 11 台 CTB718 圆筒式永磁机第三段选铁,即得到弱磁选铁精矿。由砂泵扬送至 4 号浓缩机。一段磁选作业尾矿视矿源而定,原生矿一段磁尾直接进 1 号、2 号浓缩机。而氧化矿一段磁尾则送至 5 号浓缩机浓缩后,经过隔渣筛、由 2 台 ϕ1050 mm × 2400 mm 中磁机预选后,再进入 3 台 Shp - 2000 强磁机进行强磁选,得到的强磁选铁精矿送入 9 号浓缩机。流程见图 1 - 90。

　　2000 年弱磁选工序用一台北京矿冶研究院的 BKJ1024 精选机替代了二三段磁选的 11 号 CTB718 磁选机。并安装了一台该院生产的 BKW1230 尾矿再选机用于尾矿再选。

　　1999 年在强磁选前新增了中磁选机。有效地改善了 Shp - 2000 强磁选机齿板堵塞的问题,2001 年将一台 Slon - 1500 立环式强磁选机取代一台 Shp - 2000 强磁机。由于大冶铁

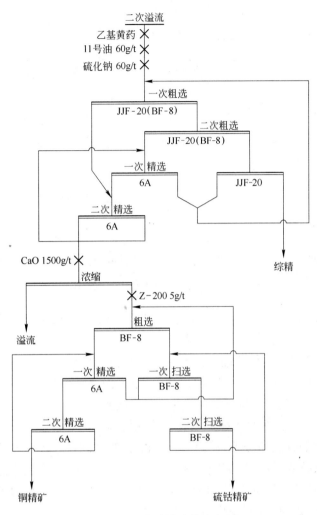

图 1-89 大冶铁矿浮选流程

矿逐渐转入地下开采,强磁工艺于 2003 年停产,2007 年 4 月全部拆除。

2007 年选矿工艺流程改造在混合浮选回路粗扫选作业采用大型(50 m³)充气式浮选机,分离浮选采用 8 m³ 和 4 m³ 浮选机。磁选流程采用浮选尾矿经过磁选—多层高频振动细筛—磁筛—中矿磁选脱水—再磨后返回原磁选回路的磁选流程,磁选回路内采用大直径 φ1200 mm×3000 mm 永磁磁选机,2 台进口 Derrick 公司 2SG48 – 60W – 55TK 型(5 层× 1.5m²)振动细筛,10 台 CSX – II 磁场筛选机,其中 2 台备用。

e 浓缩过滤

(1)流程。弱磁精矿由 6 台 ZPG – 72 圆盘过滤机直接过滤,滤饼由皮带送至精矿库。过滤机溢流返回 4 号浓缩机。

原强磁精矿经 4 号浓缩机浓缩后送 12 台 25 m² 内滤式圆盘过滤机过滤,滤饼由皮带送至精矿库,过滤机溢流返回 4 号浓缩机。

铜精矿经 6 号浓缩机浓缩后,由 4 台 34 m² 圆盘过滤机过滤,滤饼由皮带送至铜精矿库。过滤机溢流返回 6 号浓缩机。

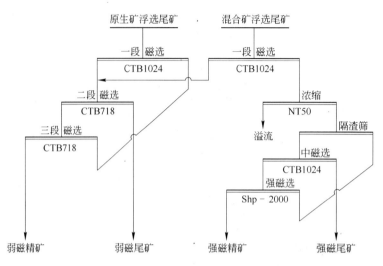

图 1-90 大冶铁矿磁选工艺流程图

硫钴精矿 7 号浓缩机浓缩后,由 4 台 34 m^2 圆盘过滤机过滤,滤饼直接进硫精矿库。过滤机溢流返回 6 号浓缩机。

尾矿进入 1 号、2 号浓缩机浓缩后由砂泵扬送至白雉山尾矿库。各个浓缩机溢流全部进入 3 号浓缩机,其底流进入 1 号、2 号浓缩机,其溢流作为现场循环水使用。

(2)工艺流程技术改造及特点。1999 年,大冶铁矿球团厂一系统开始生产,要求降低铁精矿水分至 10.5% 以下,9 号浓缩机建成后,弱磁精矿进入 4 号浓缩机浓缩,并且逐步将 ZPG-72 圆盘过滤机取代了原设计的 25 m^2 内滤式圆筒过滤机。2001 年 4 月后球团 2 系列投入生产,铁精矿水分要求小于 10%。2004 年 4 月份,大冶铁矿在脱水过滤间一系列安装了一台安徽铜都特种环保设备股份有限公司生产的 TT-16 特种陶瓷过滤机,做工业试验。2005 年安装了 3 台 TT-45 特种陶瓷过滤机。

2007 年对两台尾矿浓缩机进行高效化改造,提高底流浓度,降低溢流固体含量;铁精矿过滤新购 3 台 60 m^2 的陶瓷过滤机,铜精矿和硫钴精矿过滤也采用陶瓷过滤机。

f 尾矿输送

(1)流程。尾矿经两台 ϕ50 m 尾矿浓缩池后,底流排矿浓度为 35% ~40%,尾矿矿浆量为 360.00 m^3/h。底流尾矿经现有渣浆泵加压,由两条长约 410 m 的 d180 mm 铸石管送至尾矿加压泵站,经油隔离泵加压至尾矿库,输送管道约 6500 m。现有底流泵站设置有 4PNJA 型渣浆泵四台(二台工作,二台备用),现有尾矿加压泵站设置有 YJB160/40 型油隔离泵四台(二台工作,二台备用)。

白雉山尾矿库是大冶铁矿洪山溪尾矿库的接替尾矿库,该尾矿库于 20 世纪 80 年代初开始筹建,1984 年完成初步设计,1985 年完成施工图设计,1988 年 10 月基本建成投产。目前尾矿库坝标高为 175 m,目前加压泵站主泵出口工作压力 2.3 MPa,原设计最终标高为 186 m。目前白雉山尾矿坝在加高扩容设计中。

(2)流程技术改造及特点。尾矿输送系统至 1989 年使用以来流程没变,只是尾矿输送管道作了更新。1986 年建成一根 Dg250 mm 的铸石管(已停用)、一根 d273 mm×10 的无缝钢管,在 1998 年建成一根 Dg250 mm 的陶瓷复合管。

g 尾矿综合利用及环境保护。大冶铁矿洪山溪尾矿库尾矿的综合利用研究始于 20 世纪 70 年代中期,1980 年为给坝体稳定性验算提供参数,武汉冶金勘查公司对洪山溪尾矿库进行了工程地质勘察,钻探进尺 600 余米。其样品 1985 年由武钢矿山研究所做过尾矿再选试验。

1997 年对生产现场磁选尾矿进行了再选,设备为盘式尾矿再选机,但由于精矿磁团聚造成冲洗困难,精矿量少且输送管道长,该系统废弃。2000 年利用 BJW - Ⅱ 型磁铁尾矿再选机对部分最终尾矿进行了再选。

尾矿库生产期间影响环境的主要因素是废水排放,尾矿扬尘及水土流失。尾矿库是堆存固体废渣的场地,在精心管理的条件下不会再有固体废渣流失的条件。本尾矿库的废水基本回收循环使用,只在大暴雨时有少量废水外排。但外排水无毒无害,为防止坝坡的水土流失现象发生,采取了坝坡排水及植草皮护坡等水土保持措施。对沉积滩部分的干燥滩面,及时调整入矿位置,使干燥滩面保持湿润,以避免或减轻扬尘。

h 选矿厂主要设备及技术参数

大冶铁矿选矿厂 2006 年主要设备见表 1 - 192,2001 ~ 2006 年相关技术参数见表 1 - 193。

表 1 - 192 2006 年选矿厂现有主要工艺设备

序号	工序	设备名称及规格	数量/台	电机功率/kW
1	破碎	2400 × 18000 板式给料机	1	40
2		C - 100 型颚式破碎机	1	110
3		GP - 300 型中碎圆锥破碎机	1	400
4		HP500 细碎圆锥破碎机	1	220
5		2YA 2100 × 6000 振动筛	1	22
6		CTDG1014 型永磁干式磁选机	1	15
7		YA2400 × 6000 振动筛	1	30
8		ZYA1800 × 4800 振动筛	1	15
9		ϕ2100 细碎圆锥破碎机	1	280
10	磨矿	ϕ3200 mm × 3100 mm 格子型球磨机	16	600
11		ϕ2000 mm 高堰式双螺旋分级机	8	14
12		ϕ2000 mm 沉没式双螺旋分级机	8	14
13	浮选	BF - 8 浮选机(二三系列、二选)	40	30,22
14		JJF - 20 浮选机(一四系列)	24	40
15		6A 浮选机(一二选、精选)	50	10
16	磁选	ϕ1050 mm × 2400 mm 磁选机(一段)	16	15
17		ϕ750 mm × 1800 mm 磁选机(二三段)	20	15
18		Shp - 2000 强磁选机	2	22
19		Slon - 1500 强磁选机	1	
20		BKJ1024 筒式精选再选机	1	

续表 1 - 192

序号	工序	设备名称及规格	数量/台	电机功率/kW
21	浓缩	NT50 浓密机(尾矿、中矿、铁精)	6	10
22		NT24 浓密机(铜精、硫精)	2	7.5
23		NT - 18 高效浓密机	1	
24	过滤	45 m² 陶瓷过滤机	3	3 + 5.5
25		ZPG - 72 真空圆盘过滤机	6	5.5 + 7.5
26		ZPG - 34 - 4 真空圆盘过滤机	2	4.5
27		ZPG - 30 - 6 真空圆盘过滤机	2	5.5 + 7.5
28	尾矿输送	YJB - 160/40 油隔离泵	4	240

表 1 - 193 主要设备技术指标

设　备	项　目	2001 年	2002 年	2003 年	2004 年	2005 年	2006 年
板式给矿机	作业率/%	19.12	20.84	23.74	54.81	64.84	75.50
	台时/t·h⁻¹	646.05	548.44	479.65	359.72	347.06	360.56
粗碎机	作业率/%	28.23	28.07	33.76	64.86	70.63	78.69
	台时/t·h⁻¹	437.73	407.18	337.25	303.97	318.63	345.93
细碎机	作业率/%	38.69	37.70	36.09	35.20	33.76	37.33
	台时/t·h⁻¹	212.87	202.06	197.08	280.05	333.32	364.64
球磨机	作业率/%	54.82	53.60	37.04	35.68	46.60	51.93
	台时/t·h⁻¹	62.010	57.474	64.00	60.07	60.36	65.52
	利用系数/t·(m³·h)⁻¹	2.768	2.566	2.92	3.13	2.70	2.93
二次溢流	- 0.074 mm(- 200 目)/%	72.499	72.737	72.69	74.04	75.34	74.85
铁过滤机	作业率/%	22.978	13.906	10.75	11.96	13.40	16.72
	利用系数/t·(m³·h)⁻¹	1.172	1.830	1.94	1.62	1.44	1.30
	水分/%	11.00	10.80	10.54	10.44	10.36	10.14

i 2001～2006 年选矿生产主要技术经济指标(表 1 - 194)。

表 1 - 194 2001～2006 年选矿主要技术经济指标

项　目		2001 年	2002 年	2003 年	2004 年	2005 年	2006 年
年处理原矿/万吨		216.46	200.21	166.13	173.18	197.13	238.45
原矿品位	TFe/%	45.81	47.55	50.04	47.48	44.40	42.44
	Cu/%	0.353	0.349	0.380	0.300	0.280	0.270
	S/%	2.239	2.232	2.360	2.080	1.900	1.870
精矿品位	TFe/%	60.58	63.69	64.46	64.62	64.44	64.63
	Cu/%	18.893	20.333	20.330	19.700	20.30	20.40
	S/%	33.697	34.236	35.960	35.060	34.620	34.30
尾矿品位	TFe/%	19.76	16.99	13.92	12.97	10.96	8.57

项 目		2001 年	2002 年	2003 年	2004 年	2005 年	2006 年
回收率	TFe/%	69.34	74.67	81.81	79.130	74.18	72.85
	Cu/%	73.729	78.025	78.20	66.47	74.030	74.180
	S/%	35.46	41.14	42.81	35.95	37.07	43.57
选矿比/t·t^{-1}		1.907	1.777	1.520	1.720	1.960	2.090
每吨精矿成本/元/		222.53	223.63	253.63	335.15	443.56	431.06
每吨原矿钢球消耗/kg							
每吨原矿铁球消耗/kg		1.08	1.01	1.13	1.08	0.79	1.14
每吨原矿衬板消耗/kg		0.12	0.13	0.099	0.17	0.084	0.11
每吨原矿水耗/m^3							
其中每吨原矿新水消耗/m^3				0.307	0.318	0.233	0.239
每万吨原矿胶带/m		24.79	26.43	30.97	28.29	23.84	17.61
每万吨原矿过滤布/m^2		0.01	0.01	0.001	0.000	0.004	0.01
药 剂	黄药/g·t^{-1}	82.12	84.04	77.70	78.34	79.93	62.03
	11 号油/g·t^{-1}	44.35	44.41	67.17	58.34	47.45	19.79
	Na$_2$S/g·t^{-1}	0.01	2.24	—	—	—	—
	石灰/kg·t^{-1}	3.48	1.69	2.77	1.96	0.92	1.21
	Z - 200/g·t^{-1}	3.07	2.70	1.63	1.43	1.12	1.01
每吨原矿电耗/kW·h		34.17	39.40	41.42	39.99	36.77	33.47
劳动生产率 /t·(人·年)$^{-1}$	全员	3044.4	2435.6	2719	3891.67	4531.73	5916.89
	工人	3340.4	3370.5	2930	4143.05	4716.6	6209.65

1.3.4.4 上海梅山矿业有限公司选矿厂选矿实践

A 概述

选矿厂隶属上海梅山矿业有限公司,而上海梅山矿业有限公司是上海宝钢集团公司下属全资子公司。地处江苏省南京市雨花台区西善桥镇,距南京市中心 13 km。宁马高速公路、宁芜铁路、南京绕城公路环行周围,万里长江横亘于西,南京禄口机场高速公路也在不远处穿越,秦淮新河直穿矿区腹地注入长江,交通便利。

选矿厂破碎系统 1970 年投产,设计原矿处理能力 250 万吨/年,采用三段一闭路破碎流程,最终破碎产品粒度 12~0 mm。1987 年完成了增建二次中碎的设计,1992 年投入生产,使破碎流程形成四段破碎两段闭路流程,中碎的产品粒度由原 75~0 mm 降至 50~0 mm,给入预选车间。选矿厂选别系统于 1980 年投产,其中预选工艺是首先将 50~0 mm 的原矿,湿式筛分成 50~20 mm、20~2 mm、2~0 mm,并将 2~0 mm 分级为 2~0.5 mm 和 0.5~0 mm 两个粒级,分别采用振动溜槽或大粒度跳汰机、弱磁选机、强磁选机进行预选,抛出合格尾矿,并将前三个粒级的粗精矿经细碎至 12~0 mm 给入浮选车间。浮选车间共有 6 个磨选系列,采用两段连续闭路磨矿,将矿石磨至 65% -0.074mm,采用浮选选硫,获得硫精矿,槽内产品为粗铁精矿。对粗铁精矿采用弱磁选、强磁选脱磷,获得最终铁精矿。目前选矿厂原矿处理能力已达 400 万吨/年,铁精矿铁品位 57% 以上,含硫小于 0.5%,含磷小于 0.25%,铁回收率78%左右。硫精矿硫品位30%,硫回收率50%。

　　B　矿石性质

梅山铁矿矿石中的金属矿物主要有磁铁矿、半假象赤铁矿、菱铁矿,其次为假象赤铁矿,少量的褐铁矿、针铁矿、黄铁矿等;脉石矿物有铁白云石、白云石、方解石等碳酸盐矿物,高岭土组成的黏土矿物,以及磷灰石和少量的石榴石、透辉石、绿泥石、石英等。矿石性质复杂,磷灰石常与碳酸盐和铁矿物呈包裹体,也有呈脉状贯穿于铁矿物中,分布普遍、粒度较细,故难以脱除。原矿化学多元素分析和铁物相分析如表1－195和表1－196所示。

表1－195　原矿化学多元素分析结果　　　　　　　　　　　（％）

元　素	TFe	S	P	CaO	MgO	Al_2O_3	SiO_2
含　量	40.61	1.83	0.422	6.86	2.24	2.89	14.35

表1－196　原矿铁物相分析结果　　　　　　　　　　　　（％）

相　态	磁铁矿	碳酸铁	硫化铁	硅酸铁	赤铁矿	全　铁
铁含量	20.41	8.58	1.42	1.05	8.96	40.42
分布率	50.49	21.23	3.51	2.60	22.17	100.00

　　C　技术进展

　　a　预选工艺优化

增加0.5~0 mm细粒级选别。针对原流程中2~0 mm粒级选别不充分,细粒级金属流失严重,将2~0 mm分为2~0.5 mm和0.5~0 mm两个粒级,对0.5~0 mm粒级采用CTS1018弱磁选机和Slon立环脉动高梯度强磁选机一粗一扫流程选别,有效地回收细粒铁矿物。

更新选别设备。采用YMT－75型大粒度跳汰机代替振动溜槽,采用美制ϕ300 mm×1130 mm辊式强磁选机和国产YCGϕ350 mm×1000 mm永磁辊式强磁选机代替08型干式磁选机和粗粒跳汰机;采用CTS1024强磁选机代替细粒跳汰机,充分提高各粒级的选别效果。

调整选别粒级范围。扩建二次中碎后,预选工艺的矿石上限粒度由75 mm降至50 mm,选别粒级由75~12 mm、12~2 mm、2~0 mm三个粒级变为50~20 mm、20~2 mm、2~0.5 mm、0.5~0 mm四个粒级,使粗粒级范围变窄,中粗粒级范围扩宽,充分地发挥辊式强磁选选别效果,使整个预选指标明显提高。

　　b　磨矿分级与选别工艺优化

增加降磷工艺。原生产流程中,浮选硫的槽内产品即为铁精矿,精矿中磷含量得不到控制,磷含量难以满足冶炼要求标准。为了解决这一问题,通过大量的试验研究,采用弱磁选—强磁选降磷工艺,使铁精矿中磷含量控制在0.25%以下,满足了冶炼的要求。

新增磨矿分级八系列。为了解决磨矿机生产能力不足的问题,2001年建成磨矿分级八系列。采用一段棒磨、二段球磨与旋流器闭路磨矿分级工艺。投产后,运行稳定,磨矿处理能力达85 t/h,分级效率达50%以上,解决了磨矿机生产能力不足的问题。

　　D　生产工艺及流程

　　a　破碎筛分

选矿厂现破碎筛分工艺流程如图1－91所示。

该流程为四段破碎两段闭路流程。井下 800～0 mm 原矿,经设在井下的 2 台 C140 颚式破碎机粗碎后,运至选矿厂破碎车间。矿石经 ϕ2200 液压标准型圆锥破碎机一次中碎,排矿产品采用 YAH2460 圆振动筛筛分为 +50 mm 和 50～0 mm 两个粒级; +50 mm 粒级给入 ϕ2200 液压标准圆锥破碎机二次中碎,二次中碎排矿返至 YAH2460 圆振动筛,形成闭路。50～0 mm 粒级给入预选工艺流程。2006 年,原矿处理能力已达 400.76 万吨/年,中碎产量 596.61 t/h,作业率 39.44%;细碎产量 248.09 t/h,作业率 33.21%,电耗 1.43 kW·h/t。

b 预选工艺

选矿厂现预选工艺流程如图 1-92 所示。

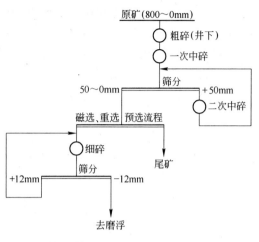

图 1-91 破碎筛分工艺流程图

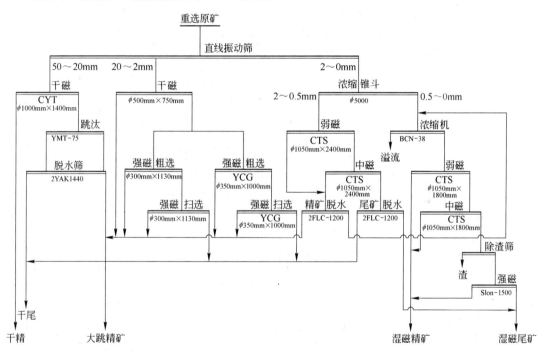

图 1-92 选矿厂预选作业工艺流程

预选工艺流程是将中碎后 50～0 mm 的原矿,采用 2ZS2065 直线振动筛筛分为 50～20 mm、20～2 mm 和 2～0 mm 三个粒级,并将 2～0 mm 粒级分级为 2～0.5 mm 和 0.5～0 mm 两个粒级。50～20 mm 采用 CYTϕ1000 mm×1400 mm 干式磁选机、YMT-75 大粒度跳汰机一粗一扫,获粗精矿和粗粒尾矿;20～2 mm 采用 ϕ500 mm×750 mm 干式磁选机和 ϕ300 mm×1130 mm 辊式强磁选机或 YCGϕ3500 mm×1000 mm 强磁选组成的一粗二扫流程,获得粗精矿和合格尾矿;2～0.5 mm 采用 CTS1024 弱磁场和中磁场磁场一粗一扫,获得粗精矿和合格尾矿;

0.5~0 mm经浓缩后,采用CTS1018弱磁场、中磁场磁选机和Slon-1500型脉动高梯度强磁选机一粗二扫,获得湿式磁选精矿和尾矿。对50~0.5 mm三个粒级的粗精矿,经脱水后,给入与2SZG1540共振筛呈闭路的CH680液压圆锥破碎机和PYD2200短头型圆锥破碎机进行细碎,最终破碎粒度12~0 mm给入磨选工艺;三个粒级的尾矿经脱水后,获得粗粒干式尾矿,作为建筑材料外销。通过上述预选,获得铁品位50%左右的粗精矿,铁回收率87.50%以上。

　　c　磨矿分级与选别

　　选矿厂现磨矿分级与选别工艺流程如图1-93所示。

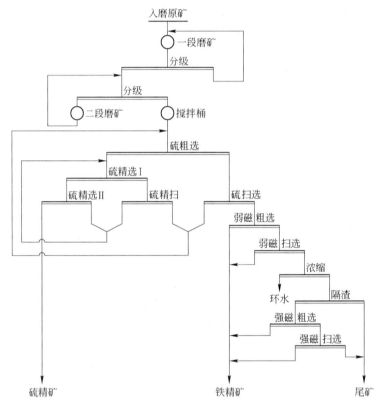

图1-93　选矿厂磨选工艺流程图

　　12~0 mm的细碎产品为入磨矿的给矿。给矿经球磨机和螺旋分级机组成的两段闭路磨矿流程,磨至-0.074 mm占65%,给入搅拌槽,在此添加乙基黄药和2号油进行浮选硫,浮硫的工艺流程为一粗、二精、一扫和一次精扫选,中矿顺序返回,获得硫品位30%、硫回收率50%的硫精矿;浮选的槽内产品经弱磁选一粗一扫,获得强磁性矿物精矿和尾矿;尾矿再经强磁选一粗一扫,获得弱磁性矿物精矿和最终尾矿;两种精矿合并为最终铁精矿。入磨给矿铁品位50%,可获得最终铁精矿铁品位57%左右,含硫小于0.5%,含磷小于0.25%,作业铁回收率93%以上。

　　d　精矿过滤

　　选矿厂现行的精矿过滤是首先将主厂房的精矿浆采用ϕ500 mm水力旋流器分级,底流入盘式真空过滤获得铁精粉;溢流经ϕ50 m浓缩机浓缩后,给入内滤式真空过滤获得铁精粉。硫精矿浆经浓缩后,给入外滤式真空过滤机和TT特种陶瓷过滤机过滤,获得硫精矿。

铁精矿和硫精矿水分均在 8% ~ 9%,内滤式和外滤式真空过滤过滤效率分别为 1.01t/ ($m^3 \cdot h$) 和 0.46t/($m^3 \cdot h$),每万吨精矿滤布消耗 28.45 m^2。

e　尾矿浓缩输送及回收利用

选矿厂现尾矿浓缩输送工艺如图 1-94 所示。

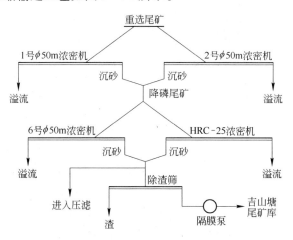

图 1-94　选矿厂现尾矿浓缩输送工艺流程

选矿厂尾矿浓缩采用两段浓缩并添加絮凝剂聚丙烯酰胺,用量 30 g/t。重选尾矿浆分别给入 1 号和 2 号 ϕ50 m 浓缩机,两台浓缩机底流与降磷尾矿浆一并分别给入 6 号 ϕ50 m 浓缩机和 HRC-25 高效浓缩机,底流经除渣、搅拌后,采用 SGMB140/7 隔膜泵一段送至吉山塘尾矿库。4 台浓缩机溢流作为环水利用。由原尾矿一段浓缩改为两段浓缩后,输送浓度由 15% ~ 20% 提高至 30% ~ 36%,尤其是 HRC-25 高效浓缩机底流浓度可达 45% ~ 50%,增加了溢流水量。现尾矿浓缩输送工艺效率高,不仅底流浓度高,而且溢流水质也得到了保证。

选矿厂在尾矿回收利用方面进行了大量的工作,目前能够用于工业生产和市场销售产品有:粗粒干选尾矿作为建筑材料已全部外销;利用尾矿制作烧结砖已与南京鑫翔公司合作,实现尾矿隧道窑制砖产业化,年消耗尾矿量 8 万吨左右;利用尾矿作为水泥铁质校正材料已在江南一小野田水泥公司和中国水泥公司得到了实际应用。目前已完成小型试验研究和半工业试验的项目有:从选矿厂尾矿中再回收赤铁矿物研究已完成了小型选矿试验,获得精矿产率 5.03%、全铁品位 57% 以上,回收率 16.03%,下步拟进行扩大试验;用筛分—强磁—筛分(重选)—脱水工艺,可从尾矿中回收产率 30%、全铁品位 28% ~ 30% 的精矿,已完成了半工业试验,目前正在试生产,产品有市场销路。

f　选矿过程检测与自动控制

选矿厂目前中碎、细碎、重选、浮选、过滤、尾矿及矿区火车站等主要作业区安装了视频监视系统,共安装摄像机 253 台,每个生产作业区设立 1 个监视站,并可将视频图像传送到主控制室。该系统与选矿自动化系统相匹配,可以随时采集生产现场工艺设备运行状况信息及调度指挥生产。

该系统投入使用进一步稳定了选矿自动化系统的运行,提高了劳动生产率。

g　选矿厂主要设备

选矿厂主要设备见表 1-197。

表 1 - 197　选矿厂主要设备

作业名称		设备名称	规格型号	数量/台	电动机功率/kW
破碎筛分	粗　碎	颚式破碎机	C140	2	200 × 2
	一次中碎	圆锥破碎机	PYZ2200/350	1	280 × 1
	二次中碎	圆锥破碎机	PYB2200/350	2	280 × 2
	细　碎	圆锥破碎机	PYD2200/130	1	280 × 1
	细　碎	液压圆锥破碎机	CH680	3	315 × 3
	中　碎	圆振动筛	YAH2460	2	30 × 2
	细　碎	共振筛	2SZG1540	13	7.5 × 13
预选作业		直线振动筛	2ZS2065	3	13 × 3
		干式磁选机	CT100 × 1400	3	7.5 × 3
		辊式磁选机	ϕ300 mm × 1130 mm	3	—
		辊式强磁机	ϕ350 mm × 1000 mm	2	1.5 × 2
		永磁筒式磁选机	CTS1024	3	5.5 × 3
		大粒度跳汰机	YMT - 75	5	7.5 × 5
		永磁筒式磁选机	CTS1018	3	4.0 × 3
		强磁选机	Slon - 1500	3	7.0 × 3
磨矿分级与选别作业	一次	球磨机	MQG2700 mm × 3600 mm	5	400 × 5
	二次	球磨机	MQG2700 mm × 3600 mm	5	400 × 5
	二次	球磨机	MQY3200 mm × 4500 mm	1	460 × 1
	一次	棒磨机	MBY2700 mm × 3600 mm	1	400 × 1
	一次	螺旋分级机	2FG - 20ϕ2000 mm	5	22 × 5
	二次	螺旋分级机	2FC - 20ϕ2000 mm	5	22 × 5
	二次	水力旋流器	ϕ500mm	4	
	一次	磁选机	CTS1024	8	5.5 × 8
	二次	磁选机	CTS1021	8	5.5 × 8
	一次	强磁选机	Slon - 1500	8	7.0 × 8
	二次	强磁选机	Slon - 1500	8	7.0 × 8
	粗选	浮选机	XJK - 5.8	20	92 × 20
	扫选	浮选机	XJK - 5.8	30	22 × 30
	精选	浮选机	XJK - 1.1	30	7.5 × 30
精矿过滤作业	铁精矿	水力旋流器	ϕ500 mm	4	
	硫精矿	浓缩机	TNB - 24	2	7.5 × 2
	硫精矿	外滤式真空过滤机	ϕ3012 mm × 4400 mm	3	—
	铁精矿	盘式真空过滤机	ZPG - 96	5	—
	硫精矿	TT 陶瓷过滤机	—	1	10 × 1
	铁精矿	浓缩机	ϕ50 m	2	15 × 2

作业名称		设备名称	规格型号	数量/台	电动机功率/kW
尾矿浓缩输送作业	一次	浓缩机	φ50 m	2	15 × 2
	二次	浓缩机	φ50 m	1	15 × 1
	二次	高效浓缩机	HRC - 25	1	—
	二次	隔膜泵	SGMB140/7	3	—

h 近年主要技术经济指标

近年选矿生产主要技术经济指标见表 1 - 198。

表 1 - 198 近年选矿生产主要技术经济指标

项 目		2001 年	2002 年	2003 年	2004 年	2005 年	2006 年	2007 年	2008 年	2009 年
处理原矿量/万吨·年$^{-1}$		324.07	338.41	371.71	384.90	380.92	400.76	384.90	335.58	
原矿品位(TFe)/%		43.47	43.11	42.51	42.04	41.57	40.65	40.76	43.16	44.04
精矿品位(TFe)/%		58.69	58.58	57.98	57.24	57.25	57.14	57.16	57.18	57.16
尾矿品位(TFe)/%		21.17	20.04	20.50	19.97	19.68	19.87	19.26	19.36	18.89
回收率(TFe)/%		75.79	77.51	78.32	77.76	78.34	76.92	79.53	78.16	85.03
理论选矿比/t·t^{-1}		1.68	1.67	1.70	1.69	1.72	1.79	1.79	1.69	1.52
每吨原矿精矿成本/元		—	67.13	64.75	71.35	87.75	85.56	87.59	—	436.18
球磨机作业率/%		84.21	68.11	66.75	64.40	64.74	63.60	60.65	60.78	65.50
磨矿效率/t·(m^3·h)$^{-1}$		3.37	3.89	4.34	4.53	4.50	4.78	4.73	4.95	4.63
每吨原矿电耗/kW·h		28.71	26.09	25.55	24.59	23.47	22.35	22.41	25.77	28.06
劳动生产率/t·(人·年)$^{-1}$	全员	2250	—	2839	3343	3044	4152	4032	3811	4091.53
	工人	2901	—	3455	3845	3486	4782	4653		

1.3.5 铁矿石选矿主要生产技术指标

2008 年全国重点企业选矿厂技术经济指标见表 1 - 199。

表 1 - 199 2008 年全国重点企业选矿厂技术经济指标

项 目	2008 年
年处理原矿/万吨	16487.2
原矿品位(TFe)/%	29.39
精矿品位(TFe)/%	64.75
尾矿品位(TFe)/%	10.61
回收率(TFe)/%	78.28
选矿比/t·t^{-1}	2.61
每吨原矿精矿成本/元	441.26
每吨原矿钢球消耗/kg	1.15
每吨原矿衬板消耗/kg	0.15

项　　目		2008 年
每吨原矿水耗/m³		5.36
其中每吨原矿新水消耗/m³		0.77
每万吨原矿胶带/m		85.16
每万吨原矿过滤布/m²		41.82
每吨原矿电耗/kW·h		28.72
工序单位能耗(标煤)/kg·t⁻¹		6.79
劳动生产率	从业人员/t·(人·年)⁻¹	7010.36
磨矿机效率	利用系数/t·(m³·h)⁻¹	2.56
	台时能力/t	84.57
	作业率/%	80.53

2 锰矿石选矿

2.1 概论

2.1.1 主要锰矿物的性质

锰是地球上最丰富的 12 种化学元素之一,地壳中平均丰度为 $950 \times 10^{-4}\%$。锰位于元素周期表第四周期第Ⅶ副族,属于铁族元素。锰的原子序数 25,原子量 54.94,原子密度 7.20 g/cm^3,熔点 1244℃,沸点 2097℃,平均比热(0~100℃)486J/(kg·K),热导率(0~100℃)7.8W/(m·K);锰的还原性强,易溶于稀酸而放出氢。在有氧化剂存在的条件下,能与熔融碱作用生成锰酸盐。块状锰具有银白色金属光泽,在空气中表面变暗;粉末状锰成灰色,在空气中加热时可以燃烧,生成 Mn_3O_4。卤素在加热时与锰直接作用生成 MnX_2。氮在 1200℃以上与锰化合生成 Mn_3N_2。熔融的锰溶解碳后形成 Mn_3C。锰不与氢发生作用。

按照地球化学分类,锰具有强烈的亲氧性,因而在自然界中主要形成氧化物和含氧酸盐的矿物。由于锰的化学性质较活泼,在化合物里可呈现多价态,主要有Ⅱ、Ⅲ、Ⅳ及Ⅶ价态,其中以Ⅱ和Ⅳ价态最为常见,因此构成多种锰矿物,主要形成氧化矿、碳酸盐和海洋锰结核三种锰矿石。

在自然界中迄今发现的锰矿物和含锰矿物有 150 多种,分别属氧化物类、碳酸盐类、硅酸盐类、硫化物类、硼酸盐类、钨酸盐类、磷酸盐类等,其中工业矿物 30 多种,常见的 20 多种,供工业利用的大部分是锰的氧化物和碳酸盐矿物。主要锰矿物及含锰矿物列于表 2-1。

表 2-1 锰矿物的主要物理性质

矿物名称	分子式	含锰量/%	颜色	莫氏硬度	密度/g·cm⁻³	比磁化系数/cm³·g⁻¹
软锰矿	MnO_2	63.2	钢灰、黑	2~5	4.3~5	$25 \times 10^{-6} \sim 150 \times 10^{-6}$
硬锰矿	$mMnO \cdot MnO_2 \cdot nH_2O$	—	黑、灰黑	5.6~6.0	3.7~4.7	—
水锰矿	$Mn_2O_3 \cdot H_2O$	62.5	暗、钢灰	3.5~4	4.2~4.4	$35 \times 10^{-6} \sim 150 \times 10^{-6}$
黑锰矿	Mn_3O_4	72.0	黑	5~5.5	4.7~4.9	$50 \times 10^{-6} \sim 250 \times 10^{-6}$
褐锰矿	Mn_2O_3	—	灰黑	6~6.5	4.7~5	$35 \times 10^{-6} \sim 150 \times 10^{-6}$
锰 土	$Mn_2O_3 \cdot nH_2O$(锰的各种氧化物)	—	暗色	软	3.0~4.3	—

矿物名称	分 子 式	含锰量/%	颜色	莫氏硬度	密度 /g·cm⁻³	比磁化系数 /cm³·g⁻¹
偏锰酸矿	$Mn_2O_3 \cdot nH_2O$		黑、褐	2~3	2.3~3	
恩苏塔矿	$Mn_{1-x}^{4+}Mn_x^{2+}O_{2-2x}(OH)_{2x}$	63.18	深灰、黑	6.5~8.5	3.86~4.62	39.2×10^{-6}
菱锰矿	$MnCO_3$	47.8	粉红、白	3.5~4.6	3.3~3.7	$50 \times 10^{-6} \sim 250 \times 10^{-6}$
钙菱锰矿	$CaMn(CO_3)_2$	—	灰白-浅黄	3.4	3.2~3.5	81.2×10^{-6}
锰方解石	$(Ca,Mn)CO_3$		白、粉	3.5~4.5	2.7~3.8	
锰白云石	$(Mg,Mn)Ca(CO_3)_2$	20.16	白至淡紫	3.5~4.0	3.0~3.12	—
铁菱锰矿	$MnFe(CO_3)_2$	38.19	褐黄、褐	3.6	3.7~3.8	
蔷薇辉石	$(Ca,Mn)SiO_2$	42.0	红褐	5.5~6.2	3.4~3.7	$<15 \times 10^{-6}$
锰橄榄石	$Mn_2(SiO_4)$	—	灰、浅红	5.5~6	3.9~4.1	
硫锰矿	MnS		深绿、钢灰	3.5~4.0	3.1~4.1	
锰方锰矿	$Mn(B_7O_{12})OCl$	—	白、灰、浅红	7	3.48~3.49	
方锰矿	MnO		绿至黑	5~6	5.36	
红钛锰矿	$MnTiO_3$		深红	5	4.54	
铁锰矿	$(Mn,Fe)MnO_3$		黑	6~6.5	4.9	
铁黑锰矿	$3Mn_3O_4 \cdot 2Fe_2O_3$		钢灰	6.5	4.8	
黑镁铁锰矿	$MnFe_2O_4$		黑	4.756	—	
方铁锰矿	$(Mn,Fe)_2O_3$		—			
羟锰矿	$Mn(OH)_2$		白	2.5	3.26	
恩水锰矿 r-MnO₂	$Mn(O,OH)_2$		—		—	
锰磁绿泥石	$(Mn,Mg,Al)_3(Si,Al)_2(O,OH)_9$		深棕黑褐		3.15	
锰绿泥石	$R_6Si_4(O,OH)_{18} - (Mn_{3.25}\cdots)$		暗红棕	2.5	3	
钾硬锰矿	KMn_8O_{16}		—	—	—	
无水钾锰矾	$K_2Mn_2(SO_4)_3$		—			
锰星叶石	$(KNa_2)(MnFe)_4Ti(Si_4O_{14})(OH)_2$		深棕黑	3	3.2	
钠水锰矿	$Ca,Mg,Na,K \leqslant 1(Mn^{4+}Mn^{2+})(O,OH)_2$		—	—	—	
钙硬锰矿	$(Ca,Mn)O \cdot 4MnO_2 \cdot 3H_2O$		—	—	—	
δ-MnO₂	$(Mn,Ca)Mn_6O_{12} \cdot xH_2O$		—	—	—	
钙钠锰矿	$(Na_{0.7}Ca_{0.3})Mn_7O_{14} \cdot 2.8H_2O$		—	—	—	
7Å水锰矿	$(Ca,Na)Mn_7O_{24} \cdot nH_2O$		—	—	—	
绿硅锰钙石	$CaMn(SiO_4)$		—	—	—	
钙铁锰矿	$9Mn_2O_3 \cdot 4Fe_2O_3 \cdot MnO_2 \cdot CaO$		钢灰、青铜	7	5	
斜钙斜钠锰矿	$(Mn,Ca_2)NaH(SiO_3)_3$		—	—	—	
钡硬锰矿	$(Ba,H_2O)_2Mn_5O_{10}$		—	—	—	

续表 2-1

矿物名称	分子式	含锰量/%	颜色	莫氏硬度	密度 /g·cm^{-3}	比磁化系数 /cm^3·g^{-1}
锰钡矿	$Ba \leqslant 2Mn_8O_{16}$		—	—	—	
10Å 水锰矿	$R^{2+}Mn_3O_2 \cdot xH_2O(R,Mn,Ca,Ba,K)$		—	—	—	
硫锰矾矿	$MnSO_4 \cdot H_2O$		白、淡红	1.5	3.15	
白锰矾矿	$MnSO_4 \cdot 7H_2O$		无色	—	—	
硫锑锰银矿	$2Ag_2S \cdot MnS \cdot Sb_2S_3$		—	—	—	
日光石榴子石	$(Mn,Fe)_2(Mn_2S)$		—	6~6.5	3.16~3.36	
钙胡磷锰矿	$Mn_5Ca(PO_4)_4 \cdot 4H_2O$		—	—	—	
磷钙锰矿	$Ca_2(Mn,Fe)(PO_4)_2 \cdot 2H_2O$		—	—		
磷钙锰铁矿	$(Fe,Mn,Ca)_3(PO_4)_2$					
锰磷酸矿	$H_2Mn_5(PO_4) \cdot 4H_2O$		灰玫瑰红、 橙黄红			
磷锰铁钠石	$Na < (Fe,Mn)(PO_4)$					
磷铍锰矿	$MnBe[(OHF) \cdot PO_4]$					
磷钠锰矿	$Na(Mn,Fe)PO_4$		—			
肉色锰磷酸石	$(Mn,Fe)_5H_2(PO_4)_4 \cdot 4H_2O$		灰黄、粉红	5	3.2	
斜磷酸锰矿	$Mn_3(PO_4)_2 \cdot 4H_2O$		无色		2.94	
紫磷酸铁锰矿	$(Mn,Fe)PO_4$		深红	4~4.5	3.4	
磷锂锰矿	$LiMnPO_4$			4.5~5	3.4~3.6	
淡红磷酸铁锰矿	$(Fe,Mn,Ca)_3(PO_4)_2$		玫瑰红	5	3.7	
磷酸锰矿	$Mn_3(PO_4)_2 \cdot 3H_2O$		玫瑰红、淡黄	3.5	3.1	
锰砷镁石	$(Mn,Mg)_3[AsO_4]_2 \cdot 8H_2O$		—	—	—	
砷锰铅矿	$(Mn,Ca,Pb,Mg)_3(AsO_4)_2$		—	—	—	
砷酸锰矿	$Mn_3[AsO_3]_3$		—	—	—	
红砷镁锰矿	$(Mn,Mg,Fe)_3[(OH)_7 \cdot AsO_4]$		—	—	—	
红砷锰矿	$Mn_2[OH \cdot AsO_4]$		—	—	—	
水砷锰矿	$Mn_5[(OH)_2 \cdot AsO_4]_2$		—	—	—	
砷水锰矿	$Mn_7[(OH)_4 \cdot AsO_4]_2$		—	—	—	
砷铜镁锰矿	$(Mn,Mg,Cu)_5[(OH,Cl) \cdot AsO_3]_3$		—	—	—	
氯氧锰矿	$Mn_2(OH)_3Cl$		—	—	—	
蔷薇硅酸氯锰矿	$6MnO \cdot 2Mn(OH \cdot Cl)_2$		红	4~6	3~3.2	
白硼镁锰矿	$(Mg,Mn)HBO_3$		—	—	—	
白硼锰矿	$MnHBO_3$		—	—	—	
硼镁锰矿	$(Mg,Mn^{2+})_2Mn^{3+}(O_2 \cdot BO_3)$		—	—	—	
α-锰方硼矿	$\alpha-(Fe,Mg,Mn)_3(Cl,B,O_{13})$		—	—	—	
β-锰方硼矿	$\beta-(Fe,Mg,Mn)_3(Cl,B_7,O_{13})$		—	—	—	
水硼锰矿	$4MnO \cdot B_2O_3 \cdot 2H_2O$		—	—	—	

矿物名称	分 子 式	含锰量/%	颜色	莫氏硬度	密度/g·cm^{-3}	比磁化系数/cm^3·g^{-1}
磷硼锰石	$Mn_3(PO_4·BO_3)·3H_2O$	—	—	—	—	
锰铜矿	$Cu_3Mn_4O_9$	—	—	—	—	
铅硬锰矿	$Pb≤2Mn_8O_{16}$	—	—	—	—	
锰铁钒铅矿	$Pb_2(Mn,Fe)[VO_4]_2·H_2O$	—	—	—	—	
基性锰铅矿	$PbO·MnOOH$	—	—	—	—	
钒锰铅矿	$PbMn(OH·VO_4)$	—	—	—	—	
泡锰铅矿	$PbO·3MnO_2·H_2O$	—	—	—	—	
铅锰矿	$3MnO_2·PbO·H_2O$	—	—	—	—	
锌褐锰矿	$MnO_2·2ZnO·H_2O$	—	—	—	—	
锰锌矿	$ZnMn_2O_4$	—	—	—	—	
锌铁尖晶石	$(Zn,Mn)Fe_2O_4$		黑	5.5~6.5	5.07~5.22	
黑锌锰矿	$ZnMn_3O_7(H_2O)_3$		黑	6	4.85	
水锰锌矿	$Zn(Mn,H_3)_2O_4$		—	—	—	
水锌锰矿	$HZnMn_{2-x}^{3+}O_4$		—	—	—	
褐锌锰矿	$MnZn_2[(OH)_2·SiO_4]$		—	—	—	
基性碳锌锰矿	$(Mn,Zn)_7[(OH_5·CO_3)]_2$		—	—	—	
钨锰铁矿	$(Fe,Mn)WO_4$		红褐至黑	5~5.5	7.3	
钨锰矿	$MnWO_4$		—	4~4.5	7.2	
钴土矿	$CoMn_2O_5·4H_2O$		—	1~2	3.15~3.29	
铌铁-钽铁矿	$(Fe,Mn)(Nb,Ta)_2O_6$		黑	6	5.3~7.3	
锰钽铁矿	$MnTa_2O_6$		—	—	—	
绿粒橄榄石	$CaMnSiO_4$		淡青绿、浅粉红	6	3.4	
铁钴橄榄石	$(Fe,Mn)_2SiO_4$		灰、褐红黑	6.5	3.9~4.2	
锰辉石	$(Mn,Fe)SiO_3$		琥珀深褐	5.5~6	3.5~3.8	
红帘石	$Ca_2(Al,Mn,Fe)_3Si_{13}O_{12}OH$		深红	6.5	3.4	
胶状硅酸锰矿	$MnSiO_3·nH_2O$		红褐黑	3.5	2.2	
黝锰矿	MnO_2		黑	6~6.5	4.8~5	
锰菱铁矿	$(Mn,Fe)CO_3$		灰、白	3.5~4.5	3.5~3.7	
褐硫锰矿	MnS_2		肉红、浅灰	4	3.4~3.5	
钙蔷薇辉石	$(CaO,MnO)·SiO_2$		白、浅粉红	5.5~6	3.1~3.4	
锰石榴子石	$3MnO·Al_2O_3·3SiO_2$		黄、深红	—	—	

常见锰矿物特征如下:

(1) 软锰矿(MnO_2)。四方晶系,晶体呈细柱状或针状,通常呈块状、粉末状集合体。颜色和条痕均为黑色。光泽和硬度视其结晶粗细和形态而异,结晶好者呈半金属光泽,硬度较高,而隐晶质块体和粉末状者,光泽暗淡,硬度低,极易污手。密度在 5 g/cm^3 左右。软锰矿主要由沉积作用形成，为沉积锰矿的主要成分之一。在锰矿床的氧化带部分，所有原生低价锰矿物也可氧化成软锰矿。软锰矿在锰矿石中是很常见的矿物，是炼锰的重要矿物原料。

（2）硬锰矿（$mMnO \cdot MnO_2 \cdot nH_2O$）。单斜晶系，晶体少见，通常呈钟乳状、肾状和葡萄状集合体，亦有呈致密块状和树枝状。颜色和条痕均为黑色。半金属光泽。硬度 $4 \sim 6$，密度 $4.4 \sim 4.7 \ g/cm^3$。硬锰矿主要是外生成因，见于锰矿床的氧化带和沉积锰矿床中，亦是锰矿石中很常见的锰矿物，是炼锰的重要矿物原料。

（3）水锰矿（$Mn_2O_3 \cdot H_2O$）。单斜晶系，晶体呈柱状，柱面具纵纹。在某些含锰热液矿脉的晶洞中常呈晶簇产出，在沉积锰矿床中多呈隐晶块体，或呈鲕状、钟乳状集合体等。矿物颜色为黑色，条痕呈褐色。半金属光泽。硬度 $3 \sim 4$，密度 $4.2 \sim 4.3 \ g/cm^3$。水锰矿既见于内生成因的某些热液矿床，也见于外生成因的沉积锰矿床，是炼锰的矿物原料之一。

（4）黑锰矿（Mn_3O_4）。四方晶系，晶体呈四方双锥，通常为粒状集合体。颜色为黑色，条痕呈棕橙或红褐。半金属光泽。硬度 5.5，密度 $4.84 \ g/cm^3$。黑锰矿由内生作用或变质作用而形成，见于某些接触交代矿床、热液矿床和沉积变质锰矿床中，与褐锰矿等共生，亦是炼锰的矿物原料之一。

（5）褐锰矿（Mn_2O_3）。四方晶系，晶体呈双锥状，也呈粒状和块状集合体产出。矿物呈黑色，条痕为黑褐色。半金属光泽。硬度 6，密度 $4.7 \sim 5.0 \ g/cm^3$。其他特征与黑锰矿相同。

（6）菱锰矿（$MnCO_3$）。三方晶系，晶体呈菱面体，通常为粒状、块状或结核状。矿物呈玫瑰色，容易氧化而转变成褐黑色。玻璃光泽。硬度 $3.5 \sim 4.5$，密度 $3.6 \sim 3.7 \ g/cm^3$。由内生作用形成的菱锰矿多见于某些热液矿床和接触交代矿床；由外生作用形成的菱锰矿大量分布于沉积锰矿床中。菱锰矿是炼锰的重要矿物原料。

（7）硫锰矿（MnS）。等轴晶系，常见单形有立方体、八面体、菱形十二面体等，集合体为粒状或块状。颜色钢灰至铁黑色，风化后变为褐色，条痕呈暗绿色。半金属光泽。硬度 $3.5 \sim 4$，密度 $3.9 \sim 4.1 \ g/cm^3$。硫锰矿大量出现在沉积变质锰矿床中，是炼锰的矿物原料之一。

2.1.2　锰的用途

锰的用途非常广泛，在冶金和非冶金领域有着多种不同的用途，世界上生产的锰约90%消耗于钢铁工业，1.5%用于其他冶金工业，而6% ~8%用于非冶金工业。在钢铁工业中，锰是必不可少的金属元素，作为炼钢生产中的脱氧剂和脱硫剂，通常以优质锰矿石、锰质合金、锰金属等形式加入钢水中，改善和提高钢铁材料的强度、硬度、耐磨性、韧性和可淬性，生产高碳高锰耐磨钢、低碳高锰不锈钢、中碳高锰无磁钢、高碳耐热钢等，锰还是各种钢中最重要的合金元素，以锰合金、金属锰匹配形式加入钢液中。在有色冶金方面，锰有 2 种用途，一是湿法冶炼中作氧化剂（常采用二氧化锰和高锰酸钾）；二是作合金元素，如在炼铝工业中，锰可以改善铝的抗腐蚀性，含锰的铜合金由于加入少量锰，性能得到改善，可用于船舶螺旋桨、套筒、齿轮和轴承的制造。锰与铜、镍、铝、镁等生成耐热耐腐蚀的合金材料。锰的其他非冶金应用，包括在铁氧体、焊条和轴生产方面的应用。

此外，锰在电池、医药、农业、陶瓷彩釉、玻璃、制皂、锰盐、印染、火柴、油漆等其他工业上的用途也很广泛。二氧化锰在干电池中作消极剂；在湿法冶金、氢醌（对苯二酸）生产、铀的提炼上作氧化剂；在陶瓷和搪瓷生产中作氧化剂和釉色；在玻璃生产中用于消除杂色和制作装饰玻璃。医药上锰主要用作消毒剂、制药氧化剂和催化剂等。化学工业上生产硫酸锰、高锰酸钾、碳酸锰、氯化锰、硝酸锰、一氧化锰等,是化学试剂、医药、焊接、油漆、合成工业等的重要原料。农业上的用途用作微量肥料、杀菌剂、动物食用添加料等。锰在环境保护方面主要用于水处理和控制大气污染。

2.1.3　锰矿石及其产品的质量标准

2.1.3.1　锰矿石分类

按矿床的成因类型分为沉积型、变质型、风化型等锰矿石。

按工业用途分为冶金用锰矿石和化工用锰矿石。

按矿石中铁、锰含量分为锰矿石和铁锰矿石。

按矿物的自然类型和所含伴生元素分类:

(1)碳酸锰矿石。矿石中以各种碳酸盐锰矿物形态存在的锰,其含量占矿石中锰含量总量的85%以上。

(2)氧化锰矿石。矿石中以各种氧化锰矿物形态存在的锰,其含量占矿石中锰含量总量的85%以上。

(3)混合锰矿石。矿石中以各种碳酸锰或各种氧化锰矿物形态存在的锰,其含量占矿石中锰含量总量小于85%。

(4)多金属锰矿石。其锰矿物类型同前三种锰矿石类型,除锰矿物外,还含有其他金属和非金属矿物。

2.1.3.2　锰矿石工业指标

A　一般工业要求

矿石的工业指标包括质量指标和开采技术条件两大部分。质量指标又包括边界品位、最低工业品位、有害组分的最大(平均)允许含量和伴生组分综合利用指标。冶金用锰矿工业要求见表2-2。

表2-2　冶金用锰矿工业指标

自然类型	工业分类	品级	$w(Mn)/\%$		$w(Mn+Fe)/\%$	$w(Mn)/Fe$	每1%锰允许含磷量/%	$w(SiO_2)/\%$
			边界品位	单工程平均品位				
氧化锰矿石	富锰矿石	I	30	40	—	≥6	≤0.004	≤15
		II	25	35	—	≥4	≤0.005	≤25
		III	18	30	—	≥3	≤0.006	≤35
	贫锰矿石		10	18	—	—	—	—
	铁锰矿石	I	20	25	≥50	—	≤0.2(磷含量)	≤25
		II	15	20	≥40	—	≤0.2(磷含量)	≤25
		III	10	15	≥30	—	≤0.2(磷含量)	≤35
碳酸锰矿石	富锰矿石		15	25	—	≥3	≤0.005	≤25
	贫锰矿石		10	15	—	—	—	—
	铁锰矿石		10	15	≥25	—	≤0.2(磷含量)	≤35
	含锰灰岩		8	12	碱性矿石			

锰矿石中伴生元素或组分,一般达到表2-3所示含量时,或虽达不到表中含量,但易于

选冶回收时,应进行综合评价,查明其含量、分布规律及赋存状态,进行选冶回收。

表 2-3 锰矿石中伴生元素综合利用参考指标

元　素	Co	Ni	Cu	Pb	Zn	Au	Ag	B_2O_3	S
含量/%	0.02~0.06	0.1~0.2	0.1~0.2	0.4	0.7	0.2g/t	5~10g/t	1~3	2~4

B　开采技术条件

矿层最低可开采厚度 0.5~0.7 m,堆积锰矿露天开采 0.3~0.5 m,净矿石含矿率 ≥15%,夹石剔除厚度 0.2~0.3 m。

2.1.3.3　锰矿石产品标准

锰矿石产品包括冶金锰矿石、碳酸锰矿粉、化工用二氧化锰矿粉和电池用二氧化锰矿粉等产品。锰、铁、磷三元素是衡量锰矿石质量的主要成分,通过含锰量、锰铁比、磷锰比三者来评定锰矿石的质量标准。

A　冶金用锰矿石标准

a　分级及分类

冶金用锰矿石90%用于钢铁工业,按用途划分为两类。A类:直接用于冶炼各种锰质铁合金;B类:用于冶炼富锰渣、高锰高磷生铁和镜铁,也可用作锰质铁合金生产调配矿石。

冶金用锰矿石根据产品化学成分不同分为 11 个品级。A 类 7 个品级:AMn45、AMn42、AMn38、AMn34、AMn30、AMn26、AMn24;B 类 4 个品级:BMn22、BMn20、BMn18、BMn16。

冶金用锰矿石根据产品中 A 类 Mn/Fe(或 B 类 Mn + Fe)分为 3 个组,根据产品中 P/Mn 分为 3 个组,根据产品中 S/Mn 分为 2 个组。

b　技术要求

冶金用锰矿石的化学成分应符合表 2-4 规定。

表 2-4　冶金用锰矿石化学成分(YB/T 319—2005)

类别	品级	Mn/%	A 类:Mn/Fe B 类:Mn+Fe			P/Mn			S/Mn	
			Ⅰ	Ⅱ	Ⅲ	Ⅰ	Ⅱ	Ⅲ	Ⅰ	Ⅱ
			不小于			不大于			不大于	
A 类	AMn45	≥44.0	15	10	3	0.0015	0.0025	0.0060	0.02	0.05
	AMn42	40.0~<44.0								
	AMn38	36.0~<40.0								
	AMn34	32.0~<36.0								
	AMn30	28.0~<32.0	10	5	2					
	AMn26	24.0~<28.0								
	AMn24	22.0~<24.0								
B 类	BMn22	≥21.0	55	45	35	0.0025	0.010	不限	0.01	不限
	BMn20	19.0~<21.0								
	BMn18	17.0~<19.0								
	BMn16	15.0~<17.0								

物理状态:(1)块矿:交货锰矿石粒度为 5 ~ 150 mm。其中大于 150 mm 的量不允许超过总量的 5% ;小于 5 mm 的量不允许超过总量的 8% ,如超过 8% 时,超出部分按粉矿计;(2)粉矿:交货锰矿石中粒度小于 5 mm 的量超过总量的 40% 时视为粉矿。

B　锰质合金用锰矿石标准

锰质合金主要包括高炉锰铁、锰铁合金、锰硅合金等,其所用锰矿石的一般技术要求分别见表 2 - 5 ~ 表 2 - 7。

表 2 - 5　高炉锰铁对锰矿石的一般技术要求(依据)

牌　号	合金主要成分		对矿石的技术要求		
	$w(Mn)/\%$	$w(P)/\%$	$w(Mn)/\%$	$w(Mn)/w(Fe)$	$w(P)/w(Mn)$
GFeMn76	≥76.0	≤0.33 ~ 0.50	≥30	≥7.0	≤0.005
GFeMn72	≥72.0	≤0.38 ~ 0.50	≥30	≥5.0	≤0.005
GFeMn68	≥68.0	≤0.40 ~ 0.60	≥30	≥4.0	≤0.005
GFeMn64	≥64.0	≤0.40 ~ 0.60	≥30	≥3.0	≤0.005
GFeMn60	≥60.0	≤0.50 ~ 0.60	≥30	≥2.5	≤0.005
GFeMn56	≥56.0	≤0.50 ~ 0.60	≥30	≥2.0	≤0.005
GFeMn52	≥52.0	≤0.50 ~ 0.60	≥30	≥2.0	≤0.005

表 2 - 6　锰铁合金用锰矿石的一般技术要求(依据)

类　别	牌　号	对入炉锰矿的要求		
		$w(Mn)/\%$	$w(Mn)/w(Fe)$	$w(P)/w(Mn)$
低碳锰铁	FeMn85C 0.2	≥40	≥7.8 ~ 8.5	≤0.0014 ~ 0.0025
	FeMn80C 0.4	≥40	≥7.5 ~ 8.0	≤0.002 ~ 0.0028
	FeMn80C 0.7	≥40	≥7.5 ~ 8.0	≤0.002 ~ 0.003
中碳锰铁	FeMn80C 1.0	≥40	≥7.5 ~ 8.0	≤0.002 ~ 0.003
	FeMn80C 1.5	≥40	≥7.5 ~ 8.0	≤0.002 ~ 0.003
	FeMn78C 1.0	≥38	≥7.0 ~ 7.5	≤0.0023 ~ 0.0033
	FeMn75C 1.5	≥36	≥6.0 ~ 6.5	≤0.0023 ~ 0.0033
	FeMn75C 2.0	≥36	≥6.0 ~ 6.5	≤0.0023 ~ 0.0036
高碳锰铁	FeMn79C 7.5	≥40	≥7.5 ~ 7.8	≤0.0021 ~ 0.0031
	FeMn75C 7.5 - A	≥37	≥6.5 ~ 7.0	≤0.0025 ~ 0.0040
	FeMn75C 7.5 - B	≥37	≥6.5 ~ 7.0	≤0.0026 ~ 0.0040
	FeMn70C 7.0	≥35	≥4.5 ~ 5.0	≤0.0028 ~ 0.0042
	FeMn60C 7.0	≥33	≥3.8 ~ 4.0	≤0.0028 ~ 0.005

表 2－7　锰硅合金用锰矿石的一般技术要求（依据）

牌　号	$w(\text{Mn})/\%$	$w(\text{Mn})/w(\text{Fe})$	$w(\text{P})/w(\text{Mn})$
FeMn 60Si 25	≥35	≥7.0～7.5	≤0.0016～0.0045
FeMn 63Si 22	≥35	≥7.0～7.5	≤0.0015～0.0043
FeMn 65Si 20	≥34	≥7.4～7.9	≤0.0015～0.0041
FeMn 65Si 17	≥32	≥6.5～7.0	≤0.0014～0.0036
FeMn 60Si 17	≥30	≥5.5～6.0	≤0.0015～0.0044
FeMn 65Si 14	≥32	≥5.5～6.0	≤0.0019～0.0020
FeMn 60Si 14	≥29	≥3.8～4.5	≤0.0035～0.0044
FeMn 60Si 12	≥29	≥3.5～4.0	≤0.004～0.0044
FeMn 60Si 10	≥29	≥3.3～3.8	≤0.0044～0.0048

C　碳酸锰矿粉标准

碳酸锰矿粉主要作为生产电解金属锰、电解二氧化锰及硫酸锰等锰盐的原料，其技术要求见表 2－8。

表 2－8　碳酸锰矿粉标准（GB3714—83）

品　级	$w(\text{Mn})/\%$	杂质(TFe)/%
一级品	≥24	≤2.5
二级品	≥22	≤3.0
三级品	≥20	≤3.5
四级品	≥18	≤4.0

D　化工级二氧化锰矿粉标准

化工级二氧化锰矿粉用于生产锰化工产品如高锰酸钾和硫酸锰，其技术要求见表2－9。

表 2－9　化工级二氧化锰矿粉标准（GB3713—83）

品　级	二氧化锰含量/%
特级品	≥80
一级品	≥75
二级品	≥70
三级品	≥65
四级品	≥60
五级品	≥55
六级品	≥50

E　电池级二氧化锰矿粉标准

电池级二氧化锰矿粉的技术要求见表 2－10、表 2－11。

表2-10　高压型天然放电锰粉质量标准(YB/T103—1997)

品　级	3.9 Ω 连续放电至 0.9 V/min(不小于)	化学成分/%					
		MnO₂ (不小于)	可溶于20% NH₄Cl 溶液中的杂质含量(不大于)				
			Fe	Cu	Co	Ni	
特级品	290	73	0.005	0.001	0.001	0.001
一级品	250	68	0.005	0.001	0.001	0.001
二级品	220	65	0.01	0.001	0.001	0.001
三级品	200	62	0.01	0.001	0.001	0.001

表2-11　低压型天然放电锰粉质量标准(YB/T103—1997)

品　级	3.9 Ω 连续放电至 0.9 V/min(不小于)	化学成分/%					
		MnO₂ (不小于)	可溶于20% NH₄Cl 溶液中的杂质含量(不大于)				
			Fe	Cu	Co	Ni	
一级品	700	73	0.005	0.001	0.001	0.001
二级品	650	68	0.005	0.001	0.001	0.001
三级品	550	65	0.01	0.001	0.001	0.001
四级品	500	62	0.01	0.001	0.001	0.001

F　富锰渣质量要求

富锰渣质量要求见表2-12。

表2-12　富锰渣质量要求(YB/T 2406—2005)

牌　号	化学成分/%									
	Mn	Mn/Fe			P/Mn			S/Mn		
		Ⅰ	Ⅱ	Ⅲ	Ⅰ	Ⅱ	Ⅲ	Ⅰ	Ⅱ	Ⅲ
		不小于						不大于		
FMnZn45	≥44.0	35	25	10						
FMnZn42	40 ~ <44.0									
FMnZn38	36.0 ~ <44.0				0.0003	0.0015	0.003	0.01	0.03	0.08
FMnZn34	32.0 ~ <36.0	25	15	8						
FMnZn30	28.0 ~ <32.0									
FMnZn26	24.0 ~ <28.0									

G　国外锰精矿和矿石的技术标准

国外部分锰精矿和矿石的技术标准如表2-13所示。

表2-13　国外部分锰精矿和矿石的技术标准

国　家	产　品	w(Mn)/%				备　注
		一级	二级	三级	四级	
格鲁吉亚	恰图拉锰精矿	48	42	35	22	按含 Mn 量计
乌克兰	尼科波尔锰精矿	43	34	25	—	按含 Mn 量计

国　家	产　品	w(Mn)/%				备　注
		一级	二级	三级	四级	
美　国	冶金锰	48	46	44	—	按含 Mn 量计
	电池锰	75	68	—	—	按含 MnO₂ 量计
	化工锰	80	—	—	—	按含 MnO₂ 量计
南　非	冶金锰	48	45~48	40~45	30~40	按含 Mn 量计
	化工锰	75~85	65~75	35~65	—	按含 MnO₂ 量计

2.1.4　中国锰矿资源

2.1.4.1　资源状况

中国有着较丰富的锰矿资源,其蕴藏量仅次于南非、乌克兰、澳大利亚、加蓬、印度,居世界第六位。截至2007年底,中国锰矿(矿石)查明资源储量79293.5万吨,约占世界5%,其中基础储量22443.7万吨(储量为12714.1万吨),资源量为56849.8万吨。

在查明的锰矿资源储量中,氧化锰矿石查明资源储量约占锰矿查明资源储量总量的25.0%;碳酸锰矿石约占56.0%;其他类型锰矿石约占19.0%。锰矿石以贫锰矿为主,平均锰品位约为21.4%,其中,锰品位大于30%的富锰矿石查明资源储量只有3885.2万吨,占全部锰矿查明资源储量的5.0%。

2.1.4.2　资源特点

根据我国锰矿类型、资源分布、地质特征,以及技术经济条件,我国锰矿资源有如下几个特点:

(1)锰矿资源分布广,但不均衡。全国23个省市均查明有锰矿,主要集中分布在西南、中南地区,其中广西、湖南2省约占全国锰矿储量的57%。

(2)矿床规模多为中、小型。国内现有锰矿区295处,储量超过1亿吨的特大型锰矿1处(大新下雷锰矿),大型锰矿(2000万吨~1亿吨)有6处,中型锰矿(200~2000万吨)54余处,其余都是小型锰矿。历年来,80%以上锰矿产量来自地方中、小矿山及民采矿山。

(3)矿石质量较差,且以贫矿为主。在查明的锰矿资源中,平均锰品位21.4%,锰品位大于30%的富锰矿石仅占5.0%,符合国际商品级的富矿石(Mn≥48%)几乎没有。

(4)矿石物质组成复杂,有害杂质高。在已勘探的矿床中,普遍含磷、铁、硅较高,其中含磷量超标的占总保有储量的49.6%,含铁量超标的占总保有储量的73%。另外一些是共、伴生锰矿,共、伴生组分主要是银、铅、锌、钴等。

(5)矿石结构复杂、粒度细。绝大多数锰矿床属细粒或微细粒嵌布,锰矿物和其他脉石矿物呈细粒嵌布,从小于1微米到几微米、十几微米、几十微米不等,而且矿物种类繁多。

我国锰矿石由于含锰品位低、嵌布粒度微细、矿物成分复杂、有害元素高,因此,锰矿开发利用困难,选矿难度大。

2.1.4.3　资源分布

截至2007年底,我国锰矿查明资源储量分布于全国23个省、自治区、直辖市,但主要集中在广西(28125.9.万吨,占35.5%)、湖南(15845.0万吨,占20.0%)、云南(9215.7万吨,占 11.6%）、贵州（7981.5 万吨，占 10.1%）、辽宁（4190.1 万吨，占 5.3%）和重庆（4127.6 万吨，占 5.2%），六省合计 69485.8 万吨，占全国锰矿查明资源储量总量的 87.6%，是我国当前和今后锰矿业的重要原料基地。

2.1.4.4　锰矿床类型

根据矿床的地质成因和工业类型，我国已探明的锰矿床划分为海相沉积矿床、沉积变质矿床、热液矿床及风化矿床四大类型。中国锰矿床类型见表 2-14，中国锰矿床实例见表 2-15。

表 2-14　中国锰矿床类型及其特性

大类	亚类	矿石类型及主要矿物	锰元素含量/%	结构特征	典型矿床
海相沉积矿床	产于硅质岩、泥质灰岩、硅质灰岩中的碳酸锰矿床	碳酸锰类型有：菱锰矿型、钙菱锰矿-锰方解石型。在氧化带有隐钾锰矿-软锰矿型。脉石矿物主要有石英、玉髓、方解石	下雷 Mn 19~24 龙头 Mn 16~18	灰泥状结构、结核状、豆状微层状构造	广西下雷、龙头、安徽大通
	产于灰色页岩中的碳酸锰矿床	主要为碳酸锰类型，最普遍的为菱锰矿型，次为钙菱锰矿-锰方解石型、锰方解石型。只有脉石矿物为石英、方解石及黏土矿物，常见伴有星点状黄铁矿	湘潭 Mn 18~23 铜锣井 Mn 18~21	混晶结构、球状结构及少量鲕状结构、块状条带状构造	湖南湘潭、民乐、贵州松桃、铜锣井、重庆高燕
	产于细碎屑中的氧化、碳酸锰矿床	原生矿有氧化矿及碳酸锰类型。氧化锰中主要为水锰矿型，碳酸锰型为菱锰矿、钙菱锰矿-锰方解石型。个别矿区有混合型。脉石有的以石英、玉髓为主，有的以方解石为主	瓦房子 Mn 18~24 斗南 Mn 23~39	细粒集合体及鲕状、球粒状结构，条带状块状构造	辽宁瓦房子、云南斗南
	产于白云岩、白云质灰岩中的氧化锰、碳酸锰矿床	菱锰矿型、锰方硼石-菱锰矿型。脉石矿物有石英、白云石、方解石		晶粒或隐晶结构，鲕状、豆状、块状、条带状构造	河北前干涧
	产于火山沉积岩系中的氧化锰、碳酸锰矿床	主要为菱锰矿型、褐锰矿和锰的硅酸盐以网脉状出现，并有微弱的方铅矿、闪锌矿化。脉石矿物多为硅质矿物	Mn 10~39	晶粒状、球粒状结构，块状条带状、网脉状构造	新疆莫托沙拉
沉积变质矿床	产于热变质或区域变质岩系中的氧化锰矿床	主要为菱锰矿-褐锰矿型、褐锰矿-黑锰矿型，一般有锰的硅酸盐出现。脉石主要为石英、方解石，少量钠-奥长石、闪石、辉石、石榴石及云母等	Mn 14~15 Fe 0.4~14	微晶粒状结构、细粒致密块状、条带状构造	陕西黎家营、河北龙田沟
	产于热变质或区域变质岩系中的硫锰矿、碳酸锰矿床	硫锰矿-菱锰矿或硫锰矿-锰白云石型。脉石主要有石英、方解石、白云石，少量变质硅酸盐矿物	棠甘山 Mn 10~43 Fe 2~24	变晶或球粒状结构，条带状构造	湖南棠甘山、陕西天台山

续表 2-14

大类	亚类	矿石类型及主要矿物	锰元素含量/%	结构特征	典型矿床
热液矿床	层控铅锌铁锰矿床	原生矿有方铅矿-菱锰矿、硫锰矿-磁铁矿型、闪锌矿-菱锰矿型。次生氧化后有:软锰矿-硬锰矿型硬锰矿-褐锰矿型的铁锰矿石。 在半氧化带有白铅矿铅钒等;在氧化带有铅硬锰矿、黑锌锰矿等	Mn 18~20 Pb 0.41 Zn 1.33 玛瑙山 Mn 17 Pb 1.2~1.7 Ag 40~55 g/t	粒状、球状结构、块状、浸染状、细脉状构造	湖南后江桥玛瑙山、南京栖霞山
风化矿床	沉积含锰岩层的锰帽矿床	矿石主要由各种次生锰的氧化物和氢氧化物组成		次生结构和构造	广西河洞、东平、云南芦寨
	热液或层控形成的锰帽矿床	由各种次生的锰氧化物、氢氧化物组成,常见的有铅硬锰矿、黑锌锰矿、水锌锰矿、黑银锰矿,含铅锌较高。除含一般标准品位的铁、锰外,尚有金、银、铅、锌、铜等多种金属		次生结构和构造,与热液贵金属、多金属矿床有关的铁帽,呈土状、角砾状,含有大量黏土或碎屑	广东高鹤、小带、连州、安徽塔山、湖南七宝山
	淋滤锰矿床	由次生氧化锰、氢氧化锰矿物组成	Mn 15~50 Fe 0.2~12	胶状、网脉状、空洞状、土状构造	广西蓬莲冲胡村
	第四系中堆积锰矿床	由各种锰的氧化物、氢氧化物组成	Mn 20~35 Fe 3~20	角砾、次角砾状、豆粒状复于松散土壤中	广西思荣、凤凰、木圭、平乐、湖南东湘桥

表 2-15　中国锰矿床实例

锰矿床类型	矿床规模	矿石品位 Mn/%	矿床实例
海相沉积型有矿区 60 处,保有储量占总量的 69.43%	大型	16~32	花垣民乐(湘)、下雷(桂)、斗南(滇)、松桃(黔)、铜锣井(黔)、瓦房子(辽)
	中型	14~35	湘潭鹤岭(湘)、桃江响寿源(湘)、洞口江口(湘)、湘乡金石(湘)、桥顶山(川)、城口(渝)、龙头(桂)、宣威格学(滇)、大茅(粤)、昭苏(新)
	小型	14~20	益阳南坝(湘)、宁乡磨子潭(湘)、湘潭九潭冲(湘)、楠木冲(湘)、大通(皖)、前干涧(津)、东水厂(津)
沉积变质型有矿区 18 处,保有储量占总量的 6.64%	大中型	15~42	宁乡棠甘山(湘)、虎牙(川)、石坎(川)、白显(滇)、乐华(赣)、黎家营(陕)
	小型	16~30	西保安(吉)、柴达木红旗沟(青)

锰矿床类型	矿床规模	矿石品位 Mn/%	矿床实例
热液型有矿区 9 处,保有储量 占总量的 5.77%	大型	12 ~ 17	道县后江桥(湘)
	中型	13 ~ 27	郴州玛瑙山(湘)、红石山峒(豫)
	小型	17 ~ 33	桂阳六合(湘)、塔山(皖)、栖霞山(苏)、小王山(苏)、西湖村(浙)
风化型有矿区 96 处,保有储量占总量的 18.16%	大中型	18 ~ 40	永州东湘桥(湘)、邵阳清水塘(湘)、木圭(桂)、下雷(桂)、平乐(桂)、思荣(桂)、斗南(滇)
	小型	15 ~ 45	邵东芦山坳、新邵田家栗山、兰山田心、江永高塘、东安荞麦冲、零陵高溪市、老埠头、于家、朝阳、桂阳半边月、小银山、柳塘、樟树下、莲花(湘)、东平(桂)、三里(桂)、湖村(桂)

(1)沉积型。海相沉积碳酸锰矿石:遵义锰矿、湘潭锰矿、花垣锰矿、桃江锰矿、龙头锰矿、松桃锰矿和秀山锰矿等。海相沉积氧化锰 – 碳酸锰矿石:瓦房子锰矿。海相沉积锰硼矿石:水厂沟锰硼矿。海相沉积碳酸盐岩类含锰铁矿石:屯留潞安锰矿。

(2)沉积变质型。沉积变质氧化锰矿石:斗南锰矿、白显锰矿、乐华锰矿。沉积变质硫锰 – 碳酸锰矿石:桃江棠甘山锰矿。

(3)风化型锰帽型。木圭锰矿;堆积型:八一锰矿、东湘桥锰矿、平乐锰矿、荔浦锰矿;淋滤型:木圭烟灰锰矿石。

(4)热液型:玛瑙山锰矿。

2.1.5 世界锰矿资源

世界陆地锰矿石储量和潜在资源十分丰富,成矿年代从前寒武纪到第四纪各个不同地质时代的地层都有锰矿床分布。在地理分布上,世界五大洲、四大洋都有锰矿分布,但分布很不均衡,主要集中在南非、乌克兰、澳大利亚、加蓬、印度、中国、巴西和墨西哥等国家。南非和乌克兰是世界上锰矿资源最丰富的两个国家,南非的锰矿资源约占世界锰矿资源的76.9%,乌克兰占10%。2008 年世界陆地锰矿石储量和储量基础分别为 5.0 亿吨和 52.0亿吨(表 2 – 16)。

表 2 – 16   2008 年世界锰矿储量和储量基础   (单位:金属量万吨)

国家或地区	储量	储量基础	国家或地区	储量	储量基础
南非	9500	400000	印度	5600	15000
乌克兰	14000	52000	巴西	3500	5700
加蓬	5200	9000	墨西哥	400	800
中国	4000	10000	其他	很少	很少
澳大利亚	6800	16000	世界总计	50000	520000

资料来源:《Mineral Commodity Summaries》2009。

世界海底锰结核及钴结壳资源也非常丰富,是锰矿重要的潜在资源。据估计,海底锰结核总储量为 3000～3500 亿吨,若按照目前的开发速度,海底锰结核够全世界使用 1.5 万年。随着陆地锰矿石日益减少,人们越来越重视非传统原料来源,特别是海底锰结核的利用。发达国家,尤其是无陆地锰矿床的国家,如英国、德国、法国、瑞典和加拿大等国对海底锰结核进行了广泛的开发研究。

世界锰矿矿床类型主要有:沉积型、火山沉积型、沉积变质型、热液型、风化壳型和海底结核-结壳型,其中工业价值最大的为沉积和沉积变质矿床。据统计,世界主要产锰国家的 168 个锰矿床,属沉积型的有 83 个,占锰矿床总数的 44.62%;沉积变质型的有 28 个,占 15.05%;热液型的 34 个,占总数的 18.25%;火山型的 22 个,占总数的 11.86%;风化型的 19 个,占总数的 10.22%。

世界陆地锰矿资源量在 1 亿吨以上的超大型锰矿产地有 8 处,分别是:南非的卡拉哈里、波斯特马斯堡,乌克兰的大托克马克、尼科波尔,加蓬的莫安达,加纳的恩苏塔,澳大利亚的格鲁特岛,格鲁吉亚的恰图拉。世界锰矿资源中高品位锰矿(含锰大于 35%)资源主要分布在南非、澳大利亚、加蓬和巴西等国。尤其是南非卡拉哈里矿区的锰矿石品位达 30%～50%,澳大利亚的格鲁特岛矿区的锰矿石品位更高达 40%～50%。乌克兰锰矿储量(基础)的 70% 为碳酸盐型的中低品位锰矿石,氧化锰矿石含锰约 22%～27%,碳酸锰矿石含锰仅 16%～19%,且含磷偏高($w(P)$ 0.25% 左右)。

2.1.6　世界锰矿石生产与销售

目前,世界上产锰矿石的国家有 30 多个,主要国家有南非、乌克兰、澳大利亚、加蓬、巴西、印度、格鲁吉亚、缅甸、哈萨克斯坦、菲律宾、加纳、摩洛哥、墨西哥和中国等。

据 World Metal Statistical Yearbook 2008,2007 年世界锰矿产量约为 3136.1 万吨(矿石),比 2006 年增长 3.9%(表 2-17),近年来,随着世界钢铁产量的不断增长,世界锰矿石产量也相应增长。南非、中国、澳大利亚、加蓬、巴西、乌克兰、印度、哈萨克斯坦、加纳、墨西哥、格鲁吉亚和伊朗 12 个国家的锰矿产量合计为 3117.0 万吨,约占世界锰矿总产量的

表 2-17　世界锰矿石产量　　　　　　　　　　　(单位:矿石量万吨)

国家或地区	2003 年	2004 年	2005 年	2006 年	2007 年
中　国	530.0	530.0	530.0	530.0	530.0
南　非	379.9	420.7	461.2	521.3	534.1
澳大利亚	255.5	242.6	313.6	455.6	528.9
巴　西	254.4	314.3	320.3	312.8	320
加　蓬	200.0	246.0	285.9	300.0	330.0
哈萨克斯坦	236.1	240.0	220.8	220.0	220.0
乌克兰	252.3	227.8	222.6	224.5	239
印　度	201.8	214.9	216.3	191.0	232.5
加　纳	150.9	159.4	171.5	165.9	105.0
墨西哥	29.4	35.7	35.0	33.6	41.0
格鲁吉亚	17.4	21.9	22.0	22.5	25.0
伊　朗	14.0	11.5	11.5	11.5	11.5
世界总计	2533.5	2686.5	2831.7	3017.9	3136.1

资料来源:《World Metal Statistical Yearbook》2008。

99.4%，世界锰矿生产非常集中。南非、澳大利亚、加蓬、巴西等国的锰矿资源天然禀赋优越，矿床规模大而构造相对简单，多为厚大矿体，矿体产状条件较好，多赋存于近地表或浅部，宜于大规模、大装备、机械化露天开采。国外锰矿资源露天开采占 80%，地下开采仅占 20%，生产规模多在 100 万吨以上，采掘(剥)装备大型化、矿山生产采、掘、运机械化、连续化、自动化程度高，集成高效。通常是用推土机、索斗铲和铲运机剥离，穿孔爆破，索斗铲、挖掘机装矿，大吨重卡、皮带机和铁路运输。

2008 年，世界上主要锰矿生产国南非、澳大利亚、巴西、加蓬、加纳、乌克兰主要有 8 家企业 15 个锰矿山，采矿年生产能力总计 2580 万吨。国外锰矿资源集中，选厂规模一般较大。例如乌克兰尼科波尔(Nikopol' basin)矿山，产能为 600 万吨/年，年产精矿 260 万吨；南非的马马特旺(Mamatwan)矿山和韦瑟尔斯(Wessels)矿山，产能为 340 万吨/年，恩奇万宁(Nchwaning)矿山，产能为 300 万吨/年；澳大利亚格鲁特艾兰(Groote Eylandt)锰矿山产能为 310 万吨，乌迪乌迪(WoodieWoodie)矿山，产能为 100 万吨/年；加蓬莫安达(Moanda)矿山，产能为 330 万吨/年；加纳恩苏塔 - 瓦萨乌(Nsuta - Wassaw)矿山，产能为 150 万吨/年；巴西的阿祖尔(Azul)，莫罗德米纳(MorrodeMina)，米纳米内罗斯(MinaMineiros)，三个矿山的产能均为 100 万吨/年。

国外锰矿石一般只需破碎筛分或洗矿即可获商品锰矿石，低品位锰矿石则经简单的破碎、筛分、洗矿、选别流程加工，粉矿送烧结、球团。国外锰矿石的原矿含锰品位高，产品质量也高。加蓬、澳大利亚和南非主要生产高品位的锰矿，其锰品位一般为 44% ~52%；如南非锰矿石只经破碎、水洗，产品含锰就达 40% ~48%；澳大利亚平均入选品位 33%，精矿含锰达 42% ~50%，加蓬锰矿经重介质选矿后精矿含锰 49% ~50%；巴西、印度、哈萨克斯坦和墨西哥主要生产中等品位的锰矿，其锰品位一般为 35% ~40%；而中国、乌克兰、加纳主要生产低于 30% 的低品位锰矿，需要通过简易选矿成为商品矿(含锰 35%)出售。乌克兰的波科罗夫选矿厂处理含锰品位 17.5% 的碳酸锰矿石，精矿含锰 28.6%(烧后达 40% 以上)。

目前世界锰业主要公司包括：必和必拓公司(BHP Billiton)、埃拉蒙特公司(Eramet)、淡水河谷公司(CVRD)、联合锰业公司 Assmang(Associated Manganese)以及尼克普公司(Nikopol)。2007 年世界锰合金产量约为 1280 万吨，与 2006 年相比，增长 4.9%。世界锰合金主要生产国家是中国、乌克兰、南非、巴西、日本、挪威、印度、韩国、澳大利亚和哈萨克斯坦等国家，这十个国家锰合金产量合计为 1167 万吨，约占世界锰合金总产量的 91.2%。

中国、乌克兰和南非是世界三大锰合金生产国，其锰合金产量分别占世界锰合金产量的 46.3%、13.1% 和 8.0%，合计 67.4%。中国、日本、美国、欧盟及韩国是世界上最大的产钢国或地区，因而也是最大的锰矿消费国或锰矿及锰合金进口国或地区。世界主要锰矿出口国包括南非、巴西、澳大利亚、乌克兰、加蓬、加纳、印度及哈萨克斯坦等。

2008 年我国锰矿石进口量 757 万吨，比 2007 年增长了 14.2%，近年来我国锰矿石进口量持续大幅增长，是世界上最大的锰矿进口国。我国主要从澳大利亚(230.4 万吨)、南非(198.5 万吨)、加蓬(109.7 万吨)、巴西(58.4 万吨)、缅甸(35.7 万吨)、马来西亚(28.5 万吨)、印度尼西亚(15.4 万吨)和摩洛哥(13.5 万吨)等国进口锰矿石，从这 8 个国家锰矿石进口量合计 690.2 万吨，占 2008 年我国锰矿石进口量的 91.0%。2008 年中国锰铁合金及硅锰合金出口量 110.6 万吨，比 2007 年略有增长，2008 年我国还出口了 30 万吨锰金属，我国一方面大量进口锰矿砂，另一方面又大量出口锰产品。

美国锰矿产品的消费全部依赖进口,一直如此。2007 年美国进口不同品位的锰矿石 29.8 万吨,进口锰合金 44.0 万吨。美国进口的锰矿石主要来自加蓬、南非、澳大利亚、中国、墨西哥等;美国进口的锰合金主要来自南非、中国、韩国、墨西哥、巴西、乌克兰等。

近年来日本、美国锰矿石的进口量在下降,而锰合金的进口量却在增长。

2.2 锰矿石选矿技术

2.2.1 锰矿石选矿工艺技术

我国锰矿石特点是品位低,嵌布粒度细,杂质含量高,要得到合乎冶炼和化工生产要求的高质量精矿,必须进行选矿。常用的锰矿选矿方法为机械选矿,包括洗矿、筛分、重选、强磁选和浮选;有时还应用火法富集和化学选矿。

2.2.1.1 洗矿

洗矿是处理与黏土胶结在一起的含泥多的矿石的工艺方法。其原理是原矿在水力、机械力和自摩擦作用下,使夹带或附着于矿石表面的黏土碎裂和分散,实现矿石和泥质分离,从而提高矿石品位。影响洗矿效果的因素主要有黏土的物理性质、矿石类型和机械力作用强弱及时间等。锰矿石、铁矿石、石灰石,尤其是经风化、淋滤、搬运、富集于第三系 – 第四系氧化带形成的残积、淋滤、堆积、锰帽等锰矿床,洗矿是必不可少的作业。

原生氧化锰矿和碳酸锰矿石的含泥率较低,泥质与矿石的胶结程度较弱,一般属于易洗矿石,可采用振动筛水洗,其筛下产品再经螺旋分级机进行脱泥和分级。

堆积氧化锰和其他风化型氧化锰矿石(锰帽型氧化锰和松软锰)属于中等可洗性矿石,矿石含泥率较高(如堆积锰矿石的含泥率可高达 70% ~80%),有时还含有黏性较大的泥团,不能用简单的水力冲洗方法将砂石与泥质完全分开,需采用具有机械擦洗作用的圆筒洗矿机、自磨碎机或带有螺旋桨的槽式洗矿机处理。

洗矿后得到矿砂和矿泥,矿砂称为净矿,为洗矿最终产品,供下一步处理或直接作为精矿;泥质部分含锰品位较低时,可作为尾矿丢弃,但当其含锰品位仍较高时,需进一步回收锰矿物。

2.2.1.2 重选

重选是根据矿物的密度差异而进行分选的工艺方法,其过程可在水或空气等介质中进行。常见氧化锰矿物的密度介于 3.7 ~5 g/cm^3,碳酸锰矿物密度介于 3.3 ~3.8 g/cm^3,脉石矿物密度介于 2.6 ~2.9 g/cm^3。尽管锰矿物的结晶粒度一般较细,且与微细脉石矿物紧密共生,用机械选矿方法难以将单矿物分出,但锰矿物都聚集成集合体,其粒度可达 0.1 mm 至数毫米,由于锰矿物密度与脉石矿物存在较大差异,因此,重选工艺适用于选别结构简单、嵌布粒度较粗的锰矿石,尤其是适用于密度较大的氧化锰矿石。常用的重选方法有重介质选矿、跳汰选矿和摇床选矿。

(1)重介质选矿。重介质选矿普遍作为预选,适合于选别碳酸锰矿石和氧化锰矿石,尤其是选别碳酸锰矿石,因其密度与脉石相差较小,其他重选方法分选困难。重介质选矿的优点是给矿粒度范围宽(75 ~2 mm),分选精确性高;其缺点是重介质回收系统复杂,操作要求严格。

(2)跳汰选矿。主要用于选别氧化锰矿石,其给矿粒度范围介于 30 ~1 mm。跳汰的优点是生产率高,设备投资和操作费用低。

（3）摇床选矿。主要用于处理 3 mm 以下的细粒氧化锰矿石,摇床的优点是分选效率高,操作简单,缺点是单机处理能力低,占地面积大。

2.2.1.3　磁选

磁选是在不均匀磁场中利用矿物之间的磁性差异而使不同矿物分离的一种方法。锰矿物均属弱磁性矿物,普遍采用强磁选工艺进行分选。常见氧化锰矿物的比磁化系数介于 $(3 \sim 15) \times 10^{-7}$ m^3/kg;碳酸锰矿物为 $(13.1 \sim 16.9) \times 10^{-7}$ m^3/kg;而脉石矿物(石英、方解石等)则为 $(2.5 \sim 125) \times 10^{-9}$ m^3/kg。因此,锰矿物的磁性约为脉石矿物磁性的 10 倍或更多,用强磁选方法易于将它们分开。由于强磁选的操作简单,易于控制,适应性强,可用于各种类型的锰矿石选别,目前强磁选工艺已在锰矿选矿中占主导地位。各种类型的粗、中、细粒强磁选设备相继研制成功应用,提高了锰矿选矿的技术指标。

选别粗粒(10～25 mm)锰矿石,一般应用 80－1 型和 CGD－38 型感应辊式强磁选机;选别中粒(10～1 mm)多应用 CS－1、CS－2、DQC－1、CGDE－210 型等的强磁选机;选别细粒(1～0.05 mm)常应用 Shp、Slon、SZC 系列强磁选机。

2.2.1.4　浮选

浮选的选择性高于其他方法,常用于分选细粒和微细粒的锰矿物与脉石矿物。各种锰矿物中以菱锰矿的可浮性最好,软锰矿和硬锰矿次之,其他锰矿物特别是锰土的可浮性最差。锰矿的浮选可作为独立作业产出精矿,丢弃尾矿;亦可以作为选矿联合流程中的某一个作业。浮选工艺分为正浮选和反浮选,目前,工业生产多采用阴离子捕收剂正浮选方法,阴离子捕收剂反浮选和阳离子捕收剂反浮选比较少用。俄罗斯恰拉图矿区的中央浮选厂和日本的大江浮选厂以及我国遵义铁合金厂曾采用浮选法回收锰矿物。

锰矿物由于组成复杂,与脉石紧密结合,又易泥化,浮选处理难度较高,药剂消耗量大,成本较高。一般趋向于采用磁—浮或重—浮联合流程,先用磁选或重选丢弃部分脉石和矿泥,然后再用浮选进行精选。

2.2.1.5　焙烧及火法富集

在自然界中锰矿物往往与铁矿物混在一起共生,常规的机械选矿方法不易将锰、铁分离,焙烧方法是实现锰铁分离的比较有效的方法。锰矿石焙烧的目的一是将高价的氧化锰还原成低价的氧化锰,便于在湿法浸取锰矿石过程中锰元素溶解成离子状态;二是将弱磁性的铁矿物还原成强磁性的磁铁矿或假象赤铁矿,从而达到锰、铁分离,提高锰铁比。通常焙烧分为三种:还原焙烧、中性焙烧和氧化焙烧,锰矿石焙烧的主要设备有反射炉、竖炉、回转窑和沸腾炉等。

火法富集是指在高炉或电炉内进行选择性还原的过程,铁、磷优先还原出来,而锰则以 MnO 形式富集于渣中,获得富锰渣,一般也称为富锰渣法。火法富集适用于常规机械难以处理且不能直接冶炼铁合金的贫锰矿或铁锰矿,目的是去铁除磷。

2.2.1.6　化学选矿

化学选矿是基于矿物和矿物组分的化学性质的差异,利用化学方法改变矿物组成,然后用相应方法使目的组分富集的矿物加工工艺,它是处理和综合利用某些贫、细、杂等难选矿物原料的有效方法之一。化学选矿方法用于难选贫锰矿和锰矿泥的选别,它是克服机械选矿方法不足的一种有效的选矿方法。化学选矿是按化学方程式的量使矿物和试剂反应,因此把它称作化学处理更确切,实际上它多属于冶金的范畴。可粗分为锰矿的化学浸出、细菌浸出、化学法脱磷三大类。化学浸出又有连二硫酸盐法、二氧化硫吸收法、硫酸化焙烧—水浸法、还原焙烧—氨浸法、亚硫酸铁浸出法等。

化学选矿可以获得高品位(含锰 50% 以上)、杂质低的优质锰精矿和综合回收矿石中的其他有价成分,特别适用于难选中矿和细泥,但缺点是生产成本高,工艺流程复杂。

2.2.2 锰矿石选矿设备

2.2.2.1 洗矿、筛分设备

洗矿是利用水力冲洗或附加机械擦洗使矿石与泥质分离。常用设备有洗矿筛、螺旋洗砂机、圆筒洗矿机和槽式洗矿机等。洗矿作业常与筛分伴随,如在振动筛上直接冲水清洗或将洗矿机获得的矿砂(净矿)送振动筛筛分。

A 圆筒洗矿机

圆筒洗矿机(带筛擦洗机)其结构示意图如图 2-1 所示。洗筒是一个钢板制成的圆筒。圆筒外安装有两个钢圈,并支于四个托轮上。圆筒由安装在中部的大齿轮与传动箱的小齿轮啮合传动。筒内有衬板,衬板上的肋条布置成螺距向筒筛一端渐增的螺旋线,用以搅动和推动物料排出。连接在圆筒末端有一个双层筒筛。矿石连同给矿水由圆筒的一端进料口给入,高压水从筒筛排矿端引入,与矿块作反方向流动。在旋转的圆筒内,矿石经过水的浸泡、起落搅拌,相互冲击摩擦,高压水的冲洗,以及借助筒内衬板上的螺旋线肋条,使矿石受到擦洗和松散,使黏土和矿块解离。洗下的黏土和细颗粒随溢流从给矿端排出。大块矿石在螺旋线肋条的推动下,移向提升器,并被提升器提升而排入双层锥形筒筛上。在双层筛上也加入冲洗水。锥形筒筛与圆筒一起旋转。将物料筛分成粗、中、细三个粒级,细粒级与洗矿溢流合并。圆筒洗矿机,多用于块状物料较多的中等可洗性矿石。

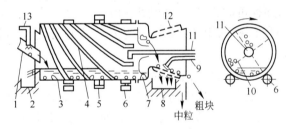

图 2-1 圆筒洗矿机示意图

1—给矿槽;2—溢流矿浆流槽;3—筒身;4—螺旋线肋条;5—传动内轮;6—托轮;7—提升器;
8—筛下产品流槽;9—冲洗水;10—提升器格子板;11—压力水管;12—圆锥筒筛;13—给矿水

B 槽式洗矿机

槽式洗矿机和一般螺旋分级机结构类似,即在一个半圆形的斜槽内装有两根带搅拌叶片的轴,如图 2-2 所示。它的中空轴用无缝钢管焊上四个角钢作成矩形断面,其上安放叶片,叶片为不连续的桨叶形,叶片顶点连线为一螺旋线,两叶片交错成 90° 角,螺旋线的直径为 800 mm,螺距 300 mm,两轴以 20~25 r/min 速度反方向相对旋转。两个轴上的叶片是相互交错安装的,这样能起到擦洗作用,促使矿块中除去泥质混合物。

矿浆由槽的下端给入,泥团的胶结体被叶片切割、擦洗,并借斜槽上端给入的高压水冲洗,将黏土与矿块分离。洗下的黏土物质,从下端的溢流槽排出。粗粒物料则借叶片推动,

从槽上端的排矿口排出。槽式洗矿机适合于处理矿石不太致密、矿块粒度中等(一般不大于 50 mm)且含泥较多的难洗性矿石。

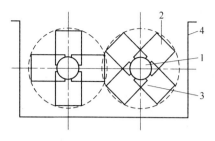

图 2 - 2　槽式洗矿机
1—中空轴;2—叶片;3—角钢;4—槽体

2.2.2.2　重选设备

重选工艺只用于选别结构简单、嵌布粒度较粗的锰矿石,特别适用于密度较大的氧化锰矿石。常用方法有重介质选矿、跳汰选矿和摇床选矿。目前处理氧化锰矿的工艺流程,一般是将矿石破碎至 30 ~ 0 mm 或 10 ~ 0 mm,然后进行分组,粗级别的进入跳汰、细级别的送摇床分选。所用设备多为侧动型隔膜跳汰机和 6 - S 型摇床。

A　侧动型隔膜跳汰机

侧动型隔膜跳汰机的隔膜是垂直地安装在跳汰室筛板下面的侧壁上。按隔膜的运动方向区分为:与矿流运动方向一致的称作纵向侧动隔膜跳汰机;与矿流运动方向垂直的称为横向侧动隔膜跳汰机。

a　矩形跳汰机

其结构如图 2 - 3 所示。它主要由机体、鼓动隔膜、传动箱、筛上精矿排矿装置等部分组成。机体由两个跳汰室和机架组成。下部侧壁装有鼓动隔膜,锥形箱下端装有球形阀门,用以排除筛下精矿。筛板是用横断面为上宽下窄的梯形钢条组成的条缝筛面,筛缝不易被矿石堵塞。为使水流均匀分布于整个筛板,避免靠近隔膜的部分床层鼓动过大,在机体内鼓动隔膜与筛板间装有倾斜挡板,以使水流的流动长度大致相等。连续补加水管装于机体另一侧壁。

鼓动隔膜用圆形橡胶环及卡环连接在机体侧壁上,易于更换,并且在往复运动中产生的应力较小,使用寿命长,冲程可调范围大,达到 5 ~ 40 mm。

传动箱由一组偏心连杆机构组成,通过改变内外偏心套的相对位置,可方便地调节冲程。

筛上精矿排矿装置安于跳汰机筛板尾端如图 2 - 4 所示,由装在筛板尾端的外挡板和内挡板组成,上面还有排尾矿盖板,使尾矿与精矿分开。外挡板的作用是防止脉石混入精矿,将其插入精矿层中,和筛面保持一定距离,以便精矿通过。距离大小与排出精矿的质量和排出速度有关。距离小,精矿排出质量高;距离大,精矿排出速度快,质量低。精矿的排出速度主要靠内挡板。盖板两端有排气孔,使盖板内部压力与大气相通,便于精矿流动。这种排矿装置可使精矿沿整个筛面宽度排出,并使精矿顺着矿流方向运动,保证精矿及时排出。

矩形跳汰机的主要优点是:(1)结构简单、运行可靠、管理方便;(2)鼓动隔膜容易装卸和维修、使用寿命长;(3)传动机构密封,且安全、易调;(4)冲程及冲程系数(即隔膜面积与筛板面积之比值)大,且各室冲程冲次可单独调节,适应于各种粒级,特别是粗粒级物料的选别;(5)处理量大,各项指标好。

其主要缺点是:筛上精矿排矿装置还不够完善,传动皮带易打滑。

b　梯形跳汰机

梯形跳汰机如图 2 - 5 所示。跳汰室的平面为梯形,沿矿浆流动方向由窄变宽,如规格为 1200 mm × 2000 mm × 3600 mm 的梯形跳汰机,尺寸分别为给矿端宽 1200 mm、尾矿端

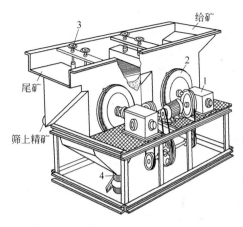

图 2-3 矩形跳汰机

1—传动箱；2—隔膜；3—手轮；4—筛下精矿排出管

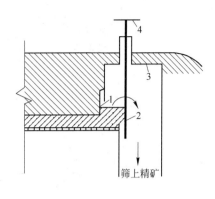

图 2-4 尾端筛上精矿排矿装置

1—外挡板；2—内挡板；3—盖板；4—手轮(调节内挡板)

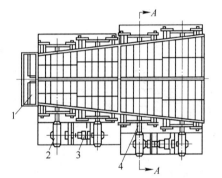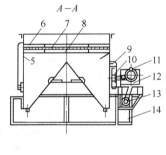

图 2-5 梯形跳汰机示意图

1—给矿槽；2—一、二室槽体；3—电动机；4—三、四室槽体；5—后鼓动盘；6—压筛框；7—筛网；
8—承筛框；9—隔膜；10—前鼓动盘；11—传动箱；12—三角皮带；13—中间轴；14—机架

宽 2000 mm、长 3600 mm。矿浆横向流速将随其宽度的增加而逐渐减小，有利于回收细粒重矿物。全机共有 8 个跳汰室，分为两列，每列四室。隔膜在侧面，各室冲程、冲次可分别调节。

该机适于处理粗、中、细粒和不同品位的宽级别物料。入选粒度范围为 10 ~ 0.2 mm，有效回收粒度下限可达 1.3 μm，它广泛用于钨、锡、铁、锰等矿石选矿厂。

B 6-S 摇床

6-S 摇床设备结构如图 2-6 所示。它基本是沿袭了早期威尔弗利摇床的结构形式。这种摇床采用偏心连杆式床头，见图 2-7，电动机经大皮带轮带动偏心轴旋转，摇动杆随之上下运动。由于肘板座(即调节滑块)是固定的，当摇动杆向下运动时，肘板的端点向后推移，后轴和往复杆随之向后移动，弹簧被压缩。通过联动座和往复杆带动整个床面向后移动。当摇杆向上移动时，肘板间的夹角减小，受弹簧的伸张力推动，床面随之向前运动。床面向前运动期间，肘板间的夹角由大向小变化。肘板端点的水平移动速度则由小向大变化。故床面的前进运动由慢而快。反之在床面后退时，床面则由快而慢，这样便造成了床面

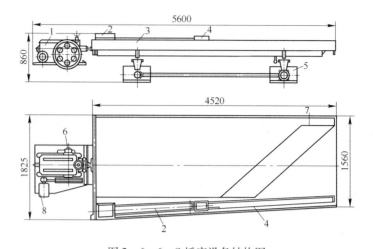

图 2 - 6　6 - S 摇床设备结构图

1—床头；2—给矿槽；3—床面；4—给水槽；5—调坡机构；6—润滑系统；7—床条；8—电动机

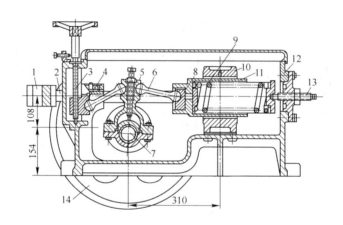

图 2 - 7　偏心连杆式床头

1—联动座；2—往复杆；3—调节丝杆；4—调节滑块；5—摇动杆；6—肘板；7—偏心轴；

8—肘板座；9—弹簧；10—轴承座；11—后轴；12—箱体；13—调节螺栓；14—大皮带轮

的来回往复不对称运动。

　　丝杆与手轮相连，转动手轮，上下移动滑块即可调节冲程。转动螺旋可以改变弹簧的压紧程度。床面的冲次则需借改变皮带轮的直径调节。

　　床面的支撑装置和调坡机构共同安装在机架上，如图 2 - 8 所示。床面系用四块板形摇杆支撑，这种支撑方式可使床面在垂直平面内作弧形起伏的往复运动，从而引起轻微的振动。如果将摇板向床头端略加倾斜(4°～5°)，还会使床面上粒群的松散和运搬作用加强，这样更适合处理粗粒矿粒。支撑装置用夹持槽钢固定在调节座板上，后者再坐落在鞍形座上。转动手轮，通过调节丝杆使调节座板在鞍形座上回转，即可调节床面倾角。这种调坡方法不会改变床头拉杆轴线的空间位置，故称为定轴式调坡机构。调坡范围较大，达 0～10°。调坡后仍可保持床面运行平稳。鞍形座被固定在水泥基础上或由两条长的槽钢支持。

　　床面外形呈梯形。在木制框架内，用木板沿斜向(与轴线交角为 45°)拼成平面。床面

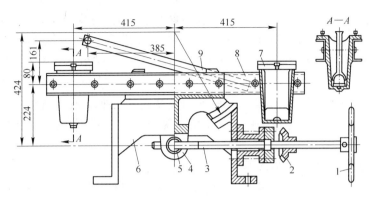

图 2 - 8 6 - S 摇床的支撑装置和调坡机构

1—手轮；2—伞齿轮；3—调节丝杆；4—调节座板；5—调节螺母；

6—鞍形座；7—摇动支撑机构；8—夹持槽钢；9—床面拉条

铺以薄橡胶板并钉上床条。矿砂床面的床条断面为矩形,而矿泥床面则为三角形。用于选别粗砂的摇床,沿纵向有 1° ~ 2° 倾斜,在精矿端抬高;用于选别矿泥的摇床则在纵向有 0.5° 左右的向下倾斜。纵向坡度的大小借支撑机构上的螺钉调节。

这种摇床主要适合选别矿砂,但亦可用来处理矿泥。横向坡度的调节范围较大(0 ~ 10°),调节冲程容易。在改变横向坡度和冲程时,仍可保持床面运行平稳。弹簧放置在机箱内,结构紧凑。缺点是安装的精度要求较高,床头结构复杂,易磨损件多。改进的摇床头是在箱体外面偏心轴末端安装一个小齿轮油泵,送油到各摩擦点润滑,并可避免传动箱内因装油多而漏油。

2.2.2.3 强磁选设备

锰矿物属于弱磁性矿物,其比磁化率与脉石矿物的差别较大,因此,锰矿石的强磁选在锰矿石选矿中占有重要的地位。对组成比较简单、嵌布粒度较粗的碳酸锰矿石和氧化锰矿石用单一磁选流程可获得较好的分选指标。目前应用最普遍的是中粒强磁选机,粗粒和细粒强磁选机也逐渐得到应用,微细粒强磁选机尚处于试验阶段。国内锰矿石选矿的干式强磁选设备主要有盘式强磁选机及永磁辊式强磁选机;湿式强磁选设备主要有 Shp 型、CS 型及 Slon 型立环高梯度磁选机。以上设备在磁选设备的相关章节中已有详细叙述。

2.2.2.4 浮选设备

我国的一些海相沉积型锰矿床如遵义碳酸锰矿石,该矿石特点为含锰低、含磷低而含铁和硫较高,锰矿物嵌布粒度较细,属难选矿石。该类型矿石必须经过富锰除杂后才能工业利用,因此选矿工艺中采用强磁选富集后,又引进了浮选工艺进一步深选除杂,取得了良好的试验指标。强磁—浮选工艺流程试验成功并在遵义锰矿生产中得到应用,标志着我国锰矿的深选已经向前迈进了一大步。锰矿浮选设备主要有 SF、BF、CHF - X 等型号的浮选机。

2.2.3 锰矿石选矿技术发展

我国锰矿选矿技术的发展起步晚、基础薄、水平低,在建国初期锰矿生产几乎是空白。早在 20 世纪 60 年代前后才开始建立洗选和单一重选厂处理易选的氧化锰矿石。随着国民经济和钢铁工业的发展,除对锰矿石需求量大幅增加外,对其质量也提出更高的要求。从 20 世纪 80 年代开始,结合我国锰矿资源"贫、细、杂"的基本特点,原冶金部加强行业领导和组织制订了"找富矿,贫变富,深加工"发展锰业相应的方针政策,经过锰矿科研人员积极探索研究,在工艺、技术及设备方面开展了多次国家科技攻关,使我国锰矿选矿技术水平的发展非常迅速,近 30 年来获得了一批重大科研成果,并付之于生产实际,先后完成 18 个大、中型锰矿的工艺矿物学研究,为选矿流程的制定和预测合理选矿指标提供了理论依据;选矿工艺革新,新设备不断出现和应用,都取得了突破性进展,尤其是采用强磁选富锰降硅和采用火法富锰降铁、降磷的方法,已成为我国锰矿由贫变富的重要手段。新建了近 20 座中小型选矿厂,为我国的国民经济建设提供了大量优质锰精矿,推动了我国锰矿选矿技术进步,促进了我国钢铁工业的发展。

2.2.3.1　氧化锰矿石选矿技术

几十年来,我国锰矿石的开采一直是以地表氧化锰为主,这类矿石多为次生氧化锰帽型、淋滤型和堆积型矿床,一般含泥、含水高,易泥化,锰矿物与脉石矿物的密度差较大,这类矿石以往主要是开采富矿体,经过洗矿、跳汰、摇床等重选选别,获得部分含锰较高的粗粒锰精矿,但重选法回收率低。进入 20 世纪 80 年代后,由于强磁选技术及设备的发展,使氧化锰矿选矿工艺得到进一步完善,有效地提高了选锰回收率。广西大新锰矿是我国一座大型锰矿山,地表为氧化锰,深部为碳酸锰,后者约占总储量的 80%。主要处理地表风化氧化锰矿,金属矿物为软锰矿、硬锰矿、偏锰酸矿、褐铁矿、赤铁矿等,脉石为石英、高岭石、水云母等。过去采用跳汰、摇床单一重选流程回收部分二、三级电池锰精矿,选矿回收率很低;由于磁选技术及新设备的发展,对生产流程进行技术改造,采用重选—磁选工艺流程,使选矿指标有了进一步改善,稳定地提高了产品的产量和质量,选矿回收率达到 77.91%,工艺流程结构更趋于合理、实用。木圭松软锰矿为浅海相原生沉积含锰灰岩经地表氧化次生富集而成的锰帽型矿床。锰矿物主要为偏锰酸矿、少量硬锰矿或软锰矿及粉末状褐铁矿;脉石为石英及较少的黏土矿物。针对泥质物与锰矿物集合体黏附不紧密的特点,采用自磨碎解—洗选工艺流程,取得的选别指标为:原矿含锰 21% ~ 24%,精矿产率 38% ~ 53%,锰品位 27.8% ~ 33.10%,锰回收率 54.89% ~ 73.97%。

2.2.3.2　碳酸锰矿石选矿技术

目前,我国碳酸锰矿资源中实际探明的富矿极少,90% 以上的矿石都需要经过选矿处理才能进一步加工利用。随着对矿石性质研究的不断深入,新工艺、新设备的不断开发与研制,使碳酸锰矿石选矿技术水平有了较快的提高。

低磷、低铁类型普通碳酸锰矿石选矿,如湘潭锰矿、桃江锰矿、屈家山锰矿、龙头锰矿等,这类矿石以原生碳酸锰为主,脉石主要为石英、方解石,化学成分及矿石结构构造比较简单,可选性较好。如湘潭锰矿将原磁选流程改为采用 CS - 1 型强磁选机单一强磁选工艺流程,年处理 11 万吨含锰 18% 的原矿,入选粒度 - 6.7 mm,主要生产出高碱度矿生产所需含锰 ≥23% 的精矿,使矿山获得比较好的经济效益。陕西屈家山碳酸锰矿采用了一次强磁选别流程,设备为 CS - 2 型强磁选机,在原矿入选粒度 - 12 mm、磁场强度为 1.59T、原矿锰品位 19.46% 时,取得了精矿产率 50.23%、锰品位 30.37%、回收率为 78.39% 的技术指标。

高铁、高硫类型碳酸锰矿选矿以遵义碳酸锰矿石为代表。该矿属海相沉积矿床,其特点为矿石含锰品位低、含磷低而含铁、含硫较高,锰矿物嵌布粒度较细,属难选矿石。20 世纪 80 年代曾对其工艺流程逐步研究改进,采用强磁(Shp 型湿式强磁选机)—浮选新工艺流程,原矿入选品位 18.01%,获得了精矿产率 42.29%,锰品位 28.02%,回收率 65.79%,比原生产浮硫浮碳工艺流程精矿品位提高 2 ~ 3 个百分点,回收率提高 7 个百分点。

高磷类型碳酸锰矿选矿,以湖南花垣锰矿为这类矿石的典型代表,贵州松桃锰矿、四川秀山锰矿均属同一类型,我国锰矿资源中磷锰比大于0.005即属于高磷锰矿,不符合冶炼要求。这类矿石在我国储量高达2.4亿吨。锰矿物主要有菱锰矿、钙镁菱锰矿、锰方解石;脉石矿物为石英、黏土矿物等;磷以磷灰石和胶磷矿存在,并充填于锰矿物之间,导致选矿降磷难度大。多年来国家组织了多次攻关研究,采用选—冶联合流程和强磁选—黑锰矿法工艺流程,使这类矿石的脱磷难题取得了突破性进展(强磁—炉外精炼脱磷法、强磁—黑锰矿法均能获得优质硅锰合金)。花垣锰矿生产上采用CGDE-210型强磁选机处理含锰19.15%含磷矿石,入选粒度-6 mm,在场强1.1~1.3T条件下一次分选,获得精矿产率63.52%,锰品位24.50%,回收率81.26%,含磷0.16%。

2.2.3.3 分选装备

锰矿石一般只需破碎筛分或洗矿即可获商品锰矿石,低品位锰矿石则经简单的破碎、筛分、洗矿、选别流程加工,粉矿送烧结、球团。

近年来,国内外对锰矿洗矿、筛分作业都非常重视。各类锰矿选矿厂中都设有洗矿作业,并由一次洗矿发展为二次或三次洗矿。广西天等锰矿选矿厂将设计的一次洗矿改造为二次洗矿,并对洗矿溢流中的锰进行回收,不仅降低了物耗,而且每年增加回收粉矿约8000吨,提高金属回收率约为5%,经济效益显著。

近几年重选工艺及设备没有大的进展。在现有的重选流程中,通过分级和多次选别提高精矿品位及回收率。如桃江锰矿将洗矿矿泥分为+0.2 mm、-0.2+0.1 mm和-0.1 mm三个粒级分别进行摇床选别,获得了精矿品位20%左右、产率大于30%的较好指标。

由于磁选技术及设备的发展较快,并且磁选操作简单,易于控制,适应性强,可用于各种锰矿石选别,近年来已在锰矿选矿中占主导地位。各种新型的粗、中、细粒强磁机陆续研制成功。目前,国内锰矿应用最普遍的是中粒强磁选机,粗粒和细粒强磁选机也逐渐得到应用。选别粗粒(10~25 mm)锰矿石,应用80-1型和CGD-38型感应辊式强磁选机;选别中粒(10~1 mm)多应用CS-1、CS-2、DQC-1、CGDE-210等型号的强磁选机;选别细粒(1~0.05 mm)常应用Shp及SZC系列强磁选机。长沙矿冶研究院在研制出DPMS系列永磁强磁机用于锰矿选别的基础上,1999年研制成功了直径为300 mm第二代永磁强磁机,解决了15~6 mm弱磁性矿物的选别,2000年研制出处理45~15 mm弱磁性矿物的永磁强磁选机。2002研制出直径为300 mm和600 mm两种型号的具有自主知识产权的广义分选空间湿式永磁强磁选机,经过约10个矿山矿石的分选试验,取得了良好的选别指标,具有广阔的发展前景和应用领域。

采用第三代湿式永磁机代替CS-1电磁感应辊式强磁机分选云南斗南锰矿,与原流程相比,精矿产率、品位、回收率由原来的40.21%、28.15%、64.24%分别提高到54.83%、28.21%、88.07%,尾矿品位由原流程的10.54%降低到4.64%,技术指标大幅度提高,经济效益显著。湿式永磁机在选别广西大新锰矿尾矿坝尾矿、福建连城锰矿也取得很好指标。Slon型磁选机处理广西木圭松软锰矿,采用先筛分和Slon型磁选机一粗一扫工艺流程进行半工业试验,可得到综合锰精矿品位30.38%,回收率75.97%的良好选矿指标。

各单位研制的各类型强磁选机(见表2-18)在锰矿山得到广泛应用。

2.2.3.4 锰矿选矿技术发展方向

近30多年来,我国锰矿选矿技术在科研、生产方面取得长足的进步和发展,生产工艺日趋完善,经济技术指标得到改善,选矿生产的锰精矿产品的数量逐年增加,质量提高,为国民

表 2 – 18　我国锰矿强磁选的研制、应用情况

设备名称	规格/mm		入选粒度/mm	分选方式	研制单位	应用单位
	D	L				
SGC – 35 型磁选机	350	4 × 410	5 ~ 20	干式	荔浦锰矿	荔浦锰矿
CGD – 38 型磁选机	350	4 × 410	5 ~ 25	干式	沈阳矿山机器厂桂林冶金机械厂	桃江、平乐锰矿
3QCX – 82 型永磁磁选机	250	2 × 1050	0 ~ 6	湿式	北京矿冶研究院马鞍山矿山研究院	桃江锰矿
CGDE – 210 型磁选机			0 ~ 4	湿式	沈阳矿山机器厂	湘潭、桃江、连城锰矿
80 – 1 型磁选机	380	2 × 1532	5 ~ 20	干式	广西八一锰矿	八一锰矿
SHC – 1 型磁选机	320	2 × 900	0 ~ 7	湿式	龙头锰矿	龙头、靖西、大新土湖锰矿
CS – 1 型磁选机	375	2 × 1450	0.5 ~ 7	湿式	马鞍山矿山研究院	八一、东乡桥、大新土湖、湘潭、团溪、花垣锰矿
CS – 2 型磁选机	375	2 × 1468	0.5 ~ 14	湿式	马鞍山矿山研究院	桃江、大新、宁强、斗南、花垣锰矿
DQC – 1 型磁选机	375	2 × 780	0.5 ~ 7	湿式	马鞍山矿山研究院	平乐、马山、大蒙、武鸣锰矿、武宣锰锌矿
PMHIS 系列永磁中强选机	600	1200	< 30	干式	长沙矿冶研究院	斗南、大新锰矿
DPMS 型永磁磁选机	300	1000		湿式	长沙矿冶研究院	连城锰矿、斗南锰矿
广义分选空间永磁磁选机	300 600			湿式	长沙矿冶研究院	大新锰矿、斯达特选厂

经济的发展作出重要贡献的同时,锰矿生产也积累了宝贵的经验。由于我国锰矿品位低、杂质高、矿石结构复杂、嵌布粒度细,通过选矿实现"贫变富"仍是我国锰业需要长期坚持的技术方针。我国锰矿选矿发展方向主要在以下几个方面:

(1) 锰矿工艺矿物学和选矿工艺研究。继续通过工艺矿物学研究和改进选矿工艺,以解决微细粒锰矿石的分选和脱磷问题。

(2) 洗矿、筛分、重选工艺及设备的研究。洗矿、筛分、重选是最古老的选矿方法,不仅投资费用少,经营费用低,也是适合我国锰矿资源特点的有效的分选方法,通过工艺优化和新型高效设备的研究来提高分选效率和回收率是研究重点。

(3) 新型磁选机的研制与应用。强磁选用于分选贫锰矿的预选,已显示出优越性,可以选出富锰集合体,使"贫变富"取得显著效果,且生产成本低,工艺流程和操作简单,因此磁选工艺及设备在锰矿选矿中被广泛采用,带动了我国锰矿选矿技术进步,今后仍是锰矿选矿的重点发展方向,特别是细粒、微细粒的磁选工艺和设备。

(4) 浮选工艺研究及新型高效浮选药剂的研制。针对锰矿微细粒嵌布特点,深入开展浮选技术的应用研究,进一步提高金属的回收率是重要研究方向。

(5) 选冶联合流程。对于低铁高磷贫锰矿、多金属共生等锰矿,采用单一的选矿或冶金均难以达到满意的分选效果,选矿与冶金联合工艺是分选难选锰矿最为有效、最经济的方法,也是选矿发展的重要方向。

(6) 逐步实现选矿设备大型化、自动化、扩大生产规模,降低生产成本。

(7) 锰矿选冶过程中的"三废",即尾矿、废渣和废气的综合利用及清洁生产。

(8) 选矿产品深加工成锰制品,以提高经济效益的最大化,已成为选矿技术发展的一种趋势。

2.3 锰矿石选矿实践

2.3.1 碳酸锰矿石选矿实践

碳酸锰矿床,属于海相沉积型锰矿床。特别是产于各种灰岩、页岩中的碳酸锰矿床和产于细碎屑中的氧化锰、碳酸锰矿床,其储量和矿床规模都比较大,是生产商品锰矿石的重要矿源之一。

工艺矿物学研究表明,碳酸锰矿石中主要锰矿物是菱锰矿、钙菱锰矿、锰方解石和菱锰铁矿等;脉石矿物有硅酸盐和碳酸盐矿物,也常伴生硫和铁等杂质。矿石组成比较复杂,锰矿物嵌布粒度细到几微米,不易解离。采用一般机械选矿方法很难得到单体锰矿物,而只能通过选矿将矿石中的锰矿物集合体与脉石集合体进行分离,难以获得较高品位的锰精矿。

碳酸锰矿石选矿方法大多采用强磁选、重介质选矿和浮选等方法。沉积型含硫碳酸锰矿石一般按照碳质页岩、黄铁矿和锰矿物的顺序采用优先浮选工艺流程。热液型含铅锌碳酸锰矿石一般采用浮选—强磁选矿工艺流程。某些含硫富锰矿石,锰矿物主要是硫锰矿,一般采用焙烧方法除硫。有的富碳酸锰矿石生产上也采用焙烧方法除去挥发成分得到成品矿石。

碳酸锰矿石中含有一些难选矿石,锰与铁、磷或脉石紧密共生,嵌布粒度极细,难以分选,可以考虑用选冶方法处理。例如处理高磷高铁锰矿石的富锰渣法,生产活性二氧化锰的硝酸浸出法和生产金属锰的电解法等均已用于工业生产。此外,还有连二硫酸钙法和细菌浸出法等。

2.3.1.1 遵义锰矿选矿厂

A 概况

遵义铁合金有限责任公司遵义锰矿选矿厂位于遵义市南东铜锣井,距遵义市6 km,距离川-黔铁路遵义南站9 km,交通十分便利。矿区包括有铜锣井、沙坝、长沟、黄土坎、石榴沟、深溪沟等矿段,其中铜锣井和沙坝矿段已勘探,其余矿段仅作详查和普查工作。矿区东西长10 km,面积16 km²。

遵义锰矿矿层赋存于上二叠龙潭组底部,严格受地层层位控制,碳酸锰矿石产于灰色页岩中。在2005年国土资源部矿产资源储量审查中表明,遵义锰矿相关矿段保有2300万吨锰矿石的资源储量。铜锣井矿区锰资源量占整个储量的75%,矿石锰品位15%~25%,含铁9%~10%,含磷平均为0.046%,含硫平均为4.43%,属于低锰低磷高铁高硫的半自熔性锰矿石。矿区位于高原丘陵山区,地表矿体出露标高980~795m,矿体埋深0~606 m,除浅部氧化矿可露采外,其余需用竖井开拓、地下开采。可采矿层连续性好,厚度、品位稳定,矿层产状变化小。遵义锰矿选矿厂始建于1958年,1974年采、选、烧工程初步建成投产,最初设计以浮选柱为浮选设备的全浮流程,由于锰矿石质软易碎,两段连续磨矿过磨严重,产生次生矿泥过多,脱泥作业锰金属损失率超过原设计,锰金属总回收率达不到设计要求,经过多年技术改造,目前形成两段磨矿—磁选—浮选工艺流程,当原矿含Mn为18%时,选出锰精矿含Mn25%~26%,经浓缩过滤后送至球团车间,经配料、造球然后进行团粒(小球)烧结,烧结矿含Mn32%~

34%,作为遵义铁合金厂冶炼锰系铁合金的入炉熟料。

　　B　矿石性质

　　遵义锰矿属海相沉积型矿床,矿区出露有上寒武统、下奥陶统、下二叠统、上二叠统、下三叠统。与成矿有关的地层为上二叠统龙潭组。碳酸锰矿层产出在龙潭组下段黏土岩中。含矿岩系产于龙潭组底部,层位稳定,矿层与地层产状一致,在纵、横方向上厚度变化大,厚0.3~11.82 m,一般3~5 m,主要由一套滨海泻湖环境沉积的灰色、灰绿色、深灰色至灰黑色的含黄铁矿水云母黏土岩、碳酸盐锰矿、煤层及粉砂质泥岩组成。

　　矿区主体构造为铜锣井背斜。背斜轴向呈北东至近东西向,北西翼陡立,南翼平缓,向南西倾没,轴部出露上寒武统娄山关群,两翼地层出露完整。北西翼控制黄土坎、铜锣井、石榴沟矿段;南翼控制长沟、沙坝、深溪沟矿段的展布。背斜南翼构造简单,具正常翼特征,呈单斜产出,矿层产状稳定,倾角20°~30°,沿走向有变化,局部地段地层倾角较陡呈倒转。断裂不发育,局部有近东西走向逆层、正断层和横断层,横断层破坏矿层,其长度为80~400 m,水平位移10~30 m,最大100 m,垂直断距数米至十余米。

　　锰矿床共有两矿层:上矿层,为铁锰或锰铁矿层,产于含矿岩系上部黏土岩顶部,矿层呈透镜状,极不稳定,无工业意义。下矿层为主矿层,从上至下为砾状、条带状、块状碳酸锰矿层。产于含矿岩系底部灰绿色水云母黏土之上,以菱锰矿、钙菱锰矿矿石为主。上部以砾状矿为主,夹大量黏土矿物;中部为条带状矿石,矿层间夹1~5 m厚黑灰色黏土岩;下部为块状、花斑状、微细层纹状矿石,沿层间夹少量黏土矿物。

　　矿层走向控制长16500 m(北西翼8500 m,南翼8000 m),倾向控制垂深400~600 m。矿层产状稳定,有无矿天窗。最大为0.25 km²,矿层厚度为1~3 m,矿层中间有1~3层含锰黏土岩夹层,以单层为主,厚度0.3~0.5 m,对应连续性差。

　　矿石中具有氧化锰矿石和碳酸锰矿石两种自然类型。

　　氧化锰矿石是碳酸锰矿氧化富集的产物,分布在近地表处,占探明储量的5.85%,在保有储量中仅占1.45%,目前各地段的氧化锰矿已采完。

　　碳酸锰矿石由钙菱锰矿、菱锰矿、锰方解石、含锰方解石、锰白云石、锰菱铁矿、铁菱锰矿、水锰矿、黑锰矿、硫锰矿、黄铁矿、含锰菱铁矿和水云母、鲕绿泥石、叶绿泥石、高岭石、白云石、石英、长石等组成。主体矿石以钙菱锰矿为主,其含量占碳酸盐矿物总量的82%~83%。矿石具砂砾屑、球粒、生物碎屑和晶粒结构,具纹层状、微波微层状、断续层状、花边状和葡萄状构造。下部以微晶-球粒结构,微波微层状、断续层状为主;上部呈砂-砾屑结构,花边状、葡萄状和多孔状构造。矿石锰品位为8%~32%,以15%~25%居多,平均为20.29%,锰品位变化系数为13.9%~19.2%。矿石品位较稳定,沿走向或倾向无大变化;垂向上由下至上,锰、硫、钙有降低趋势。

　　矿床成因类型属产于上二叠统黏土岩中的海相沉积锰矿床;工业类型属低磷高铁高硫酸性贫锰矿。

　　原矿化学成分分析列于表2-19,矿石物相分析见表2-20。矿石中的菱锰矿多呈细粒状集合体及致密块状,钙菱锰矿呈层状结构,锰方解石以晶体集合体或细脉状出现。锰矿物集合体或单体嵌布粒度一般为0.02~0.2 mm。

　　矿石密度3.3 g/cm³,普氏硬度6~8,矿石含水4%~6%,各种矿物的物理特性见表2-21。

表 2 - 19 原矿化学成分分析结果 （％）

成 分		Mn	TFe	S	P	SiO$_2$	Al$_2$O$_3$	MgO	CaO	Co	Ni	烧减
含量	贫矿	18.17	10.35	4.02	0.045	13.36	8.24	3.00	6.16	0.009	0.018	22.98
	富矿	21.20	9.00	3.24	0.038	13.91	7.85	3.10	4.77	0.0085	0.020	24.85

表 2 - 20 矿石物相分析 （％）

矿相	锰 物 相					铁 物 相					
	含锰方解石	碳酸锰	氧化锰	硅酸锰	合计	碳酸铁	易溶硅酸铁	氧化铁	硫化铁	其他	合计
上矿带	6.87	80.29	0.79	12.05	100.0	26.53	55.96	1.99	14.41	1.08	100.0
中矿带	15.91	74.38	1.19	8.52	100.0	20.02	5.43	2.58	70.46	1.51	100.0
下矿带	13.87	79.52	1.10	5.51	100.0	9.24	7.07	5.71	73.37	4.61	100.0

表 2 - 21 矿石中主要矿物的物理特性

特 性	矿 物									
	碳酸锰类质同象系列							鲕绿泥石	叶绿泥石	黄铁矿
	方解石	锰方解石	钙菱锰矿	菱锰矿	铁菱锰矿	锰菱铁矿	菱铁矿			
锰/%	0	5.68	31.5	40.35	29.97	5.41	4.82	3.30	3.12	微
颜色	白、灰白	白、灰白	灰白、浅黄	浅黄、黄褐	褐、黄褐	褐、黄褐	黄褐、深褐	黑	灰	
密度/g·cm^{-3}	2.71	2.9	3.5	3.7	3.75	3.9	3.96	2.8	2.8	6
普氏硬度	3	3.1	3.5	3.5	3.65	4.06	4.2	3	3	6
显微硬度/kg·mm^{-3}	167.5	186.1	253.1	271.5	312.2	402.8	436.8	146.2	110.8	1288.5
磁化系数/cm^3·g^{-1}	21.52	37.8	81.2	98.39	120.78	182.86	207.62	37.6	14	1.3

C 技术进展

遵义锰矿从 1958 年开始进行矿山建设，到 1975 年建设成采、选、烧年处理原矿 60 万吨选矿厂，设有破碎、磨矿、浮选、浓缩和过滤工序。破碎由粗碎、筛分、洗矿及闭路细碎作业组成，选别作业是以浮选柱为浮选设备的全浮流程。矿石破碎后经两段磨矿至 -0.074 mm 占 85%，经 φ125 mm 水力旋流器脱泥，沉砂进入浮选。在浮选作业中，先用 2 号油选碳，再用黄药浮选黄铁矿，最后用氧化石蜡皂在碳酸钠为调整剂和水玻璃为抑制剂的矿浆中选锰。精矿产品为 I、II、III 级锰精矿及副产品黄铁矿精矿。

药剂总用量设计为每吨原矿 7.25 kg。实际生产一般为每吨原矿 10 kg。

经几年试生产，一直不正常，产品质量和回收率均未达到设计要求。其主要原因是矿石破碎、磨矿泥化严重，浮选前的 φ125 mm 水力旋流器脱泥效果差，锰金属损失严重。精矿品位达不到设计要求，选矿的实际收率一般仅有 50% ~ 60%。

随后有关单位进行了试验研究，对原有的旋流器脱泥—浮选三个系列中的一个系列改为强磁—浮选工艺流程。用 Shp2000 强磁选机脱泥和提高锰品位，浮选设备由浮选柱改为浮选机。此外，选锰捕收剂由原来采用氧化石蜡皂改用石油磺酸钠和氧化石蜡皂混合捕收剂。选矿工业试验流程如图 2 - 9 所示。单一浮选设计和强磁—浮选流程工业试验指标见表 2 - 22。

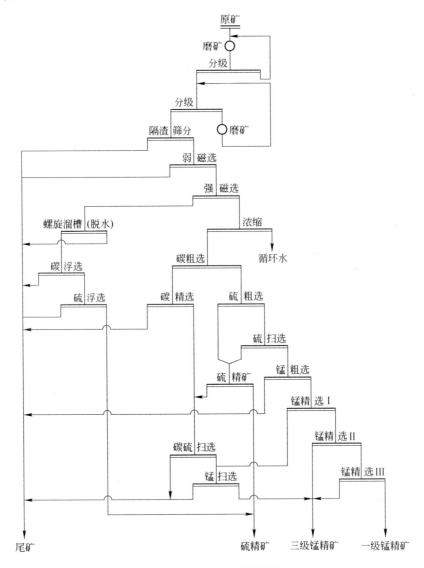

图 2 - 9　选矿工业试验流程

表 2 - 22　选矿指标　　　　　　　　　　　　　　　　　　　（%）

项　　目		单一浮选流程设计指标	强磁—浮选流程工业试验指标
一级锰	产率	21. 44	18. 91
	锰品位	32. 88	33. 09
	铁品位	4. 17	4. 10
	硫品位	0. 38	0. 35
	锰回收率	35. 16	32. 47
	锰/铁	7. 90	8. 07

项　　目		单一浮选流程设计指标	强磁—浮选流程工业试验指标
三级锰	产率	32.78	31.32
	锰品位	25.41	25.59
	铁品位	7.23	7.61
	硫品位	0.90	0.83
	锰回收率	41.55	41.59
	锰/铁	3.51	3.36
综合锰精矿	产率	54.22	50.23
	锰品位	28.36	28.41
	铁品位	6.02	6.29
	硫品位	0.69	0.65
	锰回收率	76.71	74.06
	锰/铁	4.71	4.52
原矿锰品位		20.04	19.27

磁选—浮选联合流程有较好的适应性。强磁选机不仅有效地脱除了矿泥,而且对提高和满足浮选的入选锰品位起到良好作用,在生产中采用强磁—浮选脱硫,直接获得综合锰精矿产品;采用石油磺酸钠代替氧化石蜡皂作捕收剂,使矿浆在中性和常温下分选,节省了药耗和能耗,并改善了精矿脱水性能;新流程中取消了原流程采用的碳酸钠调整剂,从而减少了药剂费用。

在 1986 年进行磁—浮流程工业性试验时,曾一度将 Shp 强磁选机上盘作为粗选,下盘作为扫选,试行过一机两段选别作业,出现了上盘"漫矿"现象,故采用压低球磨给矿量的办法来保证其通畅,当时磁精产品的产率基本满足了工业试验的要求。工业性试验结束后,仍采用上、下盘都作粗选的工艺,这样给矿量可以大些,一直沿用至 1998 年。

经一段磁选后的磁尾品位都在 10% ~12% 左右,当原矿品位较高时,尾矿还要偏高,致使磁精产率一直都在 65% ~72% 左右徘徊,磁精再经浮选、脱水等作业后各段都要抛除一些尾矿,到最终过滤产品时,锰精矿产率就降到 45% ~50% 了,再扣除原矿破碎筛分时的洗矿作业所损失的 3% ~5% 的产率,最终精矿的实际产率更低,一般在 42% ~45% 左右,锰实收率在 58% ~61% 。

1998 年 7 月通过试验研究,在 Shp - 2000 强磁机上开始采用一粗一扫两段选别。同步措施有:

(1) 适当提高磁选给矿浓度,将原来 20% ~22% 左右的浓度提高到 30% ~35% ;

(2) 放粗磨矿粒度,由原来的 - 0.074 mm 含量占 72% ~78% 放粗到 60% ~65% ,由于细度的放粗,也保证了分级溢流浓度的提高;

(3) 调整上、下盘齿板的间隙,上盘粗选用 3.2 mm 间隙的齿板或活动齿板,下盘扫选用 2.8 mm 的齿板,这样既保证了上盘能通过较多的矿量,又保证了下盘适当提高分选区场强,

从而有利于回收率的提高;

(4) 加强除渣、除铁的操作,经常疏通堵塞的齿板,保证矿浆能顺利通过;

(5) 由于给矿浓度提高,粒度变粗、磨矿能力也略有提高,由原来的 20 t/h 提高到 25 t/h 以上。

D 生产工艺及流程

遵义锰矿形成的工艺流程为两段磨矿—强磁—浮选工艺流程,1998 年工艺改进前后的选别指标如表 2 - 23 所示。

表 2 - 23   磁选工艺改进前后的选别指标   (%)

产品名称	改进前 1998 年 5 ~ 7 月平均值			改进后 1998 年 8 ~ 10 月平均值		
	产率	锰品位	锰回收率	产率	锰品位	锰回收率
最终精矿	50.97	26.44	69.51	57.85	26.96	77.17
精矿	69.28	22.72	81.18	75.05	23.75	88.20
尾矿	30.72	11.88	18.82	24.95	9.56	11.80
给矿	100.00	19.39	100.00	100.00	20.21	100.00

由表 2 - 23 可以看出:改进后的磁尾品位比改进前降低 2.32%;磁精回收率提高 7.02%;最终在锰精矿品位差别不大的情况下,产率提高 6.88%,回收率提高 7.66%。改进后选别指标大幅度提高。

以上统计的最终精矿产率是未计入洗矿作业溢流在内的产率,实际产率还要在此基础上再降 6% ~ 8%,因此洗矿溢流损失计入后,最终锰精矿改进前的实际产率为 40% ~ 43%,改进后实际为 49% ~ 52%。这样换算成选矿比在改进前为 2.50 ~ 2.32 倍,改进后降至 2.04 ~ 1.92 倍。

改进前和改进后的选别流程分别见图 2 - 10、图 2 - 11。选矿厂主要设备见表 2 - 24。

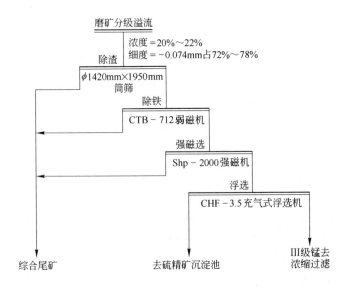

图 2 - 10 改进前的选别流程图

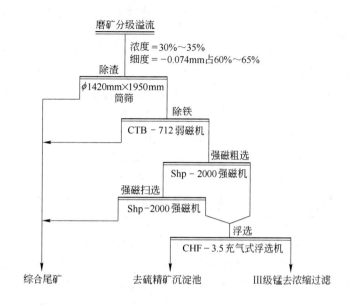

图 2-11 改进后的选别流程图

表 2-24 选矿厂主要设备

设 备 名 称	数 量	设 备 名 称	数 量
颚式破碎机	2	Shp-2000 强磁选机	1
SZZ2-1250 mm×4000 mm 振动筛	3	CHF-3.5 m³ 浮选机	12
FLG-1200 mm 单螺旋分级机	2	JK-1.1 m³ 浮选机	14
1250 mm×400 mm 反击式破碎机	4	XJQ-2.0 m³ 浮选机	6
GDF-2000 mm 单螺旋分级机	1	XJK-2.8 m³ 浮选机	4
φ2100 mm×3000 mm 格子型球磨机	1	φ2000 mm 搅拌槽	7
φ2100 mm×3000 mm 格子型棒磨机	1	φ1500 mm 搅拌槽	2
φ350 mm 旋流器	4	φ45 m 浓密机	3
CTB-712 永磁磁选机	1		

2.3.1.2 花垣锰矿

A 概况

湖南省花垣县强桦矿业有限责任公司锰矿选矿厂位于民乐镇谷哨村,距县城约 30 km。北东方向有花垣至民乐县级公路通过,交通方便。公路至矿区的简易公路长约 1 km。矿区分布在选厂周边 2~8 km 范围内,均有公路相通。

花垣锰矿地处盆地丘陵、山势平缓,无大的构造断层通过。海拔高度在 580~628 m 之间。

花垣县属亚热带季风性气候,四季分明,最高温度 39.30℃,最低温度 -1.80℃,年平均气温 16℃;雨量充沛,年降水量 1200~1700 mm,年均相对湿度为 82%。日照充足,冬无严寒,夏无酷暑,无霜期长达 269 天。主导风向为东北。

花垣锰矿属"湘潭式"大型锰矿,约有 3000 万吨分布在厂址周边 2~8 km 范围内,探明储量占湖南省总储量的 27.4%。

根据该地区矿体的赋存情况,为了安全、高效、经济地回采矿石,结合矿山实际生产情况,采用房柱法和全面法进行采矿。在阶段沿脉坑道上,向上开凿切割天井,在切割天井之间开凿切割平巷。从切割天井沿走向全面推进回采。矿块沿走向布置,以切割天井划分。

由于开采多年,高品位矿石消耗殆尽,原矿品位急剧下降。

工艺生产依次分为破碎系统、磨选系统、精矿脱水系统。

汽车将各采场采出的原矿石(0~300 mm)运至原矿堆场,再用装载机卸入原矿受矿仓,进入破碎系统。破碎系统采用两段一闭路破碎流程,振动给料机将原矿仓中的矿石给入 PE200×350 型颚式破碎机进行粗碎,粗碎产品(100~0 mm)与细碎破碎机排矿合并经带式输送机给入高频振动筛筛分,筛上产品(+12 mm)经带式输送机送入细碎破碎机,筛下产品(0~12 mm)由带式输送机运至磨矿仓进行储存,进入磨选系统。

磨选系统主要由一段闭路磨矿和浮选作业组成。磨矿仓的排矿经带式输送机给入主厂房中由 2 台 MQY1.83 m×7.0 m 溢流型球磨机组成的一段闭路磨矿系统。矿石磨至产品细度为 -0.032 mm 占 95%,进入 XJM-20m³ 浮选机经 1 粗 3 精 9 扫选别,获得到品位为 18% 的锰精矿。

锰精矿自流进入精矿脱水系统,依次经浓缩池、压滤机脱水和圆筒烘干机烘干,包装后装车外运。

B　矿石性质

花垣锰矿矿区呈北东方向展布,长 6 km,宽 3~4 km,面积 18 km²。出露地层有元古界板溪群,震旦系莲沱组、南沱组、陡山沱组与灯影组,寒武系下统牛蹄塘组。莲沱组覆盖板溪群,呈不整合接触,其上又被南沱组所覆盖,呈假整合接触。莲沱组有 2 个岩性段:上段为灰色板状页岩夹黑色页岩和白云岩透镜体,厚 72~215 m;下段为黑色炭质页岩夹粉砂岩、碳酸锰矿层或白云岩,厚 27.8~62.29 m。锰矿层产在莲沱组下段黑色页岩中,自上而下可分为 4 层:

(1)黑色炭质页岩夹粉砂质炭质页岩和 3 层厚 0.5~0.7 m 的含锰白云岩,厚 24 m;

(2)黑色炭质页岩,粉砂质炭质页岩,夹条带状菱锰矿透镜体,厚 3~10 m;

(3)菱锰矿层(上矿层),由 1~4 层薄层菱锰矿组成,矿层之间夹褐色锰炭质页岩或粉砂质炭质页岩,厚 0.7~12 m。

(4)黑色砂质页岩,矿区中心相变呈含锰白云岩、条带状菱锰矿(下矿层)及炭质页岩,厚 0.1~6.29 m。

矿区位于摩天岭背斜东南翼。背斜轴部出露板溪群,其东南翼依次出露震旦系下统莲沱组和南沱组,震旦系上统陡山沱组和灯影组,寒武系下统牛蹄塘组。地层走向北东,倾向南东,倾角 20°。

矿区位于湘西高山区,海拔标高 400~1057 m,相对高差 600 多米。矿体层状、似层状和扁豆状,走向北东 40°,倾向南东,倾角 5°~35°,与围岩地层产状基本一致。按层位分为上矿层与下矿层。上矿层为主矿层,其储量占矿区总储量的 98%,分布在全区,长 4250 m,宽 300~1800 m,平均厚 2.71 m。矿层顶板为含锰炭质粉砂质页岩,底板为炭质页岩、细砂岩或含砾砂岩。矿层由 3~4 个薄层菱锰矿层与粉砂质页岩互层构成。下矿层为次要矿层,其储量占矿区总储量的 1.6%,分布在矿区中心部位。下矿层呈扁豆体,走向长 1500 m,宽

1290 m,厚 0.2~2.28 m,平均 1.07 m。向四周逐渐变薄,甚至尖灭,出现无矿天窗。下矿层位于含矿岩系底部,距上矿层底板 0.43~2 m。矿层内部结构简单,一般呈单层出现,且不含夹石。矿体规模大,连续稳定,且大部分赋存在矿区侵蚀基准面之上,适宜平硐开拓,地下开采。

花垣锰矿属海相沉积碳酸锰矿床,工业类型属"湘潭式"碳酸锰矿床。矿石自然类型以碳酸锰矿石为主,氧化锰矿不发育。

矿石中锰矿物主要以菱锰矿为主,次为钙菱锰矿、镁菱锰矿、锰方解石、锰白云石,少量硬锰矿、软锰矿、褐锰矿、水锰矿,其他金属矿有黄铁矿、褐铁矿等。脉石矿物以石英为主,次为方解石、白云石、磷灰石、胶磷矿、黏土矿物等。

矿石具有隐晶质结构、微粒结构与假鲕粒结构。菱锰矿、钙菱锰矿粒径 0.0015~0.2 mm,磷灰石粒径 0.004 mm,磷灰石多分布在菱锰矿颗粒之间,两者极难分离。矿石具有块状构造与条带状构造。块状矿石含锰大于 20%。分布在上矿层中心部位,并与含岩关系、矿层的厚度膨大部位一致。条带状矿石含锰 17%~18%,分布在上矿层与下矿层的周边部位,并逐渐相变成含锰页岩。

氧化锰矿石呈锰帽分布在碳酸锰矿层头部,氧化深度 2~4 m,氧化锰矿厚 2.79~3.95 m。

矿石的化学成分分析结果见表 2-25。矿石主要矿物及含量见表 2-26。

表 2-25　矿石化学成分分析结果　　　　　　　　　　　　　　　　　　(%)

成 分	Mn	SiO_2	CaO	MgO	Al_2O_3	Fe	P	S	C	其他
含 量	10.00	54.74	1.53	0.88	9.84	5.28	0.2	0.4	5	12.13

表 2-26　矿石中主要矿物含量　　　　　　　　　　　　　　　　　　(%)

矿 物	碳酸锰	SiO_2	碳酸钙	碳酸镁	Al_2O_3	黄铁矿	有机碳
含 量	20.9	54.74	2.4	1.85	9.84	7.83	2.44

C　选矿工艺流程

a　流程简介

锰浮选厂采用的工艺流程:

二段一闭路破碎——一段连续闭路磨矿——一粗三精九扫浮选设计流程。

b　磨矿分级

原矿经颚式破碎机破碎后,破碎产品进入磨矿分级系统磨至 0.094~0.074 mm,其中 -0.032 mm 占 20% 左右。因过磨会产生较多的次生矿泥,从而影响浮选精矿品位。

c　调整矿浆

分级溢流的含矿浓度控制在 20%~25% 之间,首先在搅拌桶中加入浓度为 5% 的碳酸钠水溶液,搅拌调节矿浆 pH 值为 9 左右,然后在第二个搅拌桶中,加入 $HNCC_1$、工业用水玻璃、单宁等组合抑制剂,抑制剂的用量视原矿中的硅酸盐和钙、镁脉石矿物的含量多少而定。当原矿中的锰含量较低时,各种抑制剂的用量稍大。

d　加捕收剂

调整后的矿浆,再加入组合捕收剂,其组成主要是 $HNCC_2$ 和氢氧化钠混合溶液,二者按 1:1 的物质的量比(摩尔比)进行搅拌混合,合成具有起泡能力的捕收剂。具体的化学反应方程为：

$$RCOOH + NaOH \Longrightarrow RCOONa + H_2O$$

$$RCOONa \Longrightarrow RCOO^- + Na^+$$

$$RCOOH \Longrightarrow H^+ + RCOO^-$$

组合捕收剂的用量随原矿中含锰量的变化而变化，一般是每吨原矿 1～6 kg。

e　浮选流程

经捕收剂作用后的矿浆进入浮选机中进行闭路循环浮选，经一段粗、三段精选，在原矿中含锰品位在 8%～10% 时，可得到 20% 以上的锰精矿，五次扫选尾矿含锰 1.5% 以下，流程图见图 2-12。

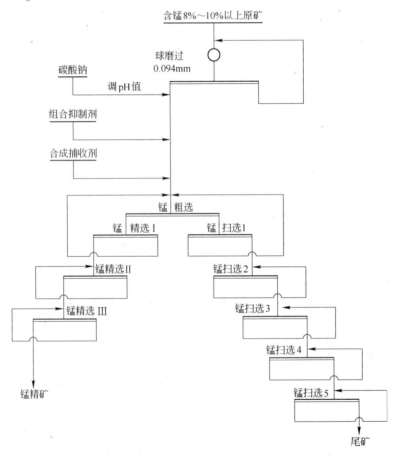

图 2-12　锰矿浮选工艺流程图

f　精矿脱水

锰精矿自流进入脱水系统，依次经浓缩机、CPDZ-2500 真空过滤机、φ2.4 m×17 m 圆筒干燥机，由 ZDC 自动定量包装机包装后外运。

本生产工艺流程简单，锰的回收率高，尾矿的含锰量低，使锰资源利用率高，产出的产品亦能为锰矿的下游产业——电解锰生产过程降低酸耗和氨耗。

g　主要设备性能

选矿厂主要设备见表 2-27，储矿设施见表 2-28，主要车间检修设施见表 2-29，选矿厂主要设计指标见表 2 - 30。

表 2 - 27 选矿厂主要设备

序号	设备名称规格	单 位	数 量
1	PE200 × 350 颚式破碎机	台	2
2	高频振动筛	台	2
3	MQY1.83 m × 7.0 m 溢流型球磨机	台	2
4	ZWEF - 200 热风锅炉	台	1
5	XJK - 20 m³ 浮选机	台	30
6	ϕ2.4 m × 17 m 圆筒干燥机	台	2
7	CPDZ - 2500 真空过滤机	台	2
8	ϕ9 m 浓缩机	台	2
9	ZDC 自动定量包装机	台	1

表 2 - 28 选矿厂储矿设施

序号	矿仓名称	矿石粒度/mm	松散密度/t·m⁻³	有效容积/m³	储矿量/t	储矿时间/h
1	原矿堆场	300 ~ 0	1.6	600	1000	24
2	磨矿仓	30 ~ 0	1.5	28	50	4.8

表 2 - 29 主要车间的检修设施

序号	车间名称	主要设备名称规格	起重机名称规格
1	破碎车间	PE200 × 350 颚式破碎机	LD - A 型电动单梁起重机 $Q = 10$ t
2	筛分车间	高频振动筛	LD - A 型电动单梁起重机 $Q = 10$ t
3	主厂房	MQY1.83 m × 7.0 m 溢流型球磨机	32/5 t 电动桥式起重机
		20m³ 型浮选机	LD - A 型电动单梁起重机 $Q = 10$ t

表 2 - 30 选矿厂主要设计指标

产品名称	产量/万吨·年⁻¹	产率/%	锰品位/%	回收率/%
锰精矿	12.00	40.00	18.00	88.34
尾矿	18.00	60.00	1.57	11.57
原矿	30.00	100.00	8.15	100.00

h 给排水及尾矿设施

(1) 生产用水量

生产用水量:2432.00 m³/d;最大时 100.58 m³/h。

其中新水用量:选矿厂 127.60 m³/d;最大时 6.90 m³/h。

循环水量:2300.40 m³/d,最大时 100.60 m³/h。

选矿生活用水 10.0 m³/d,最大时 1.08 m³/h。

选矿厂生产循环水利用率 90.00%。

选矿厂一次消防用水量为 20.10 m³。

（2）生产给水系统。该系统主要供给选矿厂设备、水封水及消防用水，用水量 6 m³/h。由选矿厂 200 m³ 新水水池供给。

（3）循环水系统。本系统主要供给选矿主厂房球磨机、浮选机等设备生产用水。为了调节循环水系统的用水量，在选矿厂设一座 600 m³ 的生产循环水水池，泵站内设 300S - 90B 型水泵两台（一台工作，一台备用），其性能：$Q = 100.00$ m³/h、$H = 78$ m、配 $Y355L_1 - 4$ 型电动机，$N = 280$ kW、$n = 1450$ r/min，输水管道为一条 200 m 的 d159×5 钢管。

（4）回水系统。在浓缩池处设回水加压泵站，将尾矿及精矿处理后的澄清水送主厂房重复使用；按回水率 46% 计算。回水量 $Q = 55.64$ m³/h，回水送至选矿厂循环水高位水池；泵站内设 IS100 - 65 - 250 型水泵（一台工作，一台备用），水泵性能：$Q = 60.00$ m³/h、$H = 87.0$ m，配 $Y200L_2 - 2$ 型电动机，$N = 37$ kW、$n = 2900$ r/min。输水管道为一条长 220 m 的 d125×5 钢管。

（5）排水系统。选矿厂破碎、选别系统排出的生产废水自流进入浓缩池，经浓缩池澄清处理后循环使用。另在底流泵站，循环水泵站，中矿浓缩池，各设一台 50PWDDFL - Ⅲ 型排污泵，其性能为 $Q = 35.6$ m³/h、$H = 21.5$ m，配 $Y132M - 4$ 型电动机，$N = 7.5$ kW、$n = 1440$ r/min。经一条 DN80 的钢管把生产废水送至尾矿浓缩池处理后循环使用，设备冷却水直接排入环水泵站吸水池循环使用。

（6）尾矿处理。选矿厂排出的尾矿固体量为 15.00 t/h。尾矿粒径 0～0.074 mm，平均粒径为 0.05 mm，尾矿密度 2.0，矿浆浓度为 20%，用一台 $\phi9m$ 型浓缩机处理尾矿，经 CPDZ - 2500 真空过滤机后，由皮带输送至尾矿库。

2.3.1.3　桃江锰矿选矿厂

A　概况

桃江锰矿选矿厂位于湖南省桃江县，距桃江县城 28 km，距离长沙 119 km，交通十分方便。

桃江锰矿矿床系浅海相沉积碳酸锰矿，矿体赋存于中奥陶统磨刀溪组黏土层与黑白条带状页岩之间。矿区包括木鱼山、南石冲、斗笠山和黑油洞等 4 个矿段，南北长 6 km，东西宽 2～4 km，面积 18 km²，累计探明锰矿石储量 1243.8 万吨，保有储量 1057.2 万吨，矿石平均含锰品位 18.39%，含 P0.053%，属低磷低铁高钙的优质碳酸锰矿石。

桃江锰矿位于湘中山区，地形标高 138～700 m。矿体呈层状，出露标高 440～ -277 m。矿体倾角上陡下缓，浅部达 50° 以上，深部 15°～20°，由于受小褶皱影响，矿体呈波浪起伏形态。矿区适宜平巷开拓，地下开采。矿石呈块状、条带状构造，体重 3.05 t/m³。矿石性脆，无黏结，$f = 6～8$。矿体顶板为厚层黏土岩，不透水，$f = 6～8$。矿体底板为黑色页岩，厚 3～6.5 m，$f = 4～6$，局部破碎带不稳定。岩矿松散系数均为 1.5，自然安息角为 37°。工程地质条件对开采有利。

桃江锰矿于 1964 年建矿，当时主要处理地表氧化锰矿石，后因氧化锰资源枯竭，1966 年转为井下开采碳酸锰矿。到 1986 年建成单一磁选厂，规模为 10 万吨/年原矿，处理矿区三期贫矿区锰矿石，含锰品位 18.39%，选别后精矿品位可达 21.7%，烧结后可生产含锰 28.0% 的冶金烧结矿。经过多年建设，现已建成磁选厂 1 座，焙烧圆窑 17 座，烧结平窑 19 座，冶炼厂电炉 3 座。并配套建设了供水、供电、通讯、交通运输、机修、加工、化验、仓库及行政福利设施等。建成具有采、选、冶生产能力的锰矿综合企业，年产原矿 9 万吨，加工成品矿

7万吨/年,电炉铁合金1万吨/年,碳酸锰粉1万吨/年,是中国十大锰矿基地之一。

B　矿石性质

"桃江式"锰矿床是我国首次在中奥陶统磨刀溪组地层中发现的锰矿基地。矿区出露地层有寒武系中上统探溪群,奥陶系下统桥亭子组;奥陶系中统胡乐组和磨刀溪组;奥陶系上统五峰组,志留系下统周家溪群和第四系。与成矿有关的地层为奥陶系中统磨刀溪组,分两个岩性段:上部黏土岩段,局部硅质增高,近矿层为黄绿色页岩,可作为标志层,厚10~40 m;下部岩性段由炭质页岩、含锰灰岩夹碳酸锰矿层构成,厚0.73~9.65 m。

桃江锰矿响寿源矿区以皱褶构造为主,自北而南依次出现六通公向斜、胡家仑背斜、斗笠山向斜与张家湾背斜。皱褶轴向为北东东或近东西向。六通公向斜核部出露志留系,两翼出现奥陶系,北翼地层倾向南,倾角32°~65°,深部岩层倾角变缓为4°~30°;南翼地层倾向北,倾角上陡下缓。向斜两翼有次一级皱褶。该向斜控制木鱼山、南石冲两矿段的展布。斗笠山向斜控制斗笠山矿段的展布;张家湾背斜控制黑油洞矿段的展布。

矿体形态呈层状、似层状,与围岩整合产出,产状一致。矿区内见有上、下两矿层,矿层之间夹有1.3~5.3 m的黏土岩。下矿层似主矿层,在全区均有分布,露头总长达11000 m,其在北北西方向上稳定,在东西走向上有相变,由碳酸锰矿石相变成含锰灰岩。其顶、底板均为含锰灰岩,厚0.19~1.6 m,含Mn 3.99%~5.6%。下层矿时有夹石,多为炭质页岩,也见含锰灰岩,夹石厚0.01~0.5 m。上层矿仅在南石冲、木鱼山两矿段局部地段见到。矿体形态似层状,走向长388 m,倾斜延深756 m,面积0.19 km²,厚0.45~0.67 m,平均0.57 m,含锰18.94%,上层矿不稳定,可相变成黏土岩。

矿体构造为薄层碳酸盐锰矿与极薄黑色页岩相互呈层或构成透镜状、豆荚状相互重叠,碳酸盐锰矿层一般厚度10~50 m及以上,黑色页岩厚一般在0.5 m以上,矿体被晚期石英脉、方解石脉穿切,一般结构较粗,变化较大,数量5%~10%,少数钻孔达20%左右。

桃江锰矿矿床成因类型属海相沉积碳酸锰矿床,其工业类型属"桃江式"优质锰矿的典型矿床。矿石自然类型有氧化锰矿石和碳酸锰矿石。

氧化锰矿石由碳酸锰矿层与含锰灰岩风化富集形成,呈锰帽状,分布在矿体近地表的头部,厚0.23~1.33 m,氧化深度0~45 m,平均10 m左右。氧化锰矿石的矿物成分以钠水锰矿为主(30%~50%),偶见复水锰矿与恩苏塔矿,残留碳酸锰矿,还有石英、褐铁矿与黏土类矿物等。氧化锰矿石具有隐晶胶状结构、交代结构。矿石构造以土状构造为主,次为网格状、多孔状、蜂窝状与块状构造。

碳酸锰矿石中锰矿物有钙菱锰矿、菱锰矿、锰方解石、锰白云石、含锰方解石、含锰白云石;脉石矿物主要是方解石、白云石、石英、绢云母、有机炭等,其他金属矿物有黄铁矿、极少量的磁黄铁矿、方铅矿与闪锌矿。矿石中、低含锰矿物的比例占80%左右,其中含锰小于18.19%的低含锰矿物达37.74%;含锰矿物和主要脉石矿物石英的粒径多在0.027~0.076 mm之间,含锰矿物并与石英紧密共生。矿石呈致密块状、条带状、砾状构造。条带状构造由数层至十多层的细纹层碳酸锰与页岩组成;砾状构造由碳酸锰矿物组成豆(砾)状集合体,又被方解石胶结,砾石排列有序,具有同生沉积砾石特点。矿石中,Al_2O_3、MgO、TFe等组分比较稳定;Mn与SiO_2、Mn与CaO均呈反相关关系;Mn在走向上,由东向西有变贫的趋势;P有增高的趋势。

矿石、围岩与脉石的比磁化系数:矿石为$(40 ~ 100) \times 10^{-6}$ cm³/g,围岩为$(2 ~ 3) \times$

10^{-6} cm^3/g,脉石矿物为$(5\sim10)\times10^{-6}$ cm^3/g。原矿化学成分分析见表2-31。

表 2-31　原矿化学成分分析结果　　　　　　　　　　　(%)

成　分	Mn	Fe	P	S	CaO	MgO	Al$_2$O$_3$	SiO$_2$	烧碱
含　量	17.66	2.57	0.056	微量	12.70	4.20	4.16	19.66	28.28

C　技术进展

桃江锰矿1964年建矿,主要处理地表氧化锰矿石,矿石经破碎、洗矿、跳汰和摇床选矿,生产电池锰粉和化工用锰,后因氧化锰资源枯竭,1966年转为井下开采碳酸锰矿,采用简易洗矿筛分处理碳酸锰矿石,大于10 mm的锰矿再经手选、焙烧或烧结,生产冶金用焙烧烧结矿(五级冶金锰)。同时堆积了大量-10 mm粉矿。

为强化-10 mm粉矿的回收,在原洗矿—筛分—手选工艺的基础上,1980年建成粉矿强磁选工艺。采用CGD-38型感应辊式强磁选机、3QCX-82型永磁辊式强磁选机及CGDE-210型感应辊式磁选机分别处理不同级别的矿石,工艺流程如图2-13所示。原矿经洗矿筛分后,10~6 mm粉矿直接给入CGD-38型感应辊式强磁选机选别,得出精矿和尾矿。6~0 mm粉矿经2PS砂泵扬送至SZZ$_1$800 mm×1600 mm振动筛筛分,筛上6~4 mm粒级给入3QCX-82型永磁感应辊式强磁选机选别,筛下4~0 mm粒级经浓缩后由CGDE-310型永磁感应辊式强磁选机选别,精、尾矿分别脱水后运往烧结和尾矿场。生产实践表明,采用上述三种磁选机组成的强磁工艺流程选别10~0 mm粉矿,粉矿经强磁选后恢复了地质品位,可使含锰17.5%左右的入选矿石提高到20.50%,锰回收率可达85%以上,混入焙烧熟粉精矿烧结后,其烧结矿可达到四级冶金用烧结矿的要求。三种强磁选机工作参数见表2-32。

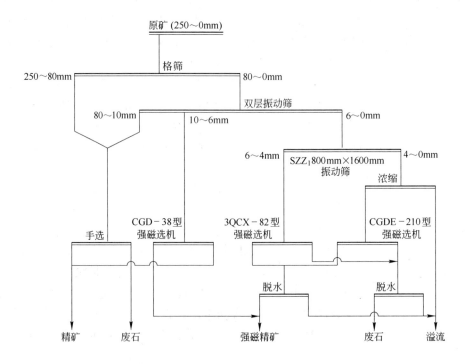

图 2-13　桃江碳酸锰矿选矿工艺原则流程图

表 2-32 强磁选机工作参数

机　型	磁场	磁感应强度/T	最大激磁电流/A	选别方式	给矿方式	感应辊转数/r·min⁻¹	感应辊齿数/个	感应辊直径/mm	工作间隙/mm	挡板位置	入选粒度/mm	生产能力/t·h⁻¹
CGD-38型	电磁	1.1~1.65	25	半干	上	32~40	粗14细28	350	40	可调	10~6	4
3QCX-82型	永磁	0.7~0.90	—	湿	下	59	32×2	250	14	固定	6~4	3.5
CGDE-210型	电磁	0.9~1.10	8	湿	下	52	32×2	270	9	固定	4~0	4

桃江锰矿 1986 年又进一步扩建选矿厂,处理矿区三期贫矿区锰矿石,强磁选工艺流程如图 2-14 所示。矿石经细碎、磨矿和分级后,4~0.5 mm 级别矿石进入 CGDE-210 型强磁选机选别,0.5~0 mm 级别给入 Shp-1000 型强磁选机分选,所得精矿合并进入烧结。年处理原矿 10 万吨,生产冶金用焙烧-烧结锰矿石 5 万吨。含锰 18.39% 的原矿,选别后精矿品位可达 21.7%,烧结后可生产含锰 28.0% 的冶金烧结矿。

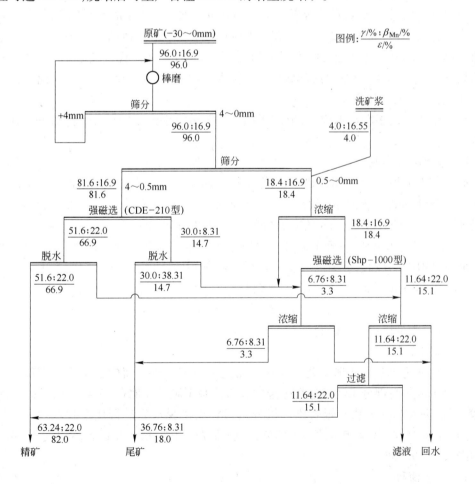

图 2-14　强磁选工艺流程

随着 CS – 2 型强磁选机的出现,1988 年桃江锰矿采用 CS – 2 型强磁选机在生产现场进行粗粒强磁选工业试验,获得较好选别指标,入选粒度提高到 10 mm,选别指标不降,反而还有提高,随即便投入生产。CS – 2 型强磁选机的采用,使选矿工艺流程简化,其选别指标与原工艺分选效果对比见表 2 – 33。

表 2 – 33　原、新流程磁选机分选效果对比　　　　　　　　　（%）

工艺流程	机　型	入选粒度 /mm	原矿品位	精矿产率	精矿品位	尾矿品位	回收率	品位提高 幅度
原流程	CGDE – 210	4 ~ 0	16.64	62.82	19.80	11.30	74.75	3.16
新流程	CS – 2	10 ~ 0	16.12	68.12	19.89	9.95	81.02	3.17

虽然 1990 年 8 月引进 CS – 2 型强磁选机取代了 CGDE – 210 型强磁选机,将入选粒度扩大到 10 ~ 0 mm,选矿指标明显改善。但由于磨矿工艺仍然存在过磨现象,细粒金属流失较大,选矿回收率仍较低,CS – 2 型强磁选机的优点得不到充分发挥,为此,经过充分论证分析,1992 年 1 月,增加了一段细碎作业,采用 PYD – 1200 型圆锥破碎机与 SZZ1500 × 3000 自定中心振动筛构成闭路,破碎产品粒度为 13 ~ 0 mm,取消了原来的棒磨机磨矿工艺,形成以碎代磨工艺流程,使入选粒度扩大为 13 ~ 0 mm,根本上解决了因磨矿过细带来的矿泥流失严重、选矿回收率低、烧结透气性不好等问题,金属回收率从流程改造前的 66.36% 提高到改造后的 77.46%,全流程运行状况改善,烧结煤耗随之减少,获得了较好的技术经济效果。

D　生产工艺及流程

桃江锰矿经过多次技术改造,形成了粗碎—筛分—手选—中细碎—筛分—洗矿—磁选的工艺流程。

a　破碎筛分作业

破碎作业采用三段一闭路破碎工艺流程。原矿石经 1 号胶带机和 2 号胶带机运至 400 mm × 600 mm 颚式破碎机进行粗碎,碎至 110 ~ 0 mm 的矿石,经 3 号胶带机运至筛洗车间洗矿分级。筛下小于 10 mm 的矿石经螺旋分级机分级,10 ~ 0.5 mm 的返砂经 – 4 号、5 号、6 号胶带机送入磨矿仓;筛上矿经 4 号胶带机运至手选台进行手选,选出的富矿和废石经 0.56 m³ 的矿车分别运至圆窑焙烧及废石场堆存,中矿进入 ϕ900 mm 圆锥中碎机进行中碎,碎至 35 ~ 0 mm 的矿石,经 – 6 号胶带机运至 ϕ900 mm 短头圆锥破碎机进行细碎,其产品经 – 7 号胶带机运至 SZZ1500 mm × 3000 mm 振动筛检查筛分,小于 10 mm 的产品经 – 5 号、5 号、6 号胶带机送入磨矿仓。

b　选别作业

选矿作业为单一强磁选工艺。破碎产品经 7 号胶带机和溜槽送至原矿螺旋分级机分级, – 0.5 mm 细粒部分未经磁选机分选回收直接泵至尾砂库储存,粗粒矿用斗提机提到 18 号胶带机,进入 CS – 2 感应辊式磁选机分选,精、尾矿脱水后进行烧结和堆存。选别指标为:原矿品位 15.83%,精矿品位 19.57%,回收率 77.34%,精矿品位提高幅度 3.74 个百分点,尾矿品位 9.58%。

c　工艺流程

桃江锰矿选矿厂生产工艺流程见图 2 – 15。主要选别设备及技术参数见表 2 – 34。

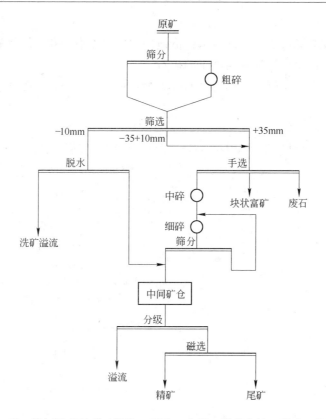

图 2-15 桃江锰矿破碎—筛选—手选—破碎—筛分分级—磁选工艺流程

表 2-34 主要选别设备及技术参数

设备名称	规格型号	数量/台	电机功率/kW	处理能力/t·h^{-1}	作业率/%
颚式破碎机	PE400×600	1	30	25~64	87.5
单轴振动筛	2ZD1530	1	5.5	90	87.5
圆锥破碎机	PYB φ900	1	55	50~90	87.5
圆锥破碎机	PYD φ900	1	55	15~50	87.5
自定中心振动筛	SZZ1500×3000				87.5
螺旋分级机	FLG φ1200	1	5.5	50	87.5
强磁选机	CS-2	1	26	13~15	87.5

2.3.1.4 达尔克韦季选矿厂(格鲁吉亚)

A 概况

达尔克韦季(Дарквети)选矿厂位于格鲁吉亚克维里拉河右岸,属于恰图拉锰矿联合公司。选矿厂包括达尔克韦季新选厂和碳酸选矿厂,处理新伊特赫维西矿山和季米特洛夫矿山的混合锰矿石。

达尔克韦季选矿厂的入厂矿石主要是氧化锰矿石和碳酸锰矿石,该厂把氧化锰矿石和碳酸锰矿石分开后,只选别氧化锰矿石,而将碳酸锰矿石经中碎和细碎后,即送往达尔克韦季碳酸锰选矿厂选别。

B　矿石性质

达尔克韦季碳酸锰选矿厂处理季米特洛地矿的达尔克韦季和北伊特赫维西矿点的矿石以及新伊特赫维西矿的伊特赫维西矿点的矿石。

入选矿石主要是锰方解石和钙菱锰矿等碳酸锰矿石,以及少量氧化锰矿石。原矿锰品位 20.2% ~22% 。

C　选矿工艺及设备

选矿厂于 1961 年投入生产,1977 年完成改造,选矿工艺流程见图 2 – 16。

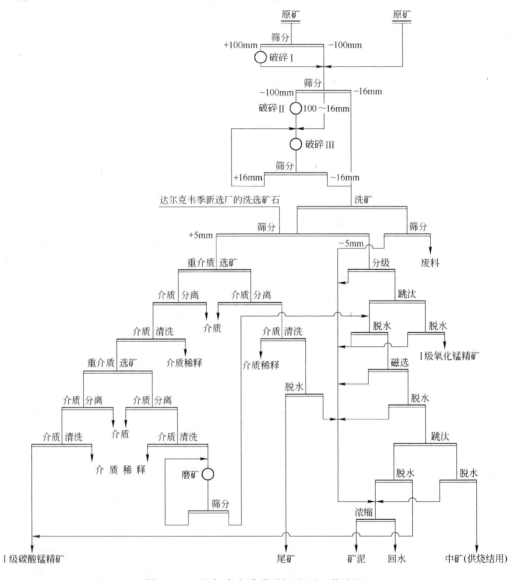

图 2 – 16　达尔克韦季碳酸锰选厂工艺流程

根据粒度不同,原矿分两段或三段破碎、洗矿和筛分,洗矿前的矿石破碎至 16 ~ 0 mm,其中 16 ~ 5 mm 矿石用直径 500 mm 的重介质涡流旋流器两段分选,产出碳酸锰精矿。5 ~ 0 mm粒级进行跳汰选,产出氧化锰精矿,跳汰中矿再进行强磁选和跳汰选。

达尔克韦季碳酸锰选矿厂的碳酸锰矿石在新选矿厂破碎和洗矿之后,再送到碳酸锰选矿厂进行筛分,然后直接进入重介质选矿段。

选矿厂的尾矿和矿泥与达尔克韦季选矿厂的尾矿一起送往中央浮选厂再选。

D 选矿厂的主要设备

选矿厂的主要设备及其生产能力见表2-35。

表2-35 选矿厂的主要设备及其生产能力

主 要 设 备	生产能力/t·h⁻¹
ЩQC-6×9颚式破碎机	35
КМД-1750 mm 圆锥破碎机	130
1880 mm×7000 mm 长槽选矿机	100
ϕ500 mm 重介质涡流旋流器	45
СТМ-14跳汰机	50
ЭРМ-4 电磁磁选机	10~12
MCLS-1500 mm×3000 mm 棒磨机	20

E 技术指标及主要消耗指标

(1)选矿技术指标见表2-36。

表2-36 选矿技术指标 (%)

产品名称	含 锰	回 收 率
I级氧化锰精矿	49.5	7.0
碳酸锰精矿	28.0	47.1
中矿(供烧结用)	19.7	20.3
尾 矿	7.0	} 25.6
矿 泥	17.21	
精矿(包括中矿)总和	26.0	74.4

(2)水分:原矿12%;精矿10.7%。

(3)每吨原矿电耗:19.1 kW·h。

(4)每吨原矿钢棒:0.03 kg。

(5)锰精矿组成:见表2-37。

表2-37 锰精矿化学组成 (%)

产 品	Mn	SiO_2	Al_2O_3	CaO	BaO	P	S	Fe	烧损
I级氧化锰精矿	49.5	7.9	1.3	3.45	1.02	0.164	0.313	1.60	10.0
碳酸锰精矿	28.0	16.6	3.2	7.40	1.60	0.164	0.320	1.05	24.5

2.3.2 氧化锰矿石选矿实践

世界各国的锰矿石储量中约有近一半左右是氧化锰矿石,是当前开采利用的主要矿石类型。据资料统计,国外年处理氧化锰矿石的能力占全年锰矿石总量的70%左右。

我国氧化锰矿床根据成因分类有淋滤、堆积和锰帽型。氧化锰矿石中锰矿物主要是硬锰矿、软锰矿和水锰矿等,脉石矿物主要是硅酸盐矿物,也有碳酸盐矿物,常伴生铁、磷和镍、钴等成分。氧化锰矿石除具有品位低、成分杂,且含泥量大的特点,尤其是淋滤型和堆积型,含泥量高达 70% 以上,并且锰矿物与脉石矿物密度和比磁化系数都存在差异,因此,洗矿、重选、强磁选是处理氧化锰矿石的主要方法,通常采用洗矿或洗矿—强磁选流程一般获得冶金用锰,而通常采用重选或洗矿—重选—强磁选原则流程一般可获得电池和化工用锰。对于沉积型原生氧化锰矿石,由于开采贫化,生产上采用重介质和跳汰选剔除脉石,得到块状精矿。

含铁氧化锰矿石中,铁矿物主要是褐铁矿。铁与锰难以用重选、浮选或强磁选分离,需要采用还原焙烧磁选方法。工业上已采用了洗矿—还原焙烧磁选—重选流程。

2.3.2.1　福建连城锰矿

A　概况

福建省冶金(控股)有限责任公司连城锰矿位于福建省连城县南西 54 km 处的庙前镇,包括庙前和兰桥两个锰矿区,二者相距 12 km,均属庙前镇范围。矿区至龙岩火车站 72 km,至永安火车站 160 km,均有公路相通。

连城锰矿处于闽西南上古生代永梅凹陷带的中部,区内地层以泥盆系、石灰系、二迭系及第四系地层为主并有侏罗系火山岩分布,构造、岩浆活动较为频繁。锰矿床分布于庙前、兰桥两个矿区,除少量原生锰矿外,主要为氧化锰矿床。截至 2000 年底,累计探明锰矿石地质储量 279.2 万吨,保有储量 98.9 万吨,平均品位 Mn 28%,Fe 2.54%,P 0.035%,SiO_2 24.36%。矿石属低磷低硫低铁高硅锰矿石。

连城锰矿矿区地处低山丘陵区,地形陡峭,沟谷切割深,相对高差 20～380 m;风化矿床一般埋藏深度 0～40 m,多分布于中低山区,产状平缓,适于露天开采。仅兰桥中区埋深 117～235 m 的矿体,需用平巷开采;庙前 4 号矿段沉积—改造型矿床在 400 m 水平以上,储量约占 50%,可露天开采,400 m 以下需井下开采。

根据各矿点矿床埋藏、产状、形态等状况,矿床开采上部采用露天开采方法,深部则由露天转入地下开采。露天开采选择汽车运输开拓方式,组合台阶采矿方法。由于矿体内矿石与围岩差异明显,高品位矿石与低品位矿石亦易于分辨,矿床规模小,采场出矿量小的特点,在开采中该矿制定"机械剥离,人工采矿"的原则,实行"定人、定点、定产量、定质量;分采、分堆、分运;不准用机械采成品矿,不准在矿体内放炮"的采矿工艺(简称"四定三分二不准"),实质上在采矿中按矿石品位高低进行分采,直接挑选采出 Mn 含量小于 30%,Mn 含量在 30%～44%,Mn 含量大于 44% 的不同品级、不同用途的矿石,以减少选矿处理量,提高金属回收率。1995 年以后矿山实现用液压挖掘机取代电铲,用其灵活性,强大的挖掘能力在围岩松散地段直接掘土,尽量避免爆破以提高边坡稳固性,提高开采回采率,降低采矿贫化率。

连城锰矿经过 40 余年的建设,现已成为具有地质勘查、采矿、选矿、矿产品加工、机械制造、修理等专业配套的中型国有露天矿山企业,是福建省冶金用富锰矿石和放电锰矿石的主要生产基地。拥有一采区、二采区、锰粉车间三个生产单位和 3 个经济实体,年采锰矿能力 6 万吨,锰粉生产能力 2 万吨。主要产品有冶金用锰矿石、碳酸锰矿石、天然放电锰粉、水净化处理锰矿石、电池和铸造用活性二氧化锰粉、四氧化三锰和硫酸锰、化工用锰粉、碳酸锰矿石及矿粉。

B　矿石性质

连城锰矿矿区处于闽西南上古生代永梅凹陷带的中部,区内出露的最老地层为上泥盆统,而上古生界地层分布广泛,中生界及火山岩也普遍可见,但分布零星。永梅凹陷带是一个著名的多金属矿产赋存地段,锰、铅、锌、金、银、铜、铁、钨、钼等矿产均有从小到特大型矿床产出。

连城锰矿矿床位于赖坊—连城向斜南段。受后期断裂破坏,产状紊乱,褶皱形态已难辨识,从地层分布规律看,庙前矿区为一地层走向北东、倾向北西的单斜,倾角30°~40°,沿倾斜常有波状起伏,局部形成北东小褶曲;兰桥矿区则为一轴向北北西的向斜,西翼受多条断层切割,东翼大部为燕山期侵入岩体吞噬,形态极不完整。

连城锰矿矿石的自然类型主要为氧化锰矿石,有原生和氧化两类。矿床成因有沉积—改造型和风化型矿床,自晚古生代至新生代的漫长时期,经受沉积、热液叠加改造(或接触变质)和表生氧化等多阶段的地质作用形成了优质氧化锰矿床。

沉积—改造型矿床仅见于庙前矿区4号矿段,有3个矿体,每个矿体又由1~3个小矿体组成,长数十米至一百五十米,厚1~38.66 m,呈似层状、透镜状和层状;产状与地层一致,走向北北东,倾向北西或南东,倾角20°~40°,个别地段可达70°以上。1号主矿体产于船山组含锰岩段下部,层状,长150 m,厚5.2~38.66 m,平均厚24.18 m,呈向斜构造,轴向北东22°,向北东倾伏,倾角北西翼缓,为20°~40°,南东翼陡,为68°~79°,储量占矿段总储量的76.5%。风化型矿床主要产于胶结极差的断层破碎带或第四系堆积层中,矿体多而规模小,呈透镜状、囊状和不规则状等,长一般数十米,最长可达200 m,厚数米至数十米,变化急剧,埋深一般小于100 m。庙前矿区共有4个矿段,除4号矿段外,其余3个矿段均为风化型锰矿。兰桥矿区共有31个矿体,其中1号、6号和35号为主矿体。1号矿体位于矿区北部,产于F_2断层破碎带中,似层状,走向东西,倾向南东,倾角65°~80°,长295 m,厚1~10 m;6号矿体位于矿区东南部,产于破碎带中,呈似层状、透镜状,走向北西,倾向南西,倾角28°,长235 m,厚7~16 m;35号矿体位于矿区中部的1号、6号矿体之间,主体为盲矿体,产于南园组火山岩覆盖下的F_2和F_3交切部位的岩溶-断裂带中,整体呈中部下凹、四周翘起的船型,走向北北东,以北东东倾为主,倾角29°~38°,长230 m,宽54~104 m,厚1~42.39 m,平均14.52 m。

连城锰矿氧化锰矿石出现于风化型矿床及沉积—改造型矿床的氧化带中,除具有含锰品位较低的共性外,又因矿床类型不同而具有不同的特征,分为淋滤型、坡积型和淋滤与坡积混合型3种。兰桥矿区以淋滤型锰矿石为主,庙前矿区以坡积型锰矿石为主。锰矿物主要有软锰矿、硬锰矿、隐钾锰矿、恩苏塔矿为主,另有少量锰土、黑锰矿、方锰矿、钡镁锰矿、黑锌锰矿、方铅锰矿和褐铁矿等。脉石矿物主要以石英为主,次为高岭土、绢云母、蛋白石、石髓、黏土等。矿石的化学成分:$w(Mn)$10%~35%,局部可达50%以上,$w(Fe)$2%~5%,$w(SiO_2)$15%~30%,$w(P)$0.03%~0.05%,$w(S)$0.003%~0.005%,$w(PbO)$0.3%~0.5%,$w(ZnO)$0.4%~1.0%。

淋滤型矿石结构主要有他形粒状、碎屑状、胶状等;坡积型矿石结构主要有葡萄状、豆状、块状等。构造以块状、角砾状、土状为主,环带状、肾状、葡萄状和皮壳状等各种表生构造均常见,软锰矿、硬锰矿往往紧密共生,有的还嵌布于锰土之中。

连城锰矿氧化锰矿石放电性能较好,随着矿石中含锰量的增高,二氧化锰含量亦增高,其转化率一般在1.46~1.52之间。氧化锰矿石以中、低压放电时间长为特点,$MnO_2$68%,在3.9Ω、0.9V条件下终连放时间大于230 min,间放时间大于650 min。

连城锰矿原生锰矿石仅见于沉积—改造型矿床中,主要由锰的碳酸盐、硫化物和硅酸盐组成。矿石类型以混合原生锰矿石为主,又可分为硫锰矿-碳酸锰矿石,硫锰矿-硅酸锰-碳酸锰矿石。锰矿物以菱锰矿、硫锰矿、蔷薇辉石为主,有少量铁硫锰矿、钙蔷薇辉石、锰铝榴石;伴生的金属矿物有方铅矿、闪锌矿、碲银矿、蓝辉铜矿和黄铁矿等。脉石矿物以石英、方解石、绿泥石为主,少量透辉石、蛇纹石及黏土矿物等。

矿石结构主要有自形镶嵌结构,同心层环状结构,柱状、长条状、板状、粒状变晶结构;矿石构造块状、碎屑状、斑状、角砾状、浸染状构造,部分菱锰矿具鲕状构造。

矿石的主要化学成分:$w(Mn)30.06\%$,$w(Fe)1.0\%$,$w(P)0.024\%$,$w(SiO_2)19.7\%$,$w(Ag)71.48\ g/t$,$w(S)7.84\%$,$w(Pb)0.87\%$,$w(Zn)0.2\%$。

C　技术进展

连城锰矿开发利用始于 20 世纪 50 年代初期,由当地民众少量开采,供厦门电池厂作电池锰粉。1958 年连城县成立庙前锰矿,人工露天开采,年产矿石 5000 ~ 8000t。1966 年地质勘查结束,矿山改由省里经营,同年 10 月完成露天开采设计,开采庙前 1 号矿段,规模 3 万吨/年。1969 年,矿山自筹资金、自行设计施工,露天开采兰桥 1 号、2 号矿体,规模 5000 吨/年。随后,为充分利用资源,在庙前建立洗矿筛分的小型选矿厂,处理坡积型矿石,含锰20% 左右的原矿通过洗矿筛分后,得到 33% ~ 35% 的冶金锰精矿,对于含锰 20% 以下的贫锰矿,由于存在大量的锰土而难以回收。随着采场进人凹陷露天开采,开采贫化率增加,堆存起来,一时难以处理的贫锰越来越多,原有选矿工艺已不适应矿山生产发展的需要。

从 1978 年开始,有关单位对连城锰矿进行了多次选矿试验,在取得了较好指标基础上,即对庙前选矿厂进行技术改造,将从原来的简单洗矿筛分,改造为洗矿、跳汰重选工艺,日处理能力为 100 ~ 150 t。但该工艺在生产过程中存在着对 - 3 mm 细粒锰子砂和跳汰尾矿无法达到冶金用锰精矿的要求,产出的大量锰子砂只好堆积于现场。针对这一问题,1980 年又对原工艺流程进行了技术改造,增设了强磁选作业,采用 CGDE - 2000 湿式辊式强磁选机来选别处理 - 3 mm 粒级的筛下矿物,经选别后富集成冶金用锰精矿。在此基础上,对大量堆积于现场的锰子砂,采用 6 - S 粗砂摇床来进行选别处理,并于 1983 年技改建成投产,回收了一部分高品位的锰精矿,供给锰粉车间作磨粉原料。1991 年庙前选厂进行了技术改造,在原有的洗矿重选工艺基础上,加以扩建湿式强磁选系统,原有的重选流程用于选别 4 号点锰矿石,选出产品作为冶金用锰矿石;强磁选流程用于处理 - 30 mm 的中矿和兰桥矿区采出的含锰 30% 左右的半成品矿石,产出含锰 46% 的磁精矿用作锰粉原料。为解决强磁尾矿回收利用问题,2002 年 6 月,利用最新研制的 DPMS 湿式永磁强磁选机对强磁尾矿进行选矿试验,在给矿品位 24.54% 时,取得了精矿品位 41.29%、回收率 87.70% 试验指标,选别效果令人满意。同年 10 月 DPMS 湿式永磁强磁选机投入生产应用,处理堆存几十年的强磁尾矿,实际选别指标为:给矿品位 22.43%,精矿产率 47.43%,品位 42.27%,回收率89.38%,尾矿品位 4.53%。在利用 DPMS 湿式永磁磁选机回收强磁尾矿取得较理想指标的基础上,2003 年 7 月连城锰矿在庙前选厂磁选流程上安装 1 台该型磁选机,与 Shp - 1000型强磁选机组成一粗一扫流程,经过改造后,获得品位分别为 46% 左右的粗选精矿和 42%左右的扫选精矿,均作为锰粉原料,尾矿品位小于 5% 直接排入尾矿库,既避免了将强磁尾矿先堆存再转运去回收处理的过程,又有效地提高了金属回收率并节约了成本。

1979 年至 1980 年,连城锰矿与有关单位对兰桥矿区淋滤型贫氧化锰矿进行了实验室扩大试验,根据矿石性质和扩试的结果,提出了适合该矿区矿石特点的洗矿—筛分—手选—粗粒跳汰—细粒强磁的工艺流程,于 1983 年兰桥矿区选矿厂开始建设,设计规模为原矿处理量 4.0 万吨/年,原矿入选品位要求 $w(Mn)\geqslant17\%$,1985 年年底建成投产,工艺过程为:原矿先经条格筛分级,

+30 mm粒级产品由颚式破碎机破碎后进入洗矿,洗净矿经双层振动筛分成 −30 +15 mm、−15 +3 mm、−3 mm 三个粒级,其中 −30 +15 mm、−15 +3 mm 采用跳汰选别,跳汰尾矿与小于3mm 的洗净矿经磨矿后与洗矿溢流合并进入强磁选,强磁精矿采用浓缩过滤后得合格产品。实际生产中,由于入选原矿含泥量大,含水分高,且多呈泥团状,黏性强,致使破碎机堵塞严重而无法正常作业;设备选型不配套不合理,又采用分级跳汰,矿量难以平衡,洗矿、跳汰作业处理能力过剩,而棒磨、强磁选作业生产能力不足,全流程难以连续运转,严重影响选厂处理能力;为此,对工艺流程进行改进,取消了条格筛、破碎机,采用小于 75 mm 原矿直接给入槽式洗矿机;增加一道手选作业处理粒度大于 30 mm 的洗净矿,既能先获得含锰46%以上的锰精矿,又抛掉了大量的废石;取消分级跳汰,保留一台 AM −30 型粗粒跳汰机处理 −30 +3 mm 粒级的洗净矿;强磁选前增加永磁除铁措施,以减少磁性堵塞现象。改造后获得较好的技术经济指标,跳汰精矿含锰品位大于45%,产量为精矿量的 1/3 左右,粒度大于 3 mm;磁选精矿含锰品位大于40%,产量为精矿量的2/3 左右,粒度小于 1 mm。生产实践表明工艺适合处理连城贫氧化锰矿石。由于原流程采用棒磨—强磁选,棒磨返砂量大,能耗及钢材消耗较高,同时磁选精矿粒度偏细影响销售,针对这些问题,2007 年采用新型磁选设备 DPMS 湿式及干式永磁强磁选机,取代原来的磨矿—强磁流程,并且跳汰作业的入选粒级由 −30 +3 mm 改为 −25 +5 mm,选矿厂年处理能力由原来 3 万吨提高到6 万吨,精矿产量由 6954 t 增加到 10110 t,金属回收率提高了 4 个百分点。

连城锰矿依靠新技术新设备和新工艺,对选矿厂进行几次改造后,技术水平不断提高,工艺流程趋于合理、完善,选厂贫氧化锰矿入选品位可由原来18%降至目前8%左右,选矿金属回收率从 72%提高到 85%以上。

D 选矿工艺

连城锰矿现有庙前和兰桥两座选矿厂,均采用重选—磁选联合流程。庙前选矿厂主要处理庙前矿区坡积型锰矿石及兰桥矿区采出的含锰30%左右的半成品矿石,产出含锰46%的磁精矿用作锰粉原料。兰桥选矿厂主要处理低品位(含锰 17%以下)半成品矿,选出含锰 47%左右的跳汰精矿和含锰43%左右的磁选精矿做锰粉原料,尾矿含锰品位在6%左右直接排入尾矿库。

a 庙前选矿厂工艺流程

连城锰矿庙前选矿厂工艺流程图如图2 −17 所示。原矿送到条格筛上,筛下产物进洗矿机,洗净矿经双层振动筛分级,+30 mm 粒级产品手选,选出土块和石子返回再洗;−30 +3 mm 粒级产品进入跳汰选别,跳汰精矿手选,选出废石,手选后的

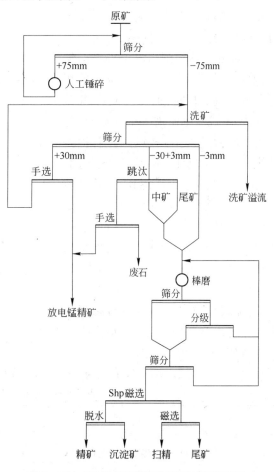

图 2 −17 连城锰矿庙前选矿厂工艺流程图

精矿与 + 30 mm 粒级手选精矿合并即放电锰精矿为产品之一；跳汰尾矿与 - 3 mm 粒级产物合并进入由棒磨、振动筛、螺旋分级机组成的磨矿分级作业，螺旋分级机溢流 - 1 mm 产品，进入 Shp - 1000 强磁选机粗选，选出电池用锰精矿，强磁尾矿用 DPMS 湿式永磁强磁选机进行扫选，得到扫选精矿作为锰粉原料，扫选后尾矿直接排放至尾矿库。选矿厂主要设备见表 2 - 38。

表 2 - 38　庙前选矿厂主要设备

主 要 设 备	数 量	主 要 设 备	数 量
75 mm 筛孔固定条格筛	1	单层振动筛	2
540 mm × 4600 mm 槽式洗矿机	1	φ500 mm 螺旋分级机	1
双层振动筛	1	Shp - 1000 强磁选机	1
AM - 30 粗粒跳汰机	1	φ300 mm × 1800 mm DPMS 湿式永磁磁选机	2
φ1500 mm × 3000 mm 棒磨机	1		

b　兰桥选矿厂工艺流程

连城锰矿兰桥选矿厂工艺流程为洗矿—筛分—粗粒跳汰—磁选—细粒跳汰。原料进入原矿仓，经高压水冲洗，+ 75 mm 粒级进行手碎； - 75 mm 粒级进入槽式洗矿机，洗净矿经皮带输送至双层振动筛进行筛分： - 75 + 25 mm 粒级手选得到品位48%左右精矿，废石直接抛尾； - 25 + 5 mm 粒级进入粗粒跳汰机选别，得出品位48%左右精矿；跳汰尾矿进入中间矿仓，经自然干燥后进入干式磁选选别，得到品位20%左右精矿，尾矿再经手选获得精矿在38%左右，尾矿含锰品位2%左右直接抛尾；洗矿溢流经3台螺旋机回收细粒级矿物，与 - 5 mm 和跳汰中矿一起进入中间矿仓后再经湿式中磁场磁选机进行一粗一扫选别，得到锰品位分别为38%和34%左右的精矿，湿式扫选尾矿与螺旋分级机溢流合并进入细粒跳汰选别，得到细粒跳汰精矿，跳汰尾矿直接抛尾。工艺流程图见图 2 - 18。选矿厂主要设备见表 2 - 39。主要生产技术指标见表 2 - 40。

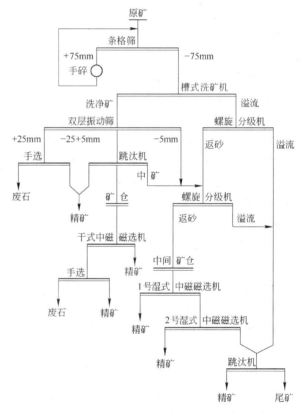

图 2 - 18　连城锰矿兰桥选矿厂工艺流程图

表 2 - 39　兰桥选矿厂主要设备

主 要 设 备	数 量
75 mm 筛孔固定条格筛	1
540 mm × 4600 mm 槽式洗矿机	1
双层振动筛	1

主 要 设 备	数 量
AM - 30 粗粒跳汰机	2
φ500mm 螺旋分级机	1
φ600mm 螺旋分级机	2
φ300 mm × 1800 mm PMHIS 干式永磁磁选机	1
φ300 mm × 1800 mm DPMS 湿式永磁磁选机	2
LTA55/2 跳汰机	1

表 2 - 40　2008 年选矿主要技术指标

产品名称	4 月		5 月		6 月	
	产量/t	品位/%	产量/t	品位/%	产量/t	品位/%
磁选精矿 1	394.00	40.95	446.00	37.06	583.00	38.98
磁选精矿 2	75.60	36.76	82.00	37.03	134.90	38.36
干选精矿	221.43	29.19	225.35	27.74	324.82	26.95
跳汰精矿	168.19	45.38	251.78	46.06	341.70	45.76

2.3.2.2　广西天等锰矿

A　概况

中信大锰天等分公司选矿厂位于广西天等县北部东平乡境内,厂区以公路交通为主,距离天等县城 45 km,南距崇左火车站 170 km,东南距南宁市 175 km,东距南昆铁路隆安站82 km,交通比较方便。

天等锰矿东平锰矿区矿层赋存于三叠中统百缝组下段下部氧化带内,属沉积含锰岩层的锰帽型和堆积大型氧化锰矿床,由 12 个矿段组成,总储量 B + C + D 级为 1559 万吨;设计开采的矿段共 4 个,为驮仁东、驮仁西、禄利、洞蒙矿段,B + C 级储量为 727.61 万吨,原矿含Mn 平均品位为 16.81% 、TFe 6.10%、P 0.096%,矿石属低磷中铁高硅贫锰矿石。矿区位于低山丘陵地形,矿层均产于下三叠统中上部硅质泥灰岩和硅质泥岩的风化带中,多分布于海拔标高 450 ~ 550 m 的山顶及山坡地带,矿体埋深较浅。堆积锰矿埋深一般仅 0 ~ 5 m,最大为 20 m,剥离比均小于 3;锰帽型锰矿埋深一般为 31.7 ~ 55m,平均 51.7 m,最大为81.3 m。区内堆积锰矿及大部分锰帽均适宜露天开采,但对于埋深大于 30 m 的部分锰帽矿需进行地下开采。

天等锰矿设计规模年处理原锰矿石 25 万吨,经过不断的生产实践和技术改造,现形成的生产规模为年处理原锰矿石 46 万吨,主要产品有冶金锰粉矿、块矿和烧结矿,产品产量为12 万吨/年左右,是冶炼硅锰合金的理想原料。

天等锰矿选矿厂供水水源取自距矿山约 2 km 的东平泉水,水量雨季为 1.27 m³/s,枯水期为 0.6 m³/s,矿山总用水量为 6223 m³/d,其中回水为 4012 m³/d,新水为 2211 m³/d。

天等锰矿供电由区电网的平果至天等 110 kV 变电站架设 35 kV 降压变电站,主变压器容量为 1600 kV · A,矿山需有功负荷为 870.8 kW,可满足矿山需要。

B　矿石性质

天等锰矿在区域上位于华南准地台滇桂向中部右江褶断区的南侧,区内出露地层有上石炭统马平组,下二叠统栖霞组、茅口组,上二叠统合山组,下三叠统马脚岭组、北泗组,中三叠统百蓬组及第四系残坡积、冲积层。其中下三叠统百泗组为原生含锰地层;第四系残坡积层为次生含锰地层。矿区主体构造为东平复式向斜,轴向北东 - 南西,向南西扬起,由洞蒙向斜、迪诺背斜。乌鼠山向斜 3 个二级褶皱构造及那造背斜、渌利背斜、驮仁向斜和咸柳背斜等三级褶皱构造组成。由下三叠统北泗组含锰岩系组成的低山 - 丘陵区一般仅发育锰帽型锰矿,而堆积型锰矿不发育。锰帽型氧化锰矿的发育程度受地形条件的控制,地形的坡向、坡度与含锰岩层或锰矿层的产状大体一致的地貌,有利于锰帽矿体的形成。

锰帽型锰矿主要赋存在下三叠统北泗组下含锰层中,次为上含锰,全区共有锰帽型矿 13 层,分布于东平复向斜及其次级褶皱两翼的浅部,常出露于山顶及山坡上。主矿层露头带总长 43 km,矿层总厚度 11.57 m,矿层展布面积 2.74 km^2;矿层底板为含锰泥硅质灰岩,顶板为含锰泥硅质灰岩及厚层状泥质灰岩,矿体呈层状,产状与围岩一致。

堆积型锰矿矿体主要赋存在主矿层附近的第四系残坡积红土层中,全区已控制圈定矿体 99 个,单个矿体的展布面积 392 ~ 89514 m^2,一般矿体展布面积为 1035 ~ 8185 m^2。矿体多呈平缓的似层状单层产出,局部呈两层产出,厚 1 ~ 2 m,部分 3 ~ 5 m,平均 2.01 m,矿石粒径一般 0.50 ~ 2.0 cm,少量 5 ~ 10 cm,矿体埋深 0 ~ 5 m,少数达 20 m。

天等锰矿石的自然类型主要为氧化锰矿石,次为原生含锰碳酸盐矿石(含锰灰岩)。矿床成因主要为锰帽型风化锰矿床,次为堆积型风化锰矿床及海相沉积碳酸锰矿床。矿石工业类型主要为贫氧化锰矿石和铁锰矿石,次为含锰灰岩(未计算储量)。

氧化锰矿石的主要矿物成分为非晶质胶状偏锰酸矿,少量的钾硬锰矿、锂硬锰矿、恩苏矿及软锰矿、锂硬锰矿、锰土、黄铁矿、褐铁矿、锰方解石等。脉石矿物约占 40% ~ 50%,以石英及黏土矿物高岭石为主,少量绿泥石、水云母、方解石、白云石等。矿石的化学成分为 $w(Mn)$ 12.92% ~ 19.07%、TFe 4.55% ~ 8.59%、$w(P)$ 0.057% ~ 0.204%、$w(SiO_2)$ 34.62% ~ 44.09%。各种组成的变化系数均在 22% ~ 47% 之间,属于组分变化较稳定的类型。

矿石主要呈非晶质、显微隐晶、微粒、胶体、交代结构,并以块状、薄层状、纹层状、网格状、脉状、角砾状、肾状、葡萄状构造产出。

多数锰矿物结晶粒度小于 1 mm,但矿物的集合体粒度较粗大,多在 25 ~ 180 mm 之间。由于次生氧化锰矿物顺层或沿裂隙淋滤淀出,脉石主要为黏土、石英等风化产物,矿层与围岩的界线明显,矿石与脉石的黏结性弱,易于分离。

原矿多元素分析结果见表 2 - 41,洗净矿锰、铁化学物相分析结果见表 2 - 42,锰矿物主要化学成分见表 2 - 43。

表 2 - 41　矿石化学多元素分析结果　　　　　　　　　(%)

元　素	Mn	TFe	P	SiO$_2$	Al$_2$O$_3$	CaO	MgO
含　量	16.77	6.10	0.096	42.25	12.1	0.21	0.31

元　素	S	Pb	Zn	Cu	Co	Ni	烧失
含　量	0.022	0.007	0.019	0.008	0.012	0.013	11.57

表2-42 洗净矿锰、铁化学物相分析结果 （%）

物　相	矿物名称	含　量	分布率
锰　相	二氧化锰	25.62	83.89
	三氧化二锰	4.52	14.80
	碳酸锰	0.08	0.26
	硅酸锰	0.32	1.05
	合　计	30.54	100.00
铁　相	磁铁矿	0.12	1.82
	赤褐铁矿	5.87	88.94
	碳酸铁	0.14	2.12
	硅酸铁	0.47	7.12
	合　计	6.60	100

表2-43 锰矿物主要化学成分 （%）

项　目	偏锰酸矿	钾硬锰矿	恩苏矿	软锰矿	锂硬锰矿
Mn	36.27	52.79 ~ 58.49	59.04	60.17	36.18 ~ 42.67
MnO		0.00 ~ 1.18	0.00	0.00	0.00
SiO_2	19.34	0.05 ~ 0.11	0.88	0.06	0.16
Al_2O_3	3.72				19.88 ~ 24.91
FeO	5.28	0.25 ~ 0.3	0.34	0.37	0.40 ~ 1.23
BaO		0.13 ~ 0.25	0.17	0.13	0.15 ~ 0.24
K_2O	0.41	1.44 ~ 3.5	0.10	0.11	0.00 ~ 0.83
Na_2O		0.00			

C　技术进展

天等锰矿于1956年被发现,1958年由地方民采生产,主要开采驮仁西、驮仁东两个矿段的堆积锰矿及锰帽矿,生产含锰大于30%、块度大于10 mm的富锰矿,回采率很低,仅达30%左右;1973年国家投资建设,并曾在1979年使用水力开采和水选工艺进行生产,回收块度小于5 mm的粉矿,使采矿的回收率达到80%,洗矿回收率达到95%以上。但由于矿区没有选矿设施,随着采出矿石的锰品位下降,到1980年采出矿石锰品位仅28%左右,生产锰矿产品品位也随之降低。1990年前由原广西锰矿公司接管并着手筹建,于1999年选矿厂建成投产,年处理原锰矿石25万吨。

为充分开发利用天等锰矿丰富的低磷、高硅贫氧化锰矿资源,从1980年起,有关科研单位对天等锰矿进行了多次实验室试验研究,推荐洗矿—强磁选工艺流程作为天等锰矿25万吨/年采选工程项目的设计依据;1993年之后在实验室试验的基础上,进行了工业试验,采用直径为φ1070 mm×4600 mm槽式洗矿机洗矿,采用单一洗矿工艺流程共处理矿样150 t(平均含锰16.85 %),取得了令人满意的选别效果,在原矿平均含锰品位16.85%时,获得了洗净矿锰品位29.77%、回收率86.27%的试验指标;试验中也采用DQC-1型辊式强磁选机进行强磁选试验,但不能达到更加理想的选别效果,从而取消了强磁选工艺,以单一洗矿流程作为建厂的设计依据,其流程结构简单,易于管理,选矿成本较低。在选厂建设施工过程中,根据民采洗矿的经验,考虑到天等锰矿矿石松散易碎,原矿含泥量大,洗矿时形成浓度较高的矿浆,一段洗矿难以洗擦干净,因此,不必设计破碎工艺,采用高压水枪强力冲矿,达到给矿及初步形成矿泥分离的目的;并采用两段洗矿,使产品质量提高、矿产品更加干净,同时在粉矿回收上取消了螺旋分级工艺。1999年天等锰矿25万吨/年采选工程初步建成投产,根据2000年1月流程考查,在原矿品位17.56%~18.49%时,获得28.31%~31.53%的块精矿和30.33%~32.20%的粉精矿,锰总回收率为65.11%~70.12%;由于产率、回收率与设计指标相差较大,为强化洗矿溢流部分的回收、提高金属回收率,2000年9月底处理洗矿溢流的旋流器与螺旋分级机工艺流程投入使用(参见图2-20),当年回收粉矿1500 t,含Mn为25%~27%。增加回收粉矿工程后,天等锰矿选厂每年增加回收粉矿约8000 t,提高金属回收率约5个百分点,增加销售收入近100万元,技术经济指标得到很大改善。

为解决洗矿机尾轴盘根经常磨损、漏浆严重,造成一些粉精矿随漏浆跑掉的问题。2001年选矿厂将五台洗矿机外置轴承改成内置轴承,解决了每班都要停机加盘根的问题,处理原矿量由原来的25万吨提高到27万吨。2002年把洗矿溜槽的倾斜度从15°提高到18°,使矿浆流速加快,年处理原矿量提高到35万吨。2003年,在洗矿机的尾部增加一台螺旋洗矿机回收溢流矿,且原矿处理量提高到了40万吨。2004年继续在尾部增加两台螺旋机回收尾水-0.5 mm的粉矿,选厂年处理原矿量提高到了43万吨,金属回收率也提高到75%。2005年,对洗矿机和螺旋机进行局部改造,在洗矿机叶片上加焊一块长15 cm、宽4 cm左右的钢板,不但延长洗矿机叶片的使用寿命,而且洗出矿石较以前干净,提高了产品质量,降低了生产成本。2006年,将五台洗矿机的电动机功率由7.5 kW换成11 kW,增强了动力,避免了洗矿遇到大矿石时,因动力不足而引发卡机情况,确保了生产的正常运行,经过技改后,大大提高了洗矿机的产能,使原矿处理量提高到46万吨。

　　D　选矿工艺

　　a　流程简介

天等锰矿采用原矿单一洗矿—尾矿旋流器+螺旋分级机综合回收细粒锰矿工艺流程,选矿成本低,经济效益较好。

　　b　矿石选矿试验

原矿洗矿试验工艺流程见图2-19,试验指标见表2-44,洗净矿深选试验结果见表2-45。

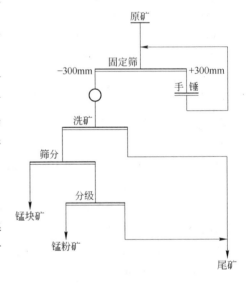

图2-19　原矿洗矿试验工艺流程

表2-44　试验指标　　　　　　　　　　　　(%)

洗矿方式	产品名称	产率	品位		回收率	
			Mn	Fe	Mn	Fe
洗矿机洗矿	净矿	49.94	28.36	6.7	86.41	54.85
	洗矿溢流	50.06	4.29	5.5	13.59	45.15
	原矿	100	16.77	6.1	100	100
	旋流器沉矿	6.59	16.69	7.8	6.96	8.43
	旋流器溢流	43.47	2.41	5.15	6.63	36.72

表 2 - 45 强磁选试验指标 （%）

作 业	产品名称	产 品	产 率	锰品位	铁品位	锰回收率
强磁选	6～0	精矿	74.43	30.42	7.0	82.19
		尾矿	25.57	19.19	5.8	17.81
		净矿	100	27.55	6.69	100
	10～0	精矿	74.43	30.69	6.19	83.30
		尾矿	25.57	17.9	5.7	16.70
		净矿	100	27.42	6.59	100

c 工艺流程

天等锰矿选矿厂工艺流程见图 2 - 20,原矿矿石通过固定条格筛筛分出 -300 mm 粒级矿石,采用高压水枪冲洗后进入洗矿机两次洗矿,洗矿砂进筛孔为 5 mm 的振动筛筛分, +5 mm 的锰精矿通过皮带输送至精矿场, -5 mm 的矿石经过螺旋分级机洗一遍,最后通过皮带运输机送至粉矿场。洗矿产出的矿泥再用旋流器与螺旋分级机组合回收细粒锰精矿。

d 精矿及尾矿输送

通过振动筛进行筛分,大于 5 mm 的矿石通过皮带输送至精矿场,小于 5 mm 的矿石经过螺旋分级机洗一遍,最后通过皮带运输机送至粉矿场。

选厂尾矿出口标高为 467 m,尾矿库最终堆积标高为 465 m,尾矿浆自始至终均可自流输送。

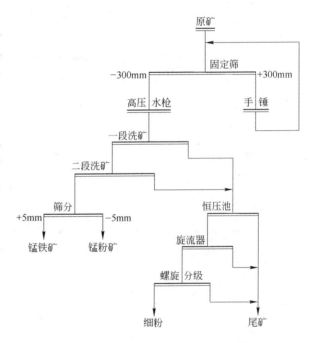

图 2 - 20 天等锰矿选矿工艺流程图

e 尾矿综合利用及环境保护

为了充分利用有限的锰矿资源,充分发挥资源效应,减少废弃的锰矿对环境的污染,天等锰矿采取相应措施回收废弃的锰矿资源。2000 年天等锰矿将尾矿库的尾矿及选矿厂洗矿溢流综合回收工程作为保护开发矿产资源的重点项目,在选矿厂安装旋流器、螺旋分级机进行回收尾矿,取得了明显的效果,每年可回收约 8000 t 的粉矿。

天等锰矿洗矿粉矿溢流磁选利用技术改造工程的目的是为了充分利用国家矿产资源,提高选矿金属回收率,尽可能避免资源浪费与损失,延续和提高企业生产经营能力;同时项目的建设也是将充分发挥企业现有国有资产的潜力,挖掘现有生产设备与设施的生产潜力,盘活国有资产、实现国有资产保值增值。另外本项目是回收利用尾矿,可以减少环境污染,变废为宝,利国利民。

f 选矿厂主要设备

选矿厂主要设备见表 2 – 46。

表 2 – 46　选矿厂主要设备

主　要　设　备	数　量
300 mm 筛孔固定条格筛	1
540 mm × 4600 mm 槽式洗矿机	5
2ZD – 1530 惯性振动筛	1
ϕ500 mm 旋流器	1
ϕ750 mm 螺旋分级机	4

g　2001～2006 年选矿生产主要技术经济指标

2001～2006 年选矿生产主要技术经济指标见表 2 – 47。

表 2 – 47　2001～2006 年选矿生产主要技术经济指标

项　　目		2001 年	2002 年	2003 年	2004 年	2005 年	2006 年
年处理原矿/万吨		25.67	30.37	31.15	36.47	43.19	46.94
原矿品位/%		17.04	17.50	17.47	17.48	18.17	16.67
精矿品位/%		29.51	29.39	28.80	28.37	28.47	28.65
尾矿品位/%		22.5	22.8	22.92	23.6	23.7	23.2
回收率/%		74.23	74.62	74.30	74.83	76.19	75.15
选矿比/t·t^{-1}		2.5	2.48	2.45	2.43	2.4	2.38
每吨原矿精矿成本/元		8.12	7.86	7.65	7.48	7.38	7.31
每吨原矿水耗/m^3							
其中每吨原矿新水消耗/m^3							
每吨原矿电耗/kW·h		2.31	2.08	1.89	1.69	1.49	1.78
劳动生产率/t·(人·年)$^{-1}$	全员	4584	5423	5562	6512	7713	8382
	工人	4937	5840	5990	7013	8306	9027

2.3.2.3　奇卡洛夫选矿厂(乌克兰)

A　概况

奇卡洛夫(Чкалов)选矿厂位于乌克兰的尼科波尔矿区,属奥尔忠尼启采选公司。选矿厂所处理的矿石为阿列克塞那夫、波格丹诺夫、扎波罗热和奇卡洛夫露天锰矿石。矿石用翻斗车通过铁路运到选矿厂。选矿厂第一期工程于 1966 年投入生产,第二期工程于 1972 年投入生产。年处理原矿共 250 万吨,选厂三班制生产。选出成品精矿经铁路运至波格丹诺夫烧结厂和其他用户。选矿流程为洗矿—磁选—浮选联合流程。

B　矿石性质

入选的锰矿石有氧化锰矿和碳酸锰矿,主要是各种氧化锰矿石,原矿锰品位平均为 24.66%。

氧化锰矿呈块状、块状 – 结核状和块状 – 鲕粒 – 结核状结构。锰矿物主要为硬锰矿和软锰矿,还有少量水锰矿。脉石是烟灰状、黏土 – 烟灰状和砂砾 – 黏土 – 烟灰状物料。

C　生产流程

选矿厂的洗矿—重选—磁选工艺流程(图2-21)包括四段破碎,矿石经一、二段破碎后即进行洗矿筛分。洗矿后的矿石分级为+22、-22+3和-3 mm三个粒级。+22 mm粗粒矿石经第三段破碎后,与-22+3 mm合并送入筛分作业,分成+20、-20+3和-3 mm三个粒级,大于3 mm的粒级进行粗粒跳汰,产出Ⅰ级和Ⅱ级锰精矿。跳汰中矿再与筛子构成闭路的第四段再破碎后,与-3 mm粒级的洗矿合并,经脱水后进行强磁选。

洗矿的溢流分级后进行脱泥,然后送至浮选作业(图2-22)。选矿厂主要设备及生产能力见表2-48。

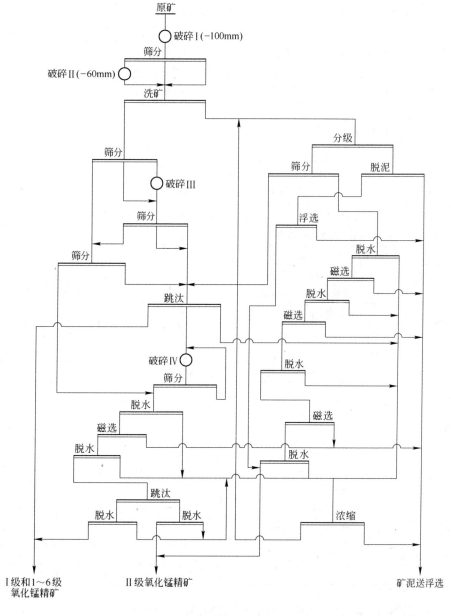

图2-21　奇卡洛夫矿选矿厂工艺流程

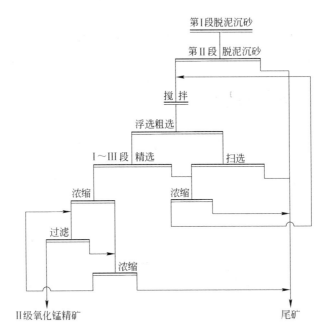

图 2-22　奇卡洛夫选矿厂浮选工艺流程

表 2-48　主要设备及生产能力

主要设备	生产能力/t·h⁻¹
ДМЭ17-145 型锤式破碎机	180
ДГЭ-2 m 双辊齿辊破碎机	90
ДГ-1500 mm×600 mm 双辊平辊破碎机	30
СМД-75 型中碎单转子锤式破碎机	35~40
МБМ 型洗矿机	100
ОМРМ-型跳汰机	50
МОБК-8 型跳汰机	60
4EBM-38/250 型电磁感应辊式强磁选机	16

D　技术指标及能源消耗

选矿技术指标见表 2-49。

表 2-49　选矿技术指标　　　　　　　　　　　　　　　　　（%）

产 品 名 称	Mn	Mn 回收率
精　矿	41.6	73.8
其中:(1)优质精矿	43.5	53.9
Ⅰ 级精矿	44.1	38.4
Ⅰ-Б 级精矿	42.1	15.5
(2)Ⅱ级精矿	37.6	19.9

处理每吨原矿的电耗 6.5 kW·h,水耗(包括回水)为 9.9 m³。

精矿的化学组成见表 2-50。

表 2-50 精矿化学组成 （%）

产 品	Mn	MnO₂	MnO₃	SiO₂	Al₂O₃	CaO	MgO	BaO
Ⅰ级精矿	44.10	57.80	9.78	13.90	1.78	2.85	1.59	0.56
Ⅰ-Б级精矿	42.10	54.10	10.22	14.8	1.93	3.35	1.62	0.62
Ⅱ级精矿	37.30	51.30	6.30	21.9	1.93	3.69	1.82	0.60

产 品	Na₂O	K₂O	Fe₂O₃	TiO₂	P	S	烧损	
Ⅰ级精矿	0.58	1.15	2.46	0.113	0.216	0.031	6.86	
Ⅰ-Б级精矿	0.64	1.19	2.74	0.132	0.228	0.039	8.14	
Ⅱ级精矿	0.77	1.43	2.54	0.119	0.181	0.039	7.19	

2.3.2.4 塞腊·多纳维奥选矿厂（巴西）

A 概况

塞腊·多纳维奥（Sena do Navio）选矿厂位于巴西的阿马帕州亚马逊河三角洲北部的塞腊·多纳维奥锰矿床所在地，在圣塔纳港西北约 150 公里。港口到矿山之间的距离为 194 公里，从圣塔纳港到塞腊·多纳维奥有火车相通。

塞腊·多纳维奥锰矿自 1957 年开采至今，全是生产氧化锰矿，但据钻探表明，矿体下部为大量的碳酸锰矿，据推算含锰 35% 的矿量约有 5000 万吨。

为了解决塞腊·多纳维奥多年生产和存积的锰粉矿，1967~1968 年研究了富集锰粉矿的选矿和造块的方法，在通过日处理规模为 6 吨的选矿—球团连续性试验之后，选择了重选（包括重介质和螺旋选矿）—焙烧磁选工艺流程，并于 1971 年底建成投产（焙烧磁选设在球团厂内）。也就是说塞腊·多纳维奥选矿厂生产的重选精矿用铁路运输送至位于巴西圣塔纳港口附近的圣塔纳焙烧磁选—球团厂进行还原焙烧除去含铁矿物，提高锰精矿品位后再进行球团造块。Fluo-Solids 型流态层焙烧炉和造球烧结设施于 1972 年建成投产，设计年产球团矿 22 万吨。自投产到今已生产了大量球团矿运销美国、日本等国家。

B 矿石性质

塞腊·多纳维奥矿床属于前寒武纪的地质年代，由花岗片麻岩、硅质岩、角闪岩等所构成。锰矿床呈扁豆体状，赋存于铁矿层中，矿体由大小十几个矿体组成。主要矿物为软锰矿、隐钾锰矿（$KMn_8O_{16} \cdot H_2O$）及少量黑锰矿，其次为针铁矿，水化硅酸铝和黏土等。

C 生产流程

原矿送往选矿厂之前首先进行破碎洗矿预处理。即露采矿石经粗碎至 150 mm 以下，小于 95 mm 矿石经洗矿脱除矿泥，大于 8 mm 矿石作为商品矿，小于 8 mm 粉矿送选矿厂处理。选矿流程见图 2-23。

送入选矿厂的 -8 mm 粉矿首先通过耙式分级机脱出 -0.8 mm 矿泥，分级机产出的 8~0.8 mm 矿粒经双层振动筛分为三级，+6 mm 筛上产品堆存外运，6~0.8 mm 粒级用旋涡式迪纳华耳普尔重介质选矿机分选获得精矿和尾矿。耙式分级机脱出的 -0.8 mm 矿泥再通过水力旋流器脱除含锰品位较低的 -0.1 mm 矿泥，-0.8~1 mm 级别经螺旋选矿机分选获得精矿和尾矿。

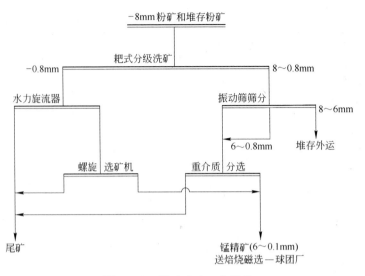

图 2 - 23　粉矿选矿工艺流程

　　塞腊·多纳维奥选矿厂生产的小于 6 mm 锰精矿经铁矿运输送至圣塔纳焙烧磁选—球团厂进行还原焙烧磁选,其流程见图 2 - 24。

　　小于 6 mm 锰精矿经还原焙烧后,锰精矿中的弱磁性铁矿物变成强磁性矿物,焙烧产品经球磨磨至 325 目占 45% 再进行磁选,磁选精矿为磁铁矿,磁选尾矿即锰精矿。

　　还原焙烧用道尔·奥立弗公司的双格式流态化焙烧炉。焙烧炉上部炉膛直径 2.6 m,下部炉膛直径 3.2 m,焙烧炉总高 1 m。焙烧用的燃料和还原剂为燃油。

　　选矿和还原焙烧的主要设备见表 2 - 51。

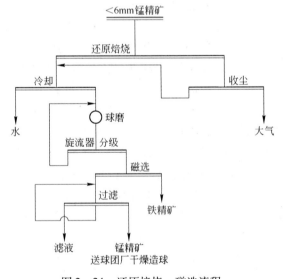

图 2 - 24　还原焙烧—磁选流程

表 2 - 51　选矿和还原焙烧的主要设备

设　备	规　格	设　备	规　　格
粗碎机	1067 mm × 1670 mm 旋回破碎机	重介质分选机	DWP 型重介质旋流分选机
中碎机	1270 mm × 1670 mm 颚式破碎机	螺旋选矿机	五圈式叹弗莱螺旋选矿机
洗矿机	2743 mm × 5486 mm 圆筒洗矿机	还原焙烧炉	道尔·奥立弗公司的双层式流态化焙烧炉,上部炉膛 $\phi 2.6$ m,下部炉膛 $\phi 3.2$ m,总高 18 m
振动筛	1829 mm × 4877 mm 双层振动筛	球磨机	$\phi 2.9$ m × 3.2m 球磨机

D 技术指标

分选指标见表 2 - 52 ~ 表 2 - 55。

表 2 - 52 重介质分选机分选指标 （%）

产品	Mn	Fe	Al$_2$O$_3$	SiO$_2$	锰回收率
给矿	43.3	7.7	8.4	4.8	100.00
精矿	45.3	6.4	7.1	3.3	79.00

表 2 - 53 螺旋选矿机分选指标 （%）

产 品	Mn	Fe	Al$_2$O$_3$	SiO$_2$	锰回收率
给矿	31.6	10.7	12.0	13.8	100.00
精矿	42.2	9.6	7.0	6.3	58.00

表 2 - 54 焙烧生产指标

项 目	处理量 /t·d^{-1}	质量指标/%			油耗 /L·t^{-1}	电耗 /kW·h·t^{-1}
		产率	含锰	含铁		
焙烧给矿	915	100	45.7	7.2	75.11	15.02
焙烧产品	785	86	52.2	8.2	87.67	17.53

表 2 - 55 还原焙烧矿磁选结果 （%）

产品名称	产 率	化学成分			回收率	
		Mn	Fe	Mn/Fe	Mn	Fe
给 矿	100.00	51.00	9.00	5.7	100.00	100.00
磁性产品	9.00	20.00	40.00	0.5	3.00	43.00
非磁性产品	91.00	54.00	6.00	9.0	97.00	57.00

2.3.3 混合型锰矿选矿实践

2.3.3.1 广西大新锰矿

A 概况

中信大锰矿业有限责任公司大新分公司位于广西大新县下雷镇,距省会南宁市210 km,离崇左市70 km,矿区至湘桂铁路崇左站有公路相通,运距122 km,矿山交通方便。

大新分公司大新锰矿在区域地质构造中位于大明山古拱褶皱束西部的大新凹断束之西北端,为一大型沉积型碳酸锰矿床,深部为原生碳酸锰矿,地表和浅部为氧化锰矿。矿区拥有丰富的锰矿资源,锰矿石总储量 1.25 亿吨,其中碳酸锰 1.2 亿吨,氧化锰 500 万吨。氧化锰矿为富矿石,具有较好的放电性能。目前已形成 100 万吨/年锰矿采选、6 万吨/年电解金属锰、2.5 万吨/年硫酸锰,2 万吨/年电解二氧化锰的生产能力。该矿是中信大锰公司重要的锰原料和锰深加工生产基地。

大新分公司选矿厂供水取自下雷河,距选厂 1.5 km,该河长年流水,最小流量为100.8 m^3/s,洪峰流量大于 950.3 m^3/s,是左江支流之一,水源充足。

大新分公司选矿厂供电来自下雷镇与区电力网联网的 220 kV 变电站,距选厂 2.5 km。矿区内设有变压供电输送站。

B　矿石性质

大新锰矿区内出露地层主要为中泥盆统东岗岭组、上泥盆统榴江组和五指山组、下石炭统岩关阶等。锰矿层赋存于上泥盆统五指山组泥灰岩、钙质泥岩与硅质灰岩、硅质岩等过渡岩相内,由灰色、深灰色、灰绿色及紫红色、猪肝色碳酸锰和硅酸锰－碳酸锰组成,分为上、中、下三层,矿层间夹含有含锰泥岩、硅质灰岩两个夹层。

大新锰矿矿区位于丘陵山区,为一近东西走向,向西端翘起的向斜构造。向斜两翼不对称,南翼产状陡峻且倒转,北翼产状正常,倾角小于 30°;向斜西部仰起部分构成次级复式向斜构造,褶皱及断裂发育,岩层产状多变。锰矿层围绕向斜两翼出露。南翼锰矿层产状呈陡倾斜,倾角一般在 70°以上,部分倒转;北翼锰矿层产状平缓,倾角一般约 25°。在当地最低侵蚀基准面以上为氧化锰矿石,在侵蚀基准面以下为碳酸锰矿石。地表露头带距侵蚀基准面的氧化带深度为 50～150 m,局部为 15 m。矿体埋深 0～330 m。矿层埋藏标高:西部 30 线 660～250 m,中部 15 线为 500～150 m,东部 4 线为 440～－20 m。全区矿层埋藏标高是西高东低,与向斜构造向东倾伏一致。地表露头部分的氧化锰矿适宜露天开采。

大新锰矿矿石自然类型主要为碳酸锰矿石,次为硅酸锰－碳酸锰矿石和氧化锰矿石。矿床成因有两种类型:一为海相沉积硅酸锰－菱锰矿矿床;二为风化锰帽型硬锰矿氧化锰矿床。海相沉积型碳酸盐－硅质组合的锰矿床与硅质岩、含硅质、泥质灰岩组合的含锰建造有关,是在封闭型浅海盆地中沉积形成的。锰帽型氧化锰矿床是原生锰矿层在近地表氧化带就地风化次生富集形成的。

氧化锰矿石主要含锰矿物有锰钾矿、硬锰矿、软锰矿、偏酸锰矿、隐钾锰矿、恩苏塔矿、黑镁铁锰矿和水羟锰矿,主要含铁矿物为褐铁矿、赤铁矿和针铁矿。脉石矿以石英、玉髓、高岭土及水云母为主。

碳酸锰矿石主要含锰矿物为菱锰矿、钙菱锰矿、锰方解石,次为蔷薇辉石、锰帘石、锰铁叶蛇纹石和红帘石;脉石矿物主要是石英、绿泥石、黑云母,次为绢云母、阳起石、白云母、石榴石、方解石和碳质泥岩。

氧化锰矿石以显微隐晶、微粒－细粒、泥质结构为主,次为残余变晶结构、胶体及残余胶体结构;矿石构造主要为胶状、凝块状、土状、空洞状、粉末状、葡萄状及肾状构造。

碳酸锰矿石均以微粒结构为主,次为显微鳞片泥质结构、生物碎屑结构及柱状结构等;矿石以块状、豆鲕状、条带(条纹)状、结核状、斑点状、斑杂状、微层状构造等形式产出。

原矿多元素分析结果见表 2－56、表 2－57,化学物相分析结果见表 2－58、表 2－59,主要矿石矿物组成见表 2－60。

表 2－56　碳酸锰原矿多元素分析结果　　　　　　　　　　　（%）

样品名称	Mn	Mn²⁺	Mn⁴⁺	Fe	Cu	Co	Ni	Pb	Zn	SiO₂	Al₂O₃	CaO	MgO	P
东部地采	17.48	15.68	0.064	5.76	0.0202	0.0281	0.081	0.00115	0.0531	31.97	2.64	8.03	2.46	0.0204
中部露采	18.16	15.16	0.170	6.29	0.0195	0.0281	0.074	0.00095	0.0527	34.65	2.15	7.23	2.00	0.0992
380 中段	16.05	15.42	0.064	6.29	0.0191	0.0287	0.079	0.00121	0.0545	29.48	1.95	10.81	2.53	0.0821
西南露采	20.55	17.98	1.26	6.96	—	—	—	—	—	34.46	—	3.16	2.09	0.144

表 2-57 氧化锰原矿多元素分析结果 (%)

样品名称	MnO₂	Mn	Fe	P	Ca	Mg	S	Si	Co	Ni	氧化系数
1 号东部原矿样	52.94	35.87	11.21	0.220	0.490	0.059	0.010	6.55	0.021	0.047	1.48
2 号中部原矿样	48.78	33.55	10.95	0.164	0.590	0.240	0.012	9.54	0.020	0.049	1.45
3 号西南原矿样	46.99	31.96	8.49	0.169	0.190	0.059	0.015	12.79	0.021	0.048	1.47
平均值	49.57	33.79	10.22	0.184	0.423	0.119	0.012	9.63	0.021	0.048	1.47

表 2-58 氧化锰矿样物相分析 (%)

锰 相	MnO₂	Mn₂O₃	MnO	MnCO₃	MnSiO₃	合计
含 量	26.80	0.30	0.30	0.93	2.80	31.13
分布率	86.09	0.96	0.96	2.99	9.00	100.00

表 2-59 碳酸锰原矿物相分析 (%)

锰 相	MnO₂	Mn₂O₃	MnO	MnCO₃	MnSiO₃	合计
含 量	—	0.30	5.00	11.32	1.00	17.62
分布率	0	1.70	28.38	64.25	5.67	100.00

表 2-60 矿物组成表

含量级别	矿 石 矿 物	脉 石 矿 物
主要矿物	菱锰矿、钙菱锰矿、锰方解石 软锰矿、硬锰矿、偏酸锰矿	石英、方解石、高岭石、水云母
次要矿物	褐铁矿、赤铁矿、锰帘石、蔷薇辉石、磁铁矿	绿泥石、黑云母、绢云母、阳起石、白云母、石榴石、 黄铁矿、赤铁矿、炭质、泥质、磁铁矿
偶见矿物	黑镁铁锰矿、硅锰矿、胶状硅酸锰、 氧化锰、含锰石榴石	金红石、电气石、梢石、锆石、磷灰石、钠长石、 滑石、石膏、重晶石、高岭石、蒙脱石、菱铁矿、 黄铜矿、褐铁矿、绿帘石等

C 技术进展

1958 年 10 月大新县下雷锰矿正式成立,1963 年元月,下雷锰矿正式改名为广西大新锰矿。1978 年,大新锰矿划归广西区公司。2001 年 6 月大新锰矿经改制后,与天等锰矿、广西冶金锰矿工贸公司组成广西大锰锰业有限责任公司。2005 年 8 月,广西大锰锰业有限责任公司与中信集团资源控股有限公司合作,成立中信大锰矿业有限责任公司。

大新锰矿自建矿至今主要开采矿区浅部氧化锰矿石和部分碳酸锰矿石。目前采、洗、选、锰粉及深加工已形成完整的系统。20 世纪 60~70 年代,大新锰矿一直处于小规模生产状态,采用简单的洗矿工艺,年产量仅在 4~5 万吨。1978 年后建成冶金锰生产洗选车间和生产锰子砂的重选车间;冶金锰的生产工艺为原矿经过破碎进入双螺旋洗矿机,洗矿产品进筛分,筛上产品人工手选合格产品(块度大于 5 mm),筛下即为冶金锰产品;放电锰子砂生产工艺流程为粗碎—中碎—筛分—跳汰,精矿为放电锰子砂,尾矿为冶金锰产品;冶金锰回收率达 90%,放电锰选厂回收率 65%~75%。1985 年冶金部批准大新锰矿氧化锰矿石 30 万吨/年(原矿)采选扩建工程的建设,并于 1992 年正式投入生产,工艺过程为:原矿经破碎、洗矿后,洗净矿筛分成 3 个级别,大于 20 mm 级别采用手选皮带经人工手选成为冶金锰块精矿;20～5 mm 级别经第二段破碎(对辊机)后产品并入 5～1 mm 粒级,进入磁(粗选)—重(精选)—磁(扫选)联合流程选别,得到二、三级电池锰砂以及冶金锰粉精矿(精选尾矿);–1 mm 粒级经脱泥、脱水并经中强磁场永磁机除铁后进入强磁机(Shp–700 型)选别,得到二级冶金锰粉精矿。投产后生产流程不畅通,原矿处理能力低,仅为设计能力的三分之一左右,产品的质量低且不稳定,二级电池锰砂含锰品位徘徊在 45% 左右;选矿金属回收率平均仅为 72.26%,比设计指标 84.66% 低 12.4 个百分点。–1 mm 级别强磁选作业由于给矿不稳定和磁选机漏磁严重,使得精矿金属回收率仅 48.79%,1995 年下半年,改用 φ1200 mm 高堰式单螺旋分级机处理 –1 mm 粒级矿石,取消 Shp–700 仿琼斯磁选机作业,从而简化生产流程,大大改善 –1 mm 粒级矿石的回收效果,原矿处理能力由 1992 年的 12.28 万吨/年提高到 1997 年的 23.31 万吨/年,选矿金属回收率也从 1992 年的 72.77% 提高到 1997 年的 77.91%;–7～1 mm 级别(原设计 –5～1 mm)选别流程为强磁粗选(CS–2 型强磁选机)—跳汰精选—强磁扫选(CS–2 型强磁选机),生产二级电池锰砂、三级电池锰砂(化工)以及冶金锰粉矿产品,实际生产中粗选作业效果较差,主要原因是矿石中含有约 6% 的强磁性矿物(即黑镁铁锰矿),强磁选机选别时,该矿物吸附在精、尾矿分隔箱上产生"磁堵"现象,影响分选效果,致使部分精矿排入尾矿,造成尾砂矿量及含锰量偏高;而扫选作业因给矿量较大、设备处理能力偏小,造成尾矿含锰品位难以降低,1997 年将粗选作业由强磁选改为跳汰选别,1998 年初将扫选作业从一次扫选改为二次扫选,选别流程为跳汰粗选—跳汰扫选—强磁扫选,精矿锰品位提高 4.61 个百分点,锰作业回收率提高了 8.22 个百分点,最终尾矿锰品位 17.75%,比原来一次扫选直接丢尾的锰品位降低 6.93 个百分点,选别指标大为改善;+20 mm 级别的选别流程是采用手选皮带进行人工手选后得到冶金锰块矿产品,平均含 Mn 为 33.35%,SiO₂≥23%,达不到用户质量要求(Mn≥34%、SiO₂<23%),为提高产品质量,经过工业试验研究,1998 年 3 月采用 PMHIS 系列干式中强磁场磁选机代替人工手选,入选粒级改为 7～30 mm,产品质量大为改善,据 1998 年 3 月～11 月生产统计,产品中 Mn 35.22%、SiO₂ 20.29%,证实该作业流程改造是合理的。2001 年以后,由于 –1 mm 粒级洗矿溢流平均锰品位 22%,这部分产品直接排入总尾矿中,为了回收这部分流失产品,采用摇床进行选别,分别得到含锰 26%～33% 的冶金锰和含锰大于 33% 的化工锰两种产品,有效地提高选矿厂锰金属的回收率。

为了提高氧化矿系统的生产能力,2006 年对颚式破碎机进行改造,采用新型美卓破碎设备取代老设备,中破设备改造用 φ900 mm 取代 φ600 mm 颚式破碎机,对筛分室螺旋脱水改造,用 φ1200 mm 取代 φ750 mm,振动筛分改造用新型的耐磨塑料筛取代传统的钢片筛,破碎和筛分等技术改造后,流程生产顺畅,处理量有很大的提高。由于跳汰尾矿一直采用 CS–1 湿式磁选机进行一粗一扫选别,分选指标不是十分理想,主要是尾矿品位偏高,历年平均在 16.15% 左右,回收率低,2006 年采用新型磁选设备 DPMS 湿式永磁机先进行粗选,再用 CS–1 湿式磁选机进行扫选,改造后,精矿质量比较稳定,锰品位达 28% 以上,尾矿 Mn品位降至 9.5% 以下,分选效果较好,经济效益明显。整个氧化矿流程改造完毕后,氧化矿处理能力已突破 40 万吨,金属回收率达 80% 以上,达到或超过了设计要求。

大新锰矿碳酸锰矿石工业储量达 1.2 亿吨,属特大型碳酸锰矿床。矿石主要特征是含锰品位低、嵌布粒度细、共生关系复杂和结构多样,属难选的贫碳酸锰矿石。从 20 世纪 70

年代起,国内外有关研究单位开展了研究工作,分别对矿石物质组成及其工艺特征深入细致地研究分析,并进行了强磁选、重介质—强磁选、重介质—强磁选—浮选、化学选矿等不同工艺及流程结构的选矿试验工作,在原矿锰品位 18% 左右的条件下,取得了精矿锰品位22.38% ~23.20%、锰回收率 76.29% ~86.90% 的试验指标,为开发利用碳酸锰提供技术依据。

为满足锰盐深加工业对碳酸锰矿的需求,2001 年底大新锰矿对氧化矿生产线进行整改,使其能对碳酸锰原矿进行选别,由于与氧化矿原矿的选别流程共用部分运输系统,所以只能进行单线生产。整改后碳酸锰选矿工艺流程为:原矿(350 ~ 0 mm)进入粗碎后直接进入中碎作业,中碎产品经预先筛分得到三个粒级的产品,+20 mm 粒级产品直接进入细碎作业;细碎产品经检查筛分得到三个粒级的产品,+20 mm 粒级产品直接返回细碎作业;-20 + 7 mm 粒级产品(包括预先筛分的部分)由干式永磁选机进行预粗选,得出精矿进入精矿仓,尾矿返回细碎作业;-7 mm 粒级产品(包括预先筛分的部分)则进入主厂房缓冲矿仓,由湿式永磁选机进行一粗一扫选别,得出的精矿进入精矿仓,尾矿作为最终废砂进入废砂仓。

随着大新锰矿形成了以碳酸锰为原料的 6 万吨/年的电解金属锰厂和 2 万吨/年的电解二氧化锰厂的生产规模,为了满足锰深加工项目的不断扩大对碳酸锰原料的需求,2005 年 3月进行 60 万吨/年碳酸锰选矿厂的建设,并于 2006 年 8 月投入生产,经 2007 年 9 月的生产考查,原矿处理量为 50.26 t/h,原矿锰品位 18.17%,总精矿产率 79.56%,锰品位 21.52%,锰回收率 94.23%,尾矿品位 Mn 5.13%,选矿指标良好,均达到甚至优于设计指标。随着60 万吨碳酸锰选矿厂的投产运行,氧化矿生产线停止选别碳酸锰矿石,恢复生产氧化矿及半氧化矿。

D 选矿工艺

a 破碎作业

大新锰矿氧化矿破碎作业为三段一闭路流程,其中粗碎产品先进行洗矿,洗净矿经预先筛分分为三个级别,+20 mm 粒级产品进中碎,-20 +7 mm 粒级产品进细碎,细碎产品经检查筛分,+7 mm 粒级产品返回细碎,-7 mm 粒级产品进入选别作业。

大新锰矿碳酸锰矿破碎作业为三段一闭路流程,其中粗碎作业与中碎作业连续破碎,中碎产品经预先筛分,预先筛分采用双层筛进行湿式筛分,筛孔为 20 mm 和 7 mm,+20 mm 粒级产品进入细碎作业,细碎产品经检查筛分,+20 mm 粒级产品返回细碎。

b 工艺流程

氧化矿生产流程为:原矿洗矿—细粒重选—粗粒预先筛分—重选—磁选;半氧化矿生产流程为:原矿洗矿—细粒重选工艺;碳酸锰矿石生产流程为破碎—预先筛分—细粒湿式磁选—粗粒干式磁选工艺。

氧化与半氧化锰矿生产工艺流程分别见图 2-25 和图 2-26;碳酸锰矿选矿工艺见图2-27。

c 浓缩排渣

氧化矿生产线与 60 万吨/年碳酸锰选矿厂共用一套浓缩排渣系统。大新锰矿生产排放的污水进入 ϕ30 m 浓缩机浓缩后经砂泵抽至弄松尾矿库统一排放;浓缩池溢流经沉淀池沉淀后作为循环生产用水使用。

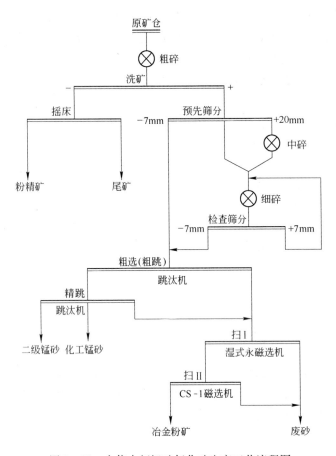

图 2-25 中信大新锰矿氧化矿生产工艺流程图

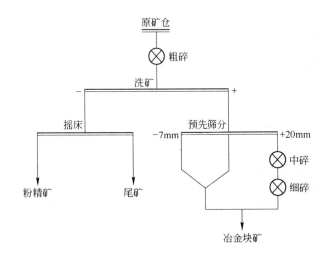

图 2-26 中信大新锰矿半氧化矿生产工艺流程图

d 尾矿综合利用及环境保护

大新选矿厂生产污水经过浓缩机浓缩后抽至弄松尾矿库,废砂则由运输车运至废砂场堆放,确保当地环境不受污染,并便于将来对尾矿及废砂做进一步回收工作。

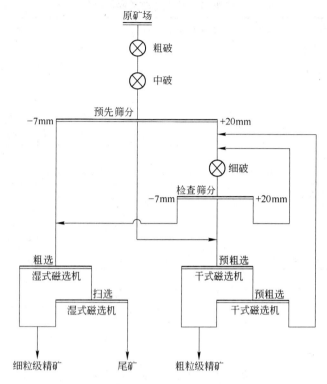

图 2-27 中信大新锰矿 60 万吨/年碳酸锰选矿厂选矿工艺流程图

e 主要设备技术性能

氧化锰矿生产线破碎系统设备见表 2-61。碳酸锰矿生产线破碎系统设备见表 2-62。氧化锰矿生产线选别系统设备见表 2-63。碳酸锰矿生产线选别系统设备见表 2-64。选矿厂浓缩系统设备见表 2-65。

表 2-61 氧化锰矿生产线破碎系统设备表

设备名称	规格型号	数量/台	电机功率/kW	处理能力/t·h⁻¹	作业率/%	备 注
颚式破碎机	PE400 mm×600 mm	1	30	60	65	粗碎
颚式破碎机	PEX250 mm×1000 mm	1	37	50	80	中碎
槽式洗矿机	2000 mm×8000 mm	2	37	50~120	65	
对辊机	2PGX-610	1	15×2	40	80	细碎
振动筛	ZD₂1530	1	5.5	245	80	检查筛分
振动筛	ZSG₂1530	1	3.7×2	245	80	预先筛分
颚式破碎机	PE600 mm×900 mm	1	80	80	65	生产碳酸锰用
圆锥破碎机	PYB-1200	1	110	100	65	生产碳酸锰用
圆锥破碎机	PYD-1200	1	110	80	80	生产碳酸锰用
干式永磁选机	φ300 mm×1000 mm	3	1.1	10	80	生产碳酸锰用

f 2001~2006 年选矿厂生产主要技术经济指标

2001~2006 年选矿厂生产主要技术经济指标见表 2-66。

表 2 – 62　碳酸锰矿生产线破碎系统设备表

设备名称	规格型号	数量/台	电机功率/kW	处理能力/t·h⁻¹	作业率/%	备　注
颚式破碎机	C80	1	75	130	65	粗碎
圆锥破碎机	GP100S	1	90	140	65	中碎
圆锥破碎机	HP100	1	90	70	75	细碎
圆锥振动筛	2YK2160	1	22	350	80	筛分
干式永磁选机	φ300 mm×1000 mm	3	1.1	10	80	预粗选

表 2 – 63　氧化锰矿生产线选别系统设备表

设备名称	规格型号	数量/台	电机功率/kW	处理能力/t·h⁻¹	作业率/%	备　注
跳汰机	2LTC	4	2.2×4	7~15	75	粗选、精选
CS–1 强磁选机	CS–1	4	22	10~15	75	扫选
湿式永磁选机	φ300 mm×1800 mm	2	3	15	75	

表 2 – 64　碳酸锰矿生产线选别系统设备表

设备名称	规格型号	数量/台	电机功率/kW	处理能力/t·h⁻¹	作业率/%	备　注
湿式永磁选机	φ300 mm×1800 mm	6	3	15	80	粗选、扫选

表 2 – 65　选矿厂浓缩系统设备表

设备名称	规格型号	数量/台	电机功率/kW	处理能力	作业率/%	备　注
浓缩机	NG–30	1	16	65 t/h	70	
渣浆泵	3/2P–HH	2	60	68~136 m³/h	75	二级泵
渣浆泵	80ZJ–1–A52	2	3	68~136 m³/h	75	

表 2 – 66　2001~2006 年选矿厂主要技术经济指标

项　目		2001 年	2002 年	2003 年	2004 年	2005 年	2006 年
氧化矿生产线							
年处理原矿/t		157239.37	135496.41	151478.60	146954.22	192570.33	181966.10
原矿品位(Mn)/%		31.35	31.49	31.42	29.97	30.25	28.11
二级锰砂	矿量/t·a⁻¹	29877.48	35675.13	29167.96	34031.00	26484.60	11114.24
	Mn 品位/%	44.00	43.47	43.56	42.69	42.54	44.30
三级锰砂	矿量/t·a⁻¹	18284.94	16339.33	30185.49	12621.20	20937.64	20634.35
	Mn 品位/%	38.21	36.05	36.77	34.54	36.85	36.93
冶金粉矿	矿量/t·a⁻¹	21044.31	13578.80	15557.10	6577.00	1544.01	13152.88
	Mn 品位/%	33.52	31.72	31.22	30.27	34.11	29.09
摇床精矿	矿量/t·a⁻¹	8296.83	4002.80	8470.43	6485.30	9644.80	9896.80
	Mn 品位/%	36.01	35.51	34.78	35.67	36.85	28.52
冶金块矿	矿量/t·a⁻¹	33222.25	22965.47	18469.40	29223.00	72771.68	75011.00
	Mn 品位/%	33.12	31.85	32.01	30.26	29.87	29.54

续表 2-66

项 目		2001 年	2002 年	2003 年	2004 年	2005 年	2006 年
氧化矿生产线							
废砂	矿量/t·a^{-1}	8911.42	7583.42	9206.20	9106.5	11956.49	11887.20
	Mn 品位/%	16.69	16.57	16.21	14.36	16.87	12.82
尾矿品位(Mn)/%		17.64	19.72	21.23	21.88	19.08	16.77
精矿回收率/%		83.53	80.72	78.83	72.73	80.42	80.84
选矿比/t·t^{-1}		70.42	68.31	67.24	60.52	68.23	71.34
碳酸锰矿生产线							
年处理原矿/t		17598.93	31880.97	33597.62	110069.26	157233.07	238592.41
原矿品位(Mn)/%		18.66	18.11	18.69	17.46	18.76	18.02
碳酸精矿	矿量/t·a^{-1}	13419.74	23904.75	26059.84	91026.30	131446.50	177497.72
	Mn 品位/%	20.67	21.13	21.37	19.67	20.45	21.62
废砂	矿量/t·a^{-1}	2880.63	4480.76	4229.67	10400.83	13796.00	25052.17
	Mn 品位/%	11.76	9.87	9.44	7.84	7.32	5.78
尾矿品位(Mn)/%		13.17	9.84	9.41	11.21	13.40	12.83
精矿回收率/%		84.47	87.59	88.68	93.17	91.13	89.26
选矿比/t·t^{-1}		76.25	74.98	77.56	82.70	83.60	74.39
每吨原矿水耗/m^3		6.5	6.6	6.3	5.8	5.4	5.4
其中每吨原矿新水消耗/m^3		2.9	2.8	2.6	2.3	2.2	2.2
每吨原矿电耗/kW·h		8.69	9.10	9.53	7.63	7.33	8.28
劳动生产率/t·(人·年)$^{-1}$	全员	1748.38	1673.77	1850.76	2570.23	3180.03	3504.65
	工人	2185.48	2092.22	2313.45	3212.79	4115.33	4205.59

2.3.3.2 云南斗南锰矿选矿厂

A 概况

云南文山斗南锰业股份有限公司斗南锰矿位于文山州砚山县境内,地处蒙自、开远、文山、砚山四县市交界地带,行政区划隶属砚山县阿舍乡。矿区北经阿舍至平远街与 323 国道有公路相通,里程 22 公里,东达砚山县城 78 km,西至昆(明)-河(口)线开远市 105 km,东南至文山州 80 公里,交通较方便。选矿厂处于斗南锰矿区靠白姑矿段。

斗南锰矿床赋存于三叠系中统法郎组粉砂-泥岩中,为海相沉积受变质氧化锰-碳酸锰矿床,属低磷、低铁、自熔-碱性的优质锰矿床,是我国 14 个大中型锰矿床之一,探明的地质储量达 1400 余万吨,其中工业储量 1000 余万吨,占总储量 70% 以上,是西南地区重要的产锰基地。该矿于 1973 年开始建设,矿山生产规模为 6 万吨/年,主要产品有成品块矿、焙烧矿、土烧结矿、锰铁合金。1995 年获得国家立项批准,新选矿厂于 1997 年 5 月开工建设,1998 年 8 月建成投入生产,设计规模年处理原矿石 20 万吨,年产成品精矿 10 万吨。

斗南锰矿的采矿方法主要有:嘎科矿段北翼矿体主要采用房柱采矿法进行回采,矿块(即采场)的划分一般以断层为界,无断层段一般以走向宽度 40~60 m 为界划分。矿房沿矿体的倾斜方向布置,矿房宽度 5~8 m,房间柱宽 6 m,每个矿块一般可布置 4~8 个矿房。

矿柱尺寸为方形,规格 2 m × 2 m,间距为 3 ~ 8 m。

嘎科南翼矿段主要采用溜矿法进行回采,阶段高度为 35 ~ 40 m,矿块宽度一般为 30 ~ 40 m,在有断层影响的地段主要以断层为界划分矿块,矿块与矿块之间留有 2 m 宽的条形矿柱,底柱高 6 ~ 8 m,顶柱厚 2 m。

白姑矿段主要采用房柱法进行回采,其矿块的划分与嘎科北翼矿体相同,不同之处主要是矿房宽度略小于嘎科北翼矿体,矿房宽度为 5 ~ 6 m,矿房间柱宽一般为 3 m。

在嘎科矿段南翼矿体倾角小于 50°、北翼矿体倾角大于 35°、白姑矿段倾角大于 30° 时,且矿体顶板相对较差,主要采用下向分层法进行回采。分层高度 6 ~ 8 m,每个矿块分为 4 ~ 5 个分层进行回采,回采时留有连续或间断性矿柱支护顶板,具体视顶板情况而定。

选厂水源取自水淹塘水库位于斗南选矿厂西南约 1 公里洼地内,库坝区地层为斗南向斜的北西翼 T_2g^2 灰岩和 T_2f 碎屑岩,洼地内主要为淤积和洪积层,为高液限黏土,是一个典型的岩溶反复泉,季节性的水淹塘。1994 年建设后把反复泉所出之水储存,为斗南区生活及选矿厂生产用水。现该水库水位蓄水最高标高为 1575 m,库容 $34.5 × 10^4 m^3$,基本可满足两年左右的生产生活用水。

云南文山斗南锰业有限责任公司已有 35 kV 供电系统,由两个 35 kV 电源供给,两个电源均与文山州电力系统联网,而文山州电力系统又有 110 kV 与省电网联网,因此,完全可以满足项目的供电要求。

选矿厂由厂内变电所 ST - 315/10 和 ST - 200/10 两台变压器 10 kV 配电站供电。工程技术改造所需电源将由斗南锰业有限责任公司供电设施送往主厂房,其供电电源为 10 kV。低压生产用电设备的电压等级为 ~ 380/220 V,照明设施电压等级为 ~ 220 V。

B　矿石性质

斗南锰矿矿区面积 19 km²,锰矿床共划分为 5 个矿段,分布于斗南向斜的两翼和扬起端。嘎科和白姑矿段经详勘探明的储量占全矿区 90.35%,为矿区内主要矿段;其余卡西矿段为初勘,大凹子和米里克矿段为普查阶段,已探明储量仅为矿区总量的 10%。

矿区出露地层为三叠系上统鸟格组和中统法郎组、个旧组。法郎组与上鸟格组粗碎屑岩和其下个旧组碳酸盐岩呈假整合接触。与成矿有关的是法郎组地层分 5 个岩性段,主要由粉砂、泥岩类夹少量灰岩组成。由上至下为泥质粉砂岩段、上含矿段、下含矿段、紫色层段和灰绿色泥岩段,总厚度为 365 ~ 894 m,为低磷、低铁、自熔 - 碱性以褐锰矿为主的海相沉积优质氧化锰矿床。

矿区主体构造是呈北东轴向的斗南向斜,其轴部出露鸟格组,两翼分布法郎组和个旧组。北翼地层倾角,南翼倾角 50° ~ 70°,直至倒转呈不对称状,两翼呈南西扬起,向北东倾没。嘎科矿段位于向斜南西端,矿层展布形态呈向北开口的“簸箕”状。白姑矿段位于向斜北翼,呈单斜构造,平行和垂直矿区内向斜轴的两组次级褶皱发育,致使锰矿层呈波状产出。

矿区矿石自然类型分两类:原生锰矿石和次生氧化锰矿石。原生锰矿石又分有灰质氧化锰矿石、碳酸锰矿石两个亚类。灰质氧化锰矿石主要以褐锰矿为主,次为钙水锰矿、黑锰矿、方解石、石英白云石组成 含锰量一般大于 20%,多数在 25% 以上,是矿区富锰矿最主要的矿石类型;碳酸盐锰矿石主要以钙菱锰矿为主,次为锰方解石、菱锰矿、方解石、石英及黏土矿物组成,含锰量一般小于 20%,多为贫矿和表外矿。经光谱分析查明,除锰元素外,其他元素无回收价值。

灰质氧化锰矿石分为块状、条带状和斑杂状三种构造类型。前两者多构成富矿,斑状构造多为贫矿和碳酸盐锰矿石的构造。灰质氧化锰矿石常见微晶变粒结构,由自形－半自形晶粒状之褐锰矿密集组成,晶粒一般 0.005 ~ 0.01 mm。碳酸盐锰矿石具有鲕豆状、碎屑状结构,粒径为 2.0 ~ 13.0 mm。

次生氧化锰矿石主要有硬锰矿,次为软锰矿、偏锰酸矿及褐铁矿、水云母组成,呈块状、条带状构造富矿石,含锰 30.33% ~ 44.65%,平均 37.17%。次生氧化锰赋矿深度受地形、地层产状及断裂构造控制。通常 1 ~ 2 m。

矿床成因类型为产于泥岩、碎屑岩中的海相沉积锰矿床,其工业类型为以氧化锰为主的氧化锰－碳酸盐型锰矿。

矿石中的主要工业矿物褐锰矿呈鲕状及团块状集合体产出,粒度一般为 0.12 ~ 0.38 mm,宏观集合体粒度大者达 10 mm 以上。褐锰矿密度 4.75 ~ 4.83 g/cm³,大于其他碳酸盐锰矿物及脉石矿物。比磁化系数 149.58×10^{-6} cm³/g,与其他碳酸盐锰矿及脉石矿物差别较大。混合矿样(白姑矿区矿样:嘎科矿区矿样 = 65:35)化学成分分析、锰物相分析、矿物相对含量分别见表 2 - 67 ~ 表 2 - 69。

表 2 - 67　矿石化学成分分析结果　　　　　　　　　(%)

成　分	Mn	TFe	P	SiO_2	Al_2O_3	CaO
含　量	22.26	1.68	0.065	17.67	3.90	17.17
成　分	MgO	S	TiO_2	K_2O	Na_2O	烧失
含　量	3.22	0.11	0.19	0.68	0.49	22.73

表 2 - 68　锰物相分析结果　　　　　　　　　(%)

锰物相	碳酸锰	高价锰	硅酸锰	全　锰
含　量	8.38	10.73	2.58	21.69
分布率	38.64	49.47	11.89	100.00

表 2 - 69　主要矿物含量　　　　　　　　　(%)

矿　物	褐锰矿	黑锰矿	水锰矿	菱锰矿钙菱锰矿	锰方解石锰白云石	方解石	石　英	长　石	其　他
含量	18.4	1.9	2.1	10.9	15.3	24.4	13.3	5.7	8.0

C　技术进展

斗南锰矿自开展勘查工作以来,在实验室进行了多次选矿试验,进行了多种不同流程试验,其中白姑矿段的斗白选 - 1 号矿段采用分级—磁(重)选—焙烧联合流程处理,可获精矿锰品位 27.43%、回收率 84.18% 的指标,达烧结锰五级品(Mn > 25%)标准;斗白选 - 2 号矿段通过分级—干式磁流程选别后获锰精矿含量 30.33%,回收率 82.88%,碱度 1.18、全铁 1.78%,磷 0.073%、硫 0.06%,达到冶金用锰Ⅲ级品(Mn ≥ 30%),符合高炉锰铁及平炉钢的要求。嘎科矿段的选矿试验结果是通过筛分分级—磁选—重选工艺流程均能获得锰精矿含量 30.91%,回收率 84.21%;碱度 1.38,全铁 1.59%;硫 0.04%,磷 0.067%,其他有害杂质很低。

斗南锰矿在建厂前又采集了白姑矿区单样和嘎科与白姑矿区混合样两个试样(混合比

为35%和65%），分别进行了单一强磁选和重选两个方案五种流程结构的实验室和扩大连选试验,1987年又进行了磁选和磁重选联合工艺流程的半工业试验。经技术经济比较后确认强磁选流程优于磁重选流程,其技术指标为综合精矿 Mn 品位 32.89%,锰回收率 74.82%。同年建成年处理原矿 10000t 的小选厂。生产采用两台 CS – 1 感应辊式电磁强磁选机,分选粒度为 – 6 mm,通过一次粗选、一次扫选分选,获得精矿产率 38.40%、精矿品位 27.89%、尾矿品位 11.74%、回收率 59.70% 的生产指标。

1994 年又以混合矿样进行强磁选设备 CS – 2 磁选机和 PMHISφ600 mm × 1200 mm 永磁强磁场磁选机的对比试验,PMHISφ600mm × 1200mm 永磁强磁场磁选机取得良好的试验指标,分选粒度上限达到了 – 30 mm。1998 年以新研发的永磁强磁选机,建成年处理原矿 20 万吨新选矿厂。新选矿厂工艺为原矿经二段一闭路破碎、筛分工艺,将矿石全部破碎到 – 30 mm,筛分成 – 30 + 15 mm、 – 15 + 6 mm、 – 6 + 0.5 mm 和 – 0.5 mm 4 个粒级,全部采用新研发的干、湿式永磁强磁选机分选,其分选指标为在原矿含锰品位 17.50% 的条件下,锰精矿品位达 28.00% 左右,回收率不低于 88.00%。2008 年又采用新研制的高场强 DPMS0312 型永磁干式磁选代替 PMHISφ600 mm × 1200 mm 三辊永磁干式磁选机,使锰总回收率提高了 5.62 个百分点,总尾矿品位降低了 0.5 个百分点。

D　生产工艺及流程

a　破碎筛分

破碎筛分采用两段一闭路流程:矿石经振动给料机给入预先筛分,大于 60 mm 矿石进入颚式破碎机破碎,小于 60 mm 矿石和破碎后的矿石进入 SZZ₁1530 振筛,小于 30 mm 筛下矿石进入缓冲矿仓,大于 30 mm 矿石进入 PYZ – 900 mm 圆锥破碎机进行再破碎。破碎筛分设备及性能指标见表 2 – 70,流程图见图 2 – 28。

表 2 – 70　破碎筛分设备及性能指标

设 备 名 称	型 号	数量/台	电机功率/kW	台时能力/t·h⁻¹	作业率/%
颚式破碎机	PE400 mm × 600 mm	1	30	40	57.5
中型圆锥破碎机	PYZ – φ900 mm	1	55	35	57.5
SZZ₁ 自定中心振动筛	1500 mm × 3000 mm	1	7.5	70	57.5

由于矿石含泥大,经常造成圆锥破碎机堵塞,影响选别效果,2000 年 3 月,在检查筛分振筛上增加冲洗水对破碎的矿石进行洗矿,新增一台 φ1500 mm 高堰式螺旋分级进行洗矿脱泥。

b　选别作业

选矿作业采用一粗两扫选别流程,将矿石筛分分为 – 30 + 15 mm, – 15 + 6 mm, – 6 + 0.5 mm 三种粒级的矿石进行选别, – 30 + 15 mm, – 15 + 6 mm 粒级矿石采用 DPMS 永磁干式磁选机, – 6 + 0.5 mm 采用广义分选空间湿式磁选机。选矿设备及性能指标见表 2 – 71,工艺流程图见图 2 – 29。

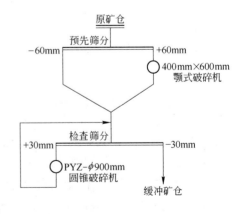

图 2 – 28　破碎筛分工艺流程图

表 2-71 选矿设备及性能指标

设 备 名 称	规 格 型 号	数量/台	电机功率/kW	台时能力/t·h⁻¹	作业率/%
PMHIS 永磁干式磁选机	φ600 mm×1200 mm	2	4.5	30	55
广义分选湿式磁选机	φ600 mm×1200 mm	2	1.5	10	55
SZZ₁ 自定中心振动筛	1500 mm×4000 mm	—	7.5	60	55

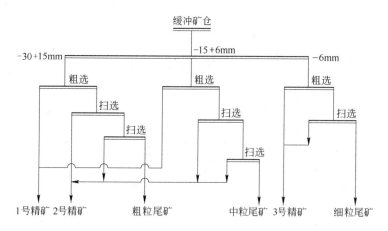

图 2-29 选别作业工艺流程

原设计为干式磁选选矿。将原矿破碎后,筛分成三种粒级矿石:即粗粒级 30~15 mm;中粒级 15 mm~6 mm;细粒级 6~0 mm,其中粗、中粒级矿石分别进入两台 φ600×1200 mm 永磁干式双辊磁选机进行一粗、一扫选别流程,得到 1 号、2 号锰精矿(品位分别为 >29%、≥25%),细粒级矿石经过 TLL-900B 型脱水机脱水后进入一台 φ600×1500 mm 永磁干式磁选机进行一粗、一扫选别流程,得到 3 号精矿(品位≥25%)。

选矿设计原矿处理量 20 万吨/年。选厂投产后,粗中粒级矿石选别指标达到设计要求,而细粒级矿石因 TLL-900B 离心脱水机脱水后,不能满足 PMHIS 干式永磁机对入选水分小于 3% 的要求,无法正常选别,因此,于 2000 年 6 月,对细粒级矿石选别进行了技改,采用两台 CS-1 型感应辊湿式强磁机取代原设计的 φ600×1500mm 干式永磁机。

(1) 2004 年 4 月,随着公司矿石开采的不断变化,特别是加强了对呆滞低品位矿体的利用,V1、V8 矿体边缘矿体及 V2、V7a、V9 等矿体的入选矿量增加,此部分矿体的矿石可选性较差,选矿指标有所下降,为提高粗中粒级矿石回收率,流程中新增一道扫选作业,由原来选矿工艺一粗一扫,改为一粗两扫,作业回收率提高 17 个百分点。

(2) 2004 年底由于 CS-1 型磁选机耗电、耗水、退磁现象严重,造成细尾矿品位升高,锰金属流失严重,2005 年 1 月,采用三台广义湿式磁选机替代两台 CS-1 磁选机,细尾矿品位下降 4 个百分点,作业回收率提高 12 个百分点。

(3) 选厂各处螺旋分级机的 -0.5 mm 溢流产品中含锰品位为 12%,作尾矿丢弃。为提高选矿回收率,2007 年 1 月,新增一台 φ300 mm×1800 mm 广义湿式磁选机选别 -0.5 mm 矿石,每年可多回收锰矿石 4000 t,-0.5 mm 尾矿经浓密池沉淀后,通过砂泵排放到尾矿库。

c　精矿和尾矿输送

精矿通过装载机铲运,卡车运送到平远街冶炼厂冶炼。

尾矿通过装载机铲送,卡车运送到尾矿库堆放,-0.5 mm尾矿通过管道,利用砂泵输送到尾矿库堆放。-0.5 mm粒级矿浆输送流程见图2-30;主要输送设备及技术指标见表2-72。

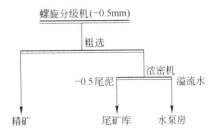

图2-30　-0.5 mm粒级输送流程

表2-72　主要输送设备及技术指标

主要设备	型　号	数量/台	电机功率/kW	台时能力	作业率/%
广义分选湿式磁选机	φ300 mm×1800 mm	1	2.2	10 t/h	57.5
砂泵	3/2D-HH	2	55	50 m³/h	43.2
中心传动浓密机	φ12 m	1	5.5	—	43.2

d　尾矿综合利用及环境保护

尾矿经人工手选、可以回收一部分锰矿石,尾渣可用于建筑行业,铺路。

选矿废水主要由尾矿水、地面冲洗水、泄漏水组成。选矿废水经厂前回水设施处理后循环使用,底流全部送至尾矿库,选矿厂基本无废水外排。

尾矿水经尾矿坝澄清后排放,水质符合国家废水排放标准。

尾矿全部送至在矿山现有的尾矿库内堆存,完全可以满足尾矿排放的需要。

废气污染来源于选矿厂的矿石破碎、筛分以及矿山后期尾矿库产生的粉尘。

选厂破碎、皮带运输、筛分等扬尘点,设计适当的排风系统,配备水膜除尘器(收尘效率为90%)进行通风排尘。

尾矿库在工程后期为防止二次粉尘飞扬,可适当平整复土,种植草皮,种植抗酸性树木,有条件还可复垦。

噪声的主要来源是破碎机破碎矿石时的振动噪声。由于该厂规模不大,选用破碎设备规格较小,小时处理矿量很少,仅60 t/h,产生的噪声很小,而且选厂附近没有住户,对环境的影响很小。

e　工艺流程

斗南锰矿选矿厂工艺流程图见图2-31。

选矿厂年处理原矿20万吨,矿石分别来自于白姑矿区和嘎科矿区;其中白姑矿区的矿石由主斜井箕斗将矿石提升至箕斗矿仓,再由箕斗矿仓将矿石放入地面原料场,经人工将其品位在25%以上的大块矿石拣出后,其余矿石由汽车拉至选厂原矿仓;嘎科矿区矿石由电机车从井下拉至坑口原场,同样经人工进行首道选矿后,再用汽车拉至选厂原矿仓,选厂原矿仓内的矿石用980 mm×1240 mm槽式给矿机给入400 mm×600 mm颚式破碎机。颚式破碎机的排矿和PYZ-900 mm中型圆锥破碎机的排矿经2号皮带运输机运至筛分室内的SZZ1530 mm单轴双层振动筛筛分,上层筛的筛上矿石经3号皮带机运至圆锥破碎机进行二次破碎,筛下矿石进入下层筛进行筛分后,即下层筛的筛上矿石由自制的梭槽送入4号皮带拉至缓冲矿仓,下层筛的筛下矿石进入φ1500螺旋分级机,返砂由4号皮带机送入缓冲

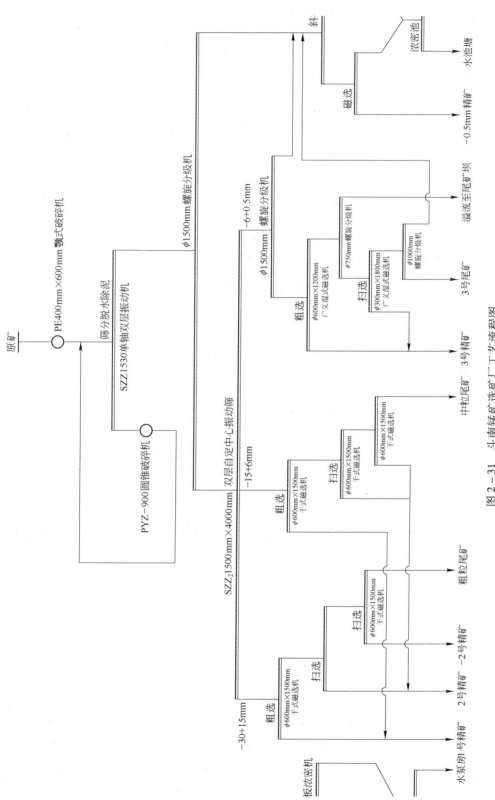

图 2-31 斗南锰矿选矿厂工艺流程图

矿仓,溢流流入斜板浓密机后,进入 $\phi 300 \times 1800$ mm 广义磁选机得到 -0.5 mm 磁选精矿;缓冲矿仓内的矿石(-300 mm ~ 1 mm)用摆式给料机给入 5 号皮带机运至筛洗室的 SZZ1500×4000 mm 双层振动筛进行洗矿分级,上层筛(筛孔 $\phi 12$ mm)的筛上产品经 6 号皮带机运至分配矿仓(3 号);下层筛(筛孔 $\phi 6$ mm)的筛上产品进入 900mm×1800 mm 振动筛再次进行洗矿后再送入 7 号皮带运至 2 号分配矿仓,下层筛子的筛下产品(包括 900 mm×1800 mm 振筛子的筛下产品)一齐并入至 $\phi 1500$ mm 螺旋分级机,溢流流入斜板浓密机后,进入 $\phi 300$ mm×1800 mm 广义磁选机得到 -0.5 mm 磁选精矿;返砂经 0 号皮带运至两台广义式湿式永磁中强磁选机进行一粗一扫流程选别,得出 3 号精矿产品(品位 25% 以上),其尾矿拉至尾矿场,2 号、3 号分配矿仓内的矿石分别由 $\phi 600$ mm×1200 mm 永磁中强磁选机进行一粗二扫流程,分别获得 1 号精矿(品位 30%)、2 号精矿(品位 25%)、副 2 号精矿(品位 23% 以上)产品,其尾矿均输送至尾矿场,产品用汽车运输至公司冶炼厂。

f 2001~2006 年选矿厂生产主要技术经济指标

2001~2006 年选矿厂生产主要技术经济指标见表 2-73。

表 2-73 2001~2006 年选矿厂生产主要技术经济指标

项 目	2001 年	2002 年	2003 年	2004 年	2005 年	2006 年
年处理原矿/万吨	168940.6	181420.9	199849	223017.85	204931.65	209208.55
原矿品位/%	17.88	17.95	17.19	16.87	17.21	17.62
精矿品位/%	29.6	29.69	29.02	30.24	29.56	29.19
尾矿品位/%	9.11	8.09	7.99	5.15	6.29	6.42
回收率/%	61.01	66.12	75.88	83.71	78.94	82.44
选矿比/t·t^{-1}	2.65	2.5	2.22	2.14	2.17	2.0
每吨原矿精矿成本/元	236.53	204.22	181.51	190.78	224.92	231.89

2.3.3.3 "十月革命 40 周年"中央选矿厂(乌克兰)

A 概况

该选厂位于乌克兰的尼科波尔矿区,选厂于 1949 年经改造后有两个相同系列,年处理原矿能力为 120 万吨。多年来选矿厂生产了大量的 A 级锰精矿,含锰 47% 以上,含磷低于 0.2%。

中央选矿厂主要处理尼科波尔矿区马里耶夫矿段的锰矿石。目前马里耶夫矿段只剩有混合矿石和碳酸锰矿石,选厂的一个系列选别混合矿石,另一个系列选别碳酸锰矿石并在个别时期处理贫氧化锰矿石。混合锰矿石和碳酸锰矿石来自马里耶夫和格鲁舍夫露天矿以及 1 号矿井,贫氧化锰矿石来自 5 号矿井。

B 矿石性质

选矿厂处理的矿石主要是较富的软锰矿-水锰矿和氧化矿与碳酸锰的混合矿,也有比较单一的碳酸锰矿石。碳酸锰矿物主要是锰方解石、钙菱锰矿,脉石矿物主要为石英、长石、方解石等。入选矿石含锰品位 18.3%~26.0%,二氧化硅 28.2%~36.7%,三氧化二铁 3.4%~3.8%,磷 0.145%~0.212%。

C 工艺流程

选矿流程比较简单,原矿经齿辊破碎机一段破碎到 -60 mm 后用槽式洗矿机洗矿,洗净矿再用平辊破碎机破碎到 −25 mm，然后分成 25~10mm，10~2mm 和 −2 mm 三个粒级。25~10 mm 和 10~2 mm 两种粒级进行跳汰选，分别获得精矿和尾矿，−2 mm 粒级与洗矿矿泥分级（用耙式分级机和水力旋流器）的返砂和沉砂合并进行磁选，丢弃尾矿。原则流程见图2 −32。

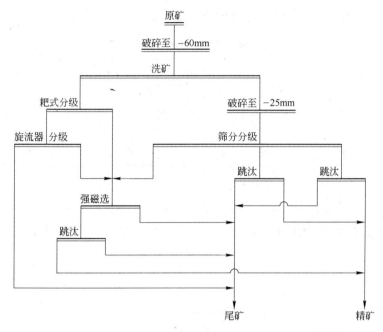

图2 −32　中央选矿厂选矿原则流程

D　选矿技术指标

选矿厂技术指标见表2 −74。

表2 −74　选矿指标　　（%）

产 品 名 称	产　　率	品　　位	回 收 率
Ⅰ级氧化锰精矿	12.09	44.14	22.24
ⅠБ氧化锰精矿	1.79	41.87	3.12
Ⅱ级氧化锰精矿	9.72	36.29	14.70
Ⅰ级碳酸锰精矿	27.47	31.46	36.01
综合精矿	51.07	35.75	76.07
原　矿	100.00	24.00	100.00

2.3.3.4　恰图拉中央浮选厂（格鲁吉亚）

A　概况

中央浮选厂（цфф）位于格鲁吉亚的恰图拉市的恰图拉矿区。该厂于 1969 年建成投产，专用于集中处理恰图拉生产联合公司各选矿厂洗矿的矿泥。各洗矿厂的矿泥通过水力输送方式送至中央浮选厂。

中央浮选厂于 1980 年将原来用的浮选机改为泡沫分选机浮选，后来又实施用强磁选处理矿泥的部分改造工程。

选矿厂每周生产 5 天,每天三班,生产的精矿通过铁路运送给用户。

B 矿石性质

入选的原矿泥中的锰矿物是各种氧化锰和氢氧化锰 – 硬锰矿、水锰矿及部分软锰矿,碳酸锰矿物为钙菱锰矿和锰方解石。脉石矿物主要是石英、长石、方解石和各种黏土物质。入选矿泥的一次代表性矿样的化学成分分析结果见表 2 – 75。

表 2 – 75   矿石化学成分分析结果   (%)

成　分	Mn	MnO_2	MnO	SiO_2	Al_2O_3	CaO
含　量	12.07	10.82	6.72	47.42	3.62	4.09
成　分	MgO	Fe_2O_3	BaO	P	烧损	
含　量	0.51	2.96	0.97	0.163	12.14	

C 工艺流程

矿泥选矿的工艺流程包括脱泥、筛分、分级、跳汰、碳酸锰矿泡沫分选,氧化锰矿泡沫分选和混合泡沫分选、精矿脱水和过滤。选矿工艺流程见图 2 – 33。其主要设备见表 2 – 76。

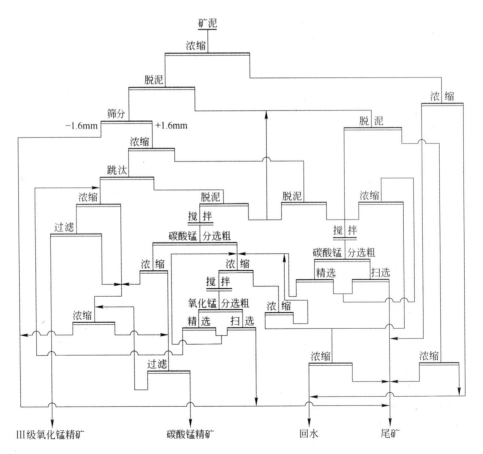

图 2 – 33   恰图拉中央浮选厂选矿工艺流程

表 2 - 76 选矿厂主要设备及其生产能力

主 要 设 备	生产能力/t·h⁻¹
ГЦ - 360 型水力旋流器	70
ГЦ - 500 型水力旋流器	150
ФПС - 16 型浮选机	20
ЛУ₁₀ - 1.25 - 8.0 型带式真空过滤机	10
ОПМ - 14 型跳汰机	40

D 技术指标

选矿厂技术指标见表 2 - 77。精矿化学多元素分析见表 2 - 78。

表 2 - 77 选矿厂技术指标 (%)

产品名称	产 率	锰品位	回收率
矿泥(原矿)	—	9.8	—
综合精矿	9.3	26.80	25.4
Ⅲ级氧化锰精矿	3.0	36.0	10.9
碳酸锰精矿	6.0	22.6	14.5

表 2 - 78 精矿化学多元素分析 (%)

精 矿	Mn	SiO₂	Al₂O₃	P	CaO	Fe	S	烧损
碳酸锰精矿	22.60	21.00	1.80	0.30	11.60	1.11	0.160	23
Ⅲ级氧化锰精矿	36.00	19.21	1.50	0.25	7.86	1.00	0.196	13

2.3.4 海洋多金属锰结核选矿实践

世界海洋锰矿资源极为丰富,大多产于海底表层,赋存的海域主要为深海平原、海沟、海谷、海底火山和群岛附近。

深海底矿物资源的工业开发主要指锰结核(4000 ~ 6000 m)、含钴富锰地壳(800 ~ 2400 m)和海底热液矿床(约 2500 m)和埋藏在红海中的重金属泥等。海底热液矿床的组成矿物为有色金属硫化物、嵌布粒度细,可用选矿、冶炼方法处理。含钴富锰地壳与锰结核的组成矿物为锰铁氧化物与碳酸盐。锰结核为微细粒锰矿物、铁矿物、石英、铝硅酸盐以及各种钙质矿物组成。锰铁矿物紧密共生,铝硅酸盐及钙质矿物在锰铁氧化层中呈星点状分布,铜、钴、镍主要以吸附和类质同象的形式赋存于锰铁氧化物中,难于直接采用物理选矿方法处理,需用化学或化学 - 物理方法联合处理。据原中国地质矿产部南海地质调查大队在东太平洋西北部水域采集的矿样进行的工艺矿物学研究表明:锰结核主要金属矿物为 10 Å 水锰矿、7 Å 水锰矿、δ - MnO₂、针铁矿及纤铁矿,结晶程度很差;脉石矿物主要为石英和沸石。

富钴结壳主要赋存于水深较浅(800 ~ 3000 m)的海山和海脊、斜坡上,富含钴、镍等金属,广泛分布于国际海底和一些国家的专属经济区。世界各大洋中的富钴结壳平均含钴 0.63%。结壳中的稀土、铂等较锰结核富集,但镍、铜、锰含量通常较低。仅太平洋西部火山构造隆起带上,富钴结壳矿床潜在资源量达 10 亿吨,钴金属含量达数百万吨。

鉴于锰结核以岩石片等为核心,主要由铁、锰氧化物相和硅酸盐组成。锰结核有价金属中铜和镍属于锰相,钴属于铁相或锰 - 铁两相,没有单一矿物出现。有价金属在锰结核中以非晶质矿物组成,加工方法采用一般选矿法较困难,现在研究了各种冶炼方法,主要有三个方面,即火法冶金、湿法冶金和这两种方法的联合方法,从浸出液回收有价组分的湿法冶金工艺占有主要的地位。

2.3.5　锰矿石选矿主要生产技术指标

锰矿石选矿主要技术生产指标见表 2 - 79。

表 2 - 79　锰矿石选矿主要技术指标

类型	矿产地	选矿方法及流程	选别指标
碳酸锰	遵义铜锣井锰矿	细磨强磁选—浮选(混合捕收剂) 细磨 - 74 μm 占75% ~ 85%	Ⅰ 级精矿 Mn32.48%,回收率 43.14%,Mn/Fe8.55 Ⅱ 级精矿 Mn25.68%,回收率 31.27%,Mn/Fe3.75
		强磁选丢尾,磁选精矿浮选	综合精矿 Mn29.23%,回收率 74.41%,Mn/Fe5.55
	花垣锰矿	强磁选 CGDE - 210 型,给矿粒度 6 ~ 0 mm 处理量7t/h	综合精矿 Mn24.50%,回收率 81.26%,含磷 0.16%,P/Mn0.0065
		强磁选 φ270 mm×80 mm 感应辊式	综合精矿 Mn24.86%,回收率 91.78%,含磷 0.25%,P/Mn0.010
		强磁选—高梯度磁选	综合精矿 Mn27.50%,回收率 67.35%,含磷 0.137%,P/Mn0.005
		强磁选—黑锰矿法	综合精矿 Mn34.42%,回收率 85.81%,含磷 0.07%,P/Mn0.002
		强磁选—氯化焙烧酸浸法	综合精矿 Mn37.20%,回收率 83.86%,含磷 0.076%,P/Mn0.002
氧化锰矿	大新锰矿	洗矿—重选—强磁选	电池级 2 级精矿 Mn43.02%,回收率 17.25%; 3 级精矿回收率 33.16% 冶金级 2 级精矿 Mn34.45%,回收率 6.43%; 3 级精矿回收率 33.35%
	木圭松软锰矿	自磨碎解—磁选—浮选	综合精矿 Mn34.00%,回收率 73.56%
	兰桥锰矿	洗矿—手选—跳汰—强磁	综合精矿 Mn38.95%,回收率 82.48%

2.3.6　国内外主要锰矿选矿厂

2.3.6.1　国内主要锰矿选矿厂

国内主要的锰矿选矿厂见表 2 - 80。

2.3.6.2　国外主要锰矿选矿厂

国外主要的锰矿选矿厂见表 2 - 81。

表 2-80 国内主要锰矿选矿厂

厂 名	规模/万吨·年⁻¹	矿石类型	选矿方法	指标/%				备 注
				原矿品位	精矿产率	精矿品位	回收率	
桃江锰矿磁选厂	10	碳酸锰	分级强磁选	16.72	68.12	19.89	81.02	1981 年建成
湘潭锰矿磁选厂	11	碳酸锰	强磁选	19.28	Ⅰ 22.57	27.96	32.73	1984 年建成试验厂 1988 年扩建
					Ⅱ 38.47	21.04	41.98	
遵义锰矿选厂	60	碳酸锰	强磁—浮选	19.27	Ⅰ 18.91	33.09	32.47	1975 年建成 60 万吨/年 浮选厂后经改造
					Ⅲ 31.32	25.59	41.59	
花垣锰矿磁选厂	5	碳酸锰	强磁选	18.86	70.81	22.57	84.74	
龙头锰矿选厂		碳酸锰	重介质—强磁选	16.5~16.8		19.4~20.55	87.58~86.8	1981 年建成
大新锰矿碳酸锰选厂	60	碳酸锰	强磁选	15.96	70.58	20.44	90.39	2006 年建成
团溪锰矿选厂	5	碳酸锰	强磁选	18.06	64.64	23.25	83.21	
八一锰矿选厂		氧化锰	洗矿—焙烧—磁选—重选	18.48	Ⅰ 41.49	19.91		1970 年建厂 现停产
					Ⅱ 30.65	30.91		
遵义锰矿小选厂		氧化锰	重选(跳汰、摇床)	28.29		36.58	71.13	1965 年建厂
大新锰矿洗矿厂	10	氧化锰	洗矿、筛分、手选、重选	30		35~38	70~80	1971 年建厂
湘潭锰矿小选厂		氧化锰	重选(跳汰、摇床)	35.92		40.40	87.49	1958 年建厂
大新锰矿氧化锰选厂	30	氧化锰	强磁—重选	28.95	电池Ⅱ 5.7	49.91	84.66	1992 年建成
					Ⅲ 9.41	44.53		
					冶金Ⅱ 32.11	35.11		
					Ⅲ 18.53	33.45		
靖西锰矿选厂	4	氧化锰	重选—磁选—重选	38.50	电池Ⅱ 32.54	48.35	86.23	1977 年建重选厂 1985 年改建成
					Ⅲ 26.26	41.80		
					冶金 22.76	28.51		
连城锰矿选厂	5	氧化锰	重选—强磁选	20.0	42.02	41.11	86.37	1972 年建成, 1981 年改扩建
宁强锰矿选厂	10	褐锰矿	强磁选	20.80	60.99	28.45	83.42	1992 年建成
天等锰矿洗矿厂	25	氧化锰	洗矿	16.85	48.83	29.77	86.27	1999 年建成
斗南锰矿选厂	20	褐锰矿、碳酸锰	强磁选	19.36	35.07	31.35	56.59	1998 年建成
				17.56	54.83	28.21	88.07	
荔浦锰矿磁选车间	5	氧化锰	强磁选	28.47	86.04	31.08	96.10	1981 年建成

表2-81　国外主要锰矿选矿厂

国　家	厂　名	规　模 /万吨·年$^{-1}$	矿石类型	选矿方法	指　标/%		
					原矿品位	精矿品位	回收率
乌克兰	尼科波尔波科洛夫选矿厂	600	碳酸锰	洗矿、强磁、浮选	17.49	28.60	86.95
	奇卡洛夫选矿厂	480	氧化锰	洗矿、重选、强磁、浮选	24.66	44.35	76.03
	"十月革命四十周年"中央选矿厂	120	混合矿石	洗矿、跳汰、强磁选	24.69	36.29	70.21
	马克西莫夫选矿厂	60	氧化锰	洗矿、强磁	15.70	33.20	79.00
	大托克马克矿区选厂	250	碳酸锰	自磨、强磁、高梯度	17.48	30.97	82.33
格鲁吉亚	恰图拉达尔克韦季新厂	127	氧化锰为主	洗矿、跳汰	19.40	32.00	79.00
	中央浮选厂	—	混合矿石	泡沫、浮选	12.00	36.80	25.40
哈萨克	哲兹金选厂	45	碳酸锰	重选、浮选	18.00	31.50	70.00
南　非	戈帕尼锰矿选厂	4.5	二氧化锰	洗矿、螺旋洗矿	MnO$_2$ 20	MnO$_2$ 40	50.00
加　蓬	莫安达锰矿洗矿厂	100	氧化锰	洗矿、重介质	45.50	50.50	
巴　西	塞拉多纳维选厂		氧化锰	洗矿、重介质、螺旋选矿	43.30	45.40	79.00
					31.06	42.20	58.00
墨西哥	莫兰戈锰矿选厂	80	碳酸锰	洗矿、重介质、焙烧	27.00	39.20	
日　本	上国锰矿选厂	6	伴生多金属锰矿	重介质、浮选、强磁浮选	19.26	27.80	72.48
	大江锰矿选厂	10	伴生多金属锰矿		7.16	29.00	67.50

3 铬铁矿石选矿

3.1 概论

3.1.1 铬铁矿的矿物性质

铬位于元素周期表第四周期第 ⅥB 族,元素符号 Cr,原子序数 24,相对原子质量 51.996,体心立方晶体。铬的原子价有 +2、+3、+4、+5、+6 价,其中三价铬的化合物最稳定,六价铬化物包括铬盐具有强烈的氧化性质。

铬为银白色金属,具有金属光泽。主要的物理性质:密度 7.1 g/cm³,熔点 1860℃,沸点 2680℃,平均比热 461 J/(kg·K)(0~100℃),熔化值 209 kJ/mol(估算值),汽化热 342.1 kJ/mol,热导率 91.3 W/(m·K),电阻率(20℃)13.2 μΩ·cm。

在自然界里,目前已发现的含铬矿物约有五十余种,分别属于氧化物类、铬酸盐类和硅酸盐类,但具有工业价值的铬矿物是铬尖晶石亚族类矿物,一般 Cr_2O_3 含量为 18%~62%,物理性质为等轴晶系,晶体呈细小的八面体,通常呈粒状和致密块状集合体,颜色黑色,条痕褐色,半金属光泽,硬度 5.5~7.5,密度 4.0~4.8 g/cm³,具弱磁性。理论上,铬铁矿的化学式为 $FeO·Cr_2O_3$,含 $Cr_2O_3$68%、FeO32%,有工业价值的铬矿物,其 Cr_2O_3 含量在 30% 以上。铬铁矿中铬、镁、铁为完全类质同象代替,分为镁铬铁矿、铁镁铬铁矿和铁铬铁矿 4 个亚种。如镁铬铁矿 $(Mg,Fe)Cr_2O_4$,Cr_2O_3 含量 50%~60%,铝铬铁矿 $(Mg,Fe)(Cr,Al)_2O_4$,Cr_2O_3 含量 32%~50%;富铬尖晶石 $(Mg,Fe)(Cr,Al)_2O_4$,Cr_2O_3 含量 32%~38%。

铝铬铁矿为半金属光泽,硬度 >5.5,密度 4.448~4.19 g/cm³。高铁铬铁矿呈黑色,有金属光泽,硬度 5.5,密度 4.73 g/cm³。富铬尖晶石呈褐色,沥青光泽至金属光泽,弱磁性,硬度 5.5~7.5,密度 4.0~5.1 g/cm³。

铬矿石中有用矿物主要为铬尖晶石类矿物,其次是磁铁矿、少量赤铁矿、黄铁矿、黄铜矿、磁黄铁矿及微量铂族矿物。脉石矿物主要为蛇纹石、绿泥石、碳酸盐类矿物,其次是铬云母、滑石、蛭石、透闪石等。

3.1.2 铬的主要用途

铬是现代工业应用最多的金属之一,世界上可供资源国家不多,可代替材料程度低,军事上应用不断扩大,因而铬被称为重要的战略资源。由于它具有质硬、耐磨、耐高温、抗腐蚀等特性,铬矿石在冶金工业、耐火材料和化学工业广泛应用,含铬产品还广泛用于国防和民用工业。

在冶金工业上,铬铁矿主要用来生产铬铁合金和金属铬。铬铁合金作为钢的添加料生产多种高强度、抗腐蚀、耐磨、耐高温、耐氧化的特种钢,如不锈钢、耐酸钢、耐热钢、滚珠轴承钢、弹簧钢、工具钢等。金属铬主要用于与钴、镍、钨等元素冶炼特种合金。这些特种钢和特种合金是航空、宇航、汽车、造船,以及国防工业生产枪炮、导弹、火箭、舰艇等不可缺少的材料。

在耐火材料上,铬铁矿用来制造铬砖、铬镁砖和其他特殊耐火材料。

铬铁矿在化学工业上主要用来生产重铬酸钠,进而制取其他铬化合物,用于颜料、纺织、电镀、制革等工业,还可制作催化剂和触媒剂等。

3.1.3　中国铬资源

3.1.3.1　资源状况

我国铬铁矿资源严重短缺,截至到 2005 年底,全国拥有铬铁矿矿区 53 个,共查明资源储量 979 万吨,其中基础储量 521 万吨;富矿石查明资源储量为 295 万吨,占全国铬铁矿查明资源储量的 30%。在基础储量中,富矿石的比例占 40.7%。迄今为止,我国尚未发现铬铁矿储量 500 万吨以上的大型铬铁矿产地。

3.1.3.2　资源分布

根据 1997 年统计,我国已查明的铬铁矿区主要分布于全国 13 个省、市、自治区(表 3-1),其中以西藏为最多,保有储量 425.1 万吨,占全国总保有储量的 39.4%。其次是内蒙古,保有储量 174.4 万吨,占 16.5%;新疆,保有储量 165.2 万吨,占 15.3%;甘肃,保有储量 149.6 万吨,占 13.9%。以上 4 个省(区)保有储量合计为 914.3 万吨,占全国总保有储量的 84.8%。其余北京、青海、河北、吉林、湖北、陕西、山西、四川、云南等 9 个省(市、自治区)保有储量合计只有 163.6 万吨,仅占全国总保有储量的 15.2%。按行政区看,主要集中在西南区(426.3 万吨,占 39.6%)、西北区(370.6 万吨,占 34.4%)、华北区(274.9 万吨,占 25.5%),而东北和中南两行政只占 0.5%,华东区目前尚未查明有铬铁矿储量。

表 3-1　1996 年底我国铬铁矿区保有储量分布　　　　　　　　(万吨)

省　市	矿区数	总　量			其中:富矿($w(Cr_2O_3) > 32\%$)		
		A + B + C	D	合计	A + B + C	D	合计
全国	56	368.40	709.50	1077.90	194.80	383.60	578.60
北京	2	40.50	36.20	76.70	—	—	—
河北	3	9.00	12.10	21.10	—	—	—
山西	1	0.10	2.60	2.70	—	—	—
内蒙古	7	25.00	149.40	174.40		1.80	1.80
吉林	1	0.20	2.90	3.10	—	—	—
湖北	3	2.90	0.10	3.00	—	—	—
四川	1	—	0.50	0.50		0.50	0.50
云南	4	0.10	0.60	0.70	0.10	—	0.10
西藏	7	103.60	321.50	425.10	103.60	321.50	425.10
陕西	2	1.60	0.90	2.50	0.20	0.10	0.30
甘肃	3	95.50	54.10	149.60	30.80	8.30	39.10
青海	6	25.20	28.10	53.30	16.90	14.70	31.60
新疆	16	64.70	100.50	165.20	43.20	36.90	80.10

3.1.3.3　资源特点

（1）矿床规模小，分布零散。我国目前尚未发现有储量大于 500 万吨的大型铬铁矿床，就是储量超过 100 万吨的中型矿床也只有 4 个，它们是西藏的罗布莎、甘肃的大道尔吉、新疆的萨尔托海、内蒙古的贺根山（3756 矿）。其余均为储量在 100 万吨以下的小型矿床。即使储量最大的罗布莎矿床，其 396 万吨储量也分布在 7 个矿群 100 多个矿体中，最大的矿体长只有 325 m。

（2）分布区域不均衡，开发利用条件差。如上所述，我国铬铁矿矿床保有储量的 84.8% 分布在西藏、新疆、甘肃、内蒙古这些边远省（区），运输线长，交通不便。

（3）贫矿与富矿储量大体各占一半。现保有储量中，贫矿储量占 46.3%（499.3 万吨）、富矿占 53.7%（578.6 万吨）。富矿主要分布在西藏和新疆，分别占富矿总量的 73.5% 和 13.8%。从用途来看，冶金级储量占总储量的 37.4%、化工级储量占 38.4%，耐火级储量占 24.2%。

（4）露采矿少，小而易采的富铬铁矿都已采完。我国铬铁矿储量中适合单独露采的只有 6% 左右，绝大部分需要坑采。一些小而富且开采容易的铬铁矿都已采完，像新疆的鲸鱼和西藏的东巧铬铁矿，分别在 1983 年和 1982 年闭坑，前者采出铬铁矿 31 万吨，后者采出了 17.63 万吨。

（5）矿床成因类型单一。我国目前已知的铬铁矿矿床主要为岩浆晚期矿床。而世界上一些著名的具有层状特征的大型、特大型岩浆早期分凝矿床在我国尚未发现。

3.1.4　世界铬资源

据 2008 年统计，世界铬铁矿资源总量超过 120 亿吨，可以满足世界几百年的需求。世界上铬铁矿资源丰富的国家主要有南非、哈萨克斯坦、印度、巴西等国（表 3-2）。南非和哈萨克斯坦是世界上两个铬铁矿资源最丰富的国家，其铬铁矿资源量约占世界铬铁矿资源量的 95%。

表 3-2　2008 年世界铬铁矿储量和储量基础（商品级矿石）　　　　（万吨）

国家或地区	储　　量	储量基础	国家或地区	储　　量	储量基础
南　　非	7700	15000	土耳其	—	—
哈萨克斯坦	610	18000	阿尔巴尼亚	—	—
芬　　兰	—	—	津巴布韦	—	—
印　　度	2100	4400	美国	11	12
巴　　西	500	540	世界总计	—	—

资料来源：《Mineral Commodity Summares》2009；Mineral Summary 2007，National Department of Mineral Production - DNPM。

据国际铬发展协会（International Chromium Development Association）报道，南非是世界上铬铁矿资源最丰富的国家，铬铁矿资源量 55 亿吨。津巴布韦也是一个铬铁矿资源较丰富的国家，铬铁矿资源量 10 亿吨，津巴布韦铬铁矿矿床既呈层状产出，也呈透镜状产出，层状铬铁矿矿床产在长 550 公里宽 11 公里的大岩脉中，而透镜状的铬铁矿矿床产在 Selukwe 地区和 Belingwe 地区。哈萨克斯坦铬铁矿为产在乌拉尔山区的透镜状铬铁矿矿床，哈萨克斯坦铬铁矿资源量有 3.2 亿吨,其铬铁矿矿石铬铁比变化很大。印度透镜状的铬铁矿矿床产自奥里萨邦东海岸,铬铁矿资源量有 6700 万吨。在芬兰北部的 Kemi 附近产有透镜状的铬铁矿矿床,虽然其 Cr_2O_3 含量很低,但其铬铁矿已被成功地采出、选矿、冶炼成铬铁合金,并生产出不锈钢,芬兰铬铁矿资源量约为 1.2 亿吨。巴西铬铁矿主要产自巴伊亚州和米纳斯吉拉斯州,其他州也有一些铬铁矿资源,巴西铬铁矿资源量约为 1700 万吨。中国的铬铁矿资源主要分布在西藏地区,资源量不大。俄罗斯铬铁矿资源主要分布在乌拉尔山地区。其他国家包括阿曼、伊朗、土耳其、阿尔巴尼亚等国也有一些铬铁矿资源,铬铁矿资源总量约为 5 亿吨。

3.1.5　世界铬铁矿石的生产与销售

3.1.5.1　铬铁矿石生产状况

2007 年世界铬铁矿矿石产量约为 1889.0 万吨,比 2006 年增长了 5.8%(表 3-3)。世界主要铬铁矿生产国包括:南非、印度、哈萨克斯坦、巴西、芬兰、津巴布韦、土耳其、澳大利亚和俄罗斯等。在 2007 年世界铬铁矿产量中,南非占到世界铬铁矿产量的 39%,哈萨克斯坦占 17%,印度占 15%,巴西、芬兰、俄罗斯、土耳其、津巴布韦五国合计占 19%,其他包括阿尔巴尼亚、澳大利亚、中国、伊朗、马达加斯加、阿曼、巴基斯坦、菲律宾、苏丹、阿联酋和越南 11 国占 10%。其中,南非、印度和哈萨克斯坦三国的铬铁矿产量合计为 1582.8 万吨,占世界铬铁矿总产量的 83.8%,世界铬铁矿的生产集中在少数几个国家。世界铬铁矿产量中,94% 是开发冶金级铬铁矿,2% 是化工级铬铁矿,4% 是耐火材料级铬铁矿和铸造级铬铁矿。

表 3-3　世界主要铬铁矿生产国产量　　　　　　　　　(万吨)

国家或地区	2003 年	2004 年	2005 年	2006 年	2007 年
南　非	797.4	762.5	750.3	742.9	708.9
印　度	322.0	358.4	335.7	386.5	485.8
哈萨克斯坦	292.8	328.7	358.1	336.6	388.1
巴　西	37.7	59.4	61.6	56.3	56.0
芬　兰	54.9	58.0	57.2	54.9	55.6
津巴布韦	72.6	66.8	66.5	70.0	50.0
土耳其	22.9	43.7	72.2	45.8	46.6
澳大利亚	13.9	24.3	24.3	25.7	25.4
俄罗斯	6.8	9.0	10.0	11.0	12.1
总　计	1674.6	1740.6	1769.1	1785.6	1889.0

资料来源:World Metal Statistical Yearbook 2008。

据国际铬发展协会(International Chromium Development Association),2007 年世界高碳铬铁合金产量约为 760 万吨,其中南非占 46%,中国和哈萨克斯坦各占 14%,印度占 11%,俄罗斯、芬兰、津巴布韦三国合计占 10%,包括巴西、伊朗、日本、瑞典和土耳其五国合计占 5%。南非、哈萨克斯坦及中国三国的高碳铬铁合金产量 562 万吨,占世界高碳铬铁合金产量的 74%。2007 年世界中低碳铬铁合金产量约为 68.1 万吨,其中中国占 36%,俄罗斯占 32%,南非占

13%,哈萨克斯坦占11%,其他包括巴西、德国、日本和土耳其在内的四国合计占8%。世界主要国家铬铁合金产量见表3-4。

表3-4 世界主要国家铬铁合金产量 （万吨）

国家或地区	2003年	2004年	2005年	2006年	2007年
南 非	281.3	296.5	281.2	303.0	358.4
中 国	50.0	64.0	85.0	100.0	131.0
哈萨克斯坦	99.3	108.1	115.6	120.0	114.0
印 度	46.9	52.7	61.1	63.4	84.0
俄罗斯	35.7	45.4	57.8	60.0	—
芬 兰	25.1	26.4	23.5	24.3	—
巴 西	20.4	21.6	19.8	20.0	—
津巴布韦	24.5	19.3	23.5	20.0	—
瑞 典	11.1	12.8	12.7	13.6	—
土耳其	3.5	2.9	2.6	7.0	—
世界总计	607.0	659.0	691.0	739.0	828.0

资料来源：《Minerals Yearbook》2006；International Chromium Development Association。

南非是世界上最大的铬铁矿生产国，2007年铬铁矿矿石产量708.9万吨，约占世界总产量的37.5%；同时也是世界上最大的铬铁合金生产国，其铬铁合金产量为358.4万吨，约占世界铬铁合金总产量的43.3%。南非的铬铁矿和铬铁合金生产在世界上占有最重要的地位，南非生产的铬铁矿绝大部分用于国内生产铬铁合金，少量用于出口。南非生产铬铁合金的主要企业包括斯特拉塔公司（Xstrata Plc）、萨曼科铬业有限公司（Samancor Chrome Ltd.）、阿斯芒锰业有限公司（Assmang Ltd.）、拜尔实业有限公司（Bayer（Pty）Ltd.）、迪罗康铬矿公司（Dilokong Chrome Mine（Pty）Ltd.）、梅拉菲资源有限公司（Merafe Resources Ltd.）和国家锰矿公司（National Manganese Mines（Pty）Ltd.）。

2007年印度铬铁矿产量485.8万吨，是世界第二大铬铁矿生产国，约占世界铬铁矿总产量的25.7%，印度还是世界第四大铬铁合金生产国，产量84万吨，约占世界铬铁合金总产量的10.1%。

2007年哈萨克斯坦铬铁矿产量约为388.1万吨，约占世界铬铁矿产量的20.5%，其铬铁合金产量114万吨，约占世界铬铁合金产量的13.8%，哈萨克斯坦铬铁矿和铬铁合金产量均居世界第三位。哈萨克斯坦铬业公司包括顿斯科耶公司（Donskoy GOK）、阿克秘宾斯克冶炼厂（Aktyubinsk Plant）、TNC Kazchrome JSC公司和阿克苏冶炼厂（Aksu Plant）。

虽然中国铬铁矿产量很少，但2007年铬铁合金产量达到了131万吨，仅次于南非，位居世界第二。为了保证国内铬铁合金的供应，中国正在积极参与南非铬铁合金建设项目。

3.1.5.2 铬铁矿石销售状况

由于生产铬铁矿的国家倾向于生产铬铁合金的趋势，目前世界铬铁矿矿石的国际贸易只占世界铬铁矿产量的一小部分，世界铬铁矿主要出口国为南非、哈萨克斯坦、印度、津巴布韦、菲律宾、越南等；主要进口国为美国、西欧国家、日本、中国及韩国等。世界铬铁合金主要出口国为南非、哈萨克斯坦；世界主要铬铁合金进口国为西欧、日本、美国、中国等。近年来南非铬铁矿的出口下降，因为更多的铬铁矿在南非国内生产成铬铁合金，南非一直是世界上铬铁合金出口量最多的国家。

2008 年中国铬铁矿进口量 683.9 万吨,比 2007 年 608.4 万吨增加了 75.5 万吨,增长了 12.4%。我国铬铁矿进口来源主要是南非(260 万吨)、土耳其(118 万吨)、阿曼(81 万吨)、印度(55 万吨)、巴基斯坦(38 万吨)、菲律宾(34 万吨)、哈萨克斯坦(20 万吨)、伊朗(19 万吨)8 个国家合计 625 万吨,占我国铬铁矿进口总量的 91.5%。2008 年我国在大量进口铬铁矿的同时,还进口约 114 万吨铬铁合金,出口 46 万吨铬铁合金,我国对国外铬铁矿资源的依赖程度超过 90%。

日本铬的需求完全依靠进口,以进口铬铁合金为主,铬铁矿为辅,南非、哈萨克斯坦、俄罗斯是日本铬铁合金进口的主要来源。

2007 年美国进口铬铁矿 14.5 万吨,铬铁合金 42.3 万吨,南非、哈萨克斯坦、印度、俄罗斯、津巴布韦、中国、德国、巴西等国是美国铬铁矿、铬铁合金的主要进口来源。

印度是国际市场铬铁矿的主要出口国家之一,印度生产的铬铁矿大部分供出口,这主要是因为印度国内电力和煤炭短缺限制了其铬铁合金的生产,能源成本占其铬铁合金生产成本的 45%,原材料运输、能源成本高、生产规模小、生产自动化程度低是印度铬铁合金生产能力提高的瓶颈。

世界铬铁矿石生产状况主要是由铬铁矿的供求关系以及世界不锈钢工业发展所决定的,特别是,世界铬铁矿及铬铁合金市场形势与世界不锈钢产量的变化密切相关。由于中国不锈钢产量的急剧增长以及对铬铁矿、铬铁合金需求的大幅增长,中国成为影响国际铬铁矿、铬铁合金市场的主要因素。

3.2　铬铁矿石选矿技术与发展

3.2.1　铬铁矿石选矿工艺技术

目前所探明的铬矿资源中有大量的低品位(Cr_2O_3 10% ~40%)铬矿石,需要通过选矿进行处理,以获得商品级铬精矿。常用的铬矿选矿方法为重选、磁选、电选、浮选和化学选矿。

3.2.1.1　重选

由于铬铁矿在矿石中多呈块状、条状和斑状粗粒浸染,并且与脉石具有较大的密度差异,因此,在铬铁矿选矿中重选仍占有重要的地位,主要采用重介质、跳汰机、摇床、螺旋选矿机、离心选矿机和皮带溜槽进行选别。我国的西藏罗布莎铬矿、甘肃大道尔吉铬矿、津巴布韦的塞鲁奎、土耳其的贝蒂·凯夫等均采用重选法。丹佛选矿设备公司曾研究铬铁矿跳汰选矿流程,对易磨的铬矿石防止过磨。跳汰尾矿由螺旋分级机分级,因溢流中金属损失大,再由摇床或自动溜槽再选。原矿含 Cr_2O_3 20.6%、Fe 9.8%,选得含 Cr_2O_3 48.6%、MgO 3.9%、Fe 23%、SiO_2 42%的铬精矿,铬回收率 75%。菲律宾的马辛诺矿,铬尖晶石赋存于软质的蛇纹石、黏土、石灰岩中,采用重介质选矿方法除去产率为 6% ~10%的废石。此外,土耳其卡瓦克铬矿、塞浦路斯岛塞浦路斯铬矿亦用螺旋选矿选别铬铁矿。

3.2.1.2　磁选、电选

铬铁矿的比磁化系数介于 $(25 ~ 30) × 10^{-6}$ cm^3/g 之间,属于弱磁性矿物(与黑钨矿的比磁化系数近似),但伴生的橄榄石与蛇纹石的比磁化系数更低,因此,可通过高磁场磁选机将铬铁矿与脉石分离。芬兰的凯米选矿厂采用琼斯强磁选机,选出含 Cr_2O_3 45% ~47% 的精矿供作铸砂原料和含 Cr_2O_3 42% ~44% 精矿用于铬铁厂,磁选部分的回收率超过 90%。土耳其东部的 Kefdagi 采用强磁选—弱磁选联合流程,从含 Cr_2O_3 38.7% 的原矿中,获得含 Cr_2O_3 47% ~48%、铬回收率 83.4% 的精矿。电选是利用导电率的差异进行铬铁矿和硅酸盐脉石矿物的分离。美国加利福尼亚州使用电压为 15 ~20 kV 进行静电选矿,获得 Cr_2O_3 54%、铬铁比 2.42 的高品位铬精矿,铬回收率 58%。

3.2.1.3 浮选

浮选法是选别微细粒级铬铁矿的有效方法。化学组成差异影响铬铁矿的表面电化学特性如零电点,从而影响铬铁矿的可浮性。传统的阴离子捕收剂如油酸、塔尔油和阳离子捕收剂如十二烷基氯化铵、C_{16} ~C_{18} 混合胺都可作为铬铁矿的捕收剂。前苏联克拉斯诺尔选矿厂采用苏打、亚硫酸盐、塔尔油组成的药剂制度,获得 Cr_2O_3 56.3%、铬回收率 72% 的高品位铬精矿。津巴布韦铬铁矿浮选厂(精矿 10000t/月),在矿浆 pH 等于 6 时,用硫酸化煤油和燃料油浮选可从 Cr_2O_3 15% 的原矿中获得含 Cr_2O_3 54% 的精矿,铬回收率为 55%。

3.2.1.4 化学选矿

铬铁矿化学选矿的目的之一是提高物理法产出精矿的 Cr/Fe 比,另一目的是用化学法直接处理某些不能用物理法处理的或物理法处理不经济的铬矿石。物理-化学联合法和用化学法直接处理铬矿石是铬铁矿选矿的主要趋势之一。化学法能从矿石中直接提取铬、制取碳化铬和氧化铬等。化学法包括选择浸出、氧化还原、熔融分离、硫酸及铬酸浸出、还原及硫酸浸出等。加拿大的曼尼托巴乌河铬铁矿重选只能选出 Cr/Fe 比为 1:(1 ~1.48)、含 Cr_2O_3 35.5% ~41.6% 的铬精矿(低于冶金用铬精矿的要求),采用氧化还原法生产氧化铬,得到 Cr_2O_3 90% 的氧化铬,回收率 93%,并与重选的低品位铬精矿(Cr_2O_3 39%)按 1:2 混合后,得 Cr_2O_3 57%、Fe 13%、Cr/Fe =3,得合乎生产铬铁合金的原料。

3.2.2 铬铁矿石选矿技术发展

中国是一个铬矿资源十分短缺的国家,铬矿资源的基本特点是:矿产规模小,分布零散,没有大型矿区,中型矿区也只有 3 处,绝大部分为小型矿区,每年进口近数百万吨,2005 年进口 302.47 万吨,进口依存度 95%。因此,加强铬矿石的选矿试验研究及铬矿山的开发利用,乃是当前十分重要的任务。

近年来铬矿石选矿技术进步不大,还是采用传统的重选法选矿,即采用跳汰选别及摇床选别,也有使用强磁选精选,但不多见。

试验研究表明,除用跳汰、摇床处理较粗铬矿石外,用离心选矿机选别 -0.06 mm 粒级铬矿石是有效的。西藏罗布莎铬铁矿是我国迄今为止所发现唯一的大型富矿床,矿床的成因类型属上地幔铬铁矿床。

铬铁矿物以镁铬铁矿为主,占近三分之二;脉石矿物以绿泥石、蛇纹石、橄榄石为主,矿石以致密块状为主,稠密浸染状次之,铬尖晶石的含量在 80% 以上,粒径 1 ~5 mm,个别大于 10 mm。由于罗布莎铬铁矿原矿品位高(平均地质品位 50% ~53%),有用矿物与围岩、脉石颜色差异大,密度差别大,是一种易选的矿石。1996 年选矿厂建成,设计流程为原矿破碎至 -140 mm,经振动筛分级,+40 mm 进行手选,-40 mm 入 AM50 大粒跳汰机选别,处理原矿含 Cr_2O_3 46% ~48%,可以获得精矿 Cr_2O_3 48% ~54%,回收率 95% ~97% 的优良指标。

用螺旋选矿机和多层尖缩流槽选别含 Cr_2O_3 12% 的铬矿石,铬精矿品位 Cr_2O_3 42%,回收率 75% ~ 78%。

采用 ϕ600 mm × 1000 mm 双头离心摇床处理 – 0.074 mm 物料(脉石主要是蛇纹石),原矿 Cr_2O_3 6.4%,铬精矿 Cr_2O_3 40.13%,回收率 49.22%。

采用干式磁选选别 Cr_2O_3 为 12% 的铬矿石(铬尖晶石和橄榄石为主)场强 716.56 kA/m,铬精矿含 Cr_2O_3 48.50%,回收率 98.5%。采用湿式强磁选指标稍低于此指标。高压电选结果也较好。

在细粒浮选中,以铵盐作捕收剂,蛇纹石的抑制剂以喹啉硝基二羧酸铵为最佳。

此外对化学选矿法也进行了研究,如研制出选别低品位铬精矿的化学选矿法,该法是将低品位铬精矿氧化焙烧制成氢氧化铬,再转化成铬铵矾电解产出金属铬。为金川镍矿的尾矿中回收铬铁矿探索了一种新方法。还研究出一种用伯胺萃取提矾铬新工艺。可生产出含 Cr_2O_3 95% ~ 98% 的产品,铬萃取率为 98%,反萃取为 100%,也为攀西地区红格矿中铬矾回收创造了有利条件。

贫铬矿石中多由含铬矿物、铂族矿物、硅酸镍矿和含氧化镁矿物组成。铂族矿物常以硫化矿形式赋存。

铂族矿物嵌布粒度细,高级晶系(等轴、正方)所占比例较大,与铬铁矿石共生的硫铱锇钌矿(含 Ru34%,Os16%,Ir12%,S30%)等硫化物,密度 7.71 ~ 7.78 g/cm³,在摇床重选时富集于铬精矿中。在摇床床面上矿物分带情况是:最重矿物带(硫铱锇钌呈一条线),次重矿物带(细粒铬尖晶石),中重矿物带(富中矿带)和轻矿物带(粗粒铬尖晶石)。

硫铱锇钌矿属硫化矿物,天然疏水性好,表面氧化程度低,易于浮选。以硫酸调节矿浆 pH 值至 4.5,以丁基黄药作捕收剂,松油为起泡剂,浮选含总 Pt 0.4 g/t 的矿石,精矿可富集到 16 g/t,回收率 65%。如浮选含总 Pt 4 g/t 的矿石,精矿中总 Pt 160 g/t,回收率 85%。硫铱锇钌矿的最佳捕收剂是二乙基黄原酸甲酸酯。脉石抑制剂是各类水溶性聚合物。

铬矿石选矿技术发展方向:

(1)鉴于铬矿石重选,磁选设备落后,选矿效果差,要逐步实现选矿设备大型化、高效化、自动化、节能化。

(2)加强对贫铬铁矿和粉矿开发利用的研究,提高铬精矿品位和回收率。

(3)加强铬铁矿石综合利用的研究,不但要回收铬精矿,还要从中回收铂族元素及钴镍硫化物,降低生产成本,不断提高经济效益。

(4)加强对攀西地区及金川镍矿中伴生铬矿资源的综合回收研究,以扩大资源,为我国提供铬铁矿新资源。

(5)目前虽然我国大部分铬铁矿石依赖进口,但也要加强国内铬矿山开发利用工作,充分利用"国内"和"国际"两种资源,保障国民经济的可持续发展。

3.3 铬铁矿石选矿实践

3.3.1 铬铁矿石选矿实例

3.3.1.1 罗布莎铬矿

A 概述

罗布莎铬矿是我国最大最富的铬矿。矿区位于西藏自治区曲松县罗布莎乡,距县城

34 km，有公路相通。距山南地区行署所在地泽当镇 72 km，到拉萨市 263 km，距最近的火车站——青海格尔木站 1430 km。

1951 年，以李璞为首的中国科学院西藏工作队地质组沿泽当—桑日—加查和泽当—拉加里（曲松）—加查两条路线进行地质考察时就发现该区超基性岩，其时代应当与日喀则地区所见相同，为第二纪侵入。

1958 年，原西藏煤田地质二队二分队检查群众报矿点时发现了本矿区。经工作组初步查明岩体规模，在龙给曲以西分出ⅦⅠ－ⅦⅣ4 个矿群和矿体露头 110 多处。用算术平均法计算矿石的总储量为 110 万吨。

1961 年、1962 年、1966 年到 1969 年、1970 年到 1981 年、1984 年到 1985 年各地质队进行了大量的勘探工作。

矿区位于藏南雅鲁藏布江岩带东段罗布莎基性－超基性岩体的西南，面积 29.10 km²。该岩带位于冈底斯火山——岩浆弧与晚三叠纪复理石带之间。铬矿床就产于斜辉辉橄岩－纯橄榄岩的岩相带之间。矿体分段产出，构成 7 个矿群，Ⅰ、Ⅱ、Ⅲ、Ⅳ4 个主要的矿群由西呈阶梯式逐步抬高。Ⅰ、Ⅱ矿体是矿床勘探工作的主要目标。

至 1993 年底，矿区累计探明铬矿石储量 396.1 万吨，Cr_2O_3 平均品位 52.63%，其中，A＋B级储量 24.1 万吨，占总储量的 6.1%；C 级 119 万吨，占总储量的 30%；D 级 253 万吨，占总储量的 63.9%。探明的总储量中包含贫矿石储量 72 万吨。

矿区简易气象资料：年降水量为 698.1 mm，年蒸发量 1651.25 mm，年平均最高 9.1℃，年平均最低气温 -3.35℃。相对湿度平均为 60%，最小为 0.1%，最大为 73%；绝对湿度平均为 4.7 毫巴，最小为 0.1 毫巴，最大为 12.5 毫巴。年平均风速为 2.6 m/s，最大风速为12 m/s；风向以南风为主。最大的雪深度为 15 cm，最大的冻土深度为 35 cm。冬季干燥寒冷，夏季温暖潮湿，属于半干旱大陆性气候。

B 矿石性质

矿石的结构构造可分为致密块状矿石和浸染状矿石两大类。矿床类型属于晚期岩浆矿床。

罗布莎铬矿的金属矿物主要是铬尖晶石。微量金属矿物有赤铁矿、褐铁矿、针铁矿、镍黄铁矿、钛铁矿等。矿石中伴生的铂族元素呈单矿物或类质同象赋存于造矿铬尖晶石及橄榄石的晶格中。脉石矿物有蛇纹石、橄榄石、绿泥石、钙铬石榴石、铬绿泥石、透辉石、水镁石、方解石等。化学成分见表 3－5。

表 3－5 Ⅰ、Ⅱ矿群矿石化学成分统计表 （%）

矿群	变化范围	Cr_2O_3	SiO_2	CaO	S	P	Cr_2O_3/FeO
	最大值	59.80	26.07	11.08	0.012	0.004	5.14
Ⅰ	最小值	14.21	1.15	0.12	0	0	1.54
	平均值	53.77	4.15	0.34	0.004	0.001	4.47
	最大值	59.20	24.63	2.34	0.011	0.007	5.02
Ⅱ	最小值	23.03	0.20	0.10	0	0	2.26
	平均值	50.52	4.62	0.44	0.004	0.002	4.20

罗布莎铬矿采用重选流程,原矿石破碎至 140 ~ 0 mm,经自定中心振动筛筛分, + 40 mm 粒级矿石经皮带手选, - 40 mm 粒级矿石入 AM50 跳汰机选别。

当原矿含 Cr_2O_3 52% 时,经重选流程可获得产率 90% 、Cr_2O_3 56% 、回收率 98% 左右的铬精矿,其中铂族元素 0.5 g/t,回收率 94% 左右。

3.3.1.2　甘肃大道尔吉铬矿

A　概述

大道尔吉铬矿位于甘肃省肃北县盐池湾乡,西距县城 100 km,东距盐池湾 40 km,从县城经敦煌至兰州 - 新疆铁矿柳园站 249 km,均有公路相通。

矿区位于中祁连隆起带西段南缘,沿沙拉果河深断裂有野人沟 - 小道尔吉超基性岩带断续分布,大道尔吉超基性岩体即位于此岩带内,东距小道尔吉 2.8 km,西距野人沟 4 km。岩体明显受沙拉果河深断裂控制。

矿区属浅切割的构造剥蚀山区,海拔高度 3240 ~ 3426 m,比高 50 ~ 186 m,空气稀薄。气候干寒,日温差大,冰冻期为 9 月至来年 4 月,年平均气温 - 2.4℃,平均降水 72.7 mm,平均蒸发量 1261.9 mm,属典型的大陆干旱气候。全年多西风和西北风,最大风速为 17 m/s。

1971 年到 1973 年初,肃北县曾对南矿带西段地表中、富矿进行露天开采,采出矿石近 1 万吨,少量运往北京生产铬铁合金,大部分仍堆置矿区。

80 年代中期,肃北县盐湾乡办企业对南矿带东段、富矿体进行露天开采和竖井开采,矿石多运往沈阳等地。

1988 年甘肃省玉门市河西化工厂计划筹建矿山,从肃北县架高压线 100 km 至矿区,选厂拟建于沙拉果河北岸,后因故停止。

B　矿石性质

甘肃大道尔吉铬矿的金属矿物主要以铬尖晶石为主,含少量磁铁矿及微量黄铁矿、黄铜矿、镍黄铁矿、镍铁矿、砷镍矿、针镍矿、方铅矿和辉砷钴矿等。铂族矿物主要呈细小的自形嵌布在铬尖晶石晶体内,二者紧密共生,极少数产于脉石矿物中。铂族矿物主要为硫钌矿及锇硫钌矿,次为钌硫锇矿。非金属矿物以蛇纹石、橄榄石为主。铂族元素因品位低、储量少,回收困难。

钴、镍在铬精矿内回收率很低,分别为 10.42% 和 26.10% ,主要赋存于硅酸盐内,选矿难以回收。

选矿的尾砂中 MgO 品位 35.40% ~ 37.51% ,CaO 为 0.70% ~ 2.66% ,SiO_2 34.24% ~ 38.62% ,也可做钙镁磷肥的原料。

大道尔吉铬铁矿产于由辉石岩与橄榄岩组成的超基性岩体中,是我国最大的贫铬铁矿矿床。矿石中铬铁矿呈块状、浸染状与星点状结构存在。矿石化学分析见表 3 - 6。铬铁矿单矿物分析见表 3 - 7。按 ПОВРОВ 分类法,大道尔吉铬铁矿属镁质富铁铝铬铁矿。矿石含 Cr_2O_3 18.46% ,Cr_2O_3/FeO 为 1.4,有害杂质少。铬铁矿矿物含量 35% ,主要脉石矿物为蛇纹石,含量 55% 。铬铁矿粒度 0.2 ~ 3 mm,大部分为 0.25 ~ 1.5 mm,实测密度 4.47 g/cm³。磁场强度 179.14 kA/m,铬铁矿矿物比磁系数 $(40 ~ 100) × 10^{-6}$ cm³/g,矿石中伴生的贵金属含量不高,Ru + Os + Pt + Pd 总量为 0.093 ~ 0.1 g/t。

表 3-6　矿石化学分析　　　　　　　　（%）

Cr_2O_3	Fe	Al_2O_3	MgO	CaO	TiO_2	Ni	Co	Mn
18.46	9.92	5.54	28.29	0.5	0.11	0.20	0.016	0.26

SiO_2	Cu	V	P	S	$Ru/g \cdot t^{-1}$	$Os/g \cdot t^{-1}$	$Pt/g \cdot t^{-1}$	$Pd/g \cdot t^{-1}$
22.35	<0.01	<0.031	0.033	0.049	0.065	0.023	0.002	0.003

表 3-7　铬铁矿单矿物化学组成

化学成分/%							$\dfrac{Cr_2O_3}{FeO}$	基础晶胞中各元素原子数				
SiO_2	Cr_2O_3	Al_2O_3	Fe_2O_3	FeO	MgO	CaO		Cr^{3+}	Al^{3+}	Fe^{3+}	Fe^{2+}	Mg^{2+}
0.35	51.44	16.50	2.36	18.16	11.20	0.03	2.50	10.3	4.0	0.7	3.7	4.3

C　选矿工艺流程

a　选矿方法的选择

铬铁矿实测密度与主要脉石密度差为 1.67 g/cm^3,铬铁矿与脉石在水介质中等分离密度差为 2.04 g/cm^3。这说明大道尔吉铬铁矿属于在重力场中容易分离的矿物。用二碘甲烷和四氯化碳配成不同密度的重液,进行了重液分离试验,结果见表 3-8。结果表明,-10 mm 矿石用重选可以得到产率 33.81%,含 $Cr_2O_3$42.93%,回收率为 75% 的精矿;-3 mm 矿石用重选可以得到产率 36.19%,含 $Cr_2O_3$44.08%,回收率 81.97% 的精矿,也可以用重选丢掉产率 37.81%,含 $Cr_2O_3$0.96% 的尾矿。在粗磨矿 0.3~0.5 mm 粒度下用重选可以得到产率 44.95%,含 $Cr_2O_3$45% 的精矿,回收率高达 96.39%。显然,粗粒级采用跳汰,细粒级采用摇床或螺旋的重力选矿工艺流程是非常合理的。选别流程见图 3-1。

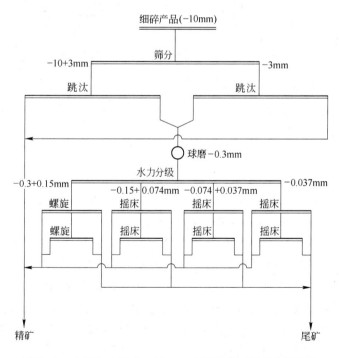

图 3-1　大道尔吉铬矿 -10 mm 矿石跳汰—摇床选别流程

　　铬铁矿具有弱磁性,因此,进行了矿石的磁力分析以确定采用强磁选的可能性及预期的选别指标。磁力分析最好结果是在 398.09 kA/m 磁场强度下分选得到的,磁性产品含 $Cr_2O_3$42.38%,但回收率只有 53.49%。磁选结果低的主要原因是矿石中共生有强磁性矿物磁铁矿。磁铁矿呈非常细的颗粒分散在蛇纹石与围岩中,使其磁性增高,铬铁矿与脉石的分离效果变坏。

表 3-8　　-10 +0.037 mm 矿石重液分离

密度 /g·cm^{-3}	沉物部分					浮物部分				
	产率/%		$w(Cr_2O_3)$/%	回收率/%		产率/%		$w(Cr_2O_3)$/%	回收率/%	
	作业	原矿		作业	原矿	作业	原矿		作业	原矿
3.3	33.81	32.96	42.96	76.82	75.85	66.19	64.53	6.61	23.18	22.89
2.7	62.81	61.23	28.90	96.01	94.80	37.19	36.26	2.01	3.99	3.94

　　b　试验结果

　　为了确定最佳的选矿方案,进行了不同入选粒度下的单一摇床、摇床—螺旋、跳汰—摇床、跳汰—螺旋—摇床选别条件,设备参数及多方案的流程试验研究。跳汰选别又进行了预先分级与不分级的对比条件试验。不同选矿流程的试验指标列于表 3-9。

表 3-9　选矿流程试验指标

入选粒度 /mm	选矿流程	精　矿				尾矿含 Cr_2O_3/%
		产率/%	Cr_2O_3/%	回收率/%	$w(Cr_2O_3)/w(FeO)$	
-0.5	单一摇床	38.10	43.39	89.23	2.14	3.22
	螺旋—摇床	41.76	41.64	90.79	2.18	3.02
-3	不分级跳汰—摇床	39.38	44.42	91.96	2.19	2.00
	分级跳汰—摇床	41.67	42.52	94.72	2.11	1.70
	分级二次跳汰—摇床	41.12	42.55	93.52	2.10	2.06
	不分级跳汰—螺旋—摇床	42.12	42.13	94.33	2.13	1.84
-10	跳汰—螺旋—摇床	44.70	42.49	95.89	2.21	1.47
	跳汰—摇床	44.09	42.91	95.70	2.22	1.52

　　c　结论

　　(1)根据铬铁矿粒度以及与脉石矿物的密度差异,采用重选回收大道尔吉低品位铬铁矿是一个简单的、技术与经济都合理的方案。由于矿山中铬铁矿呈块状、浸染状与星点状结构构造,按粒级分别用不同的设备进行分选是适宜的。粗粒级矿石采用在脉动水松散床层的跳汰机中分选,矿石不需要细磨,在粗颗粒下获得合格精矿,不但节省磨矿费用,经济上有利,而且提高选矿单位面积的处理量,避免铬铁矿泥化损失,提高铬金属的回收率。细粒级铬铁矿用螺旋选矿机或摇床选别,可以保证细级别的金属回收率与精矿质量。因此,认为选别大道尔吉低品位铬铁矿采用 -10 mm 矿石入选的跳汰—螺旋—摇床选别流程是合理的,它可以从含 Cr_2O_3 19.81% 的原矿,分离出产率为 44.70%、Cr_2O_3 品位 42.49%、回收率 95.89%、Cr_2O_3/FeO 为 2.21 的精矿。

　　(2)跳汰分选可以得到产率 30.22%、品位 43.90%、Cr_2O_3、回收率 66.99% 的粗粒精矿,但在试验中用跳汰丢掉的尾矿产率只有 8% ~9%,品位在 3.0% 以上。表明跳汰以获得粗精矿为宜,用它抛尾矿效率不高。

(3)螺旋选矿机的单位面积处理量比摇床高 10 倍,相应地占地面积小、制造简单、节省动力。试验表明采用螺旋选矿机可以代替 4/5 的摇床。在西北干旱地区木制摇床,易于开裂,用螺旋选矿机代替摇床还有特定的意义。

(4)小型试验系为年产 2 万吨,铬精矿 Cr_2O_3 大于 40% 的小选厂提供设计依据,矿石混合样 Cr_2O_3 >(17.91% ~18.41%),试验采用跳汰—摇床选别流程,在经济上、技术上比较合理。与单一摇床选别相比,在铬精矿品位相近的情况下,回收率可提高 3 ~6 个百分点,尾矿中 Cr_2O_3 可降至 2.0% ~1.52%,同时,又具有流程灵活、适应性强、节省磨矿动力和生产量高等优点。

3.3.1.3 内蒙古索伦山铬矿

A 概述

索伦山铬矿位于内蒙古自治区西部彦淖尔盟乌拉特中旗北东 97 km,其北界为中蒙国境线。东南至白云鄂博 135 km,至包头 280 km,至呼和浩特 350 km,均可以通汽车,并与包(头)—白(云鄂博)、(北)京—包(头)铁路相连。

矿区累计储量铬矿石 C 级储量 10.0 万吨,D 级储量 39.2 万吨,共计 49.2 万吨。截至 1993 年底,全区保有 C 级储量 7.7 万吨,D 级储量 38.3 万吨,共计 46.0 万吨。

B 矿石性质

内蒙古索伦山铬矿金属矿物主要有铬尖晶石,其次有磁铁矿、赤铁矿、磁黄铁矿和镍黄铁矿,极少见黄铁矿、黄铜矿、斑铜矿以及铂、钯矿物等。非金属矿物主要有蛇纹石、绿泥石和碳酸盐类矿物,次要矿物有水镁石、滑石、绢石、伊丁石、硅质、氢氧化铁以及橄榄石、铬云母、黑云母少见。矿石可选性较好,经重选选矿试验,当入选矿石 Cr_2O_3 15% ~27% 时,铬精矿 Cr_2O_3 40% ~49%,尾矿 Cr_2O_3 3% 左右,回收率在 82% 以上,且铬铁比 2.5 ~3.8。索伦山矿区矿石化学成分见表 3 – 10。

表 3 – 10 矿石化学成分分析   (%)

矿区	Cr_2O_3	FeO	Fe_2O_3	TiO_2	SiO_2	CaO	Al_2O_3	MgO	MnO	S	P
察汗奴鲁	25.42	5.35	4.54	0.056	16.35	4.18	4.70	24.46	0.11	0.088	0.002
土格木	21.42	5.29	7.22	0.056	15.77	8.4	3.74	20.25	0.126	0.111	0.003
阿布格	18.58	7.6	5.20	0.055	19.6	9.34	3.12	20.4	0.14	0.048	0.041
察汗胡勒	23.0	14.66		0.075	13.13	5.25	8.25	17.73	0.07	0.013	0.10
乌珠尔	8 ~30	1.4 ~ 1.6					2.33 ~ 3.5	14.2 ~ 18.98			

C 开发利用情况

1962 年,包头钢铁公司一厂出资与乌拉特中旗联合开采,采出矿石约 100 吨,因品位达不到要求而中止开采。

1965 年,乌拉特中旗组织 20 ~30 人在土格木矿区开采,历时年余,因矿石无人收购,于 1967 年停采。

1967 年,内蒙古军分区组织部队开采,采出矿石 2000 ~3000 t,也因无处销售而停采。

1982 年,乌拉特中旗计委投资筹建铬矿山,主要开采 Cr_2O_3 含量在 35% 以上的富矿。当时售价 120 元/t,销往天津同生化工厂。

1985 年矿山筹建选厂,由东北工学院(现东北大学)设计,设计规模年产精矿粉 3000 ~ 4000 t,入选矿石品位 25%,选后精矿品位 40%,选厂于 1986 年投产,1987 年正式生产并达到设计规模。

为了保证选厂所需矿石,1987 年矿山设计斜井开采,机械化提升,设计规模年产矿石 10000 t,生产年限 10 年,设计单位为内蒙古冶金研究所。由于实际地质情况与设计资料不符,矿石储量达不到设计规模,斜井进行到 170 m 即停止。

1995 年,矿山主要以土法小竖井进行手工挖掘开采,机械化斜井只作辅助性开采。目前年采矿石约 10000 t,年产精矿 3000 ~ 4000 t。入选原矿 Cr_2O_3 25%,重选精矿 Cr_2O_3 40%,但尾矿品位达 10%,后又改为强磁选流程。正式生产采用一段磨矿、一次强磁选流程,经半年多生产实践,当原矿品位 Cr_2O_3 26.61%,可获得精矿品位 41.98%,回收率 87.44% 的铬精矿。

矿山现有主要设备破碎机 2 台,球磨机 1 台,磁选机 1 台,运输汽车 4 台,发电机 2 台,绞车 1 台,其他设备 5 台,共计 16 台套。

3.3.1.4　贺根山铬矿

A　概述

贺根山铬矿位于内蒙古自治区锡林浩特市朝克乌拉苏木乡北西 9 km,南距市区 100 km,可以通低等级草原公路。

B　矿石性质

贺根山铬矿是一个中型矿床,也是华北地区最大的铬矿床,金属矿物以尖晶石为主,尖点状磁铁矿次之,黄铁矿、黄铜矿和赤铁矿少量或微量。脉石矿物以叶蛇纹石为主,绿泥石次之,并含少量方解石,橄榄石和高岭石等。矿石 Cr_2O_3 含量最高 42.59%,最低 23.62%。品位变化基本稳定,局部富集。其他氧化物平均含量:Fe_2O_3 1.4%、FeO 9.48%、Al_2O_3 13.27%、SiO_2 16.52%、MgO 25.92%、CaO 0.57%、K_2O 0.011%、Na_2O 0.076%,有害杂质 S 0.01% ~ 0.07%,P 0.01% ~ 0.03%。

C　开发利用情况

当原矿 Cr_2O_3 15.69% ~ 24.40% 时,选矿试验结果表明,对中等浸染型矿石采用重选、摇床和溜槽选别,可获得 Cr_2O_3 33% ~ 36% 的铬精矿,铬回收率 Cr_2O_3 46% ~ 83%,铬铁比 1.9 ~ 2.6,(见表 3 - 11)。研究还表明,如对铬精矿进行化学处理试验,即将铬精矿(Cr_2O_3 33% ~ 35%)与一定量的焦炭粉混合成圆球,在 1000 ~ 1500℃ 炉中焙烧,再用稀硫酸浸出铁(每吨精矿需硫酸 330 kg),精矿品位 Cr_2O_3 提高到 44.66%,回收率 99.65%,铬铁比 3.71。

表 3 - 11　选矿试验结果

原矿品位 (Cr_2O_3)/%	精矿品位(Cr_2O_3)/%	尾矿品位(Cr_2O_3)/%	回收率/%	铬铁比	试验单位
21.67	36.16	6.84	51.74	2.10	地质部矿物原料研究所 (1957 年 12 月)
22.40	36.06	6.65	47.88	2.57	冶金部矿冶研究院
15.69	32.09	5.52	46.40	1.90	(1958 年 8 月)
26.16	36.01	—	71.75	2.40	地质部地质科学研究院
19.63	34.92	—	57.87	1.95	(1961 年 3 月)
22.23(地表样)	35	8 ~ 9	80 ~ 83	2.15	鞍山黑色金属矿山设计院
21.20(岩心样)	33	9 ~ 10	75 ~ 80	1.90	(1961 年 9 月)

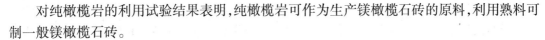

对纯橄榄岩的利用试验结果表明,纯橄榄岩可作为生产镁橄榄石砖的原料,利用熟料可制一般镁橄榄石砖。

3.3.1.5 高寺台铬铁矿

A 概述

高寺台铬矿位于河北省承德市高寺台乡南兴街村,南距承德市约 20 km,有公路相通,并有承(德)—隆(化)铁路与(北)京—承(德)、锦(州)—承(德)铁路相连。

矿区内累计探明铬矿石储量 17 万吨,平均品位 Cr_2O_3 14.12%,其中 C 级 6 万吨,Cr_2O_3 平均 16.12%;D 级 11 万吨,Cr_2O_3 为 16.12%;表外矿石储量 2 万吨,Cr_2O_3 平均 7.89%。

B 矿石性质

高寺台铬矿金属矿物主要为铬铁矿,其次有少量磁铁矿、黄铁矿及铂族矿物;脉石矿物主要为橄榄石、蛇纹石以及少量绿泥石、云母、铬云母、蛭石等。

C 工艺流程

曾对 3 个品级矿样进行重选摇床试验,当原矿 Cr_2O_3 为 9.23% 时,可获得 Cr_2O_3 品位为 40.81% 的铬精矿,回收率 75.62%,铬铁比 1.24。当原矿 Cr_2O_3 为 6% 时,可获得 Cr_2O_3 37.12%、回收率 79.86% 的铬精矿,铬铁比 1.09,当原矿 Cr_2O_3 为 4% 时,可获得 Cr_2O_3 35.10%、回收率 76.23% 的铬精矿,铬铁比 0.90。试验结果表明,虽可获得合格精矿,但铬铁比值低,曾使用还原焙烧、硫酸浸出法,铬铁比才可提高到 2.56。

对于铂族元素的回收,矿物嵌布粒度 0.1~0.3 mm,粗铂矿粒度 0.2~0.5 mm,用重选法选别铬铁矿的同时可获得铂族元素精矿。这是因为铂矿和铬铁矿密度差别很大。经组合样品重选试验,试样重 9 t(Cr_2O_3 7.02%,铂族元素品位 0.12 g/t),可获得粗精矿的铱品位 34.6 g/t,回收率 78.96%。还有试验表明高寺台铬铁矿用重选选别,当原矿 Cr_2O_3 为 9.3% 时,铬精矿 Cr_2O_3 40%,尾矿 Cr_2O_3 2.90%,其选矿比为 5.8,即获得 1t 铬精矿需 5.8 t 原矿。

高寺台铬铁矿的弱磁选—强磁选—重选联合流程的工业试验结果表明,入选原矿 Cr_2O_3 21.12%,铬精矿 Cr_2O_3 41.48%,回收率 80.17%。

3.3.1.6 陕西楼房沟铬矿

A 概述

楼房沟铬矿位于陕西省留坝县城关镇楼房沟南坡杨家店。矿区到小留坝 4 km,有简易公路,并与汉(中)—宝(鸡)公路相通,向南 89 km 至汉中与阳(平关)—安(康)铁路相连;向北 90 km 至凤州与宝(鸡)—成(都)铁路相连。

矿区累计探明铬矿石储量 2.9 万吨,Cr_2O_3 平均品位为 23.21%,S 含量 0.035%,SiO_2 含量 8.465%。其中 C 级储量 2.1 万吨,D 级储量 0.8 万吨。

20 世纪 70 年代,留坝县曾开采铬矿,供县铸石厂用;80 年代以来,留坝县建材厂开蛇纹岩,生产钙镁磷肥。

B 矿石性质

陕西楼房沟铬矿的金属矿物为铬尖晶石,其次为微量的磁铁矿、黄铁矿、镍黄铁矿、磁黄铁矿、针镍矿、辉砷镍矿,偶见硫钴矿、闪锌矿、黄铜矿等,伴生有铱钌镍矿物,脉石矿物主要为叶蛇纹石、纤蛇纹石、胶蛇纹石、橄榄石、滑石、菱镁矿、白云石等。贫铬铁矿石原矿 Cr_2O_3 10.95%,Fe_2O_3 3.10%,FeO 6.28%,S 0.17%,Co 0.013%,Ni 0.253%。

C　工艺流程

经两段磨矿,两段重选流程,可获得产率22.07%,Cr_2O_3含量44.14%,回收率86.33%的铬精矿。重选时由于硫化物进入铬精矿,使硫品位增至0.33%,经浮选选别后可降为0.033%,达到工业要求范围。最终铬精矿产率21.64%,精矿Cr_2O_3品位44.83%,回收率85.94%。

由于磁铁矿化,铬精矿的铬铁比为1.73,经磁选可提高其值,但回收率却大幅度降低。试验研究表明,当铬铁比提高到2.50以上时,回收率要降至45%。

矿石中伴生的Ni有40.71%进入重选铬精矿,Ni品位为0.446%。经浮选选别有32.77%是以镍精矿的产品形式得到回收,含Ni18.53%;有7.94%进入浮选后的铬精矿,Ni品位0.089%。矿石中伴生的Co有79.03%进入重选铬精矿,Co品位0.04%,浮选后分配在精矿中的Co为24.83%,Co品位0.65%,在浮选铬精矿中尚有54.20%,但Co品位仅为0.028%。

矿山中伴生的铂族元素与铬铁矿和硫化物关系密切。在重选时进入铬精矿的Os为68.27%,Os品位0.122g/t,钌57.03%,Ru品位为0.136 g/t。浮选后分配在镍精矿中的Os为13.01%,Os品位1.155 g/t,铱为14.35%,Ru品位为1.70 g/t。

总之,贫矿石经三段磨矿,采用重选—浮选—磁选流程,其中Cr、Ni、Co、Pt族元素等产品均可取得良好的回收效果。

3.3.1.7　冯家山铬矿

A　概述

冯家山铬矿位于陕西省宁强县庙坝乡冯家山村,南距华严寺沟口4 km有山区小路。由华严寺沟口向北到接官亭20 km,有简易公路与勉(县)—略(阳)公路相接;由华严寺沟口向南14 km到大安接(四)川—陕(西)公路和阳(平关)—安(康)铁路。

1983年8月,西北有色金属711地质勘探队发现此矿。1984年3~11月,该队对此矿床进行了地表及深部评价。开展了1/1万和1/2千地质测量。施工槽探4000 m³,坑探200 m,钻探11个孔1571.6 m。采取了矿石可选性初步试验样1件和各类测试样品。

B　矿石性质

冯家山铬矿的金属矿物为铬尖晶石类;脉石矿物为石英、绢云母、铁白云石,次为铬云母、绿泥石等,另有微量电气石、锆石、榍石、金红石、白钛石等矿物。矿石化学全分析结果见表3-12,铬物相分析结果见表3-13。

表3-12　矿石化学成分分析结果　　　　　　(%)

组成	Cr_2O_3	SiO_2	FeO	Fe_2O_3	Al_2O_3	CaO	MgO	S	P
含量	11.82	52.95	7.39	6.10	7.93	3.75	3.26	0.049	0.005

表3-13　矿石中Cr_2O_3物相分析结果　　　　　　(%)

物　相	硅酸盐	铬铁矿	各相和值
含　量	1.45	10.49	11.94
分布率	12.14	87.86	100.00

C　开发利用情况

20世纪80年代,当地农民用土法自发开采,采富弃贫。

当原矿 Cr_2O_3 为 11.82%,可选性试验采用重选—浮选流程可获得产率 22.98%,铬精矿 Cr_2O_3 34.71%,回收率 67.49%,铬铁比 2.35,其中 SiO_2 21.00%,P 0.0184%,S 0.0195%。采用湿式强磁选流程可获得产率 26.17%,铬精矿 SiO_2 35.71%,回收率 79.01%,铬铁比 2.16,其中 SiO_2 18.65%,P 0.003%,S 0.019%。

为降低铬精矿中的 SiO_2,进行了分级—摇床选别和强磁选—摇床选别两种流程,SiO_2 可分别降为 9.89% 和 9.60%,铬精矿品位提高到 47.79% 和 43.49%,但铬精矿回收率却分别下降到 42.10% 和 37.02%。如将强磁选所得铬精矿再磨后再进行强磁选,SiO_2 虽可降低至 8.36%,但铬精矿 Cr_2O_3 品位仅为 38.53%,回收率仅为 61.44%。

3.3.1.8 松树沟铬矿

A 概述

松树沟铬矿位于陕西省商南县富水镇北 10 km,从富水向西经商南县城至西安市 261 km,有公路相通。

1957 年,陕西省地质局区域地质测量队发现松树沟超基性岩体。同年,冶金工业部西北冶金地质勘探公司和第三地质队在岩体中发现铬铁矿,并开展普查工作。1963~1967 年西北冶金地质勘探公司第三地质队进行了初步评价–详查工作。期间施工钻探 111822 m,硐探 19956 m,浅井 246 m,槽探 364800 m^3。

矿区累计探明 C+D 级表内储量 7.7 万吨,其中 C 级储量 6.5 万吨,D 级储量 1.2 万吨,矿石平均品位 Cr_2O_3 13.5%。

B 矿石性质

松树沟铬矿的金属矿物主要为铬尖晶石及微量磁黄铁矿、镍黄铁矿和磁铁矿。脉石矿物主要为橄榄岩,少量顽火辉石、透辉石、蛇纹石、铬斜绿泥石、透闪石、蛭石和滑石等。

矿石中伴生的有益组分有 NiO、CoO 和铂族元素。NiO 和 CoO 含量分别为 0.051%~0.109% 和 0.036%~0.052%,含量太低,无综合利用价值。

C 开发利用情况

可选性试验采用跳汰—摇床流程和摇床选别流程,入选矿石粒度分别为 2~0 mm 和 1~0 mm 进行试验,前者在原矿 Cr_2O_3 35.95% 时,可获得产率 65.60%,Cr_2O_3 52.24%,回收率 93.49% 的铬精矿,铬铁比 2.81,S 0.010%。

对于低品位 Cr_2O_3 8% 的围岩,作橄榄石砂可选性试验,采用摇床—磁选流程,可获得 Cr_2O_3 品位 32%~45% 铬精矿。

1966 年,由沈阳镁铝设计院和兰州冶金设计院共同承担铬矿的设计项目。1968 年 5 月,动工兴建,于 1970 年 7 月 1 日建成投产,采选能力为 100 t/d,至 1976 年底闭坑。年平均采矿石 2.5 万吨,年产精矿 0.25 万吨,平均日处理铬矿石 80~90 t,累计生产铬精矿 1.68 万吨。

3.3.1.9 香卡山铬矿

A 概述

香卡山铬矿位于西藏自治区曲松县罗布莎乡境内,南距县城直距 18 km,距山南行署所在地泽当镇 90 km,有公路相通。距最近的青海省格尔木火车站 1435 km。

截至 1993 年底,矿区累计探明铬矿石储量 60 万吨,Cr_2O_3 平均品位 54.26%,其中 C 级 14.7 万吨,D 级 45.3 万吨。

B 矿石性质

香卡山铬矿的金属矿物为铬尖晶石,微量的磁铁矿、赤铁矿、六方硫镍矿、针镍矿、黄铁矿、白铁矿、毒砂、方铅矿、磁黄铁矿、黄铜矿、硅铁矿及铱铱矿、铱锇钌矿;脉石矿物主要为叶蛇纹石、铬绿泥石、微量的阳起石、蒙脱石、橄榄石、绢石、绿泥石、辉石、钙铬榴石、碳酸盐等。根据255个矿石化学分析统计见表3-14。

表3-14 矿石化学成分统计表   (%)

矿体号	Cr$_2$O$_3$	SiO$_2$	CaO	S	P	Cr$_2$O$_3$/FeO	备 注
141	54.57	3.08	0.17	0.007	0.002	4.41	226个样
142	51.53	4.65	0.21	0.007	0.002	4.15	29个样

C 开发利用情况

可选性报告中重选试验结果表明,当原矿Cr$_2$O$_3$品位为49.09%,可获得产率88.41%,Cr$_2$O$_3$品位54.41%,回收率98%左右的铬精矿。其中铂族元素总量为0.405 g/t提高到0.443 g/t,回收率96.68%。对铬精矿进行浮选,可使铂族元素总量提高到16.45 g/t,产率1.21%,回收率44.93%。对原矿而言,产率1.07%,回收率43.44%。采用重选,实际可行,经济效应显著。铂族元素的回收可考虑在铬矿深加工中进行。

自1987年起,西藏地矿局第二大队根据国家计委、经委及地矿部的文件精神,在14矿群北西端开展了边探边采。

1988年,西藏地矿局将141、142号矿体的30万吨储量有偿转让给西藏自治区香卡山铬铁矿区矿产有限股份开发公司开采,近来又开始在14矿群原143号、144号矿体地段进行开采。到1993年底共开采矿石4.4万吨。

为了扩大矿山生产规模,西藏自治区地方政府决定建立地方国营矿山,由贡嘎县负责。冶金工业部长沙黑色冶金矿山设计院对矿山建设进行设计,设计生产能力年产3万吨成品铬矿(露采)或2万吨成品铬矿(坑采)。总投资3600万元。设计从业人员400人。

3.3.1.10 洋淇沟铬矿

A 概述

洋淇沟铬矿位于河南省西峡县西坪镇北西13 km处,西部与陕西省商南县富水乡接壤。矿区有简易公路与南阳—西安主干公路相接,交通较方便。目前该矿以开采镁橄榄石为主,并回收铬铁矿。

1957年,地质部437队发现松树沟岩体。1957年,冶金部西北冶金地质勘探公司713队在松树沟岩体发现了铬铁矿。1964年冶金部中南地质勘探公司601队对洋淇沟岩体开展了普查工作。1965～1967年,冶金部组织713队等单位会战,重点查明松树沟岩体(含洋淇沟)铬矿的远景。其中对洋淇沟投入工程有:槽探25000 m³,坑探2753 m,钻探10215 m,采样200件。共探明铬矿石C+D组级储量25035.9 t,其中,表内C+D级15881.8 t,表外储量9154.1 t。

B 矿石性质

洋淇沟铬矿矿石中主要矿物为铬尖晶石,伴生少量黄铁矿、镍黄铁矿、磁铁矿、赤铁矿、偶尔见铂族矿物。脉石矿物有镁橄榄石、纤维蛇纹石、叶蛇纹石、辉石、透闪石、滑石、斜绿泥石、方解石等。

矿石平均品位 Cr_2O_3 13.52% ~28.53%, $w(Cr_2O_3)/w(FeO) = 1.6 ~2.4$。

C 开发利用情况

1967 年,西北冶金地质勘探公司研究所对铬矿石进行选矿试验,摇床重选试验表明,当原矿 Cr_2O_3 5.65%,采用两段磨矿—摇床选别,可获得产率12.15%, Cr_2O_3 40.24%,回收率85.15%的铬精矿,尾矿含 Cr_2O_3 0.97%。所建选矿厂采用重选生产指标为,原矿 Cr_2O_3 4.64%,铬精矿 Cr_2O_3 31% ~33%,回收率68% ~75%,尾矿 Cr_2O_3 0.14%。

当地农民首先开采地表铬矿体,以后又转入地下开采。1987 年,筹建西峡选厂。该厂为合资经营的乡镇企业,以采镁橄榄石为主,并回收铬铁矿,为铸造型砂提供原料。建厂规模:年产矿石 1 万吨,职工 50 人,固定资产 16.7 万元,流动资金 5.3 万元。

3.3.1.11 湖北太平溪铬矿

A 概述

太平溪铬矿位于湖北省宜昌县太平溪镇境内,东距宜昌市 42 km,有公路相通。三峡水库建成后,长江水路可以直接达到矿区。

1958 年,北京地质学院清江队在黄陵背斜开展 1/20 万地质测量,首次发现了太平溪岩体。同年,冶金部鄂西矿务局 609 队三斗坪普查队在太平溪地区开展 1/5 千地质测量,经槽、井探揭露,初步调查了太平溪岩体及其铬、镍的分布。1960 ~1962 年,冶金部中南地质勘探公司 609 队在矿区进行详查。钻探 2243 m,坑探 243 m,浅井 466 m,槽探 34335 m^3,取样 2688 件。

截至 1993 年,全矿区共探明(保有)铬矿石 B + C + D 级储量 3 万吨,其中,B + C 级储量 2900 t,D 级储量 1000 t。矿石质量,Cr_2O_3 品位 9.10% ~10.04%。伴生 Co 3.7 t,伴生 Ni 28.4 t。

B 矿石性质

湖北太平溪铬矿的金属矿物为铬尖晶石,次为磁铁矿,有少量钛铁矿、赤铁矿、黄铁矿、磁黄铁矿、黄铜矿、自然铜等。脉石矿物有蛇纹石、绿泥石,次为滑石、菱镁矿、透闪石、铬绿泥石、铬石榴子石等。矿石化学成分分析结果见表 3 – 15。

表 3 – 15　矿石化学成分统计表　　　　　　(%)

矿石名称	Cr_2O_3	Fe_2O_3	FeO	Al_2O_3	SiO_2	MgO	Cr_2O_3/FeO
块状矿石	35.38	4.91	14.35	9.42	10.18	17.59	2.47
浸染状矿石	22.63	7.60	12.74	5.74	21.05	22.91	1.78

C 开发利用情况

当原矿 Cr_2O_3 为 18.50%,经两段磨矿(-0.4 mm, -0.15 mm),重选,可获得 Cr_2O_3 40.49%,回收率 81.42% 的铬精矿。铬铁比 2.28。

对含 Cr_2O_3 1% 的蛇纹岩,经摇床选,可得 Cr_2O_3 26.18%、回收率 39.95% 的铬精矿。其尾矿有橄榄石、蛇纹石、菱镁矿组成,MgO 38.95%;可作冶金耐火材料,或制钙镁磷肥。

3.3.1.12 新疆等地铬矿矿山的选矿试验

新疆铬矿的扩大试验表明,采用一次磨矿—两次螺旋溜槽选别——一次离心选矿机选别可获得 Cr_2O_3 37.45%, SiO_2 1.8% 的铬精矿。

内蒙古锡盟赫格敖拉铬矿采用阶段磨矿两段摇床选别流程的试验结果表明,可从Cr_2O_3 22.41%的原矿中获得Cr_2O_3 34.18%的精矿,铬回收率77.45%。

吉林小绥河铬矿的金属矿物有铬尖晶石,含少量针铁矿、硫钴矿、磁铁矿等,脉石矿物有绿泥石、蛇纹石和碳酸盐矿物。

铬铁矿石可选性好。试验室磁选流程,原矿石Cr_2O_3 22%左右,铬精矿Cr_2O_3 36.10%,回收率77.20%。试验室重选流程,铬精矿品位35.60%,回收率68.41%。由于矿石中含有磁铁矿,呈0.02 mm的包裹体赋存在铬尖晶石矿物中难选别。

3.3.2 铬铁矿石选矿主要生产技术指标

从20世纪60年代以来,我国先后建起河北遵化、北京密云、陕西商南、内蒙古锡盟赫格敖拉、内蒙古索伦山、新疆萨尔托海、西藏罗布莎7个小选矿厂,采用重选选别,前3个厂随着开采的结束相继停产。现有索伦山选厂,是1985年筹建的,设计规模年产精矿粉3000～4000 t,入选矿石品位25%,重选后精矿品位40%,但尾矿品位达到10%,后改为强磁选流程,于1986年投产。西藏罗布莎1996年建成投产,设计规模为5万t/a,采用分级－跳汰工艺流程,处理原矿含Cr_2O_3 46%～48%,可获得精矿Cr_2O_3品位48%～54%,回收率95%～97%的指标。中国铬铁矿选矿技术指标见表3-16。

表3-16 中国铬铁矿选矿技术指标

矿山矿石	商 南	遵 化	密 云	内蒙古锡盟	西藏罗布莎
选矿方法	重选	重选	重选	磁选	洗矿重选
原矿 Cr_2O_3 品位/%	4～5	6	6～8	20	46～48
精矿 Cr_2O_3 品位/%	35	35	32	32	48.3～54.5
尾矿 Cr_2O_3 品位/%	—	2.3	9.46	10～12	
回收率/%	65.8	75	65	65	95～97
精矿 $w(Cr_2O_3)/w(FeO)$	2	1.1	1.1	2	≥4
生产情况	1966～1973年资料,停产	1973年资料,采完	1973年资料,采完	试验资料	设计资料

参 考 文 献

[1]　陈毓川,王登红.重要矿产预测类型划分方案[M].北京:地质出版社,2010.

[2]　马华麟.现代铁矿石选矿[M].合肥:中国科学技术大学出版社,2009.

[3]　王运敏,田嘉印,王化军,等.中国黑色金属矿选矿实践(上册)[M].北京:科学出版社,2008.

[4]　中国冶金矿山企业协会.重点冶金矿山统计年报(2008 年)[R].2009.10.

[5]　《选矿手册》编辑委员会.选矿手册(第八卷第四分册)[M].北京:冶金工业出版社,1990.

[6]　《中国铁矿石选矿生产实践》编委会.中国铁矿石选矿生产实践[M].南京:南京大学出版社,1992.

[7]　余永富.我国铁矿山选矿技术进步及急待解决的问题[J].矿冶工程,2006(4):1～7.

[8]　余永富.我国铁矿山发展动向、选矿技术发展现状及存在的问题[J].矿冶工程,2006(1):21～25.

[9]　张泾生.我国铁矿资源开发利用现状及发展趋势[J].中国冶金,2007(1):1～6.

[10]　张泾生,余永富.我国黑色冶金矿山的选矿技术进步[J].金属矿山,2000(4):8～15.

[11]　沈慧庭,黄晓燕.2000～2004 年铁矿选矿技术进展评述[J].矿冶工程,2005(6):26～30.

[12]　李维兵,陈占金,景建华,等.我国红铁矿选矿技术研究现状及发展方向[J].金属矿山,2004(10)
增刊:24～30.

[13]　李振,刘炯天,魏德洲,等.铁矿分选技术进展[J].金属矿山,2008(5):1～5.

[14]　孙炳泉.我国复杂难选铁矿石选矿技术进展[J].金属矿山,2005 增刊:31～34.

[15]　宋仁峰,李维兵,刘华艳.我国铁矿石选矿技术发展特点及展望[J].金属矿山,2009(1):1～8.

[16]　余永富,陈雯.我国铁矿选矿技术进步、生产现状及发展趋势[J].矿冶工程,2008(3):1～6.

[17]　樊绍良,黎燕华.我国铁矿石技术进展[J].金属矿山,2004 增刊:8～12.

[18]　孙炳泉,刘亚辉.我国红铁矿选矿技术进展[C].第八届中国选矿技术交流大会,2001:26～29.

[19]　余永富,张汉泉.我国钢铁发展对铁矿石选矿科技发展的影响[J].武汉理工大学学报,2007(1):
1～6.

[20]　孙炳泉.我国复杂难选铁矿石选矿技术进展[J].金属矿山,2005(8)增刊:31～34.

[21]　袁致涛,韩跃新,李艳军,等.铁矿选矿技术进展及发展方向[J].有色冶金,2006(5):10～13.

[22]　张光烈.我国铁矿选矿技术的进展[J].有色冶金,2005(21)增刊:29～36.

[23]　孙业长.哈默斯利铁矿公司矿物加工厂的生产和管理技术[J].国外金属矿山,1999(5):51～58.

[24]　韦东.鄂西高磷鲕状赤铁矿矿石性质研究[J].金属矿山,2010(10):61～64.

[25]　李育彪,龚文琪,辛帧凯,等.鄂西某高磷鲕状赤铁矿磁化焙烧及浸出除磷试验[J].金属矿山,
2010(5):21～25.

[26]　王秋林,陆晓苏,彭泽友,等.高磷鲕状赤铁矿焙烧—磁选—反浮选试验研究[J].湖南有色金属,
2009(4):12～14.

[27]　牛福生,白丽梅,吴根,等.宣钢龙烟鲕状赤铁矿强磁—反浮选试验研究[J].金属矿山,2008(2):
49～52.

[28]　张泾生,邓克,李维兵.磁选—阴离子反浮选工艺应用现状及展望[J].金属矿山,2004(5):
24～28.

[29]　周伟,金成宽,李维兵.鞍钢矿山选矿工艺技术发展综述[J].中国矿业,2008(17)增刊:61～
69,74.

[30]　阿夫多欣 BM,等.铁矿石深度选矿工艺的现状及主要发展方向[J].国外金属矿选矿,2007(9):
10～16.

[31]　周晓四,等.重力选矿技术[M].北京:冶金工业出版社,2006.

[32]　秦煜民,张强,王化军,等. 低场强自重介质跳汰机的研制与应用[J]. 金属矿山,2003(5):25～27.

[33]　罗良飞,陈雯,严小虎,等. 大西沟菱铁矿煤基回转窑磁化焙烧半工业试验[J]. 矿冶工程,2006
　　　(2):71～73.

[34]　李吉利. 大西沟菱铁矿选矿厂工艺改造实践[J]. 矿冶工程,2009(6):36～38.

[35]　王秋林,陈雯,余永富,等. 难选铁矿石磁化焙烧机理及闪速磁化焙烧技术[J]. 金属矿山,2009
　　　(12):73～76.

[36]　罗立群,乐毅. 难选铁矿物料磁化焙烧技术的研究与发展[J]. 中国矿业,2007(3):58～61.

[37]　祁超英,余永富,张亚辉. 鄂西鲕状赤铁矿还原焙烧机理及分选有效途径探析[J]. 金属矿山,2010
　　　(10):57～60.

[38]　任亚峰. 细粒红铁矿闪速磁化焙烧研究[D]. 武汉:武汉理工大学,2006.

[39]　唐雪峰,余永富,陈雯. 某微细粒嵌布贫铁矿合理选矿工艺研究[J]. 矿冶工程,2010(1):41～43.

[40]　全文欣,张彬,等. 我国铁矿选矿设备和工艺的进展[J]. 国外金属矿选矿,2006(2):8～14.

[41]　郎宝贤. 圆锥破碎机现状和发展方向[J]. 矿山机械,2001(1):21～22.

[42]　邹健,等. 世界铁矿矿情[M]. 北京:中国冶金矿山企业协会,2005:571～577.

[43]　韦斯特迈耶 C P,等. 辊压破碎机在智利洛斯科罗拉多斯铁矿选矿厂的应用经验[J]. 国外金属矿
　　　选矿,2001(6):9～13.

[44]　刘健远,黄瑛彩. 高压辊磨机在矿物加工领域的应用[J]. 金属矿山,2010(6):1～8.

[45]　王薛芬. 高压辊磨机在铁矿石破碎方面的应用[J]. 现代矿业,2009(9):108～110.

[46]　王薛芬. 从 Karara 磁铁矿项目设计看细磨设备的发展[J]. 现代矿业,2009(8):50～52.

[47]　高明炜,等. 细磨和超细磨工艺的最新进展[J]. 国外金属矿选矿,2006(12):19～23.

[48]　罗主平,刘建华. 高压辊磨机在我国金属矿山的应用与前景展望(一)[J]. 现代矿业,2009(2):
　　　33～37.

[49]　孙仲元. 高效磁选设备在铁精矿提质降杂中的应用[C]. 2002 年全国铁精矿体质降杂学术研讨与
　　　技术交流会,珠海,2002.

[50]　余永富,祁超英,麦笑宇,等. 铁矿石选矿技术进步对炼铁节能减排增效的显著影响[J]. 矿冶工
　　　程,2010(4):27～32.

[51]　高烈. 歪头山铁矿选矿厂磨选工艺优化研究及应用[J]. 金属矿山,2008(5):53～55.

[52]　段其福,等. 歪头山铁矿大块矿石干式磁选的实践[J]. 金属矿山,1996(11):45～46.

[53]　刘千帆. 酒钢镜铁山铁矿石预选工艺研究[D]. 西安:西安建筑科技大学,2003.

[54]　张志荣,刘千帆. 酒钢桦树沟红铁矿预选研究及应用[J]. 矿冶工程,2007(2):33～36.

[55]　张明达,李广文,唐晓玲. 永磁强磁选机预选酒钢铁矿石研究及应用[J]. 金属矿山,2004 增刊:
　　　214～216.

[56]　高志喆,方丽芬,高振学,等. BX 磁选机在大孤山选矿厂的工业试验[J]. 金属矿山,2003(11):
　　　25～26.

[57]　王美华,吴祥林. BX 磁选机磁系的特征[J]. 金属矿山,2006(8)增刊:387～390.

[58]　周凌嘉,赵通林,陈中航,等. 磁选柱在本溪钢铁集团选矿厂的应用[J]. 金属矿山,2008(7):
　　　100～102.

[59]　卞春富,许宏举. 复合闪烁磁场精选机的研制与应用[C]. 2005 年全国选矿高效节能技术及设备学
　　　术研讨与成果推广交流会,乌鲁木齐,2005.

[60]　李迎国. 磁铁矿高效选矿技术——磁场筛选法[J]. 金属矿山,2005(7):27～30.

[61]　熊大和. Slon 立环脉动高梯度磁选机分选红矿的研究和应用[J]. 金属矿山,2005(8):24～29.

[62]　熊大和. Slon 磁选机在黑色金属选矿工业应用新进展. 第五届全国矿山采选技术进展报告会论文
　　　集[C]. 2006.

[63] 马尔伊 V M,等. 弱磁选铁矿强磁分选的进展[J]. 国外金属矿选矿,1999(1):18~22.

[64] 何桂春,何平波. 国内外微细粒弱磁性矿物磁选的现状与进展[J]. 国外金属矿选矿,1998(5):14~17.

[65] 罗菁. 我国选矿过滤技术的进展[J]. 金属矿山,2000(1):6~11.

[66] 吴伯明,徐志良. HTG型真空陶瓷过滤机的开发应用及发展[J]. 金属矿山,2004(10)增刊.

[67] 曹青少,王传平. 陶瓷真空过滤机在水厂铁矿的应用试验[J]. 金属矿山,2007(2):95~96.

[68] 赵昱东. 高效真空过滤机技术进展及应用效果[J]. 矿业快报,2005(10):1~4.

[69] 田嘉印. 陶瓷盘式过滤机的研制及应用[J]. 矿业工程,2005(4):40~42.

[70] 谢鹏,边同民,孙立杰. 铁精矿浆体管道输送技术的研究与应用[J]. 矿业快报,2008(6):73~75.

[71] 杨盘铭,张晋生,祝庆昌. 尖山铁矿长距离铁精矿浆管道输送技术的实践[J]. 矿业工程,2003(1):69~70.

[72] 薛天铸. 提高尖山铁精矿管道输送能力技术研究与生产实践[J]. 金属矿山,2004(10)增刊:422~424.

[73] 李长根. 哈萨克斯坦索科洛夫-萨尔巴伊斯克铁矿选厂[J]. 国外金属矿选矿,2006(6):42~43.

[74] Michel Bourassa, John Lemieux. Technical report on the feasibility study for the increase in production from 8Mtpy to 16 8Mtpy of concentrate for the Bloom Lake project[R]. Quebec:2010.

[75] 中国铁矿石选矿生产实践编写组. 中国铁矿石选矿生产实践[M]. 南京:南京大学出版社,1992.

[76] 刘英俊,等. 元素地球化学[M]. 北京:科学出版社,1984:77~86.

[77] 姚培慧. 中国锰矿志[M]. 北京:冶金工业出版社,1995:1~115.

[78] 王运敏,等. 中国黑色金属矿选矿实践(上册)[M]. 北京:科学出版社,2008:458~553.

[79] 《选矿手册》编辑委员会. 选矿手册(第八卷,第四分册)[M]. 北京:冶金工业出版社,1990:246~306.

[80] 《矿产资源综合利用手册》编辑委员会. 矿产资源综合利用手册[M]. 北京:科学出版社,2000:247~288.

[81] 丁楷如,等. 锰矿开发与加工技术[M]. 长沙:湖南科学出版社,1992:93~125.

[82] 严旺生. 中国锰矿资源与富锰渣产业的发展[J]. 中国锰业,2008(1):7~8.

[83] 余逊贤,等. 世界锰矿加工技术[M]. 北京:冶金工业出版社,1985:1~43.

[84] 严旺生,等. 世界锰矿资源及锰矿业发展[J]. 中国锰业,2009,27(3):6~11.

[85] 金翔龙. 二十一世纪海洋开发利用与海洋经济发展的展望[J]. 科学中国人,2006(11):13~17.

[86] 谭柱中,等. 锰冶金学[M]. 长沙:中南大学出版社,2004:115~181.

[87] 吴荣庆. 国外锰矿资源及主要资源国投资环境[J]. 中国金属通报,2010,(2):36~39.

[88] 温英,等. 我国锰矿石选矿技术及发展[J]. 中国锰业,1998,16(1):52~58.

[89] 潘其经,等. 我国锰矿选矿的回顾与展望[J]. 中国锰业,2000,18(4):1~10.

[90] 张泾生,等. 我国锰矿资源及选矿进展评述[J]. 中国锰业,2006,24(1):1~5.

[91] 邓维伯,等. 遵义碳酸锰矿石选矿的发展[J]. 中国锰业,1987,5(4):12~14.

[92] 邓维伯. 浅谈遵义碳酸锰矿深选工艺磨矿分级脱泥流程[J]. 中国锰业,1992,10(5):26~32.

[93] 翁启浩. 利用Shp-2000磁选机优化选别碳酸锰矿实践[J]. 中国锰业,2000,18(2):25~27.

[94] 周垂义,等. 桃江锰矿选矿流程的改进[J]. 中国锰业,1993,11(4):23~26.

[95] 陈金花. 桃江锰矿选矿厂生产能力分析[J]. 中国锰业,1994,12(3):17~20.

[96] 黄献丽,等. 连城锰矿兰桥选厂选矿工艺的改进[J]. 中国锰业,2000,18(3):19~21.

[97] 余祖芳. 浅谈福建省连城锰矿庙前选厂磁选工艺[J]. 中国锰业,2001,19(3):45~47.

[98] 杨各金. 福建省连城锰矿兰桥选厂工艺流程改造及生产实践[J]. 中国锰业,2008,26(3):44~46.

［99］　王运敏,等. 中国黑色金属矿选矿实践(下册)［M］. 北京:科学出版社,2008:2818～2823.

［100］　吴子钧,等. 广西天等锰矿选厂流程技改实践［J］. 中国锰业,2003,21(1):41～44.

［101］　王运敏,等. 中国黑色金属矿选矿实践(下册)［M］. 北京:科学出版社,2008:2809～2817.

［102］　黎永杰,等. 中信大锰有限责任公司锰矿资源综合开发利用实践［J］. 中国锰业,2007,25(4):24～27.

［103］　黎贵亮,等. 广西大新锰矿选矿厂流程的技术改造［J］. 中国锰业,1999,17(2):6～8.

［104］　黄冠汉,等. 中信大锰有限责任公司60万吨/年碳酸锰选厂的设计与生产实践［J］. 中国锰业,2007,(4).

［105］　王运敏,等. 中国黑色金属矿选矿实践(下册)［M］. 北京:科学出版社,2008:2481～2490.

［106］　杨早祈. 斗南锰矿选矿工艺流程的确定［J］. 中国锰业,1992,10(1):16～20.

［107］　曹志良,等. 中国锰矿磁选新进展［J］. 中国锰业,2005,23(2):1～4.

［108］　王玲. 斗南分矿选厂关于降低粗中粒级尾矿的技术改进［J］. 中国锰业,2009,27(1):29～31.

［109］　曹志良. 云南斗南锰矿选冶工艺及在我国铁合金行业的地位［J］. 金属矿山,2009,391(1):78～80,88.